W0210655

DESIGN
INDUSTRIEL
A-Z

solid state
JVC NIVICO

DESIGN INDUSTRIEL A-Z

Charlotte & Peter Fiell

TASCHEN
Bibliotheca Universalis

SOMMAIRE

INTRODUCTION

« L'utilité est l'une des principales sources de la beauté... La capacité d'un système ou appareil à s'acquitter de la fonction pour laquelle il a été conçu lui confère une certaine propriété et une certaine beauté qui en rend la simple pensée et contemplation agréable. »

Adam Smith, 1759

Page 1 :
Montre *Apple Watch*, conçue par Jonathan Ive et l'équipe de design d'Apple, 2015

Page 2 :
Téléviseur portable Vidéosphère de JCV, 1970

Pages 4-5 :
Voiture Ferrari *275 GTB/C* Speciale dessinée par Pininfarina, carrosserie de Scaglietti, 1964

Pages 8-9 :
Système d'étagères universel, modèle 606, conçu par Dieter Rams pour Vitsoe, 1960

Depuis plus de 200 ans, les objets issus de la production industrielle façonnent notre culture matérielle, influent sur l'évolution de l'économie mondiale, affectent la qualité de notre environnement et de notre vie quotidienne. Qu'il s'agisse de biens de consommation, d'emballages, de moyens de transport ou d'équipements productifs, les produits industriels qui recouvrent un extraordinaire éventail de techniques, de fonctions, d'attitudes, d'idées et de valeurs constituent autant de moyens à travers lesquels nous expérimentons et percevons le monde qui nous entoure.

La nature des produits industriels et leur élaboration relève d'un processus de design encore plus complexe, lui-même dépendant d'influences et de facteurs divers. Au premier rang de ces derniers figurent les contextes sociaux, économiques, politiques, culturels, organisationnels et commerciaux qui imposent des contraintes spécifiques et, d'autre part les aptitudes créatrices des designers individuels ou des équipes de designers, des experts et des fabricants concernés par la réalisation de ces produits.

Le design industriel – la conception et l'organisation de la fabrication en série des produits – vise, à travers différentes démarches (ingénierie, technologie, matériaux et aspect esthétique) à créer des solutions productibles en série et capables de satisfaire les besoins des consommateurs tout en obéissant à des contraintes techniques et sociales données. L'ingénierie – l'application de principes scientifiques à la conception et à la réalisation de structures, machines, appareils ou procédés de fabrication – constitue un aspect essentiel du design industriel. Si le design industriel comme l'ingénierie cherche les meilleures solutions à des problèmes spécifiques, il se distingue d'abord de cette dernière par son souci esthétique. Les origines du design industriel remontent à la révolution industrielle, laquelle débute en Grande-Bretagne au milieu du 18e siècle et annonce l'ère de la mécanisation. Auparavant, les objets étaient produits artisanalement, c'est-à-dire que leur conception et leur fabrication étaient le fruit d'un travail individuel. Avec le développement des nouveaux procédés de fabrication industriels et la division du travail, le design (conception et planification du projet) se sépare progressivement de l'acte de faire. Dans cette phase initiale, cependant, le design n'a pas de fondements intellectuels, théoriques ou philosophiques et n'est considéré que comme l'un des nombreux aspects de la production mécanisée. Jusqu'à la fin du 19e siècle ce sont les spécialistes des techniques, des matériaux et de la production plutôt que les designers industriels qui créent les produits industriels. Vers la fin du 19e siècle, cependant, les fabricants commencent à comprendre qu'il peuvent creuser l'écart avec leurs concurrents en améliorant l'intégrité fonctionnelle et l'aspect esthétique de leurs produits. Ils commencent donc à associer des spécialistes d'autres domaines, surtout des architectes, au processus de design.

Le design industriel devient donc, au début du 20e siècle, une discipline à part entière et la théorie du design est intégrée dans le processus de production industrielle. Parmi les premiers praticiens professionnels du design industriel, on retiendra l'architecte Peter Behrens, engagé par AEG en 1907 pour remanier le design des produits et l'identité visuelle de l'entreprise. Depuis lors, le rôle du design industriel dans le succès des produits industriels et des entreprises qui les fabriquent n'a cessé de se renforcer.

Cette étude sur le design industriel englobe tous les aspects du sujet qu'il s'agisse des produits de l'industrie lourde, articles de sport, appareils médicaux ou encore des vaisseaux spatiaux. Il se veut le compagnon de notre précédent ouvrage, *Design du 20e siècle*. Les fabricants, les agences conseil en design industriel, les designers et les inventeurs que nous présentons dans ce répertoire alphabétique ont inventé certains des objets et des technologies les plus importants des deux derniers siècles. Leurs solutions novatrices ont su dégager un équilibre optimal entre les attentes intellectuelles, émotionnelles, fonctionnelles, esthétiques et éthiques de l'usager/consommateur et les contraintes inhérentes à la production industrielle. Des références croisées (termes en gras) montrent les multiples relations qu'entretiennent designers, agences et fabricants, et un tableau chronologique situé à la fin du livre resitue les événements clé du design industriel dans le contexte historique mondial.

Plus la mondialisation de l'économie s'accélère et englobe de nouveaux pays, plus le rôle du design industriel est appelé à se renforcer dans un contexte concurrentiel toujours plus âpre. En réfléchissant à l'histoire du design industriel et en se concentrant sur ses réussites, cet ouvrage espère montrer que ce dernier a toujours cherché à démystifier la technologie et à la diffuser, sous des formes accessibles au plus grand nombre. Ce livre aimerait en outre souligner le rôle décisif des entreprises dans l'évolution de cette discipline. Sans leur résolution à risquer les investissements massifs nécessaires au développement de nouveaux produits, le design industriel n'existerait pas. Les entreprises, leur motivation commerciale, leur esprit de novation et leur engagement social sont trop souvent les héros méconnus de notre culture matérielle.

« Notre capacité à dépasser la machine dépend de notre pouvoir d'assimiler celle-ci. Jusqu'à ce que nous ayons absorbé les leçons de l'objectivité, de l'impersonnalité, de la neutralité, la leçon du royaume mécanique, nous ne pourrons avancer dans notre évolution vers une plus grande richesse organique, une plus grande profondeur humaine. »

Lewis Mumford, *Technics and Civilization*, 1934

A-Z

AEG

Fondée en 1883
À Berlin, Allemagne

Au cours d'une visite de l'Exposition Internationale d'Électricité de Paris en 1881, Emil Rathenau (1838–1915) est tellement impressionné par l'ampoule électrique de **Thomas Alva Edison**, qu'il acquiert les droits d'exploitation du brevet et fonde en 1883 la DEG, Deutsche Edison Gesellschaft (Compagnie Allemande d'Électricité appliquée). La DEG sera rebaptisée plus tard AEG (Allgemeine Elektricitäts-Gesellschaft), avec un catalogue réalisé par l'artiste Jugendstil Otto Eckmann, qui dessine également le logo Art nouveau de la société. En 1807, AEG nomme conseiller artistique l'architecte-designer **Peter Behrens**, qui forge son identité industrielle grâce à un design intégré. Après avoir remanié le logo, Behrens s'attache à la conception d'une large gamme d'appareils électriques (bouilloires, horloges, ventilateurs) tout en construisant les bâtiments industriels nécessaires à leur fabrication.

Peter Behrens, Usine de turbines d'AEG, 1908–1909

→ Peter Behrens, Suspension, 1907

Peter Behrens, Affiche publicitaire pour AEG, 1907

Pour Michael Dolivo-Dobrowolsky, directeur de la production, c'est par la standardisation de composants interchangeables que l'on parviendra à produire en série des appareils de qualité : la standardisation et les méthodes de fabrication modernes employées par AEG obéissent aux principes de la Deutscher Werkbund (Union Allemande pour l'Œuvre), dont Behrens avait été en 1907 l'un des cofondateurs avec Hermann Muthesius (1861–1927) et Henry van de Velde. La **Deutscher Werkbund** plaidait auprès des industriels allemands pour une esthétique nationale de la machine, qui soit typique et standardisée et qui favoriserait la cohésion sociale par l'unification du goût. AEG est l'une des premières entreprises allemandes à suivre les idées de

A. E. G. SPARBOGENLAMPE
ALLGEMEINE ELEKTRICITÄTS-GESELLSCHAFT, BERLIN

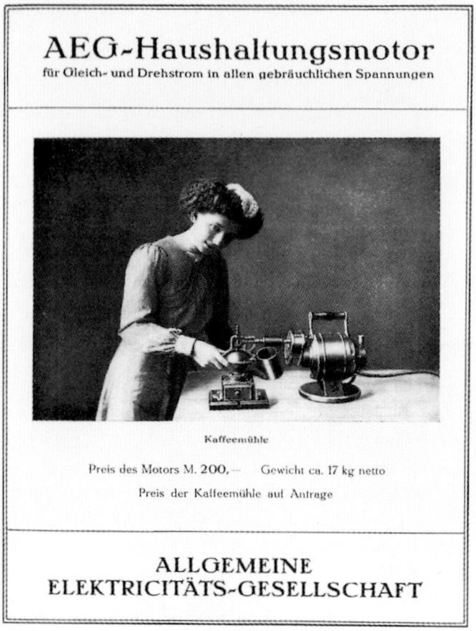

Peter Behrens,
Moulin à café
électrique, vers 1911

↗ Peter Behrens,
Horloge de pointage,
vers 1910

Muthesius, en produisant des appareils ménagers aux composants standardisés, comme la célèbre gamme de bouilloires ou le ventilateur de table créé par Behrens en 1908. Grâce à la forte image de marque imprimée par Behrens, AEG rejoint vite le peloton de tête des fabricants d'appareils électriques. En 1927, l'entreprise expose des ventilateurs, des chauffe-eau, des lampes et des bouilloires à l'exposition *Die Wohnung* [L'habitation] organisée à Francfort par la Deutscher Werkbund. Et dans les années soixante, AEG maintient ses parts de marché grâce à la qualité de ses appareils ménagers aux lignes épurées. Dans les années 80 toutefois, à la suite d'une crise financière, AEG est d'abord rachetée par Daimler-Benz, puis, en 1994 par le suédois **Electrolux**. Aujourd'hui, AEG perpétue sa longue tradition de design innovant et ne cesse de remporter des prix pour ses produits électroniques et d'entretien. Outre ces secteurs de grande consommation, l'équipe de design de l'entreprise crée des services et des produits destinés aux structures de production, ainsi que des outils de classe industrielle. AEG s'implique également dans le développement de systèmes énergétiques, le domaine des télécommunications et les solutions de traitement de l'eau. À l'instar de Behren il y a plus d'un siècle, AEG conserve un *design thinking* stratégique pour répondre aux problèmes actuels avec des solutions innovantes.

Peter Behrens,
Ventilateur
électrique de
bureau, 1908

AIRBUS

Fondée en 1969
À Blagnac, France

Cockpit du premier Airbus *A320*, avec son système innovateur de commandes de vol électriques, juin 1987

Avion de ligne Airbus *A300B* lors de son vol inaugural en 1972

Les débuts d'Airbus, l'un des leaders de l'industrie aéronautique mondiale, remontent à une réunion à Londres en 1967 entre des ministres de France, d'Allemagne et de Grande-Bretagne. Leur accord visait à « renforcer la coopération européenne dans le domaine de l'aéronautique et promouvoir le progrès économique et technologique en Europe, en vue de mettre en œuvre des mesures pour la conception et la production conjointes d'un avion. » Les premiers fruits de cet accord ont pu être appréciés au Salon aéronautique du Bourget le 29 mai 1969. À cette occasion, le ministre français des transports, Jean Chamant, et le ministre allemand de l'économie, Karl Schiller, prennent place à l'intérieur d'une maquette de la cabine en projet pour le nouvel appareil Airbus ; ils signent un partenariat qui donne le coup d'envoi officiel au développement du *A300* – un appareil révolutionnaire qui allait devenir le premier avion de ligne biréacteur à large fuselage au monde. Le consortium franco-allemand devait se

Avion de ligne Airbus *A330-200*, membre de la famille *A330* de biréacteurs gros-porteurs

charger de fabriquer le nouvel appareil en collaboration avec des partenaires britanniques et hollandais. Ce projet transeuropéen avait pour but de contrer la suprématie de l'industrie aéronautique américaine, qui travaillait déjà au développement du long-courrier « Jumbo », le **Boeing** *747*. Pour sa part, le *A300* était pensé pour fonctionner comme un appareil de court à moyen-courrier, comparable à un véritable bus dans les airs, qui relierait des destinations européennes et aiderait à capitaliser le boom du tourisme de masse de la fin des années 60 et du début des années 70. Le développement du *A300* n'a cependant pas été simple en raison des conflits d'intérêts entre les parties ; par ailleurs, pour répondre à la demande du marché, sa capacité s'est vue limitée à 250 passagers, au lieu des 300 et plus prévus à l'origine. Cette version réduite de l'avion a été baptisée *A300B*. Cette décision a permis de ne pas utiliser un nouveau moteur développé par Rolls-Royce (le *RB207*) et d'employer trois options existantes, certes moins puissantes mais réduisant grandement les coûts de R&D. Le *A300* réalise son premier vol en 1972 et deux ans plus tard, le *A300B* entre en service. Ce premier gros-porteur pouvait transporter 226 passagers répartis en deux classes et a connu un démarrage initial hésitant. En 1975 est nommé le nouveau PDG, Bernhard Lathière : les commandes du *A300* connaissent alors une nette croissance grâce à un marketing agressif envers les compagnies aériennes d'Amérique et d'Asie. Grâce au nombre de contrats conclus, Airbus peut atteindre ses objectifs commerciaux et en 1978, un nouvel avion encore plus sophistiqué, le *A310*, voit le jour. Mais c'est surtout le lancement en 1984 du

Avion de ligne Airbus *A380*, vol inaugural, 2005

A320 qui place Airbus sur la carte des grands du secteur aéronautique. Ce biréacteur court à moyen-courrier au fuselage étroit pouvait transporter jusqu'à 220 passagers et était doté, pour la première fois dans un avion de ligne, de commandes de vol électriques. Ce système de commandes a été inventé par les ingénieurs d'Airbus afin d'améliorer la manipulation mais aussi la sécurité ; il est rapidement devenu un équipement de série standard dans les avions commerciaux. Autre atout de poids de cette technologie signée Airbus : son haut degré de similarité, à savoir que malgré les différences de taille et de poids des appareils, un pilote avait la même expérience du système de bord sachant qu'un ordinateur était en fait en charge des commandes de vol. Les coûts et le temps de formation des pilotes comme des équipages chute radicale-ment, un point tellement décisif pour les compagnies aériennes que fin 1984, Airbus avait déjà reçu 411 commandes. En d'autres termes, le *A320* a changé les règles du jeu du secteur aéronautique. Enhardi par son succès, Airbus poursuit le développement de deux nouveaux modèles, le *A330* et le *A340*, tous deux mis sur le marché en 1987. Ces appareils moyen à long-courrier partageaient le même design de base et offraient, comme Airbus s'en vantait, « une extrême similarité des systèmes de cockpit, non seulement entre ces deux modèles, mais aussi avec le *A320* et, ultérieurement, avec les autres membres de la famille *A320* ». De cette façon, les pilotes formés pour voler sur l'un de ces appareils pouvaient apprendre rapidement à en piloter d'autres. Plus récemment, Airbus a fait sensation avec le lancement du *A380*, entré en service commercial en 2007. Conçu pour s'approprier une part du marché des longs-courriers de Boeing, le *A380* est actuellement l'avion de ligne le plus grand au monde, capable de transporter jusqu'à 853 passagers dans le cas d'une configuration de classe économie. Outre son incroyable capacité de vol de 15 700 kilomètres et une vitesse de croisière de Mach 0,85 (environ 900 km/h), le *A380* est également ultra silencieux. Aujourd'hui, les revenus du groupe Airbus le placent en deuxième position mondiale pour le secteur aéronautique et de défense, juste derrière Boeing. Grâce à des matériaux composites avancés, une ingénierie de conception de pointe et des systèmes de commandes de vol innovants, Airbus possède une gamme de produits incluant certains des meilleurs avions de ligne au monde, mais aussi des hélicoptères civils et militaires et des appareils militaires à voilure fixe (dont l'Eurofighter *Typhoon*). Le groupe prend également part au développement et à la fabrication de satellites et de lanceurs, ainsi qu'à des solutions et des systèmes de communication, de sécurité et d'intelligence à l'échelle mondiale. Avant toute chose, la réussite de l'entreprise repose sur son engagement poussé pour la recherche et le développement ; dans cette perspective, elle a récemment mis au point un réseau neuronal connectant les experts en impression 3D de divers départements du groupe avec plusieurs centres académiques de référence dans le domaine de la recherche biomimétique. L'objectif est d'élaborer des solutions inspirées par la nature pour concevoir les designs évolués de demain.

Eurofighter *Typhoon*, vol inaugural en 1994, lancement en 2003

Wally Byam

AIRSTREAM

Fondée en 1934
À Los Angeles, États-Unis

L'histoire de l'emblématique caravane Airstream remonte aux plans publiés dans les années vingt par Wally Byam (1896–1962) dans une revue de bricolage américaine dont il était à l'époque rédacteur en chef. Suite aux plaintes répétées de lecteurs qui contestent le bon fonctionnement de ce modèle, Byam entreprend la construction de sa propre caravane. Abaissant le niveau du plancher et relevant celui du toit, il réalise la première caravane dans laquelle on peut se tenir debout. En 1929, le créateur abandonne ses publications pour se concentrer sur la conception de caravanes révolutionnaires, qui font largement appel aux techniques de l'industrie aéronautique : structures monocoques en aluminium et recherches d'aérodynamisme et streamlining. En 1934, il baptise ses caravanes Airstream, car elles glissent sur la route « comme un courant d'air. » Et deux ans plus tard, il lance la *Clipper*, entièrement inspirée de l'aéronautique de l'époque. Pendant la grande dépression des années trente, et contrairement à la tendance générale, la demande dépasse largement l'offre des Airstream, et ce malgré leur prix relativement élevé. Mais avec la Seconde Guerre mondiale, le gouvernement américain décide de limiter l'usage de l'aluminium aux seules industries d'armement. Byam travaille pendant toute la guerre pour une entreprise

Caravane Airstream *Bambi* (réédition du modèle original de 1961/1962)

Une caravane Airstream à Paris, au début des années cinquante

de construction aéronautique de Los Angeles, où il ne manque pas de glaner de nouvelles idées applicables à ses caravanes : Airstream renaît alors de ses cendres et en 1952, l'ampleur de la demande est telle que deux nouvelles usines sont construites : l'une à Jackson Center dans l'Ohio et l'autre à Santa Fe Springs, en Californie. Autant que les chariots bâchés des anciens pionniers, les caravanes-miroir symbolisent le rêve américain : ces gros obus argentés glorifient l'esprit d'aventure et de liberté. Après la mort de Byam en 1962, une fondation est créée pour renforcer les liens entre les propriétaires de véhicules Airstream. Des rassemblements s'organisent chaque année un peu partout aux États-Unis. Le premier camping-car sort des usines en 1978 et le club Wally Byam compte aujourd'hui 19 000 membres caravaniers ou camping-caristes. L'enthousiasme pour les Airstream, leur look rutilant et aérodynamique, devient un véritable phénomène international frisant le fanatisme. À 65 ans Wally Byam réalise son vieux rêve, lui qui promettait aux Américains de « réveiller l'esprit d'aventure qui vous pousse à poursuivre l'arc-en-ciel jusqu'au bout de l'horizon [...] et à donner corps à vos rêves de voyage les plus fous. »

ALESSI

Fondée en 1921
À Omegna, Italie

Un groupe d'ouvriers d'Alessi devant leur usine, au début du 20e siècle

→ Luigi Massoni & Carlo Mazzeri, Shaker à cocktails *N°. 870*, 1957

Fondée en 1921 par Giovanni Alessi, FAO (Fratelli Alessi Omegna) se présente dans les foires commerciales des années vingt comme « un atelier de fonderie spécialisé dans le travail du cuivre, du nickel et du maillechort. » FAO tranche d'emblée sur la concurrence par ses expérimentations novatrices. L'entreprise se concentre dès 1929 sur la production d'objets de table pour la restauration et la maison, en cuivre nickelé ou argenté. Carlo Alessi, le fils de Giovanni, est nommé en 1935 directeur de la création, et dans les années qui suivent, les méthodes de fabrication artisanale font place à la production industrielle. En 1945, Carlo Alessi est nommé directeur général et crée le service à thé et à café *Bombé*, un produit résolument industriel, édité en quatre tailles différentes et promis à un bel avenir. La même année, un autre Alessi, Ettore, introduit dans la production les techniques de pression à froid du métal, issues de son travail sur l'acier inoxydable auquel l'a conduit la pénurie de nickel et de cuivre qui sévissait pendant la guerre. À partir de 1955, l'entreprise familiale s'attache les services du designer Luigi Massoni. La marque s'oriente alors vers l'avant-garde et la production de masse : le shaker à cocktail *N°. 870* de Massoni, par exemple, atteint aujourd'hui le chiffre d'un million et demi d'exemplaires vendus. Vers la fin des années soixante-dix, sous la présidence de Carlo Alessi, l'entreprise se lance dans la production de séries limitées, signées par des architectes ou des designers de renommée internationale, comme **Ettore Sottsass** et **Richard Sapper**. Une nouvelle marque déposée en 1983, *Alessi Officina*, regroupe des produits de design expérimental libérés des contraintes de la production industrielle. C'est également en 1983 que le fils de Carlo, Alberto Alessi lance le projet *Tea and Coffee Piazza* et confie à onze architectes et designers la création de séries limitées. Ce programme d'« architecture miniature », orienté vers la publicité, a apporté au fabricant italien une renommée mondiale et le maintient en tête des créateurs post-modernistes tout au long des années quatre-

Carlo Alessi, *La Bombé*, Service à thé et à café, 1945

Stefano Giovannoni, Service de verres et décanteur *Mami*, 2003

vingt. Au cours de la décennie suivante, la marque lance de nouvelles lignes de produits, comme *Twergi*, une série originale d'articles ménagers en bois dessinés par **Ettore Sottsass** et Andrea Branzi [né en 1938], ainsi qu'une gamme audacieuse mais abordable d'articles de cuisine en plastique créée par Stefano Giovanni [né en 1954] et Alessandro Mendini [né en 1931]. Ces modèles reflètent fidèlement les idées d'Alberto Alessi, pour qui « le design est un domaine de créativité intégrée, totalement artistique et poétique, et non pas un simple outil mis au service du marketing et de la technologie dans le seul but d'augmenter les ventes ou d'améliorer les méthodes de production. » Alessi est actuellement l'un des fabricants leaders de produits ménagers de haute qualité. La gamme infinie d'articles va du plus excentrique et drôle au plus poétique. Alessi est avant tout une entreprise misant sur le design et qui alimente en innovation une industrie insatiable. En suivant cette voie, elle est devenue l'un des fabricants italiens les plus en vogue dans le domaine du design, et un exemple probant qu'un bon design est garant de réussite commerciale. Alberto Alessi le dit, « Nous croyons que la beauté peut sauver la planète... En tant qu'industriels, nous pouvons apporter une contribution constructive au monde. »

Alessandro Mendini, Tire-bouchon *Anna G*, 1994

ALFA ROMEO

Fondée en 1910
À Portello/Milan, Italie

Issue de la défunte Societa Italiana Automobili Darrack créée en 1906 pour produire des voitures bon marché, ALFA (Anonima Lombarda Fabbrica di Automobili) naît en 1910 à Milan dans le quartier de Portello. La jeune société opte dès l'origine pour une image typiquement milanaise en choisissant pour logo une croix rouge associée au dragon des Visconti. Elle produit d'abord une série de 300 *Torpédos 24 chevaux*, conçues par Giuseppe Merosi. Trois ans plus tard, ALFA sort sa première voiture de sport, la *Corsa 40 / 60 chevaux*, qui atteint une vitesse de 147 km/h. C'est alors qu'un entrepreneur napolitain, Nicola Romeo, rachète la société à laquelle il accole son nom. Il augmente notablement la capacité des chaînes de production. Alfa Romeo lance ensuite plusieurs voitures novatrices, notamment l'*Aerodynamica 40 / 60 chevaux*, en forme de poire qui atteint une vitesse remarquable pour l'époque. Mais c'est la *RL* de Giuseppe Merosi (1922–1923) qui inaugure la production industrielle à grande échelle. Sortie en version sport et tourisme, la *RL* est décrite par Alfa Romeo comme son premier chef-d'œuvre. La *Targa Florio*, version de course rapide et sûre de la *RL*, au célèbre capot en « proue de bateau », termine deuxième de la « Mille Miglia », la célèbre course sicilienne et braque les projecteurs sur la société milanaise. La Carrozieria Castagna crée à l'époque un certain nombre de variantes de carrosserie, dont une version cabriolet, la *RM* 4 cylindres. En 1923, Alfa Romeo recrute le dessinateur Vittorio Jano, dont la *P2* fait gagner à la société son premier championnat international. Sa *8C-2300* remporte les 24 Heures du Mans en 1931 et en 1934.

Super Sport, 1947

↘ *6C 2500 Super Sport*, 1947

Giulietta Spider, 1955

La marque devient synonyme de voitures de courses. Mais c'est à son apogée qu'Alfa Romeo est nationalisée en 1933 et, le gouvernement italien ne lui attribuant malheureusement pas les fonds nécessaires, le constructeur se voit contraint d'arrêter la fabrication de voitures de courses sur commande, pour se concentrer sur les véhicules de série, sans toutefois abandonner ses performantes voitures de sport. Depuis la fin de la guerre et jusqu'en 1986, Alfa Romeo reste sous contrôle du gouvernement italien qui supervise ses activités au travers de l'Istituto per la Riconstruzione (IRI). Les Alfa Romeo d'après-guerre sont d'élégantes routières, telle la *6C 2500 Super Sport* (1947) à la carrosserie très légère, qui bénéficie des dernières recherches en aérodynamisme, et sa sœur la *Freccia d'Oro* qui allie souplesse et équilibre. Dans les années cinquante, la demande s'oriente vers des modèles plus fonctionnels et moins luxueux. Alfa Romeo, sans abandonner la fabrication de voitures de sport, produit alors des autos à la fois performantes et abordables.

↑ *Spider Duetto*, 1966

Alfa *GTV*, 1995

Alfa Romeo *4C (Type 960)*, 2013

Les années cinquante et le début des années soixante voient la renaissance de la production industrielle. Sous la direction d'Orazio Satta, soucieux de répondre à la demande croissante de voitures plus petites et moins chères, est lancé le programme *Giulietta*, avec des modèles classiques comme la *Giulietta Spider* (1955), dessinée par **Pininfarina** et la *Giulietta Sprint* (1954), dessinée par **Bertone**. La *Giulietta* parvient à intégrer toute la technologie performante d'Alfa Romeo dans un petit moteur de 1300 centimètres cubes. En 1962, avec la *Giulia*, légèrement plus grosse, et particulièrement avec la *Giulia Sprint* de Bertone, la société s'ouvre au marché européen. Pininfarina dessinera la *Duetto* (1966) dont une variante est encore produite aujourd'hui. **Giorgetto Giugiaro** crée en 1971 la révolutionnaire *Alfasud*, dont les ventes augmentent considérablement les parts de marché du constructeur. De la fin de la guerre à 1986, Alfa Romeo opère sous le contrôle du gouvernement italien, qui supervise son activité par le biais de l'Istituto per la Ricostruzione (IRI). Au cours des années 90, les modèles Alfa *156* (1997) et Alfa *166* (1998), ont témoigné de l'orientation résolument sportive de la marque. Plus récemment, grâce au succès de l'élégant *4C* (2013) en fibre de carbone ultra-légère, Alfa Romeo a pu se refaire une place sur le marché américain. En 2014 sortait en effet une version américaine de ce classique italien contemporain et fabriqué en série.

Habitacle de l'Alfa Romeo *4C (Type 960)*, 2013

EMILIO AMBASZ

Né en 1943
À Resistencia, Argentine

Après des études d'architecture à l'université de Princeton, Emilio Ambasz enseigne pendant un an à la Hochschule für Gestaltung d'Ulm et à Princeton jusqu'en 1969. En 1967, il participe à la fondation de l'Institut d'Architecture et d'Études Urbaines de New York, une école avant-gardiste. Entre 1970 et 1976, il dirige le département design au MoMa de New York, où il organise en 1972 une exposition qui fait beaucoup parler d'elle : « Italy : The New Domestic Landscape (Italie, le nouveau paysage domestique) – Réussites et difficultés du design italien ». En 1977, il fonde à New York sa propre agence, Emilio Ambasz & Associates, et en 1981 l'Emilio Ambasz Design Group. De 1981 à 1985, il est président de l'Architectural League et donne des cours à Princeton ainsi que dans d'autres universités américaines. S'il est surtout célèbre par ses enseignements et ses écrits, ses créations de meubles et de lampes sont également réputées : les chaises *Vertebra* (1977), conçues avec Giancarlo Piretti, et *Dorsal* (1981), ou encore la gamme de luminaires

Moteur Cummins *Signature 600*, 1996–1997

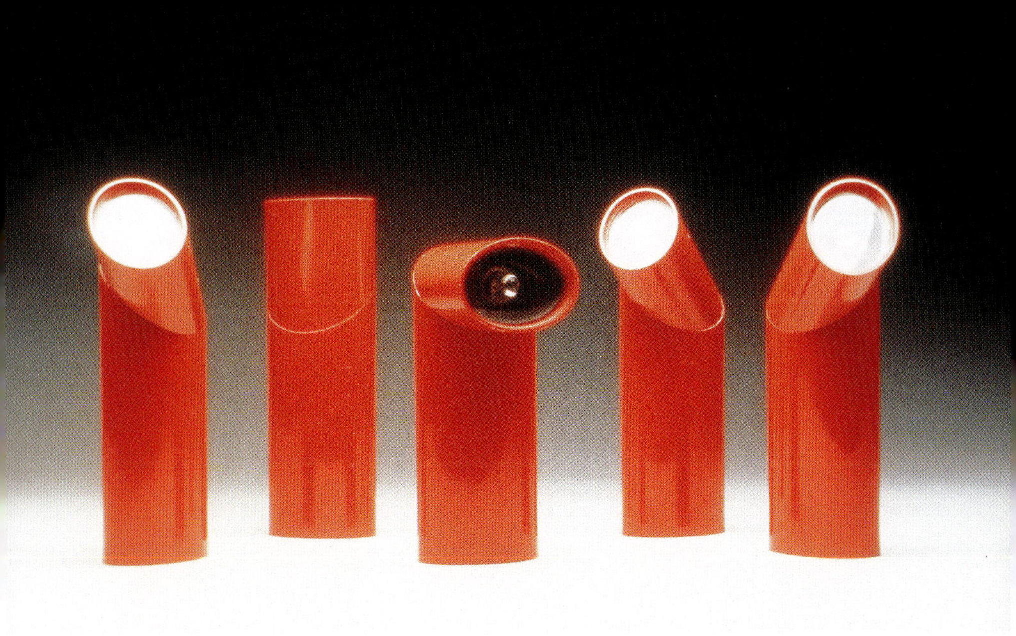

Lampe de poche
Polyphemus, 1985

diffusée par Logotec (1981). Comme architecte, il est l'auteur du Center for Applied Computer Research and Programming de Las Promesas au Mexique (1975), du Musée des Beaux-Arts de Grand Rapids, dans le Michigan (1975), du Museum of American Folk Art de New York (1980) et du Jardin Botanique de San Antonio, au Texas (1982). Il obtient la médaille d'or du concours pour les plans de l'Exposition Universelle de Séville de 1992. Il est depuis 1980 directeur du design chez Cummins Engine Corporation. Sa lampe électrique *Polyphemus* a été nominée pour le Compasso d'Oro et le prix de l'IDSA (Industrial Designers Society of America) de 1987. Sa gamme de sièges *Qualis* a remporté un Compasso d'Oro en 1991 et l'IDSA lui a attribué l'Industrial Design Excellence Award pour son système d'éclairage modulaire *Soffio*. Emilio Ambasz estime que toute son œuvre est guidée par « la recherche de principes de bases, de prototypes et de solutions pilotes qui peuvent d'abord se définir comme une méthode générale avant d'être appliquées à la solution d'un problème spécifique ». Le design, selon lui, ne doit pas se contenter de satisfaire des exigences fonctionnelles : il doit aussi revêtir une forme artistique, capable de répondre à nos quêtes métaphysiques. Quant aux designers, ils doivent, selon lui, apprendre à concilier dans leurs œuvres le passé et l'avenir et à donner « au pragmatique une forme poétique ».

Steve Jobs

APPLE

Fondée en 1976
À Palo Alto, Californie, États-Unis

→ *Apple IIc*, 1984

↘ *Lisa*, 1983

Steven Wozniak (né en 1950) et Steve Jobs (1955–2011) qui ont en commun, depuis le lycée, un même intérêt pour l'électronique, sont dès le début perçus par leurs pairs comme des « outsiders ». Ils abandonnent leurs études universitaires et trouvent tous deux du travail dans la Silicon Valley : Wozniak chez **Hewlett-Packard** et Jobs chez Atari. En 1976, Wozniak, qui depuis quelque temps bricole des ordinateurs en amateur, termine la mise au point du futur *Apple I*. Plus homme d'affaires que son ami, Steven Jobs prend en charge l'exploitation du produit et sa mise sur le marché. Le 1er avril 1976, la société Apple Computer voit le jour, avec pour objectif d'introduire dans le monde des ordinateurs personnels la même révolution que celle apportée par la **Ford** *T* à celui de l'automobile. L'entreprise ne commence à décoller qu'un an plus tard, avec le lancement, dans une foire commerciale californienne, d'*Apple II*, l'un des premiers PC très prisés à coque de plastique offrant des possibilités graphiques en couleur. L'année 1978 voit la création de la disquette Apple II, la moins chère et la plus facile à utiliser à l'époque sur le marché. L'essor des ventes assure à Apple une croissance rapide et en 1980, année du lancement d'*Apple III*, l'entreprise emploie plusieurs milliers de salariés. La première crise éclate en 1981 avec la conjonction de trois difficultés : les ventes commencent à chuter dans un marché qui se sature, **IBM** sort son premier PC, et enfin Wozniak, le cerveau de la société, blessé dans un accident d'avion, ne peut plus assurer que des collaborations épisodiques. Sans se décourager, Jobs s'attaque au projet *Apple Macintosh*, qui doit à l'origine être vendu 500 dollars (le prix de vente finira par dépasser largement cette somme).

Apple I, 1976

Le lancement du *Macintosh* en 1984 fait l'effet d'une petite révolution. Avec son interface conviviale, son écran haute définition et sa souris, le *Mac* annonce l'avènement d'une nouvelle race d'ordinateurs personnels (PC). Contrairement à son frère aîné, *Apple II*, il est doté d'un moniteur et d'un lecteur de disquette intégrés. La simplicité de sa coque

Famille de tablettes
iPad Air 2, 2015

vendu aux États-Unis. Ive souligne : « L'un des objectifs clés du design de l'*iMac* a été d'en faire un objet accessible, compréhensible, presque familier. » Le succès de l'*iMac* et de sa famille de produits, dont l'*iBook* et *G3* [1993] sonne définitivement le glas du boîtier gris impersonnel et plutôt aliénant. Point important, l'*iMac* est aussi le premier ordinateur ayant influencé le style conceptuel d'autres produits, des lampes d'appoint aux accessoires de bureau. La décennie suivante, en misant sur un design irréprochable, qui privilégie l'expérience de l'utilisateur, et sur le développement d'applications numériques innovantes, Apple ne cesse de changer les règles de la technologie numérique. En 1999, l'entreprise lance son premier *iBook*, un ordinateur portable d'entrée de gamme, suivi en 2001 du premier *iPod*, lecteur audio numérique portable, et de la boutique iTunes associée. Le premier *iPhone* voit le jour en 2007, et en 2010, c'est au tour de la très populaire tablette *iPad*. Depuis lors, toutes les catégories de produits ont fait l'objet de nombreuses améliorations, chaque génération symbolisant une avancée technologique de taille. Grâce à sa culture d'innovation continue et à sa quête absolue d'excellence, Apple apparaît aujourd'hui dans le classement Forbes comme la marque la plus prisée au monde. Cette place de choix se doit en grande partie au génie de Jonathan Ive et de son équipe de design, convaincus que la simplicité est garante d'une bonne expérience utilisateur avec un produit numérique, ce qui peut paradoxalement être un résultat difficile à obtenir.

iMac avec écran
Retina 5K, 2015

APRILIA

Fondée vers 1950
À Novale, Italie

Détail de l'Aprilia *RSV4 RR* superbike, 2015

→ Superbike Aprilia *RSV4 RR*, 2015

Aprilia est issue d'une entreprise familiale italienne qui commence à fabriquer des motocyclettes aux environs de 1950. Ivano Beggio y entre en 1968. À la fin des années soixante-dix, Aprilia s'engage résolument sur la voie du design et de l'innovation technologique, tout en montant un réseau de petits fabricants de pièces pour son usine de montage de Scorze, proche du siège social de Novale, dans la banlieue de Venise. La passion de Beggio pour les courses de motos le pousse à investir massivement dans un programme d'engins de compétition. Les circuits restent pour les ingénieurs d'Aprilia le terrain privilégié des essais nécessaires aux avancées technologiques dont profiteront par la suite les modèles grand public. L'entreprise est la première à produire, en 1991, un scooter à coque plastique équipé d'un circuit de liquide de refroidissement, l'*Amico 50*. Un an plus tard, Aprilia remporte son premier championnat du monde et produit 55 000 motos et scooters par an. En six ans, le chiffre des ventes atteint 300 000, hissant le fabricant vénitien au deuxième rang européen, avec cinq usines en Italie. En confiant le design de ses produits à **Philippe Starck**, Aprilia a su préserver son image d'innovation stylistique. Son centre de design de Novale entretient des liens étroits avec l'Institut de Design et d'Arts Appliqués de Turin, ainsi qu'avec la faculté d'ingénierie de l'université de Padoue, où l'entreprise est partenaire du Diplôme Supérieur de Théorie et de Technique Motocycliste. Depuis 1997, le constructeur italien participe également aux travaux de l'un des centres de recherche en design les plus renommés des États-Unis, l'Art Center College of Design de Pasadena, Californie. Grâce à tous ces contacts avec de jeunes designers, Aprilia a réussi à se créer un style reconnaissable, cherchant toujours à « créer des émotions » mais sans jamais perdre de vue les valeurs fondamentales de fonctionnalité et de durabilité. À la fin des années 90, Aprilia détenait ainsi environ 60 % du marché européen des motos sportives. En 1999, son remarquable modèle *RSV Mille 1000 cc* était élu Moto de l'année par le magazine *Motorrad*. Plus récemment, l'entreprise a lancé la *RSV4* dans l'idée de redéfinir le terme « superbike » : une version évoluée de sa moto de course *SBK* ultra performante, détentrice de six titres de championnats au cours des sept dernières années.

Scooter Aprilia *SR850*, commercialisé en 2012

aprilia
BOSCH
aprilia

aprilia
BOSCH
aprilia

RON ARAD

Né en 1951
À Tel Aviv, Israël

Ron Arad étudie à la Jerusalem Academy of Art de 1971 à 1973, puis à l'Architectural Association de Londres sous la direction de Peter Cook. Il y monte son propre atelier-showroom de design en 1981, avec Caroline Thorman, le « One Off London » (atelier de pièces uniques). Il expose dans ce lieu d'échanges ses propres créations ainsi que celles d'autres designers de l'avant-garde britannique. Ses premiers meubles se veulent des « ready-made » post-industriels, combinant matériaux high-tech, éléments d'échafaudage et objets de récupération. Sa *Chaîne Stéréo Concrète* (1984) prend volontairement ses distances avec l'équipement hi-fi standardisé, en affirmant sa prédilection pour les « belles formes ». Ses séries limitées d'objets en acier doux et de luminaires édités à la fin des années quatre-vingt, qui font appel à des procédés de fabrication complexes et coûteux, lui valent une large publicité et attirent sur lui l'attention d'industriels de l'ameublement. Arad s'oriente alors vers la production en série, et plusieurs de ses créations sont de bons succès commerciaux, comme son étagère *Bookworm* (1997), dont **Kartell** a fabriqué 1 000 kilomètres. Il utilise des matériaux nouveaux et des techniques de production inédites : témoins sa chaise en aluminium formé sous vide, la *Tom Vac* (1998), réalisée plus tard en plastique par Vitra, ou le siège *Fantastic Plastic Elastic* diffusée la même année par Kartell. Il est depuis 1997 professeur de mobilier design au Royal College of Art de Londres, et depuis 1999 professeur de design industriel. Désormais, Arad emploie des logiciels CAO (conception assistée par ordinateur) et crée des meubles aux lignes sculpturales pour leur production industrielle.Ces logiciels lui permettent de convertir facilement ses croquis en modèles 3D, et donc de passer aisément du concept initial au produit fini. Il peut aussi manipuler des formes en trois dimensions

Book Worm pour Kartell, 1997

Chaise *Tom-Vac* pour Vitra, 1997 (commercialisée en 1999)

↗ Chaise *Raviolo* pour Magis, 2011

Chaise *Clover* pour Driade, 2007

et gagner en créativité, obtenant des designs extrêmement fluides. Aujourd'hui, Arad signe toujours des pièces uniques et des éditions limitées comparables à de l'« art conceptuel », ainsi que des créations très sculpturales produites en série, les unes influençant souvent les autres. Infatigable sur le plan créatif, Arad a été forcé au fil de sa carrière, comme il le déclare, de « créer des choses nouvelles », une quête qui a fait de lui l'un des designers les plus en vogue du moment.

EGMONT ARENS

Né en 1888 à Cleveland, États-Unis
Mort en 1966 à New York, États-Unis

Conditionnements pour White Rose, vers 1951

Ancien journaliste sportif au quotidien *Tribune-Citizen* d'Albuquerque (Nouveau Mexique), Egmont Arens ouvre une librairie à New York en 1917. Un an plus tard, il crée une imprimerie de presse, la « Flying Stag Press », et publie les revues *Creative Art* et *Playboy* (qui est alors une revue consacrée à l'art moderne). Il devient plus tard le rédacteur en chef du magasine *Vanity Fair*. Arens travaille également dans l'agence de publicité d'Earnest Elmo Calkins, où il commence une carrière de designer industriel en créant un département de stylisme. Comme beaucoup de ses confrères qui se sont illustrés au cours des années trente, Arens dessine les objets que le fabricant souhaite rendre plus attrayants. Il crée, entre autres, une gamme de conditionnements pour les produits alimentaires de la chaîne A&P (son paquet de café *8 o'clock coffee* est toujours en vente). Il dit pratiquer « l'ingénierie du consommateur », et publie de nombreux écrits sur les rapports entre design et marketing, notamment un livre intitulé *25 années de conditionnement*. Parmi ses nombreuses créations aux lignes aérodynamiques, citons une batterie de casseroles en aluminium filé, qui incarnent une tentative de « dessiner » la sortie de la Grande Dépression pour les Américains.

Egmont Arens & Theodore Trancheuse *N° 410 Streamliner* pour la Hobart Manufacturing Company, 1941

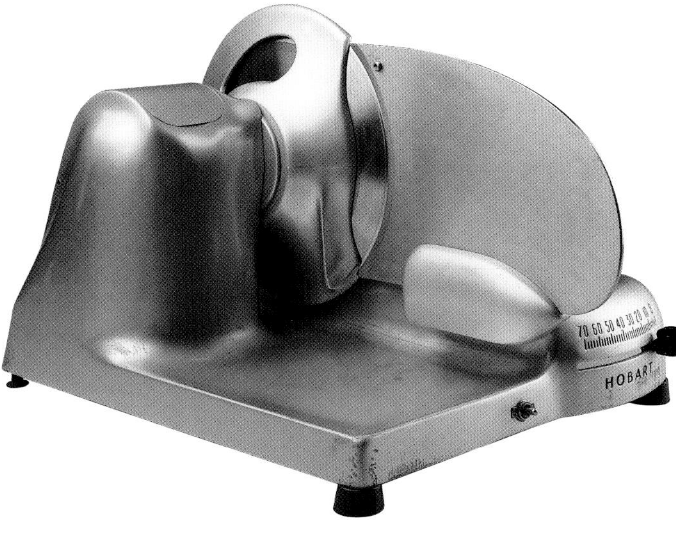

RICHARD ARKWRIGHT

Né en 1732 à Preston, Angleterre
Mort en 1792 à Cromford, Angleterre

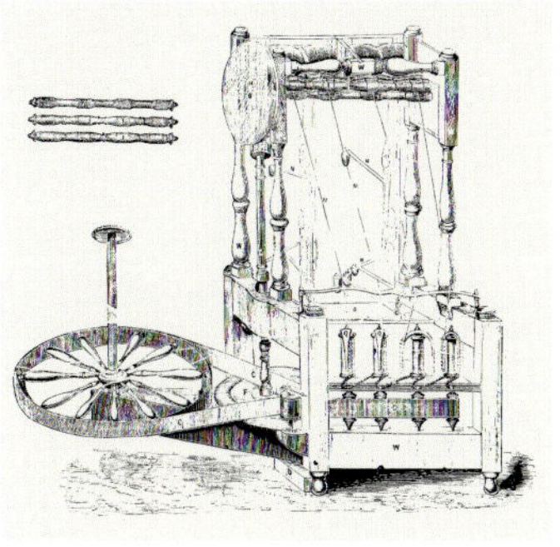

Croquis pour le brevet du *Water Frame*, 1769

Le célèbre inventeur anglais est perruquier de son état – une profession qui lui fait parcourir toute l'Angleterre. Doué d'un fort appétit de connaissances, il s'intéresse particulièrement aux techniques de filature, et construit sa première machine en 1664, brevetée cinq ans plus tard sous le nom de *Waterframe*. Ce métier à filer, qui utilise l'énergie hydraulique, produit un fil plus solide que celui de la *Spinning Jenny* de **James Hargreaves**, et donc approprié au tissage mécanique. Grâce à son invention révolutionnaire, Arkwright ouvre d'abord des filatures à Nottingham et à Cromford, puis il élargit son activité en créant plusieurs nouvelles usines capables de réaliser simultanément les opérations de cardage et de filature.
En 1773, il entreprend la fabrication d'une indienne en pur coton, qui devait révolutionner l'industrie textile britannique. Cette étoffe connaîtra un tel succès qu'en 1782, le capital d'Arkwright s'élève à 200 000 livres et ses usines emploient 5 000 personnes. Quatre ans plus tard il reçoit le titre de chevalier pour son invention, qui place la Grande-Bretagne au premier rang de l'industrie textile mondiale. Le *Waterframe* est aujourd'hui considéré comme l'un des chefs-d'œuvre du design de la révolution industrielle.

Maquette expérimentale de fileuse, vers 1769

ARTEMIDE

Fondée en 1959
À Milan, Italie

Vico Magistretti,
Lampe *Eclisse*, 1965

Richard Sapper,
Lampe *Tizio*, 1972

Cette entreprise produisant du mobilier et des luminaires a été fondée en 1959 par Ernesto Gismondi (né en 1931). Elle prospère rapidement grâce aux créations de Vico Magistretti (1920–2006) : les tables *Demetrio 45* (1966) et *Stadio* (1967) ou encore les chaises monobloc *Selene* et *Gaudí* (1969 & 1970), d'abord réalisées en plastique armé avant d'être construites en ABS injecté. Ces meubles de haute qualité ont contribué à faire accepter le plastique comme matériau noble, tout en braquant les projecteurs sur le design italien. Nombre de luminaires produits par Artemide ont fait date : *Chimera* (1966) de Vico Magistretti, la lampe-serpent *Boalum* (1969) de **Livio Castiglioni** et Gianfranco Frattini (1926–2004) ou la lampe de bureau à balancier *Tizio* (1972) de **Richard Sapper**. Au début des années quatre-vingt, soucieux de se maintenir à la pointe de l'innovation, Gismondi a mis un espace d'exposition à la disposition du groupe Memphis. C'est toutefois le lancement en 1987 de la lampe *Tolomeo* qui a vraiment marqué au cours de la décennie suivante un tournant au niveau des ventes mondiales. Conçue par **Michele De Lucchi** et Giancarlo Fassina (né en 1935), la lampe de travail *Tolomeo* incarnait parfaitement le nouvel esprit de simplicité, laissant derrière l'esthétique pop colorée du post-modernisme de la fin des années 80 et des années 90. Après s'être vu décerner en 1989 le prix convoité Compasso d'Oro, le modèle *Tolomeo* en aluminium est devenu dans les années 90 un objet omniprésent dans les bureaux. En 1996, l'équipe de recherche et développement

Ross Lovegrove, Lampe *Mercury*, 2007

d'Artemide a commencé à développer ses produits selon le concept de « lumière humaine », ce qui a donné jour au design et à la production d'une gamme de lampes, dont la lampe de table *Esperia* d'Ernesto Gismondi (1996) et la lampe sur pied *Yin flu* de Carlotta de Bevilacqua (2001) dotée d'un système de contrôle à distance pour changer selon l'humeur la couleur et l'intensité de l'éclairage. En 2004, Artemide a reçu un autre Compasso d'Oro pour la lampe *Pipe* signée par Herzog & De Meuron, et en 2008 l'extraordinaire lampe *Mercury* de **Ross Lovegrove** a reçu le prix Red Dot Award « Best of the Best ». Aujourd'hui, Artemide est célèbre dans le monde entier pour ses éclairages innovants allant du fonctionnel au poétique. Sur les 700 employés d'Artemide, environ 60 participent à la recherche et au développement, preuve du rôle primordial que l'innovation joue dans la culture de design de l'entreprise.

ARZBERG

Fondée en 1887
À Arzberg, Allemagne

Si la création de l'usine de porcelaine bavaroise date de 1887, elle n'a été baptisée Porzellanfabrik Arzberg qu'en 1928. À cette époque, Arzberg est l'un des meilleurs porcelainiers allemands. Pendant les années trente, le fabricant s'oriente vers la création de vaisselle fonctionnaliste avec notamment le service de table Form 1382 d'Hermann Gretsch. Son style reflète la devise du Mouvement Moderne « Moins c'est Plus », décrit par un commentateur comme « pratique, sans ornement et sans âge... le beau qui est au-dessus des caprices de la mode ». Toutefois, Arzberg s'est un peu écarté de cette esthétique purement utilitaire, avec des versions modifiées du service Form 1382 : l'une dotée d'un fin motif floral bleu pâle et l'autre d'une rayure rouge sombre. Les autres productions de l'entreprise (aujourd'hui filiale de Winterling AG), traduisent toutes le même goût pour une vaisselle pratique aux lignes pures : c'est le cas de *Form 2020*, *Form 2025* et *Form 2050* crées par Heinrich Löffelhardt dans les années cinquante, ou du *Form 3000* (années soixante-dix) de **Hans Theo Baumann** et du service Tric (années quatre-vingt-dix) de Michael Sieger.

Michael Sieger, Carafe et verre de la ligne *Tric*, 1997

← Hermann Gretsch, Service de table *1382*, 1931

Ulrike Bögel, Service *Teasworld*, 1984

→ Audi *Quattro 20V*, 1985

↘ Audi *TT (8N) 1.8 T*, 2003

Avec une monnaie en chute libre, les ventes de voitures produites par des machines obsolètes sont quasiment nulles. Mais entre 1925 et 1929, les constructeurs allemands équipent leurs usines de chaînes de montage qui leur permettent de doubler leur productivité, et de produire en série les voitures plus petites que réclame le public de l'époque. Après la guerre, le premier modèle d'Audi, la *Type K* d'Hermann Lange, est la première voiture allemande avec conduite à gauche et changement de vitesse central. En 1932, les sociétés Horch et Audi s'unissent avec le constructeur DKW et le département automobile de Wanderer pour former Auto Union AG de Chemnitz, une association que symbolise un logo constitué de quatre anneaux imbriqués. Cette fusion entraîne une nette amélioration de la productivité. En 1936, Auto Union met en place un Département Expérimental Central : le constructeur est le premier en Allemagne à réaliser des crash tests. À la fin de la Seconde Guerre mondiale, Auto Union a perdu des usines entières (l'usine Audi est placée sous contrôle militaire soviétique). Grâce à des prêts bancaires, la société réussit à monter un nouveau site de production, à Ingolstadt en Bavière, où la fabrication de véhicules de marque Audi peut reprendre. Ce qui n'empêche pas la marque aux quatre anneaux d'être rachetée en 1965 par **Volkswagen**, dont elle devient une filiale à part entière. L'année suivante, Audi sort une nouvelle gamme dont la *Super 90* dotée d'équipements de qualité. Mais ce sont les modèles ultérieurs qui restaurent l'image de marque de la société, comme l'Audi *100* (1970), conçue par Ludwig Kraus dans la clandestinité et l'Audi *80* créée en 1972 par Nuccio **Bertone**. À partir de 1979, le constructeur s'oriente vers le haut de gamme, avec le lancement de la performante Audi *Quattro* au printemps 1980. Cette voiture puissante, solide et soignée qui incarne la qualité de

Audi *920*, 1939

G757 PGK

N XE 12G

l'ingénierie allemande amène une révolution dans le monde des rallyes internationaux. Les trois modèles *Quattro* servent de base aux projets de modèles ultérieurs, jusqu'à l'arrivée en 1994 de la *A4*, de la *A6* et de la *A8*, assorties de leurs versions sport *S*. Audi sponsorise depuis 1996 l'International Design Award, avec pour objectif la création d'un forum d'échanges interdisciplinaire. Selon l'une des théories du constructeur « le progrès ne consiste pas à abolir le passé, mais à en conserver l'essence... pour la création d'un présent meilleur ». C'est dans cet esprit qu'Audi a lancé en 1999 son modèle *A2*, à la fois léger, sûr et économique, la première voiture au monde en aluminium à être produite en série. Avec ce type de design, Audi se considère comme une marque avant-gardiste, des créations qui sont le fruit de son engagement pour « une technologie de pointe et une conception visionnaire ». L'année d'avant, l'entreprise avait lancé un petit roadster de deux portes, l'Audi *TT*, rapidement devenu populaire pour son profil sportif ; son instabilité en termes de conduite a été corrigée par l'ajout d'un aileron arrière et grâce à quelques modifications du système de suspensions. Dernièrement, le fleuron de la gamme est l'Audi *R8*. Lancée en 2006, cette voiture de sport aux lignes séduisantes est réputée pour sa tenue de route impeccable, qui se doit à la plateforme *Gallardo* de **Lamborghini**. On peut y voir toute l'incarnation de la célèbre devise d'Audi, « Vorsprung durch Technik » (le progrès par la technologie), une excellente synthèse de l'idée directrice et de l'approche du design de longue date de l'entreprise.

Audi *R8 V10*, 2015

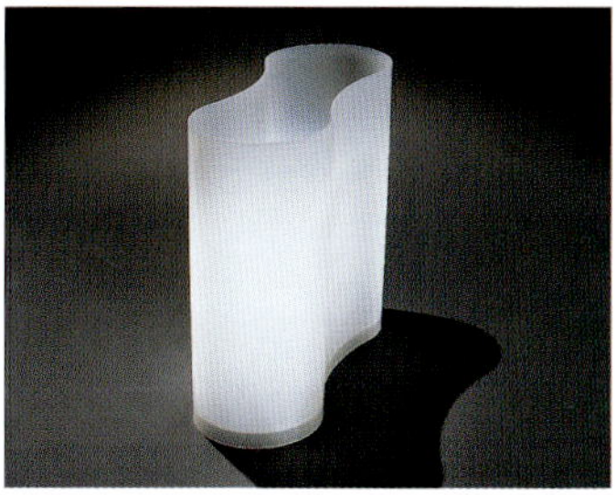

Hansjerg Maier-Aichen, Porte-journaux *Rivista*, 1997

AUTHENTICS

Fondée en 1980
À Holzgerlingen, près de Stuttgart, Allemagne

Spécialisée dans la fabrication d' « objets quotidiens », la société Authentics est fondée en 1980 par Hansjerg Maier-Aichen (né en 1940), qui a étudié l'architecture intérieure à Wuppertal et la peinture à la Staatliche Hochschule der Bildenden Künste à Munich. L'entreprise est une filiale d'Artipresent GMHH et Maier-Aichen en est le directeur. Depuis sa création, Authentics applique à son design essentialiste une technologie dernier cri basée sur le plastique moulé et s'efforce de défendre la place des matériaux synthétiques dans la « découverte de solutions pratiques et adaptées ». Les range CD, porte-journaux, paniers à linge, corbeilles et poubelles, seaux, lampes, distributeurs de savon et autres objets fonctionnels sont conçus par une pléiade internationale de jeunes designers talentueux, dont Matthew Hilton (né en 1957), **Konstantin Grcic** et Sébastien Bergne (né en 1966). La qualité de ces produits et l'exploitation astucieuse de caractéristiques propres aux matériaux synthétiques et les possibilités de couleur et de texture ont permis à Authentics de « restaurer la dignité » des thermoplastiques. Bien que ses modèles soient souvent copiés, la société demeure en tête d'un marché en rapide expansion, celui des accessoires domestiques et ménagers. Authentics a en effet réussi à se forger une solide identité de marque, grâce à son design minimaliste, économique et écologique.

Konstanin Grcic, Panier *2 hands*, 1996

CHARLES BABBAGE

Né en 1791 à Londres, Angleterre
Mort en 1871 à Londres, Angleterre

→ Détail du *Difference Engine N° 1* de Charles Babbage commencé en 1824 et assemblé par Joseph Clément en 1832

Les machines à calculer du mathématicien Charles Babbage lui ont valu le nom d' « ancêtre » de l'ordinateur dont il a effectivement inventé le principe de base. En 1812–1813, il élabore le premier concept de tables de calcul mécaniques. Il fonde en 1820 avec Herschel et Peacock l'Analytical Society et, avec l'aide financière du gouvernement britannique, entreprend trois ans plus tard la mise au point de son *Difference Engine N°1*. Le projet initial calcule jusqu'à la sixième décimale et une différence de second ordre. Mais cette première calculatrice automatique ne sera que partiellement construite (1/7e environ). En 1834, Babbage s'attaque à une version plus ambitieuse, l'*Analytical Engine*, capable de réaliser toutes les opérations, jusqu'à la vingtième décimale et une différence du sixième ordre. Bien que nommé professeur de mathématiques à l'université de Cambridge – une chaire occupée avant lui par Isaac Newton – Babbage n'est jamais parvenu à convaincre le gouvernement britannique de financer la fabrication de sa calculatrice. Aucune de ses machines n'a d'ailleurs pu être entièrement assemblée. Elles n'en restent pas moins de remarquables précurseurs des calculatrices digitales modernes, et de l'ordinateur d'aujourd'hui : les données arithmétiques étaient en effet entrées dans l'*Analytical Engine* de Babbage au moyen de cartes perforées, et la calculatrice était dotée d'une mémoire capable de stocker des nombres et d'un contrôle séquentiel. L'invention de ce premier ordinateur digital demeurera longtemps ignorée, jusqu'à la publication des carnets inédits de Babbage en 1937.

Gravure représentant une section du *Difference Engine* de Babbage, 1832

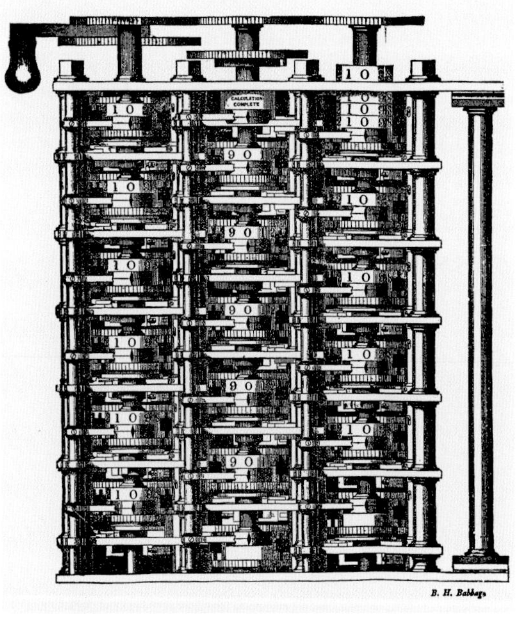

4
6
0

Land Rover *Series II* LWB (à empattement long), 1958

DAVID BACHE

Né en 1926 à Birmingham, Angleterre
Mort en 1995 à Solihull, Angleterre

David Bache apprend le design à la fin des années quarante, chez Austin-moto (qui fusionnera avec Nuffield en 1949). Il fait ses débuts comme assistant du designer italien Riccardo Burzi, qui a lui-même travaillé pour Lancia avant de passer chez Austin dans les années vingt. Le jeune Bache commence par créer le tableau de bord de l'Austin *A30*. En 1954, il est embauché chez Rover où, avant de créer la Rover *P5* en 1959, il redessine la nouvelle Land Rover *Series II* (1958). Il adoucit les arêtes et les proportions du véhicule agricole d'origine. La *Series II*, qu'on nomme parfois la « Vraie Land », est considérée comme un grand classique du design anglais. En 1963, Bache crée la Rover *2000*, une voiture plus sophistiquée, aux lignes pures et aérodynamiques. La période troublée qui suit en Grande-Bretagne la nationalisation de l'industrie automobile empêchera la production d'une partie de ses plus beaux modèles sur lesquels il collabore souvent avec Spen King : c'est le cas de la *P9*, qui soutenait à l'époque la comparaison avec la **Porsche** *911*. Sa célèbre *Range Rover* en 1970 et sa *P10* en 1975 ont toutefois été produites et ont remporté un grand succès commercial.

Land Rover *Series II* camionnette, 1958

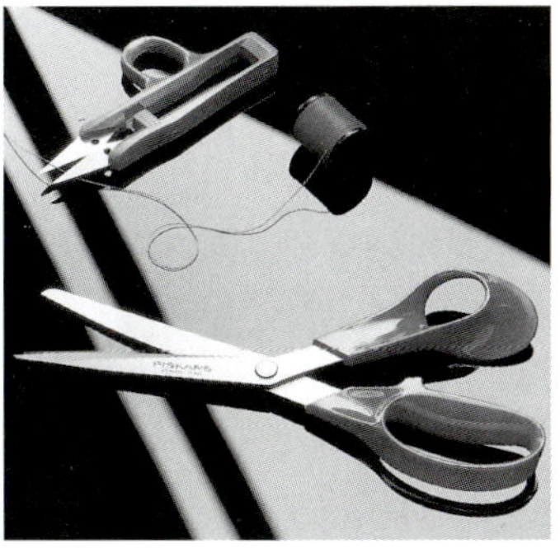

Les ciseaux *O-Series* pour Fiskars, 1967

OLOF BÄCKSTRÖM

Né en 1922 en Finlande
Mort en 2001 en Finlande

Ingénieur électronicien de formation, Olaf Bäckström consacre les onze premières années de sa carrière à cette activité, avant de s'orienter vers le design et la sculpture du bois. Il remporte deux fois la médaille d'argent de la Triennale de Milan : en 1957, pour sa vaisselle et ses ustensiles de cuisine en bois, et en 1960 avec un service de couverts de camping. Il est, depuis 1958, designer industriel chez **Fiskars**, à Helsinki, où il a d'abord produit un service de table en mélamine. Entre 1961 et 1967, il travaille sur des ciseaux révolutionnaires, les O-Series, dont le premier prototype est en bois. Lancés sur le marché en 1967 (avec une version pour gauchers en 1971), les ciseaux de Bäckström arborent des poignées ergonomiques en ABS orange vif, qui épousent la forme et les mouvements des doigts. La version à peine modifiée que Fiskars fabrique encore aujourd'hui prouve à quel point l'ergonomie peut accroître le confort autant que la performance.

Ciseaux Fiskars, grandement inspirés du design original d'Olof Bäckström, années 2000

BANG & OLUFSEN

Fondée en 1925
À Quistrup, près de Struer, Danemark

Radio *Beolit 39*, 1938

Passionné par la radio, Peter Bang (1900–1957) construit dans son enfance un poste secteur qui fonctionne sans pile ni accu. Il entreprend plus tard des études d'ingénieur à l'École Électrotechnique de Århus où il obtient son diplôme en 1924. C'est là qu'il rencontre Svend Olufsen (1897–1949), qui se livre à des expériences radio dans la propriété de ses parents à Quistrup. Lorsque Bang rentre des États-Unis où il a participé aux dernières recherches en technologie radio, Olufsen lui demande de l'aider à mettre au point le poste récepteur sur lequel il est en train de travailler. En 1925, la société Bang & Olufsen est officiellement fondée, et les deux amis s'attaquent à la connexion sur le secteur d'un récepteur à piles, le *B&O Eliminator*. Ils lancent en 1929 leur premier poste de radio sur secteur, le *Five Lamper*, dont l'architecte Ole Wanscher critiquera violemment l'esthétique démodée. Pendant la Seconde Guerre mondiale, B&O met en place un service radio clandestin entre l'Angleterre et les Combattants Libres Danois. Ces liens avec la résistance ont pour conséquence, en 1945, le bombardement de l'usine qui sera rapidement reconstruite. La production reprend, avec cette fois les critiques défavorables du célèbre designer Poul Henningsen (1894–1967), pour qui les appareils B&O trahissent une « incompétence massive ». Au milieu des années cinquante, pour justifier son slogan « Le sceau de la Qualité Danoise », B&O s'assure la collaboration de grands architectes et designers danois, comme **Sigvard Bernadotte** et **Acton Bjørn**. Les résultats seront spectaculaires : une nouvelle génération de produits de qualité, intégrés et compacts, dont les lignes pures et raffinées offrent un design haut de gamme à des consommateurs exigeants. B&O lance des électrophones stéréo intégrés et futuristes, « pour ceux qui discutent goût et qualité avant de parler prix ». Ayant assuré sa place de pionnier en technologie audio, la société continue à innover avec les produits phares du designer **Jakob Jensen**, qui réussit à marier technique et esthétique.

Jakob Jensen, Tourne-disques *Beogram 1200*, 1969

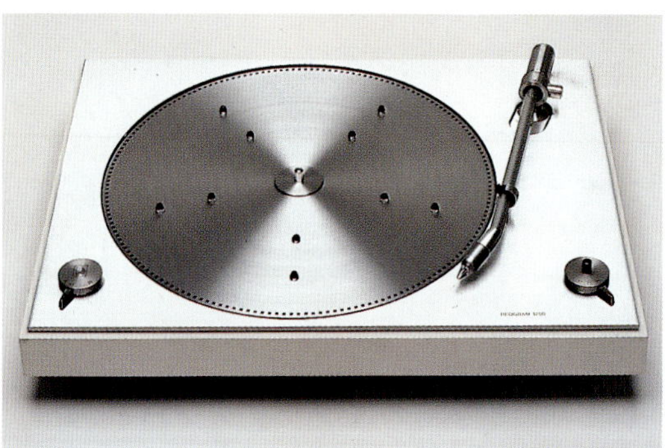

David Lewis, Chaîne hi-fi *Beosystem 2500*, 1991

Les agencements « easy touch » et les lignes rases et plates de ses appareils apportent une redéfinition radicale du design hi-fi. Le fabricant danois souffre très durement de la concurrence asiatique pendant les années quatre-vingt, et finit par former avec **Philips** une alliance nécessaire à sa survie. Au début des années quatre-vingt-dix, B&O change de cap et met fin à la production industrielle pour s'orienter vers la fabrication sur commande. Le design de la maison subit lui aussi des modifications radicales avec David Lewis, ancien assistant de Jensen, et dont le révolutionnaire *Beosystem 2500* (1991) « tout en un » se distingue brillamment des anonymes boîtes noires empilables des concurrents. Convaincu que le consommateur est attiré par des produits aussi beaux que fonctionnels et faciles à utiliser, B&O a su créer des produits de grande qualité, dont le design élégant et futuriste intègre de réelles avancées techniques. Aujourd'hui, après des moments difficiles lors de la crise économique de 2008, Bang & Olufsen perpétue son engagement d'excellence en termes de design. La marque reste leader dans son domaine grâce aux téléviseurs, systèmes audio, enceintes, téléphones et autres produits multimédias alliant technologie de pointe et design vibrant.

OSKAR BARNACK

Né en 1879 à Lynow, Allemagne
Mort en 1936 à Bad Nauheim, Allemagne

À la Foire de Leipzig de 1925, la sortie du *Leica I* d'Oskar Barnack est acclamée comme une véritable révolution dans le monde de la photographie. Avant les projets que signe Barnack pour Leitz Wetzlar (rebaptisé plus tard **Leica**), les appareils photo 35 mm étaient très volumineux et donc difficilement maniables. En 1913, Barnack avait construit un premier prototype novateur, le *Ur-Leica*, produit en 1918 sous le nom de *Leica A*, un appareil plus léger et transportable, grâce au remplacement des rouleaux de film à arête par un rouleau perforé. Il est déjà doté d'un enrouleur, de boutons de commandes astucieux ainsi que d'un objectif équipé des excellentes lentilles *Elmar* conçues par Max Berck. C'est toutefois le *Leica 1* de 1925, avec son déclencheur en « crosse de hockey » sur la façade de l'appareil, qui servira de modèle de base à tous les futurs Leica, et finira par transformer radicalement la conception de la prise de vues. D'une souplesse remarquable, il permet de réaliser des portraits comme de photographier des paysages, convient aux clichés de microscope autant qu'aux prises de vue du système solaire. D'un point de vue esthétique, l'approche fonctionnelle des créations de Barnack porte très nettement la marque de l'ère industrielle.

L'appareil photo
Leica I, 1930

Josef Albers,
Verre à thé, 1926

BAUHAUS

1919–1933 Weimar,
Dessau & Berlin, Allemagne

Le Weimar Staatliche Bauhaus est né en 1919 de la fusion de l'École des Arts Appliqués et de l'Académie des Beaux-Arts de Weimar en une seule école interdisciplinaire d'arts appliqués et décoratifs. Pour **Walter Gropius**, son premier directeur, la construction recèle un triple sens : symbolique, intellectuel et social. Cette idée sous-tend tout son enseignement. D'abord située à Weimar, l'école s'oriente vers une pédagogie unifiée et fondamentalement artisanale. Le cursus commence par une année préparatoire où les étudiants apprennent les théories et les techniques de base du dessin et de la couleur. Après quoi, ils intègrent des ateliers diversifiés où ils se forment au minimum à un métier. Ces ateliers sont censés s'autofinancer par le biais de commandes privées. Dans les premières années de fonctionnement, c'est Johannes Itten (1888–1967) qui dirige l'équipe de professeurs, qui sont appelés « maîtres ». Lui-même enseigne les théories de la forme, de la couleur et du contraste, ainsi que l'histoire de l'art. Convaincu que la composition spatiale obéit aux lois de la nature, il enseigne à ses étudiants la valeur des formes géométriques aussi simples que le cercle, le carré ou le cône. Et ce sont ces figures élémentaires qui ont servi de base au design du Bauhaus, à ses surfaces nues et à ses formes fonctionnelles.

Marianne Brandt,
Service à thé et café,
1924 (réédité par
Alessi en 1985)

Marianne Brandt
et Hans Przyrembel,
Suspension, 1926

Otto Rittweger &
Josef Knau, Boules
à thé et support,
1924

Un conflit finit par éclater entre Gropius et Itten, aboutissant au départ de ce dernier en mars 1923. Cette date marque la fin de la période expressionniste de l'école. Gropius remplace Itten par Joseph Albers (1888–1976) et László Moholy-Nagy (1895–1946), qui orientent l'enseignement vers le secteur industriel : ils emmènent notamment les étudiants visiter des usines. En 1923, le Bauhaus organise une exposition qui met en valeur ses multiples activités, et montre la nouvelle image que l'école s'est forgée, avec un graphisme résolument moderne qui intègre une « Nouvelle Typographie » sans serif. On y voit aussi des œuvres issues du mouvement De Stijl. L'exposition est acclamée par la critique internationale. Un succès de courte durée : lorsque la droite remporte les élections de Thuringe en 1924, le Bauhaus voit son budget réduit de moitié. En 1925, les maîtres votent la dissolution de l'école de Weimar, que Gropius installe à Dessau, où les Sociaux-Démocrates sont beaucoup plus favorables à ses objectifs. Cette ville industrielle apporte au Bauhaus le soutien financier dont il a grand besoin, en échange d'une promesse d'autosuffisance partielle : l'école devra vendre ses produits. Les subventions permettent à Gropius de construire la nouvelle école qu'il a conçue lui-même et dans laquelle le Bauhaus emménage en 1926. Les matériaux préfabriqués et la structure extrêmement rationnelle des nouveaux bâtiments incarnent le tournant décisif pris par l'école, qui s'éloigne de l'artisanat pour s'orienter vers la production industrielle. Déçu par le socialisme, Walter Gropius pense que les ouvriers peuvent tirer profit d'un capitalisme industriel comme celui de Henry **Ford**. Il estime également que la survie du Bauhaus passe par une approche industrielle du design. Les nouvelles créations du Bauhaus inspirées d'une esthétique mécaniste reflètent cette conviction que le fonctionnalisme peut être le moteur d'une société meilleure. Le mobilier révolutionnaire de **Marcel Breuer**, comme le

La cuisine de la Haus am Horn, à Weimar, 1923 : Adolf Meyer et Walter March pour la construction, Georg Muche pour le design

fauteuil *B3* (1925–1927), qu'il dessine pour les bureaux de Vassily Kandinsky, utilise un métal tubulaire très nouveau qui marque un tournant radical dans le design de ce type de meubles. Les sièges de **Marcel Breuer** seront fabriqués en série par Standard-Möbel et par les frères **Thonet** à partir de 1928. En novembre 1925, avec le soutien financier d'Adolf Sommerfeld, Gropius réalise une ambition ancienne : il fonde Bauhaus GmbH, une société consacrée à la promotion et à la vente des produits fabriqués par l'école qui édite un catalogue illustré. Les ventes ne répondent pas aux attentes de Gropius, tant s'en faut. Cet échec est certainement dû en partie à la sévérité de l'esthétique adoptée par l'école. Mais surtout, les produits du Bauhaus, bien que fabriqués avec des machines, sont mal adaptés à une production industrielle. La société Bauhaus passe des accords de sous-traitance avec quelques industriels, mais les résultats sont décevants. Finalement, l'architecte suisse Hannes Meyer (1889–1954) remplace Gropius à la tête de l'école, dont le nouveau nom plus sophistiqué de « Hochschule für Gestaltung » (Institut du Design) incarne l'orientation fonctionnaliste. Communiste convaincu, Meyer croit que la forme doit être subordonnée à la fonction et au coût, et que les produits de l'école doivent être à la fois pratiques et abordables pour la classe ouvrière. Sous sa direction, le design du Bauhaus devient plus scientifique, et l'école se politise et se mue en foyer d'activisme marxiste. En 1930, Meyer est remplacé par Mies van der Rohe (1886–1969) qui dépolitise l'institution en rendant facultative l'année préparatoire. L'enseignement de l'architecture prend le dessus, et les ateliers d'art appliqués sont exclusivement consacrés à la création de produits destinés à l'industrie. En octobre 1931, les Nazis obtiennent 19 des 36 sièges de la municipalité de Dessau et font voter la fermeture du Bauhaus. Mies van der Rohe rouvre à Berlin une école privée, que les maîtres eux-mêmes décideront de dissoudre en 1933, marquant ainsi la fin d'une aventure exceptionnelle. Le Bauhaus aura été le tout premier établissement d'enseignement du design, et il exercera une influence fondamentale tant sur la théorie que sur la pratique de cette discipline.

REIS
NUDELN
ZUCKER
GRIES

HANS THEO BAUMANN

Né en 1924
À Bâle, Suisse

Après des études d'arts plastiques à Dresde (1943–1945) Hans Theo Baumann étudie le design, le graphisme et le vitrail à la Kunstgewerbeschule de Bâle de 1946 à 1950. Il travaille en 1953 avec Egon Eiermann (1904–1970), réalise des vitraux pour l'église de Pforzheim et la Gedächtniskirche de Berlin. Deux ans plus tard, il crée son propre atelier de design à Schopfheim et se consacre au travail de la céramique et du verre. Les objets et la vaisselle de Baumann avec leurs formes géométriques très simples aux arêtes adoucies associent rondeurs et raffinement. Ses œuvres sont diffusées par **Arzberg**, **Rosenthal**, KPM, Thomas, Daum, Süssmuth et Schönwald. Il a fondé un bureau d'études à Bâle en 1971, et plus récemment un autre à Gaillan, dans le Médoc. Sa vaisselle de porcelaine, comme le service à thé et à café *Brasilia* (1975) édité par Arzberg lui ont valu une reconnaissance internationale. Il est également l'auteur de tissus, meubles et luminaires qui relèvent de la même esthétique épurée. En 1970, il participe à la mise en place d'un enseignement

Service *Brasilia Form 5500*, pour Arzberg, 1975

Service *Delta* pour Arzberg, 1979

de la céramique à l'Institut National du Design d'Ahmedabad, en Inde, et donne lui-même des cours à la Hochschule der Künste de Berlin. Les formes à la fois pleines et élégantes des objets de Baumann sont issues de sa profonde connaissance des matériaux et de leur adéquation à la sculpture. Il est convaincu que « la qualité d'un dessin n'est pas due à la justesse de calculs mathématiques, mais qu'elle est le seul résultat de ce que la main de l'homme peut ajouter ou enlever. Si l'objet final est beau, c'est parce que le créateur lui a apporté poids, matière, dessein et fonction. »

YVES BÉHAR

Né en 1967
À Lausanne, Suisse

Lampe d'appoint LED *LEAF* pour Herman Miller, 2006

Ordinateur portable *XO* pour OLPC, 2006, le célèbre portable à 100 $ pour enfants du monde développé

Yves Béhar est l'un des designers industriels tech les plus doués, ainsi qu'un réputé défenseur du design durable. Lors d'une conférence donnée en 2010 au Design Museum de Londres, il déclare : « La durabilité est l'occasion parfaite d'inscrire un changement à grande échelle, et en retour de rendre le design beaucoup plus pertinent, et tellement plus puissant... Chaque usine, chaque produit doit connaître une refonte et avoir la durabilité comme critère principal ». Suisse de naissance mais vivant désormais aux États-Unis, Béhar a fait des études de design industriel à l'Art Center College of Design, d'abord au campus de Vevey, en Suisse, puis à Pasadena. Il a ensuite travaillé trois ans comme designer chez Lunar à Palo Alto, avant d'occuper le poste de designer en chef à **Frogdesign**, également à Palo Alto, où il est resté jusqu'en 1998. L'année d'après il a fondé à San Francisco sa propre agence de design intégré, Fuseproject. Béhar s'est alors fait une place de choix dans le monde du design avec le lancement en 2006 de l'ordinateur portable vert et blanc *XO* pour OLPC (One Laptop Per Child), développé en collaboration avec Nicholas Negroponte et le MIT Media Lab. La même année, Béhar a

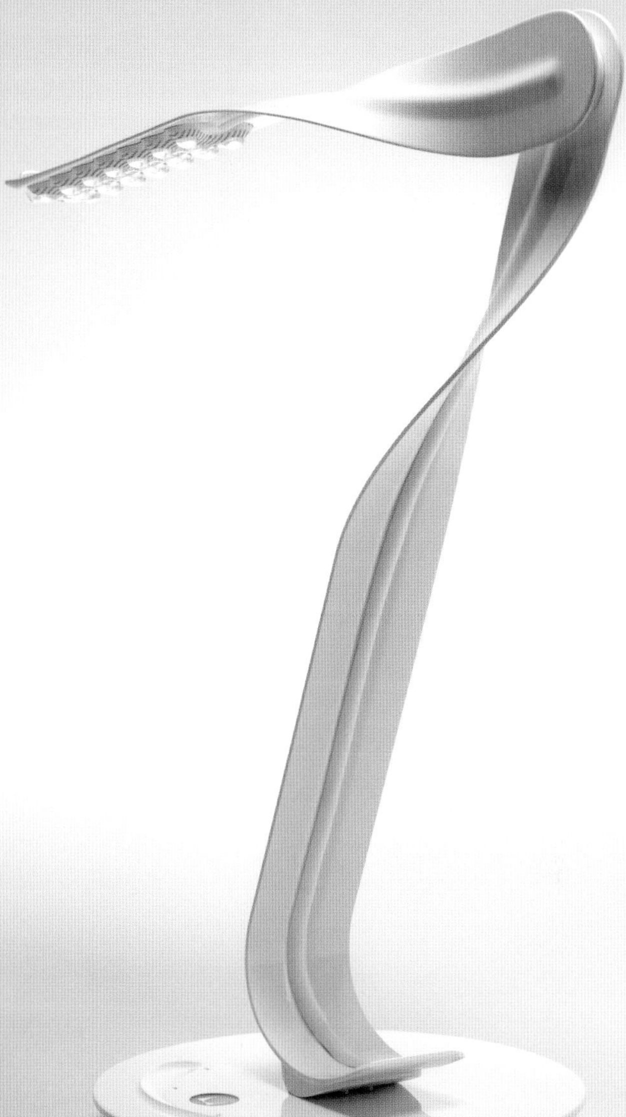

CLEVER
LITTLE BAG
CLEVER
LITTLE BAG

CLEVER
LITTLE BAG

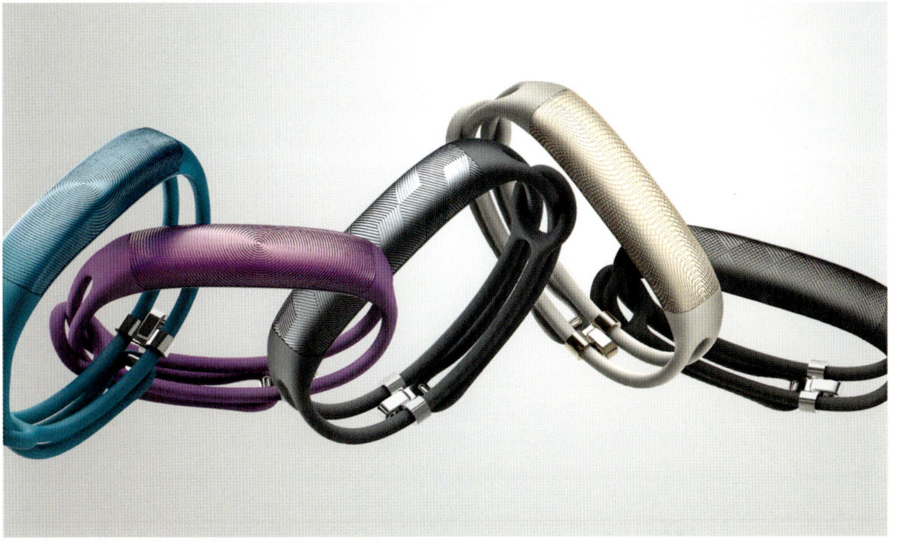

Capteur d'activité *Up2* pour Jawbone, 2015

également conçu la lampe d'appoint LED ultra flexible *LEAF* (2006) pour **Herman Miller**. Il a ensuite signé pour l'entreprise installé à Zeeland la gamme de chaises de bureau *SAYL* (2010), pensées pour leurs qualités ergonomiques et leurs grandes performances, tout en respectant le plus possible l'environnement dans les contraintes imposées par le cahier des charges. Inspiré par les ponts suspendus, Yves Béhar a appliqué les principes d'ingénierie pour créer ce design éco-efficace avec sa partie arrière faite d'un entrelacs de bandes flexibles en élastomère, ce qui donne un effet fonctionnel maximum avec le minimum de matériel. Aujourd'hui, Fuseproject travaille dans un large éventail de domaines de design, de la stratégie au branding en passant par les produits et services numériques, et pour une variété de clients – startups, grandes entreprises, institutions publiques, fondations philanthropiques. Aucun défi de design ne résiste à la pensée logique et aux recherches poussées de Béhar lui permettant de créer une solution innovante et aussi durable que possible. En est un exemple son emballage en polyester non tissé réutilisable et recyclable *Clever Little Bag* (2010) pour Puma : la structure en carton découpé assure sa rigidité et permet de l'empiler, et requiert 65 pour cent de moins de matériel qu'une boîte à chaussures traditionnelle. Depuis 1999, Béhar est aussi directeur de la création de Jawbone, l'un des fabricants leaders de capteurs d'activité basés sur des apps. Détenteur de plus de 200 prix de design, Béhar est sans conteste l'un des grands penseurs de design de notre temps, un véritable visionnaire qui veut faire du futur un monde meilleur à l'aide de pratiques écologiques.

← Boîte à chaussures *Clever Little Bag* pour Puma, 2010

PETER BEHRENS

Né en 1868 à Hambourg, Allemagne
Mort en 1940 à Berlin, Allemagne

Peter Behrens étudie la peinture à Hambourg, Düsseldorf et Karlsruhe de 1886 à 1889. En 1890, il épouse Lilly Krämer et s'installe à Munich. D'abord peintre, illustrateur et calligraphe, il s'initie aux métiers d'art. Il fréquente les cercles de la bohème artiste munichoise et se passionne pour la réforme des mœurs et des styles de vie. Parmi ses amis, citons Otto Julius Bierbaum (1865–1910), Richard Dehmel (1863–1910) et Otto Erich Hartleben (1864–1905). En 1892, Behrens est cofondateur de la Sécession viennoise et, avec Hermann Obrist (1863–1927), August Endell (1871–1925), Bruno Paul (1874–1968), Richard Riemerschmid (1868–1957) et Bernhard Pankok (1872–1943), des Vereinigte Werkstätten für Kunst im Handwerk (Ateliers Unis pour le Travail Artisanal) destinés à la production en série d'objets utilitaires. En 1899, sur l'invitation du grand Duc Ernst-Ludwig de Hesse, Behrens devient le second membre de la colonie d'artistes qui vient de se créer à Darmstadt. Il y construit sa propre maison sur la colline de la Mathildenhöhe. Architecte autodidacte, Behrens conçoit sa demeure comme une œuvre d'art totale *(Gesamtkunstwerk)* : qu'il s'agisse de l'architecture, des jardins ou encore de la décoration intérieure (mobilier, lampes, tapis, vaisselle, couverts, ornements, peintures, etc.), il supervise l'aménagement de sa résidence dans ses moindres détails. La Maison Behrens marque un tournant dans la vie du créateur. Pour Peter Behrens, elle constitue un adieu définitif aux cercles artistiques munichois et symbolise son abandon du Jugendstil au profit d'un style de design austère et sobre. En 1903, Peter Behrens est nommé directeur du Düsseldorf College of Arts and Crafts avec pour mission de le réformer. Il réussira brillamment dans cette tâche. Parmi les nouveaux professeurs qu'il fait venir à Düsseldorf, citons Joseph Bruckmüller, Max Benirschke, Rudolf Bosselt, Fritz Hellmuth Ehmcke et Johannes L. M. Lauwericks. En 1907, Peter Behrens rallie la *Deutscher Werkbund* avec une dizaine de personnalités – dont Theodor Fischer (1862–1938), Josef Hoffmann (1870–1956), Joseph

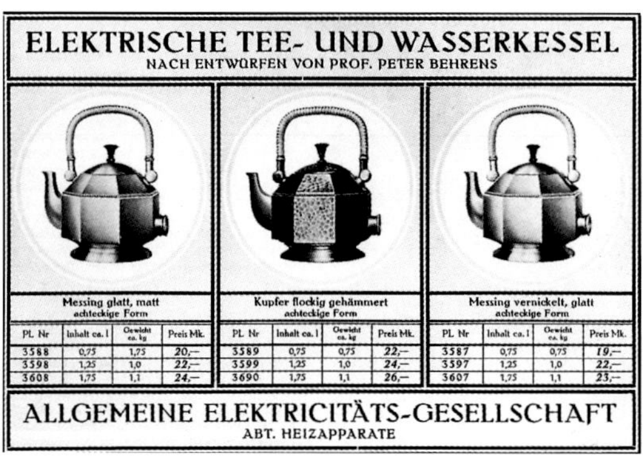

Illustrations de bouilloires du catalogue AEG, 1909–1910

ELEKTRISCHE TEE- UND WASSERKESSEL

NACH ENTWÜRFEN VON PROF. PETER BEHRENS

Messing vernickelt, glatt
ovale Form

PL Nr	Inhalt ca. l	Gewicht ca. kg	Preis Mk.
3585	0,75	0,75	19,–
3595	1,25	1,0	21,–
3605	1,75	1,1	23,–

AUSFÜHRUNG:

Leicht auswechselbare Patronenheizkörper, komplett, mit Anschlußstöpsel, 2 m Litze und Stecker PL Nr 725

Die 0,75 l Kocher haben einen Stromverbrauch von 275 Watt, die 1,25 und 1,75 l Kocher einen Stromverbrauch von 440 Watt

Messing glatt, matt
ovale Form

PL Nr	Inhalt ca. l	Gewicht ca. kg	Preis Mk.
3586	0,75	0,75	19,–
3596	1,25	1,0	22,–
3606	1,75	1,1	24,–

ALLGEMEINE ELEKTRICITÄTS-GESELLSCHAFT

ABT. HEIZAPPARATE

ELEKTRISCHE TEE- UND WASSERKESSEL

NACH ENTWÜRFEN VON PROF. PETER BEHRENS

Messing vernickelt, streifenartig gehämmert
runde Form

PL Nr	Inhalt ca. l	Gewicht ca. kg	Preis Mk.
3581	0,75	0,75	19,–
3591	1,25	1,0	22,–
3601	1,75	1,1	24,–

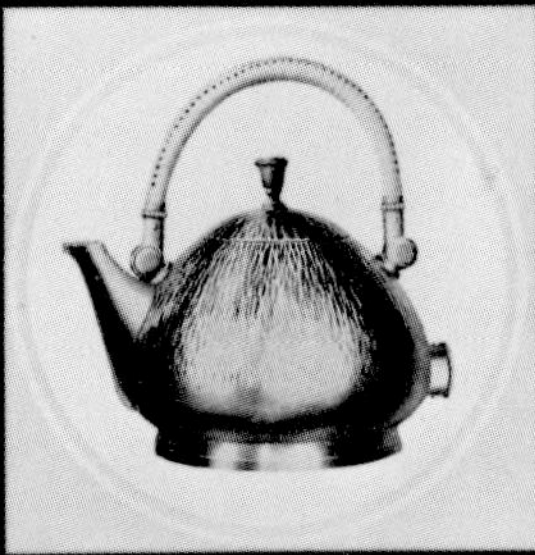

Kupfer streifenartig gehämmert
runde Form

PL Nr	Inhalt ca. l	Gewicht ca. kg	Preis Mk.
3584	0,75	0,75	20,–
3594	1,25	1,0	24,–
3604	1,75	1,1	26,–

Messing streifenartig gehämmert
runde Form

PL Nr	Inhalt ca. l	Gewicht ca. kg	Preis Mk.
3582	0,75	0,75	19,–
3592	1,25	1,0	24,–
3602	1,75	1,1	25,–

ALLGEMEINE ELEKTRICITÄTS-GESELLSCHAFT

ABT. HEIZAPPARATE

→ Bouilloire électrique pour AEG, 1909

Maria Olbrich (1867–1908), Bruno Paul, Richard Riemerschmid et Fritz Schumacher (1869–1949) et douze sociétés, dont Peter Bruckmann & Sons, l'éditeur Eugen Diederichs Verlag, Gebr. Klingsor et les Ateliers Unis (Vereinigte Werkstätten). La **Deutscher Werkbund** est influencée par le mouvement Arts and Crafts, mais sa profession de foi est plus moderne : elle intègre la production industrielle comme facteur créatif, se prononce contre la division en classes et pour une société égalitaire de masse, pour la « réhumanisation » de l'économie, de la société et de la culture. Plus qu'aucun de ses contemporains, Peter Behrens traduira les idéaux de la Deutscher Werkbund dans sa collaboration avec l'industrie, et tout particulièrement la firme **AEG**. L'Allgemeine Elektricitäts-Gesellschaft ou **General Electric**, fondée par Emil Rathenau (1838–1915) engage Peter Behrens comme consultant artistique en 1907 sur la recommandation de Paul Jordan, qui supervise presque tous les sites industriels de la société. C'est la première fois dans l'histoire de l'industrie qu'une société d'une telle importance adhère aussi résolument au design contemporain – un engagement dont l'ampleur reste encore à ce jour inégalée. Intervenant d'abord sur des détails mineurs, Peter Behrens transforme peu à peu l'identité visuelle d'AEG, qu'il s'agisse de son en-tête, du logotype, du design des produits, des campagnes publicitaires ou de la présentation des produits. Il est aussi responsable de l'architecture de nombreuses usines, dont le célèbre « hall des turbines » inondé de lumière qu'on surnommera la « cathédrale du travail ». Peter Behrens n'a jamais été salarié par l'AEG ; il est resté un designer et architecte complètement indépendant, travaillant dans son studio de Neubabelsberg près de Berlin sur des commandes d'AEG et d'autres sociétés ou institutions. Parmi ses autres réalisations de l'époque, on retiendra le siège social de Mannesman à Düsseldorf, l'ambassade d'Allemagne à Saint-Petersbourg et de nombreuses commandes de design dont le graphisme de l'inscription « Dem deutschen Volke » (pour le peuple allemand) qui ornait le fronton du Reichstag de Berlin. De 1907 à 1912, il comptera parmi ses élèves et assistants **Walter Gropius**, Ludwig Mies van der Rohe (1886– 1969), Le Corbu-

Pendule électrique pour AEG, 1929

Suspension électrique pour AEG, 1907

sier (1887–1965), Adolf Meyer (1881–1929), Jean Krämer (1886–1943) et beaucoup d'autres personnalités qui ont joué un rôle essentiel dans l'aventure du design et de l'architecture moderniste. Mies van der Rohe a reconnu avoir emprunté son fameux mot d'ordre « moins c'est plus » à Peter Behrens. « Son goût global et fondamental pour l'aménagement de l'environnement tout entier... exerçait une grande attraction sur moi » a plus tard observé Walter Gropius. L'usine Fagus construite à Alfeld par Gropius et Meyer, comme le bâtiment du **Bauhaus** à Dessau, continuent d'approfondir l'interaction entre la structure et la forme que le hall des turbines avait amorcé. Peter Behrens a frayé la voie qu'ont empruntée les générations suivantes d'architectes et de designers. En 1921, il est de nouveau invité à l'École des Arts Décoratifs de Düsseldorf mais en 1922 il accepte une chaire de professeur à l'Académie des Beaux-Arts de Vienne, où il enseigne l'architecture. En 1936, après la mort de Hans Poelzig (1869–1936), Behrens dirige la division d'architecture de l'Académie Prussienne des Arts de Berlin. Dans les années 1920, les deux bureaux de Peter Behrens à Neubabelsberg et Vienne se voient chargés de la conception d'importants bâtiments : le siège social des peintures Hoechst (la seule réalisation expressionniste de Behrens) l'entrepôt des houillères Gutehoffnungshütte à Oberhausen, une maison mitoyenne dans le lotissement Weissenhof à Stuttgart, la villa Gans à Königsstein, la synagogue de Zylina et le premier bâtiment moderniste anglais, la résidence New Ways construite à Northampton pour Wenman Joseph Basset-Lowke. Le complexe que Behrens construit à Linz au début des années 1930 pour la Régie Autrichienne des Tabacs est « sans aucun doute le plus bel édifice construit dans un pays de langue allemande après 1933 » (Leonardo Benevolo). Les Nazis stigmatisent le « Bolchévisme culturel » de Peter Behrens et l'excluent de l'attribution des commandes publiques. L'œuvre de Behrens dans la première moitié du 20e siècle est celle d'un pionnier. Ses élèves, notamment Gropius, Mies van der Rohe et Le Corbusier ont contribué à développer et populariser ses principes. L'invention par Behrens du concept d'identité visuelle devait exercer par la suite une influence directe sur des entreprises comme **Braun** et le concept de philosophie globale de la forme est aujourd'hui couramment admis. Le mot d'ordre de Behrens, plus pertinent encore aujourd'hui qu'à son époque, est « l'humanisation du monde industriel ».

ALEXANDER GRAHAM BELL

Né en 1847 à Edimbourgh, Écosse
Mort en 1922 à Bein Bhreagh, Nova Scotia, Canada

Universellement connu comme l'inventeur du téléphone, l'Américain Alexander Graham Bell est d'abord spécialiste en audiologie, comme son père et son grand-père. Le livre écrit par son père, *Standard Elocutionist*, a fait l'objet de presque deux cents éditions successives. Né à Edimbourg, A. G. Bell enseigne d'abord la musique et l'élocution à Elgin, dans le Comté de Moray. En 1864, il est nommé professeur résident à l'Académie Weston House d'Elgin, où il entame ses recherches sur l'origine du son. Il s'installe à Londres quatre ans plus tard pour devenir l'assistant de son père. Mais en 1870, le frère aîné d'Alexander meurt de la tuberculose, son plus jeune frère est lui aussi atteint de la maladie et la famille Bell émigre dans l'Ontario, au Canada. L'année suivante, Alexander Bell donne à Boston une conférence au cours de laquelle il présente la méthode de rééducation mise au point par son père pour apprendre à parler aux malentendants. Après avoir fondé en 1872 sa propre école pour sourds, il est nommé un an plus tard professeur de physiologie vocale à l'université de Boston. Avec l'aide du jeune mécanicien Thomas Watson, il met au point un appareil électrique de transmission du son. Il dépose également un brevet pour un système de télégraphe capable d'envoyer des messages multiples, et esquisse les plans préliminaires de son « téléphone », qu'il fera breveter en 1876. La même année il fonde une société, la **Bell Telephone Company**, chargée de commercialiser sa nouvelle invention. Presque aussitôt, les sociétés rivales dont la Western Union Telephone Company essaient, sans succès, de lancer des contrefaçons. Bell reçoit de la France en 1880 le prix Volta, d'un montant de 50 000 francs. Ces fonds lui permettent de monter le Laboratoire Volta, dans lequel il termine en 1886, avec Charles Sumner Tainter et son cousin Chichester Bell, la mise au point de son « graphophone », le précurseur du gramophone d'Emil Berliner.

Alexander Graham Bell parlant pour la première fois devant le combiné, le 18 octobre 1892, pour inaugurer la connexion New York–Chicago

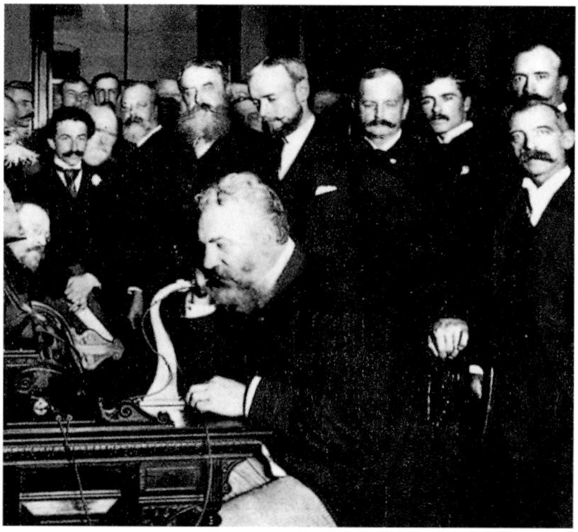

Le premier téléphone de Bell (combiné et borne) en 1877. C'est l'appareil qu'a utilisé la Reine Victoria pour communiquer avec Bell à Londres, depuis sa résidence d'Osborne Cottage à Southampton, le 14 janvier 1878

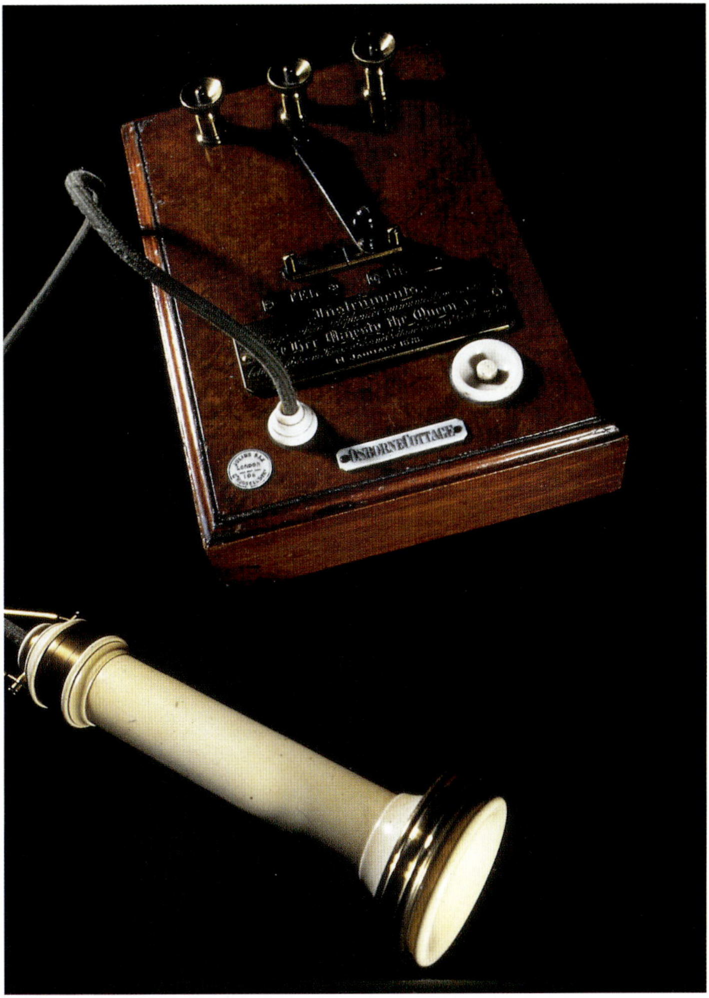

Après 1900, Alexander Bell s'essaie au transport de passagers par cerf-volant et se lance dans diverses expériences, depuis la détection par sonar jusqu'à la réalisation d'un projet d'hydroglisseur. Les inventions de Bell ont radicalement changé le monde de la communication et des loisirs, et annoncent la naissance de l'ère moderne.

BELL HELICOPTER

Fondée en 1941
À Gardenville, New York, États-Unis

Unité de combat américaine débarquant d'un Bell *UH-1D* « Huey » au Vietnam à la fin des années soixante

Au début des années trente, un jeune inventeur brillant du nom d'Arthur Young construit et réussit à faire voler la maquette d'un hélicoptère. En 1941, Larry Bell, fondateur de Bell Aircraft Company est impressionné par le projet et met à la disposition de Young un atelier situé à Gardenville, dans l'État de New York. Les avions construits par Bell jouissent déjà d'une certaine renommée, en particulier l'*Airacobra P-39* et le *P-59*, le premier avion à réaction du monde (il construira plus tard le premier supersonique, le *X-1*). En 1945, l'hélicoptère est prêt à sortir : Bell intègre l'atelier de Young à sa société et construit son usine principale près des Chutes du Niagara. Le premier prototype d'hélicoptère, le *Model 30*, atteint une vitesse de 160 km/h. Il est suivi en 1946 du *Model 47*, qui reçoit la première licence de vol au monde et ouvre la voie à un secteur industriel nouveau, tandis que Bell commence à fournir des hélicoptères à l'armée américaine. En 1957, ce qui n'était qu'un département de la société devient la Bell Helicopter Corporation, rachetée par Textron en 1960. Le *Model 47* a été utilisé à grande échelle pendant la guerre de Corée, avant la production d'autres appareils qui continuent à marquer des avancées militaires et commerciales : le *JetRanger 206* (1960–1965), et l'*Iroquois UH-1D*, surnommé « Huey » (1960–1963). Au Vietnam, cet engin légendaire qui sert au transport d'armes, au lancement de missiles anti-chars et aux évacuations de blessés devient un des symboles de la guerre. Depuis 1946, Bell a produit plus de 34 000 hélicoptères militaires et commerciaux. Reconnu comme le leader mondial de la conception d'appareils à ailes rotatives, le fabricant continue d'accomplir dans ce secteur des avancées novatrices.

Hélicoptère Bell *206B JetRanger*, vol inaugural en 1962

BELL TELEPHONE COMPANY

Fondée en 1876
À New York, États-Unis

La société Bell Telephone Company est fondée à New York en 1876 par **Alexander Graham Bell**, pour assurer la commercialisation de l'invention qu'il vient de faire breveter. En 1881, Bell rachète Gray & Barton, une filiale de son concurrent Western Electric. Cette acquisition lui assure le quasi-monopole de l'équipement et de la transmission dans un nouveau secteur industriel très prometteur. En 1900, Bell fonde AT&T (American Telephone and Telegraph Company), qui met en place en 1925 un département de recherche : Bell Telephone Laboratories. Depuis sa création, ce laboratoire a breveté des milliers d'inventions et de produits associés, comme la première caméra sonore du monde en 1926, le premier ordinateur numérisé à interrupteurs électriques en 1937 et le premier transistor en 1947. Les chercheurs de cette prestigieuse institution ont reçu des prix Nobel de physique en 1937, 1947 et 1978, en hommage à leurs innovations dans le domaine de la communication. Bell Telephone Company a également fait appel à des conseillers en design comme **Henry Dreyfus**, le créateur de l'emblématique téléphone *Model 300* en 1937. Les laboratoires d'AT&T continuent à innover dans les nouvelles technologies et collaborent avec des consultants comme **Frogdesign**, qui a par exemple construit en 1992 le *Personal Communicator*, un bijou dans le domaine des outils de communication.

Henry Dreyfuss : le *Model 300* pour Bell Telephone Laboratories, 1937

Publicité pour Bell Telephone Company, parue dans le magazine *Look*, 1948

MARIO BELLINI

Né en 1935
À Milan, Italie

Mario Bellini étudie l'architecture à l'École Polytechnique de Milan dont il est diplômé en 1959. De 1959 à 1962, il est directeur artistique de Rinascente, une chaîne de grands magasins qui a beaucoup contribué à la promotion du design industriel d'après-guerre. Il fonde en 1962 une agence d'architecture avec Marco Romano, puis ouvre le Studio Bellini à Milan en 1973. Il est depuis 1963 conseiller en design chez **Olivetti**, pour qui il a créé la calculette *Divisumma 18/28* en 1973 et les machines à écrire *Praxis 35* et *Praxis 45* en 1981. Il préside l'ADI [Associazione per il Designo Industriale] de 1969 à 1971, et expose son environnement mobile *Kar-a-Sutra* à l'exposition « Italy: the New Domestic Landscape » organisée par le Musée d'Art Moderne de New York en 1972. Cette création lui vaudra d'être engagé comme consultant chez **Renault** en 1978. Pendant les années soixante-dix, Bellini organise des ateliers-rencontres consacrés à l'étude des relations entre les hommes et leur environnement artificiel, l'un des thèmes récurrents de toute son œuvre. Il est depuis 1979 membre du conseil scientifique de la section design de la Triennale de Milan. Il a été professeur de design à l'Institut Supérieur du Design Industriel de Venise de 1962 à 1965, avant d'enseigner le design industriel à la Hochschule für Angewandte Kunst de Vienne en 1982 et 1983, et à l'Académie Domus de Milan de 1986 à 1991. Il a également donné des cours dans de nombreux autres établissements, dont le Royal College of Arts de Londres. Il a aussi été rédacteur en chef de la revue *Domus*. Parmi les meubles qu'il a créés figurent la ligne de sièges *Le Bambole*

Fauteuils et canapés *Le Bambole* pour B&B, Italie, 1972 [nouvelle version lancée en 2007]

Calculatrice *Logos 50/60* pour Olivetti, 1972

→ Calculette *Divisumma 18* pour Olivetti, 1973

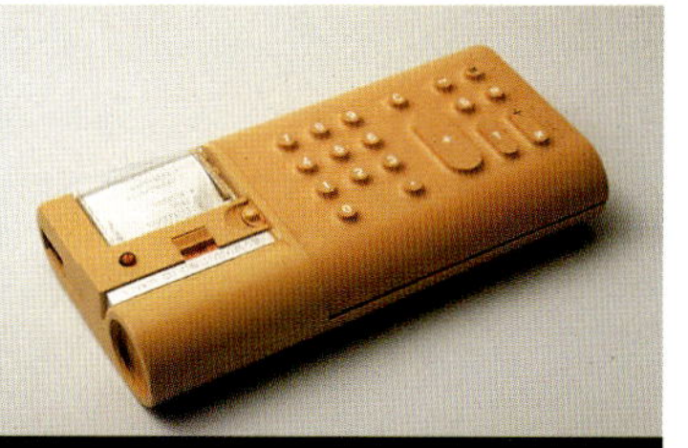

Machine à écrire *Lettera 25* pour Olivetti, 1974

→ Machine à écrire *TES 401* pour Olivetti, 1978

Calculatrice *UHF 33* pour Olivetti, 1981–1982

→ Calculatrice *ET 55P* pour Olivetti, 1987

Machine à écrire *Praxis 35* pour Olivetti, 1981

→ Machine à écrire *ET 55P* pour Olivetti, 1987

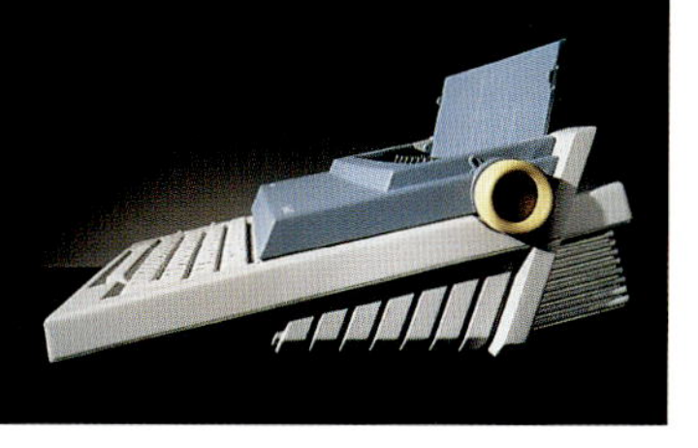

pour B&B Italia en 1972, le fauteuil et la chaise *Cab* diffusés par Cassina (1977) et les sièges de bureau *Figura*, réalisés pour Vitra en collaboration avec Dieter Thiel. Il a également signé des luminaires pour **Flos**, pour **Artemide** et pour **Erco**, ainsi que des appareils audiovisuels pour **Yamaha** et **Brionvega**. Bellini a remporté de nombreux prix de design, dont sept Compasso d'Oro, et pense que « l'on peut parvenir à améliorer l'environnement par une réunification du design… que l'on ne pourra réaliser qu'en tournant le dos à la compartimentation des différents secteurs, pour s'orienter vers une optique anthropocentrique de l'environnement, tout du moins en ce qui concerne ses aspects didactiques et culturels. »

W.A.S. BENSON

Né en 1884 à Londres
Mort en 1924 à Manorbier, Pays de Galles

Contrairement à la plupart de ses collègues du mouvement Arts and Crafts en Grande-Bretagne, William Arthur Smith Benson ne s'est jamais positionné contre la production industrielle : il l'a au contraire exploitée pour produire en série des œuvres de ferronnerie de grande qualité qui dégageaient une sensibilité artisanale. Toutefois, l'apport de Benson en termes de design industriel tient au système d'interchangeabilité des composants qu'il utilisait dans son usine londonienne. Né à Londres, Benson a fait ses études au célèbre internat Winchester College, puis au New College, à Oxford. Dans sa jeunesse, il a passé la plupart de ses vacances d'été en compagnie de son oncle maternel W. A. Smith : des périodes d'apprentissage considérable, puisque Smith était un métallurgiste amateur qui avait un atelier entièrement équipé. Grâce à Smith, Benson a appris très jeune à apprécier tout le potentiel de production des machines, une leçon qu'il a gardée très présente tout au long de sa vie. La plupart des designers collaborant avec le mouvement Arts and Crafts avaient peu de connaissances des machines et de leurs possibles utilisations ; bien souvent, ils s'opposaient à la production mécanisée en alléguant la qualité médiocre des « articles fantaisie » fabriqués en série dans les usines victoriennes et les mauvaises condi-

Bougeoir, vers 1900

→ Lampe de table, vers 1900

Chandelier à quatre éclairages, 1901

tions subies par leurs travailleurs. Pour sa part, Benson comprenait nettement plus le monde industriel, et que le manque de qualité de la marchandise ne se devait pas à la machine en soi, mais à la façon dont les fabricants appliquaient les méthodes de production mécanisées afin d'augmenter les bénéfices plutôt que la qualité. Après un stage chez l'architecte Basil Champneys [1842-1935], Benson, encouragé par William Morris [1834-1896], ouvre en 1880 son propre atelier de métallurgie sur North End Road pour fabriquer des objets d'art de ferronnerie. Deux ans plus tard, Benson accroît ses capacités de production en ouvrant une fonderie à Chiswick, un showroom à Kensington et une nouvelle usine spécialisée, la Eyot Works, à Hammersmith. Il a alors les moyens de fabriquer en série une large gamme d'objets domestiques, des bouilloires et services à thé aux encriers et pare-étincelles. Dans leur grande majorité, ses designs fonctionnaient au gaz et à l'électricité et son usine produisait une foule de modèles avec souvent plusieurs designs partageant les mêmes composants standardisés, mais dans des configurations différentes. Souvent, ces designs incluaient des abats-jour en ouraline, dont la fabrication était assurée par les célèbres verriers James Powell and Sons à Whitefriars. L'emploi de pièces interchangeables entre différents designs rendait les objets très évolutifs et a inspiré quelque vingt ans plus tard l'approche de **Peter Behrens** chez **AEG**. La santé financière de l'entreprise de Benson était solide, et ses produits se vendaient chez Morris & Co. à Londres, et la galerie Maison de l'Art Nouveau de Siegfried Bing à Paris. En 1887, Benson ouvre une galerie importante à New Bond Street et dépose au fil du temps le brevet de nombreux de ses designs. Ses magnifiques designs innovants, généralement réalisés en laiton et en cuivre, sont devenus incontournables dans les intérieurs Art and Crafts en vogue de la Grande-Bretagne des années 1890 et 1900. Malheureusement, l'usine à Hammersmith a été réquisitionnée pendant la Première Guerre mondiale pour fabriquer des munitions, et Benson a volontairement liquidé l'entreprise à son départ en retraite en 1920.

Croquis de la voiture-concept *Genesis*, 1988

et **Ferrari**. Sa **Lamborghini** *Miura* de 1966 remporte un succès retentissant, et deux ans plus tard, la ligne futuriste de l'Alfa Romeo *Carabo* marque les débuts du « profil cunéiforme » promis à un long avenir. En 1971, Bertone lève le voile sur le premier prototype de la Lamborghini *Countach*, qui reçoit un excellent accueil. Mais la crise du pétrole, l'année suivante, le conduit à se focaliser sur des véhicules plus utilitaires comme la **Volkswagen** *Polo*, sortie des chaînes de montage en 1975. Les œuvres du carrossier italien lui ont valu une nomination récente pour le titre prestigieux de « designer automobile du siècle ». De nombreux autres créateurs célèbres, comme Giovanni Michelotti (1921–1980), **Giorgetto Giugiaro** et Sergio **Pininfarina** ont fait leurs débuts dans le studio de Bertone. Le style progressiste et les arêtes parfois vives de voitures aussi originales et disparates que la Ferrari *Dino 308* GT4 (1973), la Lancia *Stratos* (1973) et la **Volvo** *780* Coupé (1985) est issu d'un principe qui date des débuts de Bertone : « Le design ne se contente pas d'anticiper les tendances nouvelles, il est aussi là pour apporter un style à une forme fonctionnelle. »

MAX BILL

Né en 1908 à Winterthur, Suisse
Mort en 1994 à Berlin, Allemagne

De 1924 à 1927, Max Bill étudie l'orfèvrerie à la Kunstgewerbeschule de Zurich, où il est fortement influencé par le cubisme et le dadaïsme. Il étudie ensuite deux ans au **Bauhaus** de Dessau où il adopte l'approche fonctionnaliste de l'école. De retour à Zurich en 1929, il y pratique la peinture, l'architecture et le graphisme. Au cours des années trente, il devient le plus important représentant constructiviste de l'École Suisse. À la même époque, il est responsable du graphisme pour le magasin Wohnbedarf de Zurich. Il fonde sa propre agence d'architecture en 1930 et, comme membre de la Werkbund Suisse, dessine les plans de la résidence Neubühl près de Zurich (1930–1932), au style moderne très marqué. Il adopte dès 1931 la théorie de « l'art concret » introduite par Theo van Doesburg, selon laquelle seule la clarté peut conduire à l'universalité. Il se met également à la sculpture en 1932 et participe à plusieurs mouvements artistiques : le groupe Abstraction-Création de Paris, l'« Allianz » (Association d'Artistes Modernes Suisses), le CIAM (Congrès International d'Architecture Moderne), et l'UAM (Union des Artistes Modernes). En 1944, il oriente son activité vers le design industriel. Son horloge murale en aluminium de 1957 est éditée par **Junghans**, de même que sa gamme de montres-bracelets qui se distinguent par la même ligne sobre et rationnelle, à l'esthétique délibérément industrielle. Il crée également pour Junghans en 1954 le tabouret minimaliste *Ulmer Hocker*, qui l'a rendu célèbre. Max Bill est à l'origine du prix Bundespreis et de l'exposition « Die gute Industrieform », consacrée à la promotion d'un design industriel d'excellence. Il est également cofondateur en 1951 de l'influente Hochschule für Gestaltung d'Ulm,

Pendule de cuisine
pour Junghans, 1956

Montres-bracelets pour Junghans, 1962 (rééditées par Junghans en 1993)

dont il dirige les départements d'architecture et de design de produit jusqu'en 1956. Il y prône un formalisme géométrique inspiré du Bauhaus, convaincu que les produits qui obéissent aux lois mathématiques possèdent une grande pureté esthétique et par là, une séduction universelle. Cette approche sera maintenue par **Hans Gugelot** qui le remplace en 1956 à la tête du département de design. Bill rentre alors à Zurich où il ouvre un atelier de design en 1957, tout en se consacrant à la peinture et à la sculpture. Architecte en chef du pavillon « Éducation et Création » de l'Exposition Nationale Suisse en 1964, il est nommé la même année membre honoraire de l'American Institute of Architects. Praticien mais aussi théoricien, Max Bill a toujours été persuadé que « la qualité du design repose sur une harmonie entre la forme d'un objet et son usage. »

LÁSZLÓ BIRÓ

Né en 1899 à Budapest, Hongrie
Mort en 1985 à Buenos Aires, Argentine

Logo Biró

En 1938 un journaliste hongrois, László Jozsef Biró, dépose le brevet du premier stylo à bille. Le principe remonte pourtant à 1888, date à laquelle l'Américain John J. Loud, a mis au point un procédé du même type, utilisé pour le marquage du cuir. Mais la pointe à bille de Loud est défectueuse et son brevet ne connaît pas d'exploitation commerciale. Pendant les années trente, Biró est rédacteur en chef d'un magasine hongrois où l'on utilise une encre d'imprimerie qui sèche rapidement sans baver. Il s'attaque à la fabrication d'un stylo rechargeable avec cette même encre, trop épaisse pour s'écouler d'une plume. Il équipe son stylo d'un minuscule roulement à bille qui, au rythme de l'écriture, épand sur le papier l'encre qu'elle prélève dans la cartouche. Communiste engagé, Biró quitte en 1940 son pays qui vient de signer une alliance avec l'Allemagne nazie. Il émigre en Argentine, où il se fait naturaliser et adopte un prénom hispanique, Ladislao. Il améliore son stylo à bille avec son frère Georg, un chimiste qui met au point une encre spéciale. Il dépose un nouveau brevet en 1943 et obtient un financement de 80 000 dollars pour l'industrialisation de son procédé. Henry George Martin, un comptable anglais et l'un des ses principaux soutiens financiers, importe en Angleterre les stylos à bille brevetés qu'il propose aux armées britanniques et alliées : contrairement aux stylos à plume, les billes ne fuient pas dans les cabines dépressurisées des avions. La Miles Martin Pen Company de Reading fabrique plus de 30 000 stylos à bille pour la RAF et les commandes de l'US Air Force sont encore plus considérables. À la fin de la guerre, le petit stylo aussi solide qu'innovateur est mis en vente dans le monde entier. Il est d'abord considéré comme un signe extérieur de

Croquis du brevet britannique du stylo à Bille de László Biró, 1938

Fig. 1.

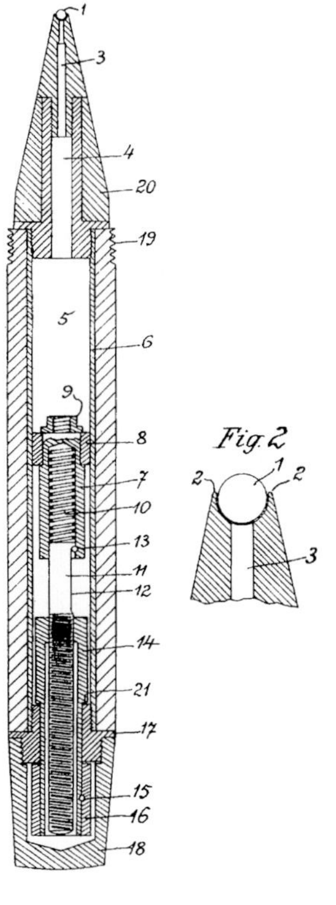

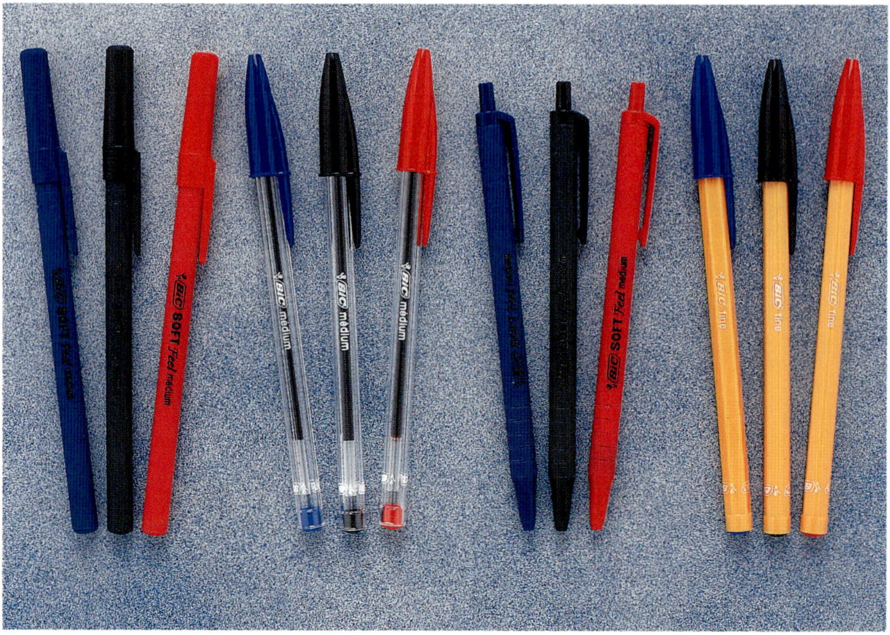

Gamme de stylos BIC, 1999

richesse à cause de son coût (il vaut 12,5 dollars aux États-Unis et 55 shillings en Angleterre, soit l'équivalent d'un salaire hebdomadaire de secrétaire). Mais ce prix élevé n'empêche pas la vente de 10 000 exemplaires le jour même de la mise sur le marché. En 1949, un expert en fabrication de matières plastiques, Marcel Bich (1914–1994), parvient à produire un stylo à bille beaucoup moins coûteux qu'il vend sous un diminutif de son nom : la « pointe BIC ». Après trois ans d'exploitation, et grâce à une campagne publicitaire accrocheuse, il vend 42 millions de stylos par an. En 1957, la société BIC rachète Biró Swan, le descendant de la Miles Martin Pen Company. Aujourd'hui BIC fabrique une vingtaine de stylos différents, tous dérivés de la pointe BIC d'origine, et les ventes s'élèvent à plus de 15 millions d'articles par jour.

Mixeur *Magic Wand* pour ESGE, 1955

ACTON BJØRN

Né en 1910 à Copenhague, Danemark
Mort en 1992 au Danemark

Après des études d'architecture et d'urbanisme, Acton Bjørn débute sa carrière de designer industriel pendant la Seconde Guerre mondiale. En 1949, il crée à Copenhague avec **Sigvard Bernadotte** l'une des premières agences scandinaves de design industriel, Bernadotte & Bjørn. Leur studio réalise des objets en métal et en céramique, mais fabrique aussi des machines industrielles. Parmi leurs créations les plus remarquables, citons les équipements de bureau pour Facit et les ustensiles de cuisine en plastique édités par Rosti pendant les an nées cinquante. En 1966, Bjørn remporte un prix du Design Industriel Danois pour son transistor *Beolit 500*, produit par **Bang & Olufsen**. Il ouvre la même année à Copenhague un studio spécialisé dans les appareils ménagers, le mobilier de bureau et le conditionnement. Il est également reconnu pour le travail d'identité visuelle effectué auprès de banques et de compagnies d'assurances.

Radio à transistor *Beolit 500*, 1965

MISHA BLACK

Né en 1910 à Baku, Azerbaïdjan
Mort en 1977 à Londres, Angleterre

Bien qu'ayant étudié quelque temps à la Central School of Arts & Crafts de Londres, Misha Black est surtout un autodidacte de l'architecture et du design. Il fonde l'agence Studio Z en 1930. Trois ans plus tard, il commence à travailler avec Milner Gray (1899–1994) au Bassett-Gray Group of Artists and Writers. Cette association devient plus tard l'Industrial Design Partnership, le premier cabinet interdisciplinaire de conseil en design de Grande-Bretagne qui crée, notamment pour Ekco, des postes de télévision et de radio. De 1940 à 1945, Misha Black est chargé des projets d'expositions au Ministère de l'Information. En 1943, il fonde à Londres avec Milner Gray la **Design Research Unit** (DRU), rebaptisée deux ans Design Research Group. Leader du conseil en design de la Grande-Bretagne d'après-guerre, la prolifique DRU crée de nombreux projets pour l'industrie : conditionnement pour la bière Watney, appareils photo pour **Kodak**, radiateurs électriques ou encore trains pour British Railways, toutes créations qui se distinguent par la clarté du design, et la rationalisation de l'ingénierie. Black a participé à de nombreuses expositions, dont « Britain Can Make It » en 1946.

Misha Black et J. Beresford Evans : Locomotive *E3001* pour British Railways, vers 1956

Première version du *Workmate* de Ron Hickman, 1972

BLACK & DECKER

Fondée en 1910
À Baltimore, Maryland, États-Unis

Black & Decker est créée à Baltimore en 1910 par Duncan Black [1883–1951] et Alonzo Decker [1884–1956] pour la fabrication de machines-outils spécialisées. Elle produit tout d'abord des appareils à capsuler les bouteilles de lait, des lettrographes, des machines pour pâtes à bonbons ou encore pour frapper les pièces de monnaie. En 1914, Black & Decker dépose le brevet d'une invention révolutionnaire : une perceuse électrique pourvue d'une crosse de pistolet et d'une gâchette d'allumage. Le tout premier des outils électriques portables et ses nombreux descendants assurent à la société un énorme succès : à peine dix ans après la création de Black & Decker, le chiffre des ventes annuelles dépasse le million de dollars. En 1935, une usine s'installe en Grande-Bretagne. Ce n'est qu'en 1950 que le fabricant lance son premier produit à destination des particuliers, *la petite perceuse Rouge* pour foreuses de 6mm de diamètre. En 1964, Black & Decker fabrique le *Cordless Zero Torque*, un outil destiné au carottage d'échantillons de sol lunaire pour le projet spatial Gemini de la NASA, suivi en 1971, de la *Moondrill Apollo* pour la Mission Apollo 15. L'une des plus grandes innovations de Black & Decker est le *Workmate* [1972], l'établi multifonctions dessiné par Ron Hickman [1932–2011], qui a connu depuis de nombreuses variantes. En 1979, le fabricant lance le *Dustbuster*, un aspirateur sans fil qui connaîtra un grand succès. Dix ans après, sort la première série des outils à usages multiples, parmi lesquels se distingue la multi-ponceuse. Le développement de ce type d'outillage culmine en 1998 avec le *Quattro*, qui regroupe perceuse, scie sauteuse, tournevis et ponceuse. Tout autant motivé par la technologie dernier cri que par un design innovant, Black & Decker a su se positionner sur les marchés industriel et domestique grâce à une large gamme d'outils électriques, d'outillage de jardin et de produits d'entretien. Preuve en est des prix de design Red Dot et Plus X récemment décrochés pour son révolutionnaire tournevis à détecteur de mouvement *Gyro-Driver*. Son outil à usages multiples *MFL143K Evo* est quant à lui l'une des meilleures ventes dans sa catégorie.

Outil à usages multiples *MFL143K Evo*, vers 2012

BMW *3/15 PS*, 1929–1932

BMW

Fondée en 1916
À Munich, Allemagne

Fondée en 1916, la société Bayerische Motoren Werke fabrique des moteurs d'avions, dont celui piloté par Franz Zeno Diemer, qui établit le record du monde d'altitude en 1919. En 1932, l'usine se lance dans la fabrication de motocyclettes. En 1937, BMW rachète une usine de construction automobile d'Eisenach qui possède la licence de fabrication de la *Dixi*, une petite voiture qui sera produite sous le nom de BMW *3/15 PS*. La première voiture « maison » du fabricant bavarois est la BMW *3/20*, qui voit le jour en 1932. Pendant les années trente, plusieurs voitures aérodynamiques sortent des chaînes, et en particulier la BMW *331* ainsi que la classique voiture de sport BMW *328*. La société munichoise est alors en tête des courses automobiles : ses roadsters *328* sont championnes de leur catégorie des *Mille Miglia* de 1938. Deux ans plus tard, BMW commence la fabrication en série du moteur d'avion *801* (30 000 exemplaires sont produits au cours des cinq années de guerre), et remporte à nouveau la *Mille Miglia* avec son « coupé aérodynamique », une version modifiée de la *328*. La fabrication de voitures est interrompue en 1941, toutes les usines étant réquisitionnées pour la construction de roquettes et de moteurs d'avions, notamment le premier moteur à réaction mondial, le *003*. Les usines de Berlin et d'Eisenach seront détruites pendant la guerre et celle de Munich sera démantelée en 1945. Après une interdiction de produire de trois ans, BMW reprend en 1948 la fabrication de motocyclettes avec la mono cylindre *R24*. La première

BMW *331*, années trente

BMW *Isetta 600*, 1955

BMW *1602–2002*
et les *3 Series*
successives

Supercar hybride *i8* de BMW, lancée en 2014

voiture d'après-guerre, la *501*, qui sort en 1951, est un échec commercial. Quatre ans après, BMW sort sous licence italienne la minuscule *Isetta*, qui vise un marché situé entre celui de la voiture et celui de la moto. Le petit engin hybride est un succès populaire en Allemagne, avec 200 000 exemplaires produits. BMW se spécialise alors dans les petites voitures et lance en 1959 la model *700*, suivie en 1962 de la model *1500*, qui portent déjà la marque des futures berlines. Mais cette stratégie n'empêche pas une menace de faillite à la fin des années soixante, et BMW ne sort du marasme financier qu'avec la production de routières classiques et de haute qualité, qui se conduisent comme des voitures de sport. En 1973, la *2002*, de ligne plus audacieuse, sera équipée du premier moteur turbo au monde. Deux ans plus tard, les *séries 3* sont lancées, suivies en 1976 et 1977 des *séries 6* et *7*. L'expansion du constructeur allemand se poursuit tout au long des années quatre-vingt et quatre-vingt-dix. Après la sortie en 1997 de la *M Roadster* au design rétro, la cinquième génération des prospères *séries 3* voit le jour en 1998. Plus récemment, en 2014, BMW a lancé son élégante supercar *i8*, premier véhicule hybride de la marque qui assure un 0-100 km/h en seulement 4,4 secondes. D'un profil aérodynamique élancé, cette voiture exceptionnelle combine consommation raisonnable et performances élevées. Elle a reçu de nombreux éloges du secteur et a été élue Voiture de l'année 2015 au Royaume-Uni. Toutes ces distinctions sont le fruit de la défense des valeurs de la marque BMW qui reposent surtout sur l'engagement envers l'innovation technologique et le design.

BODUM

Fondée en 1944
À Copenhague, Danemark

C'est pour pouvoir vendre au Danemark des verreries importés d'Europe de l'Est que Peter Bodum (1910–1967) fonde en 1944 une société basée à Copenhague. En 1958, l'entreprise lance son premier produit sous la marque Bodum : la cafetière *Santos*, dessinée par Kaas Klaeson. L'un des articles les plus célèbres du producteur danois, la cafetière *Bistro* (1974) est co-signée par Jørgen Bodum, le fils de Peter, et le designer industriel Carsten Jørgensen (né en 1948), qui partagent le même goût pour un design efficace, simple et sans fioriture appliqué à des matériaux modernes et adaptés. Bodum réussit à créer des objets de tous les jours à la fois pratiques et abordables. En 1983 la marque fonde *Pi Design*, une filiale installée en Suisse chargée de la recherche et de la création pour le groupe. Jørgensen en est nommé directeur, responsable du design et de l'identité visuelle au niveau mondial. Depuis sa création, Pi Design a mis au point une large gamme de produits dont l'élégance et conception rationnelle expriment très bien la philosophie du fabricant, à savoir que « pour certains objets

Cafetière *Santos*
N° 1208, 1958

Cafetière *Chambord*
N° 1928, 1958

↘ Cafetière *Bistro*
N° 1508, 1974

de tous les jours, la réussite est assurée si on leur imprime une simplicité de fonction, de forme et de proportions. » En 1986, Bodum ouvre sa première boutique à Londres, puis d'autres ouvertures suivent à Paris, Copenhague, Lisbonne, Porto, Zurich et Lucerne. Ces magasins permettent de renforcer l'identité de la marque à l'échelle internationale. En 1991, Bodum acquiert deux entreprises : Martin S.A., fabricant d'origine des cafetières à piston Melior, et Nissen, une usine de bois. Grâce à cette dernière, Bodum se diversifie en produisant des articles ménagers en bois, aussi attrayants qu'abordables. La même année, Bodum conçoit sa théière Assam en collaboration avec le British Tea Council, un objet devenu l'un de ses bestsellers. Aujourd'hui, l'entreprise est la propriété de Pia Bodum et Jørgen Bodum (les enfants du fondateur) et est présente dans 12 pays différents. Ses créations, souvent récompensées de prix de design, respectent les convictions de leur père, Peter Bodum, selon lequel « un bon design ne doit pas forcément être onéreux ».

Moulin à café *Antigua N° 5670*, 1996

Saladier *Bistro*, vers 2014, récompensé d'un prix iF en 2014

→ Théière *Assam N° 1846*, 1992

BOEING

Fondée en 1916
À Seattle, États-Unis

William E. Boeing

William Boeing étudie l'ingénierie à l'université Yale. À la fin des années 1900, il se passionne pour l'aviation et après quelques recherches, se persuade qu'il est capable de construire un biplan plus performant que ceux de l'époque. En 1915, il demande au designer Westervelt de travailler à la conception d'un avion, qu'il construit en toile et en bois de bouleau, l'hydravion biplan à deux flotteurs *B&W*. Pendant la Première Guerre mondiale, la marine américaine commande 50 hydravions *Model C*. William Boeing déclare à l'époque : « Nous sommes les pionniers d'une science et d'une industrie nouvelles et les difficultés à résoudre sont tellement inhabituelles et inattendues qu'il est du devoir de chacun de ne rejeter aucune idée au seul motif qu'elle serait impossible à réaliser. » Sous sa direction attentive, la société prospère et élargit la gamme de ses appareils : avions postaux, hydravions, appareils d'observation militaire et avions lance-torpilles. Tandis que son rival Douglas est mondialement acclamé pour avoir réussi en 1924 le premier vol autour du monde, Boeing applique des technologies de pointe à ses avions de combat, dont il est le premier producteur mondial. Parmi les avions de chasse produits dans les années vingt et trente, citons le monoplan *Peashooter P-26*, dont la vitesse en vol dépasse de 40 km/h celle des biplans concurrents. Cet appareil est le fruit de techniques de construction nouvelles comme la

Boeing *B52 Stratofortress*, 1948–1952

238091

Boeing *707*, 1955–1957

soudure à l'arc de la carlingue. Mais William Boeing, découragé par la loi antitrust de 1934, jette l'éponge. Claire Egtvedt le remplace à la tête de l'entreprise, convaincue que son avenir ne peut dépendre de la seule production d'avions militaires, mais passe aussi par la création d'un gros avion civil comme le *Clipper,* un hydravion quadrimoteur long courrier. Pendant la Seconde Guerre mondiale, Boeing augmente toutefois massivement sa production de bombardiers : en 1944, il construit 362 *Flying Fortress B-17* par mois. Cet appareil qui peut continuer à voler même gravement endommagé, devient vite légendaire. Les usines Boeing construisent 6 981 exemplaires de la Forteresse volante, tous modèles confondus, tandis que **Mc Donnell Douglas** et **Lockheed**, qui participent à l'effort de guerre américain, en produisent de leur côté un total de 5745. En 1942, Boeing entreprend la fabrication d'un gros bombardier long courrier, le *Superfortress B-29*, resté célèbre pour avoir largué la première bombe atomique sur Hiroshima. Bien qu'ayant réduit sa production après la guerre, Boeing n'en continue pas moins de produire de nouveaux avions militaires, dont le plus remarquable est le *Stratofortress B-52*. Construit de 1952 à 1962, le bombardier dévastateur connaît son baptême du feu en Corée. Sa dernière variante, le *B-52H*, toujours en service, témoigne de la supériorité de sa carlingue robuste et bien profilée. Durant les années cinquante, le président de Boeing, William

↖ Boeing *B17 Flying Fortress*, 1934–1935

Boeing *B29 Superfortress*, 1939–1940

Publicité pour le Boeing *B-707*, années cinquante

Boeing *B-747*, 1963–1968

Allen, oriente la société vers la fabrication d'appareils commerciaux, avec notamment le *Stratocruiser B-377*, version civile et luxueuse du *B-29*. En 1952, il engage d'énormes investissements pour lancer la fabrication du *Dash 80*. Boeing est finalement contraint de céder aux pressions des compagnies aériennes et de revoir la conception de cet avion, afin de s'aligner sur le *DC-8* de Douglas. C'est ce travail qui aboutit à la création du fameux *707*, aux réacteurs plus puissants, à la carlingue plus large, aux ailes plus grandes et à la capacité supérieure à celle du *DC-8*. La famille des jets commerciaux s'agrandit au fil des ans pour accueillir successivement le *B-727*, le *B-737* et enfin l'illustre *B-747*. Réussite parmi les plus éclatantes de la technologie aéronautique, le *747* a été, jusqu'au lancement en 2007 de l'**Airbus** *A380*, le plus grand avion de ligne commerciale au monde. Son premier vol remonte à 1969 et il est toujours fabriqué à Everett (État de Washington), dans le plus grand bâtiment industriel jamais construit. Une telle longévité de production révèle la qualité et les capacités d'adaptation du célèbre avion. Boeing a également contribué au Programme Aérospatial Américain, et plus particulièrement lors des missions Apollo.

Autoneige Bombardier *B7*, 1937

BOMBARDIER

Fondée en 1942
À Valcourt, Québec, Canada

Né près de Valcourt, au Québec, Joseph-Armand Bombardier (1907–1964) ouvre un garage à l'âge de 19 ans. Pendant les dix années qui suivent, il poursuit ses recherches sur des véhicules destinés aux terrains enneigés. Il fabrique plusieurs prototypes entre 1926 et 1935, avant de faire breveter en 1936 un véhicule à chenilles de sept places, le *B7*, qui permet d'accéder à des régions isolées. En 1940, Bombardier fabrique 200 exemplaires de motoneiges par an. En 1941, il construit le B12, un modèle plus grand et plus puissant, et fonde un an plus tard la Société Autoneige Bombardier. Le gouvernement canadien commande une version blindée du *B12* baptisée *Kaki*. Après la guerre, l'entreprise élargit la gamme de ses véhicules et lance un dispositif mis au point par Joseph-Armand Bombardier et son frère Gérard, le *TTA* (Tractor Tracking Attachment). Ce mécanisme de traction améliore considérablement les performances des tracteurs sur terrains boueux, et il se vend par milliers dans le monde entier. Grâce à la fabrication d'un pignon d'engrenage indéformable et d'une nouvelle machine à vulcaniser, qui permet d'obtenir des chapes de pneus

Publicité pour l'autoneige *B12*, 1941

Modèle *Ski-Doo Renegade* de BRP (Bombardier Recreational Products), 2014, conçu pour une conduite sur neige et sur sentiers

antichoc sans couture, Bombardier lance en 1953 le *Muskeg*, un véhicule tout terrain à usage multiple. Germain Bombardier, le fils aîné de Joseph-Armand construit de 1957 à 1959 le premier *Ski-Doo*, un scooter sur skis qui remporte immédiatement un franc succès auprès des amateurs de loisirs de plein air. Au milieu des années soixante, la société en vend environ 60 000 par an – avec un pic de 495 000 en 1972. La crise du pétrole des années soixante-dix provoque une chute spectaculaire de la demande. Dès 1973, Bombardier s'oriente vers la construction de voitures sur rail et fabrique le matériel roulant du métro de Montréal qui est en train de s'agrandir. La société Bombardier s'accroît par une série d'acquisitions successives : rachat de Canadair en 1986, du fabricant français de matériel roulant ANF Industrie en 1989, du constructeur de jets privés **Learjet** en 1990, et enfin du célèbre fabricant d'avions **de Havilland** en 1992. Guidé par sa devise : « La force dans la diversité », et grâce à plusieurs trouvailles innovantes, Bombardier est aujourd'hui l'un des industriels les plus prospères et prestigieux du Canada.

Robert Bosch

BOSCH

Fondée en 1866
À Stuttgart, Allemagne

Robert Bosch (1861–1942) travaille d'abord comme apprenti dans l'atelier d'instruments de précision de Wilhelm Maier à Ulm. Puis il passe une année aux États-Unis chez Sigmund Bergmann et **Thomas Alva Edison**. De retour en Europe, il fait un bref séjour chez **Siemens** Brothers à Londres. En 1886, il ouvre un atelier à Stuttgart, le Werkstätte für Feinmechanik und Elektrotechnik, qui produit en 1887 la *Magnéto Basse Tension* pour moteurs à gaz, ainsi qu'un petit téléphone de bureau. En 1898, la société Bosch ouvre une succursale à Londres, la Compagnie des Magnétos Simms-Bosch, et dès l'année suivante implante des bureaux de vente à Paris et Budapest. En 1901, Robert Bosch construit sa première usine sur le site de son atelier. Il lance en 1902 la première bougie d'allumage haute tension *Magnéto* et fait appel au designer Lucian Bernhard (1883– 1973) pour les emballages et les affiches publicitaires. L'audacieux travail de conditionnement de Bernhard apporte à Bosch une forte identité de marque. En 1909 la production augmente avec l'ouverture d'une deuxième usine à Feuerbach.

Les années suivantes, la société Bosch diversifie la gamme de ses produits à destination de l'industrie automobile : création des premiers phares en 1913, du premier moteur à starter électrique en 1914, d'avertisseurs sonores en 1921, des premiers essuie-glaces électriques en 1926, et de la première pompe à injection diesel pour camions en 1927. En 1932, Bosch rachète Idealwerke AG et fabrique des postes de télévision et de radio sous la marque Blaupunkt. Poursuivant sa démarche de recherche et développement

Affiche de Lucian Bernhard pour la première bougie d'allumage Bosch, 1902

Affiche publicitaire pour l'autoradio Blaupunkt, années cinquante

pendant les années trente, Bosch produit le premier autoradio de série en 1932 et la première pompe standard à injection diesel pour voitures en 1936. Durant cette décennie, l'entreprise se lance aussi dans la fabrication d'appareils électroménagers et sort son premier réfrigérateur en 1933. L'expansion s'accélère et Bosch ouvre des usines et des succursales à l'étranger. Le fabricant allemand enchaîne les innovations et signe le premier moteur à injection pour voiture en 1951, le premier lave-vaisselle automatique en 1964, le premier moteur à injection électronique en 1967, et le système de freinage ABS (Anti-Blocking System) en 1978. Oeuvres du designer allemand **Hans Erich Slany**, ses appareils électroménagers et son outillage électrique de renommée mondiale témoignent d'une exigence inchangée dans la qualité de la fabrication et du design. Le groupe Bosch est aujourd'hui l'un des tout premiers industriels allemands. Ses équipes de chercheurs, d'ingénieurs, de designers et de techniciens améliorent constamment la fiabilité et

la fonctionnalité des produits existants, tout en travaillant à de nouvelles créations dans tous les domaines d'activité de l'entreprise : équipement automobile électrique et électronique, technologies de communication privée et publique, outillage électrique, appareils électroménagers, thermoélectronique, automatisation et machines destinées au conditionnement.

↑ Robot ménager *Neuzeit I*, 1952

Affiche publicitaire pour le robot ménager *Neuzeit I*, vers 1952

MARIANNE BRANDT

Née en 1893 Chemnitz, Allemagne
Morte en 1983 à Kirchberg, Allemagne

Après des études a la Grossherzoglich-Sächsische Hochschule für Bildende Kunst [École des Beaux-Arts de Weimar] de 1911 à 1917, Marianne Brandt ouvre un studio d'artiste avant de s'inscrire au **Bauhaus** de la même ville en 1923. Après l'année préparatoire, elle effectue son apprentissage dans l'atelier de métal, alors dirigé par László Moholy-Nagy [1895–1946]. C'est là qu'elle crée un service à thé et café aux formes géométriques très simples, avec notamment une mini théière hémisphérique. Dès ses débuts, la jeune femme semble préférer la recherche de formes fonctionnelles à l'artisanat traditionnel, et les objets qu'elle créera plus tard ne feront qu'accentuer cette tendance utilitaire. Ayant obtenu son diplôme de compagnon, elle devient directrice adjointe de l'atelier en 1928 et réalise des projets en collaboration avec le fabricant de luminaires Körting & Mathiesen AG [Kandem] à Leipzig et avec Schwintzer & Gräff à Berlin. Au Bauhaus, elle collabore avec ses compagnons d'atelier **Christian Dell** et Hans Przyrembel [1900–1945]. Avec Hin Bredendieck [1904–1995], elle crée la lampe *Kandem* en 1928. Ce projet, auquel elle a travaillé avec sa classe, est l'une des productions les plus significatives du Bauhaus. En effet, malgré la décision prise par l'école dans les années vingt de s'orienter vers la création de prototypes à destination de l'industrie, les lampes de Marianne Brandt font partie des rares créations finalement produites en série. En 1929, elle intègre le cabinet d'architecte de **Walter Gropius** et de 1930 à 1933, signe en tant que designer différents projets pour l'usine Ruppelwerk de Gotha. Puis elle rentre dans sa ville natale, où elle se remet à la peinture tout en essayant de vendre certaines de ses créations au grand magasin Wohnbedarf. Elle enseigne à la Staatliche Hochschule für Angewandte Kunst de Dresde en 1949 et 1950 et à l'Institut für Angewandte Kunst de Berlin-Weißensee de 1951 à 1954. Peintre de talent connue pour ses photomontages, Marianne Brandt est surtout intéressante pour ses réalisations de design industriel. Elle occupe dans ce domaine une place à part, ayant été la première femme à briller dans une activité jusqu'alors dominée par les hommes.

Lampe de chevet
702 Kandem pour
Körting & Mathiesen,
1928

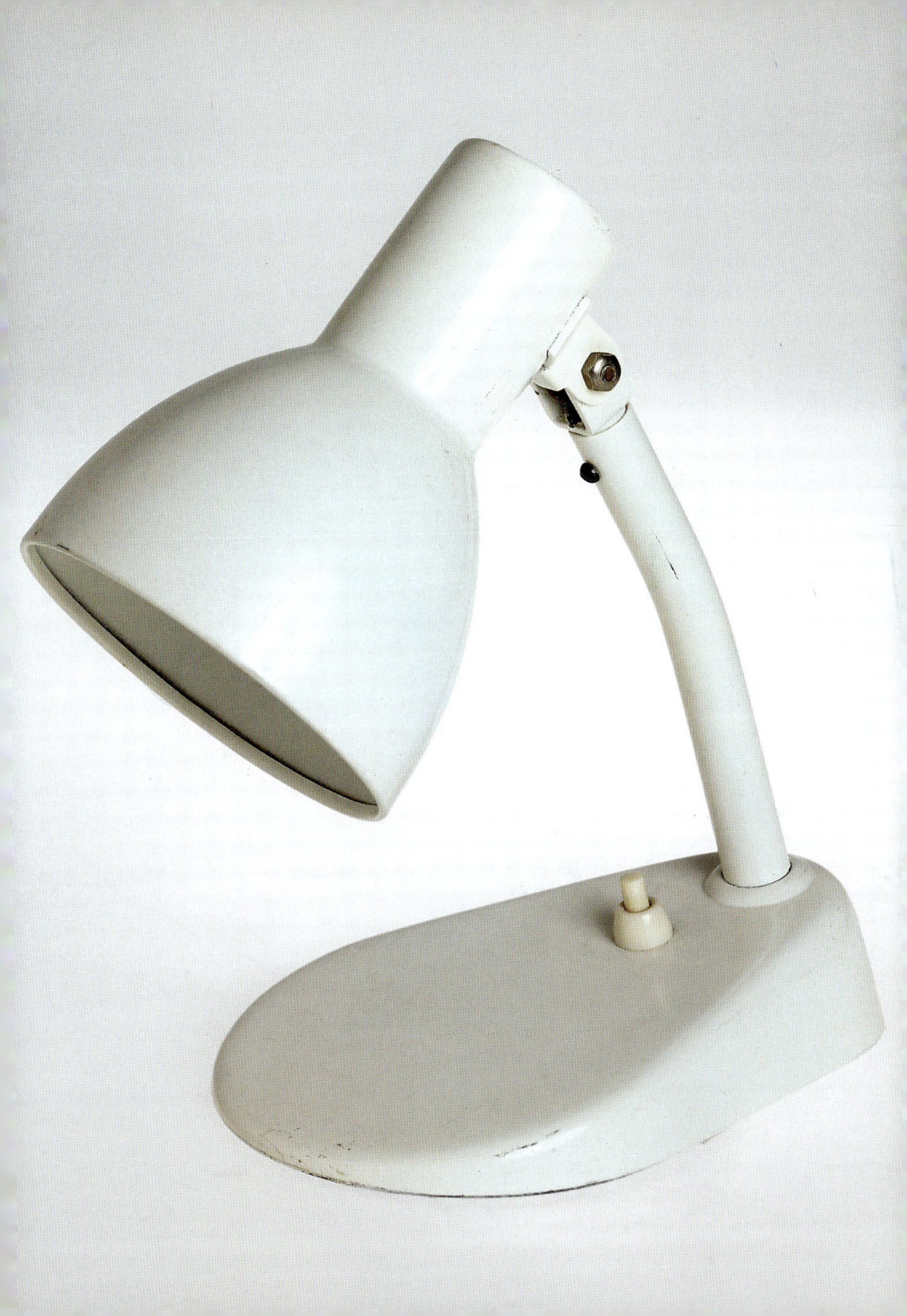

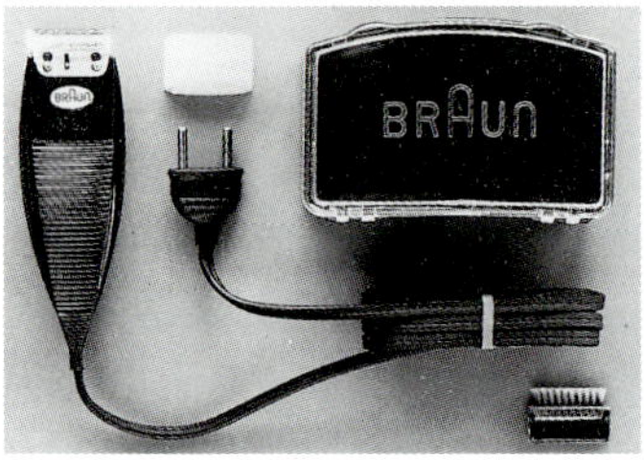

Max Braun, Rasoir électrique *Modell S 50*, 1950

→ Gerd Alfred Müller & Hans Gugelot, Rasoir électrique *Modell SM3*, 1960

BRAUN

Fondée en 1921
À Francfort-sur-le-Main, Allemagne

En 1921, l'ingénieur Max Braun (1890–1951) fonde à Francfort une société industrielle qui fabrique des connecteurs pour courroies de transmissions et instruments scientifiques. En 1923, il commence à fabriquer des composants pour l'industrie naissante de la radio. Dès l'avènement des granulés plastiques en 1925, il saisit l'occasion de travailler le nouveau matériau et construit lui-même ses presses pour fabriquer cadrans et boutons de commandes. La société construit à Francfort une usine moderne et fonctionnelle en 1928, et produit au bout d'un an des postes de radio qui sont parmi les premiers à intégrer émetteur et récepteur dans un même caisson. Braun est la première entreprise qui fabrique des ensembles compacts radio et phono en 1932, et des postes de radio à piles en 1936. La société obtient en 1937 à Paris l'un des prix de « l'Exposition Internationale des Arts et Techniques dans la Vie Moderne », en hommage à « ses réussites exceptionnelles dans le domaine des phonographes. » En 1947, Braun fabrique en série des postes de radio qui ressemblent plus à des meubles qu'à des appareils électroniques modernes. C'est à cette époque que le fabricant entame la production de ses lampes de poche *Manulux*. Le premier rasoir électrique S50 (1950), est équipé d'une tête de rasage oscillante surmontée d'une fine grille d'acier – dispositif encore utilisé de nos jours. Avec le mixeur *Multimix*, Braun se lance la même année dans la fabrication de petit électroménager. Max Braun meurt en 1951 et ses deux fils, Erwin (1921–1992) et Artur (1925–2013) lui succèdent à la direction de l'entreprise. C'est l'aîné qui décide de mettre en œuvre un programme de design rationnel et systématique. En 1953, Erwin décèle une demande pour des postes de radio à la fois « honnêtes, pratiques et discrets » et incarnant une esthétique moderne. Il s'assure la collaboration de **Wilhelm Wagenfeld** et d'autres designers de la Hochschule für Gestaltung d'Ulm. Ces derniers, à commencer par Fritz Eichler (1911–1991) sont chargés de redessiner tous les postes de radio et les tourne-disques. La nouvelle ligne Braun

Max Braun, Rasoir électrique *Model S 50*, 1950

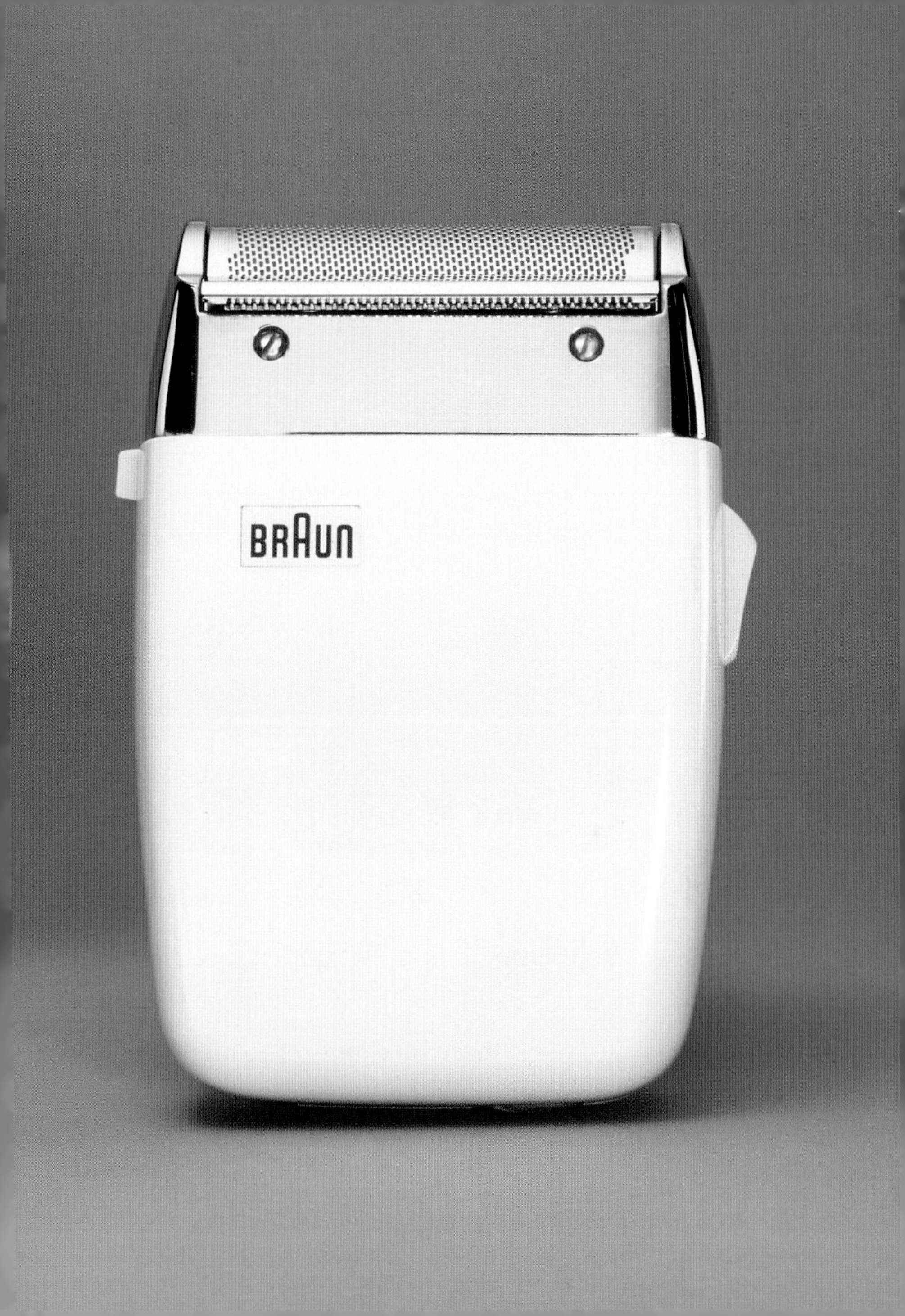
BRAUN

BRAUN

Florian Seiffert, Cafetière *Aromaster KF 20*, 1972

est très applaudie à la Foire Radio de Düsseldorf en 1955. Directeur du département de design mis en place en 1956, Eichler s'attache à la création d'un style maison cohérent, fondé sur des formes géométriques et fonctionnelles mises au service de la simplicité d'utilisation. Cette approche ne se limite pas au design des produits, mais englobe tous les domaines de l'identité visuelle, notamment le conditionnement, la publicité et les logos. Eichler fait également appel à d'autres designers de l'École d'Ulm, comme Otl Aicher (1922–1991) et **Hans Gugelot**, qui crée des appareils audio aux lignes pures et sobres. Parmi les productions de cette époque, on remarque la collection complète de radios et tourne-disques d'Eichler et d'Artur Braun en 1955, et le combiné radio-tourne-disque *Phonosuper SK4* (1956) cosigné par **Dieter Rams** et Hans Gugelot, surnommé le « le cercueil de Blanche-Neige ». Rams est également l'auteur de la radio portable *Transistor 1* en 1956, de la radio de poche *T 3* et *T 4* en 1958, et du premier combiné hi-fi, l'*Atelier 2* en 1959. Ces trois créations assurent la réputation internationale de Braun. En 1955, la société embauche le designer **Gerd Alfred Müller**, dont le robot ménager *KM 3* (1957) incarne l'esthétique austère et rationnelle de l'Allemagne d'après-guerre. En 1961, Dieter Rams est nommé directeur général du design. Il dirige l'équipe de créateurs pendant près de quarante ans et imprime la même esthétique épurée à tous les produits Braun : rasoirs électriques, réveils, calculatrices et appareils électroménagers. Sous sa direction, Braun lance une série d'objets qui font date dans l'histoire du design, comme le briquet *Permanent* en 1966, où un dispositif électromagnétique remplace la traditionnelle molette, la calculatrice de poche électronique *ET 22* en 1976, et le premier radio-réveil en 1977. La société **Gillette** de Boston prend en 1967 une participation majoritaire chez

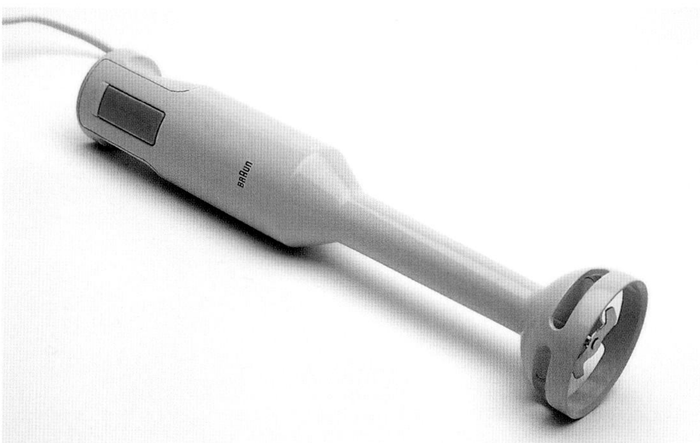

Équipe de design Braun, Mixer *MR 300 Compact*, 1987

→ Rasoir électrique *CoolTec CT2*, 2015

↘ Brosse à dents électrique rechargeable *Oral-B Pro 4000 Crossaction*, 2015

Braun AG, qui créera un an plus tard le prix Braun international du design. La société remporte en 1983 le premier prix du design d'entreprise à la Foire Commerciale de Hanovre, pour « sa conception exemplaire de l'information, de la présentation et du design de produit. » Braun interrompt la production de matériel hi-fi en 1990 et se concentre sur les appareils d'hygiène, comme le rasoir pour femmes *Silk-Epil EE 1* (1989), la gamme prospère de rasoirs électriques *Flex Control* (1990), la brosse à dents électrique *Plak Control* D5 (1991), ainsi que la gamme de sèche-cheveux. Au cours des années 90, la marque innove également avec des machines à café, des robots ménagers, des batteurs manuels, des fers à repasser et des réveils, dont le populaire modèle *AB-1* conçu en 1971 par Dietrich Lubs et actualisé en 1987. En 1996, Braun lance le thermomètre infrarouge *Thermoscan* qui lui permet de faire son entrée sur le marché des dispositifs de diagnostic personnel. Depuis 2005, Braun est une filiale en propriété exclusive de la multinationale américaine de biens de consommation Procter and Gamble ; en 2012 toutefois, De Longhi a acquis les droits de fabrication des designs de Braun dans le domaine du petit électroménager. Au fil des décennies, le succès de Braun tient sans conteste au fait que ses produits sont le fruit de la collaboration de designers, ingénieurs et experts en marketing dans le respect des bonnes pratiques de design. L'esthétique sans failles des produits se doit à une organisation logique des composants et la volonté d'un tout harmonieux et discret. Depuis les années 50, le design repose sur le concept de durabilité, et la marque reflète l'observation

→ Réveil Dietrich Lubs, *AB1*, 1971–1987

de **Dieter Ram** selon lequel « un bon design est respectueux de l'environnement, et il peut et doit contribuer à la conservation et à la protection des ressources. » Braun s'efforce donc de réduire son empreinte écologique et prend activement part à diverses initiatives vertes telles que la European Recycling Platform.

CARL BREER

Né en 1883 à Los Angeles, Californie, États-Unis
Mort en 1970 à Détroit, Michigan, États-Unis

Carl Breer au volant d'une Chrysler *Airflow*

← Carl Breer et sa maquette en bois de la Chrysler *Airflow*, 1934

Au début des années trente, Walter Percy **Chrysler** décide de fabriquer une voiture totalement nouvelle. Il cherche en effet à augmenter les parts de marché de sa société qui n'occupe alors que le dixième rang de l'industrie automobile. Sa décision aboutit à la sortie en 1934 de l'*Airflow*, dessinée par l'ingénieur en chef de Chrysler, Carl Breer et ses adjoints Owen Skelton et Fred Zeder. Pour améliorer la stabilité et le confort du véhicule, Breer met à profit les recherches en aérodynamique, en testant une série de maquettes de voiture dans une soufflerie. Son idée consiste à inverser l'effet de soulèvement qu'entraîne la vitesse sur les ailes d'un avion par une carrosserie aux formes étudiées pour plaquer la voiture au sol quand elle accélère. Avec son capot plongeant de forme arrondie qui intègre en partie les phares et les pare-chocs, l'*Airflow* est la première automobile à bénéficier des techniques de l'aérodynamique jusqu'alors réservées à l'aéronautique. Carl Breer inaugure aussi la construction monocoque et le positionnement avancé de l'habitacle, une recherche très novatrice en matière de répartition du poids. Malgré ses autres avancées significatives, comme la première transmission surmultipliée, le profil aérodynamique de l'audacieuse *Airflow*, choque le grand public et Chrysler en interrompt la production au bout de trois ans. Mais l'échec commercial de l'*Airflow* n'empêchera pas le travail de Breer d'exercer plus tard une influence considérable sur d'autres designers automobiles, notamment chez **Ford**, **General Motors** et **Porsche**.

Airflow, 1934

MARCEL BREUER

Né en 1902 à Péc, Hongrie
Mort en 1981 à New York, États-Unis

Marcel Lajos Breuer obtient en 1920 une bourse qui lui permet d'étudier à l'Académie der Bildenden Künste de Vienne. Déçu par l'enseignement de l'école, il n'y reste pas longtemps, et se fait engager dans un cabinet d'architecture viennois. Breuer s'inscrit dès 1920 au **Bauhaus** de Weimar où il suit le cours préparatoire, puis la formation de l'atelier de menuiserie, et obtient son diplôme de compagnon en 1923. Pendant son apprentissage, il crée sa Chaise *Africaine* (1921) et sa *Chaise en lattis*, un fauteuil à lattes de bois (1922–1924). En 1925, Breuer suit l'équipe d'enseignants du Bauhaus qui s'installe à Dessau, où il est nommé « jeune maître », et dirige l'atelier de menuiserie. C'est cette année-là qu'il conçoit son premier fauteuil en métal tubulaire, le *B3* (l'idée de ce matériau novateur lui serait venue d'une bicyclette Adler qu'il venait de s'acheter). Il crée par la suite de nombreux meubles en métal tubulaire : chaises, fauteuils, tabourets, tables et armoires qui seront édités par Standard-Möbel à Berlin à partir de 1927 et par **Thonet** à partir de 1928. Le faible coût, le caractère hygiénique et l'élasticité du tube métallique, qui garantit un bon confort sans nécessiter de ressorts, sont autant d'avantages pour Breuer qui considère que ses meubles sont indispensables à la vie moderne. Il est également l'auteur des nouveaux locaux du Bauhaus, des maisons des maîtres, de l'aménagement intérieur et du mobilier de l'école. Le fauteuil *B3*, ou *Wassily*, fut à l'origine conçu pour meubler l'appartement de Wassily Kandisky. Outre ces meubles, il construit aussi en 1926 une petite maison métallique standardisée et un an plus tard, la maison *Bambos*. En avril 1928, il cesse d'enseigner au Bauhaus pour ouvrir une agence d'architecture à Berlin qui est active de 1928 à 1931. Ses projets architecturaux ne seront pas réalisés, mais il continue à créer des meubles et à décorer habitations et grands magasins. La **Deutscher Werkbund**, notamment, lui confie l'aménagement intérieur de la section allemande de l'exposition de la « Société des Artistes Décorateurs Français » en 1930. Il reçoit en 1932 ses premières commandes d'architecte : la maison Harnischmacher à Wiesbaden et le magasin de meubles Wohnbedarf à Zurich. Avec Emil (1893–1980) et Alfred Roth (1903–1998), il construit deux ans plus tard à Zurich les maisons Doldertal, deux immeubles d'appartements pour Siegfried Giedion (1888–1968), le fondateur des magasins Wohnbedarf. De 1932 à 1934, il crée une gamme de meubles pliants dotés de rubans d'acier et d'aluminium, avec un procédé qu'il fait breveter, qui est fabriquée par

Fauteuil *Wassily modèle B3*, fabriqué à l'origine par Standard-Möbel, puis par Thonet, et maintenant produit sous licence par Knoll

Fauteuils de théâtre pliants *Model B1* pour Thonet, 1930–1931

Embru et diffusée par Wohnbedarf. En 1935, il émigre à Londres où il collabore avec l'architecte F.R.S. Yorke (1906–1962). Ils réalisent ensemble plusieurs projets d'architecture : des maisons dans les comtés de Sussex, de Hampshire, de Berkshire et de Bristol, ainsi que le pavillon Gane de Bristol (1936), qui associe le bois et la pierre locale, des matériaux traditionnels en rupture avec l'esthétique verre et acier du Bauhaus. Breuer et Yorke sont aussi les auteurs d'un projet de « Centre Civique pour l'Avenir » qui ne verra jamais le jour. De 1935 à 1937, Marcel Breuer est directeur du design de la société **Isokon** fondée par Jack Pritchard. Il y crée cinq modèles de meubles en contreplaqué – transpositions de ses anciennes créations en tube métallique qui répondent à la popularité des modèles en contreplaqué d'Alvar Alto exposés en Grande-Bretagne en 1933. En 1937, il part pour les États-Unis, où **Walter Gropius** lui propose un poste de professeur à l'École de Design de l'université de Harvard. Ils ouvrent ensemble une agence d'architecture qui construira le pavillon de la Pennsylvanie à la

New York World's Fair [Foire Internationale de New York] de 1939, de même qu'un certain nombre de maisons particulières, dont celle de Gropius lui-même. Ils se séparent en 1941, et Breuer fonde son propre cabinet d'architecte, qu'il installera à New York en 1946. Jusqu'à la fin des années cinquante, il construira quelque soixante-dix maisons individuelles, essentiellement en Nouvelle Angleterre, et notamment la sienne [1947] à New Canaan, dans le Connecticut. Le Museum of Modern Art de New York organise une exposition itinérante de ses œuvres en 1947, et lui demande l'année suivante de construire sur les terrains du musée une maison à faible coût qui puisse correspondre aux besoins d'une famille américaine moyenne. Breuer équipe son prototype de meubles bon marché en contreplaqué découpé. En 1953, il fait partie des architectes chargés de construire à Paris l'immeuble de l'UNESCO, et il conçoit la même année le grand magasin Bijenkorff de Rotterdam. Il fonde en 1956 la société Breuer & Associates. Il fait alors du béton son matériau privilégié et l'utilise de façon sculpturale et novatrice pour la construction de l'imposant Whitney Museum of American Art de New York en 1966. Breuer a été l'un des créateurs les plus éminents du Mouvement moderne, et la popularité durable de ses meubles démocratiques témoigne de sa maîtrise esthétique comme de sa compréhension des méthodes de production industrielles.

Première version de la table *Model B18*, 1928, et du fauteuil *Model B55*, 1928–1929

BRIONVEGA

Fondée en 1945
À Milan, Italie

La société italienne d'appareils électriques est d'abord créée par la famille Brion pour la production de postes de radio. Dès la création du premier réseau de télévision, l'entreprise lance en 1952 les premiers téléviseurs entièrement fabriqués en Italie, et en 1962 le premier poste de télévision portable à transistor, le *Doney 14*, une œuvre conjointe de **Marco Zanuso** et **Richard Sapper**. Les deux designers créent aussi la radio *TS 502* en 1964 à coque à charnières en plastique ABS, le téléviseur *Algol 11* à écran inclinable et le *Black ST 201* en forme de cube en 1969. Tous ces appareils reflètent le goût de Brionvega pour les formes néo-modernes et les couleurs primaires. Le style du fabricant italien, moins austère que celui de ses concurrents allemands et danois, lui attire une clientèle jeune. **Achille** et **Pier Giacomo Castiglioni** dessinent des produits novateurs, dont un récepteur radio sur secteur et la célèbre chaîne stéréo *RR 126* en 1965. Les designers Franca Helg (1920–1989) Franco Albini (1905–1977), et **Mario Bellini** ont également travaillé pour Brionvega, ce dernier étant l'auteur de la chaîne hi-fi *Totem*, produite en 1971. Brionvega commence alors à souffrir de la concurrence japonaise et cesse sa production à la fin des années soixante-dix. Comme ceux de ses rivales **Braun** et **Bang & Olufsen**, les produits Brionvega relèvent d'une esthétique moderne, avec un stylisme qui l'apparente à certaines tendances des beaux-arts contemporains.

Marco Zanuso & Richard Sapper, Téléviseur *Black ST 201*, 1969

↗ Mario Bellini, Chaîne hi-fi *Totem*, 1971

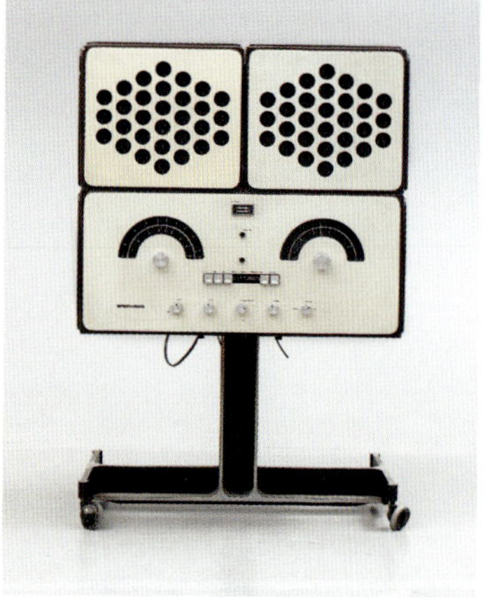

→ Achille Castiglione, Chaîne stéréo *RR 126*, 1965

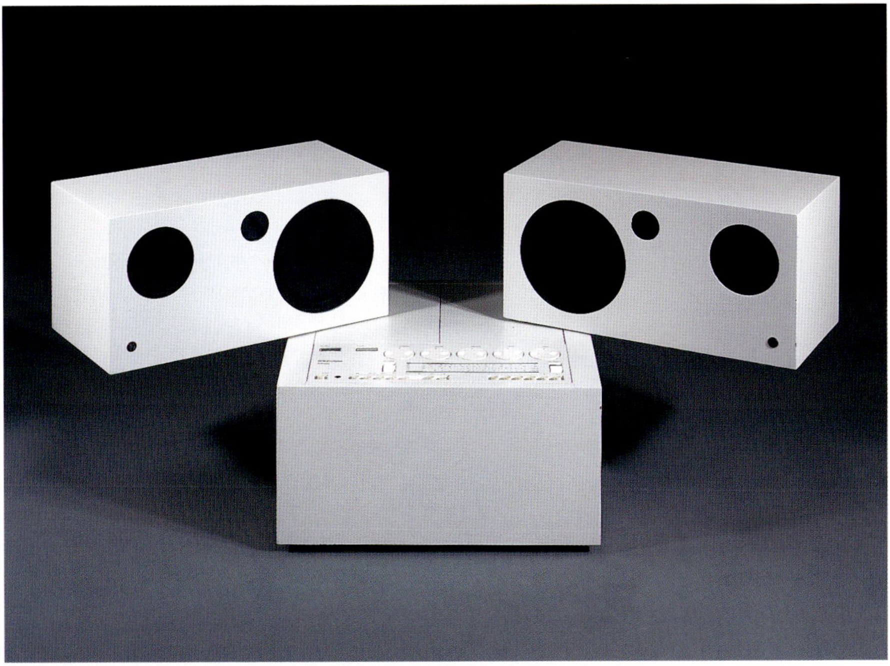

BROMPTON BICYCLE

Fondée en 1976
À Londres, Angleterre

Andrew Ritchie posant avec un vélo pliable *Brompton*

Depuis la naissance de la bicyclette à la fin du 19e siècle, nombreux sont les inventeurs ayant imaginé un modèle pliable et facilement transportable quand il n'était pas utilisé. Divers designs ont d'ailleurs vu le jour au fil du temps, mais la plupart sont restés assez encombrants et lourds à transporter même une fois pliés. C'est en 1975 que se produit une révolution, avec un prototype de vélo pliable qu'un jeune diplômé en ingénierie de Cambridge, Andrew Ritchie, conçoit et fabrique dans son appartement de Brompton Road, face à l'Oratoire de Londres. Contrairement à ses prédécesseurs, ce nouveau design se pliait facilement et restait très compact. Au lieu de suivre les approches antérieures qui visaient à plier le vélo en deux, Ritchie s'est centré sur les quatre éléments clés dépassant du cadre, à savoir la roue avant, la roue arrière, le guidon et la selle. Sa solution tient à des éléments différenciateurs : taille de roues inférieure au standard de 18 pouces et construction en aluminium ultra léger, mais aussi et surtout un guidon et un porte-selle avec des parties télescopiques pouvant être inclinées et pliées. Contrairement aux modèles déjà présents sur le marché qui se pliaient en deux, le prototype *P1* de Ritchie se pliait en trois parties égales, d'où un objet nettement moins long et plus maniable. En terme de design et d'ingénierie cependant, la solution était plutôt complexe. Après avoir trouvé le financement pour le développement du prototype et officiellement fondé en 1976 l'entreprise Brompton, Ritchie s'attache à améliorer le vélo pour en simplifier la fabrication et l'usage. À cette époque, il met au point trois autres prototypes, dont deux (les modèles

Vélo *Brompton* plié

Vélo pliable *Brompton* classique, design datant de 1976

identiques *P3* et *P4*) avec des roues de 16 pouces, qui rendent le vélo plié encore plus compact et qui allaient devenir le standard du vélo Brompton actuel. Flexible et léger, le vélo Brompton est désormais considéré comme le vélo urbain par excellence et est célèbre dans le monde entier pour sa conduite exceptionnelle, pour sa fabrication manuelle de qualité dans l'Ouest londonien et pour ses normes supérieures de design et d'ingénierie. L'une des raisons de son succès auprès des spécialistes du cyclisme est qu'il peut être personnalisé pour répondre aux besoins de chaque client. Son système de pliage innovant le dote d'un niveau de transportabilité sans précédent et permet de l'emporter à bord d'autres modes de transport, comme un train ou un avion.

ISAMBARD KINGDOM BRUNEL

Né en 1806 à Portsmouth, Angleterre
Mort en 1859 à Londres, Angleterre

Le père d'Isambard Kingdom Brunel, Sir Marc Isambard Brunel, étair un ingénieur français qui, tout en construisant des tunnels et des ponts suspendus, a inventé toute une série de machines pour l'imprimerie, la cordonnerie, la fabrication des bas et celle des poutres de charpente. Chargé en 1824 de la construction du tunnel sous la Tamise entre Rotherhithe et Wapping, il nomme son fils, alors âgé de 19 ans, ingénieur résident du projet. Trois ans plus tard, Isambard Kingdom Brunel est gravement blessé dans une inondation accidentelle. La construction est interrompue sine die. Pendant sa convalescence, le jeune Brunel dessine les plans d'un pont suspendu sur les Gorges de l'Avon et son projet l'emportera finalement sur celui de Thomas Telford (1757–1834) un ingénieur écossais renommé. Brunel entreprendra plus tard le réaménagement des docks de Bristol et en construira d'autres à Monkwearmouth, Milford Haven, Plymouth, Brentford et Briton Ferry. Il est nommé ingénieur en chef du GWR (Great Western Railway) en 1833. Il crée à cette occasion une voie de chemin de fer à large écartement (2,10m) qui augmente considérablement les capacités d'espace et de confort des trains. La voie élargie de Brunel améliore aussi sécurité et vitesse

Locomotive du Great Western, 1838

→ Isambard Kingdom Brunel, vers 1855

Pont suspendu de Clifton, 1830–1863

et permet d'abaisser le centre de gravité de la locomotive, assurant aux convois une stabilité accrue. La polémique concernant l'abandon des anciennes voies au profit de celles du jeune ingénieur fait rage pendant des années. Le nouveau modèle de voie ferrée ne sera définitivement adopté par le GWR, surnommé « God's Wonderful Railway » (le merveilleux train divin) qu'en 1892. Brunel équipe toutefois la Grande-Bretagne et l'Irlande de plus de 1 500 kilomètres de voies, et construit deux chemins de fer en Italie. On le consulte sur la conception de voies ferrées en Australie et en Inde. En 1844, il tente d'équiper le South Devon Railway d'un système de propulsion pneumatique. Ce projet est un demi-échec. Les nombreux ponts de Brunel ont aussi fait date, notamment celui de Maidenhead où il a construit l'arche de briques la plus plate du monde à ce jour. Comme ingénieur maritime, il est également l'auteur de trois navires à vapeur, qui battent chacun à leur tour des records de taille : le *Great Western* en 1837, le *Great Britain* en 1843, et le colossal *Great Eastern* en 1858. Il reçoit en 1841 le titre de baronet pour la réalisation du tunnel sous la Tamise qui, bien que malmené par les difficultés financières et les problèmes techniques, représente à l'époque une réussite admirable. Les idées extrêmement originales de Brunel et ses étonnantes capacités à passer de la théorie à la pratique, soutenues par une ténacité à toute épreuve, ont fait de lui l'un des pionniers du design industriel et le père de l'ingénierie civile moderne.

EDWIN BUDDING

Né en 1796 en Angleterre
Mort en 1846 en Angleterre

On doit l'invention de la tondeuse à gazon à Edwin Budding, ingénieur anglais né à Stroud, dans le Gloucestershire. L'idée lui vient d'une manufacture textile de sa région, où l'on utilise un cylindre à lames monté sur établi pour raser les étoffes afin de les adoucir. Budding est persuadé que le même procédé peut être adapté à la tonte de l'herbe, en montant le mécanisme sur un cadre à deux roues latérales de façon que les lames du cylindre rasent la surface de la pelouse. Il construit en 1830 sa première tondeuse en fonte, dont le cylindre à lames, connecté à des roues à dents droites, tourne douze fois plus vite que le rouleau principal. En 1831, l'ingénieur s'associe à John Ferrabee, qui finance le brevet. La tondeuse de Budding servira pendant plusieurs décennies de prototype à de nombreux autres fabricants.

La première tondeuse à gazon, 1830

ETTORE BUGATTI

Né en 1881 à Milan, Italie
Mort en 1947 à Paris, France

Ettore Bugatti fonde une usine automobile en 1909 à Molsheim, Alsace. Il se spécialise ensuite dans la construction de voitures de course comme la *Type 22* et la célèbre *Type 35* (1924). Cette dernière domine la compétition automobile au milieu des années vingt, remportant plus de 2 000 courses. À la même époque, l'atelier Bugatti produit une poignée (6 à 8) de voitures de route *Type 41*, un modèle ultra luxueux. Également dénommée « Golden Bugatti » ou « La Royale », la *Type 41* fut sans doute la voiture la plus méticuleusement fabriquée de tous les temps. En 1934 est lancée la *Type 57*, d'une extraordinaire beauté. Le design aérodynamique de ce modèle a exercé une influence profonde sur l'industrie automobile. Après la mort d'Ettore en 1947, la marque entame un déclin interrompu en 1987 par un entrepreneur italien qui la rachète et lance trois nouveaux modèles, dont la *EB 110 GT* (1991) – à l'époque la voiture la plus rapide du monde – et la luxueuse *EB 112 Sedan* (1993) dessinée par **Giugiaro** (ItalDesign). En 1995, l'entreprise est rachetée par **Volkswagen** et quatre ans plus tard, elle lance quatre prototypes, dont la supercar *Veyron* (moteur 1 000 chevaux, 18 cylindres et consommation de 8 litres au cent) commercialisée en 2005. Pouvant atteindre une vitesse maximum de 407 km/h, elle a été baptisée « Voiture de la décennie » par le programme télévisé Top Gear de la BBC.

Publicité Bugatti par Gerold, 1932

Bugatti *Veyron 16.4*, sortie en 2005

Bugatti *Type 35*, 1924

Ettore Bugatti avec
la Bugatti *Type 35*

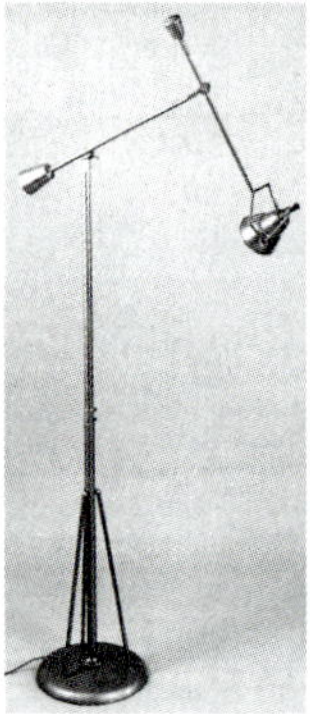

Lampadaire articulé, vers 1929

EDOUARD-WILFRID BUQUET

Né en 1886 en France
Actif dans les années 1920 et 1930

En 1925, le designer français Art Déco Edouard-Wilfrid Buquet réalise une lampe articulée innovante. Elle précède de sept ans l'*Anglepoise* plus connue de **George Carwardine**. Le modèle à contrepoids de Buquet est breveté à Paris en 1927 et devient l'un des luminaires les plus appréciés de l'époque. Très en vogue chez les architectes et les décorateurs d'intérieur, la lampe de bureau en métal chromé, avec son abat-jour en aluminium et son socle en bois laqué est souvent utilisée par les architectes d'avant-garde comme **Marcel Breuer** et Louis Sognot (1892–1970), dans leurs décorations d'intérieur. Ce modèle, présenté au Salon d'Automne de 1929 à Paris est une des vedettes de la presse magazine française d'avant-guerre. Pourtant son auteur ne sera reconnu comme tel que dans les années soixante-dix. Ce luminaire a aussi été produit en version lampadaire et suspension et il en existe une variante à deux bras articulés. La lampe de Buquet, qui projette une esthétique industrielle moderne a été fabriquée, pour l'essentiel, artisanalement. Malgré cette incongruité, ce modèle a exercé une influence considérable sur le design des lampes de bureau produites en grande série, comme l'*Anglepoise* de Carwardine et la *Luxo L-1* de Jacob Jacobsen (1901-1996).

Lampe d'architecte articulée, 1927

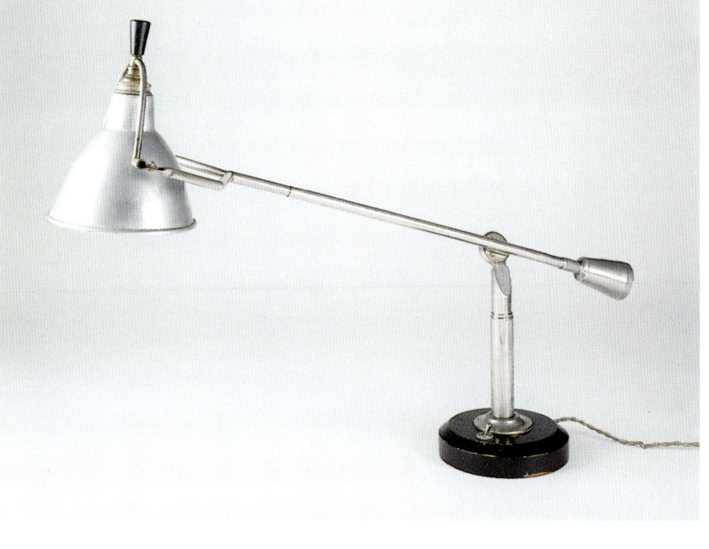

Stand de vente des produits de l'École d'Arts Appliqués de Burg Giebichenstein, vers 1927

BURG GIEBICHENSTEIN

École d'Arts Appliqués
Fondée en 1918 à Halle (Allemagne)

En 1915, l'achitecte Paul Thiersch (1879–1928) devient directeur de la Handwerkerschule de Halle et transforme cette institution en ajoutant des cours et en créant deux ateliers, l'un de ferronnerie et l'autre d'émail. Quand l'école s'installe dans ses nouveaux locaux de Burg Giebichenstein en 1921–1922 elle est rebaptisée Atelier de Stadt Halle, Ecole d'Arts Appliqués de Burg Giebichenstein. Cette institution est l'une des premières à enseigner l'importance de la production industrielle aux étudiants en design. En 1923, le sculpteur berlinois Karl Müller (1888–1972) est nommé directeur de l'atelier de métal de l'école qui devient grâce à lui l'un des tout premiers foyers allemands de création d'orfèvrerie. Comme le **Bauhaus**, l'école de Halle effectue sa mutation philosophique et passe de la fabrication artisanale à la production industrielle, sans délaisser complètement la notion de travail artisanal. Elle n'adhère pas au fonctionnalisme aussi strictement que le Bauhaus et les objets de métal, vaisselle ou luminaires qui sortent de ses ateliers sont moins sévères et parfois plus expressifs. Les céramiques, qu'il s'agisse de services de porcelaine ou de pots en faïence se caractérisent souvent par leurs formes élémentaires aux lignes adoucies. En promouvant une forme de modernisme plus subtil et plus humain, l'école de Halle a peut être défini un meilleur équilibre entre l'art et l'industrie que sa rivale, le Bauhaus.

Marguerite Friedländer-Wildenhain, Service de dîner *Burg Giebichenstein* pour KPM Berlin, 1930

NICK BUTLER

Né en 1942 à Normanton, Angleterre
Mort en 2012 à Angleterre

En 1967, Nick Butler fonde BIB Design Consultants Ltd. et, en 1975, est coopté au sein de la Chartered Society of Designers (CSD). Il devient membre du jury chargé de décerner les **Design Council** Awards en 1975 et du Council's Industrial Advisory Committee en 1978. Butler préside le British Design Export Group de 1980 à 1981 et est élu membre de la Royal Society of Arts en 1983. Il est examinateur externe au Royal College of Art de 1983 à 1986 et donne de nombreuses conférences sur le design industriel aussi bien en Angleterre qu'à l'étranger. En reconnaissance de sa contribution à son domaine, Butler est décoré de l'Ordre de l'Empire Britannique en 1988 et devient « maître » à la Faculty of Royal Designers to Industry en 1995. Au milieu des années 1990, Butler est consultant sur l'Euro auprès de la Banque d'Angleterre et de l'Hôtel des Monnaies. Il est aussi jury pour le programme British Millenium Products. Son agence propose enfin une gamme complète de produits et de services : audits de design, études de faisabilité, innovation et développement de produits, ingénierie du design, analyse des facteurs humains, fabrication de maquettes et prototypes et mise en production. Les produits issus de l'agence comme le flash photographique *Durabeam* (1982) qui remporte un Design Council Award, sont simples et intuitifs et traduisent son opinion selon laquelle « le design peut faire la différence au niveau de la compréhension du produit et donc d'une utilisation optimisée de celui-ci ». BIB a conçu des ordinateurs personnels pour **Apple**, des fax pour British Telecommunications et Panasonic, des montres pour Citizen, des téléviseurs pour Thomson, une ligne de stylos pour Dunhill et des équipements de cuisine pour Prestige.

Flash photographique *Durabeam* pour Duracell, 1982

CANON

Fondée en 1947
À Tokyo, Japon

Faxphone 8, 1988

En 1933, un laboratoire ouvre ses portes à Tokyo pour mener des recherches sur la technologie des appareils photo. L'année suivante, il développe un prototype du *Kwanon*, premier appareil japonais de 35 mm avec obturateur à rideau basé sur un modèle Leica. En 1937, le laboratoire prend officiellement le nom de Seikikōgaku kenkyūsho (Precision Optical Industry Co. Ltd) et trois ans plus tard, il lance la première caméra à rayons X indirects. Lancé en 1946, le Canon *SII* est plébiscité par les officiers des forces d'occupation comme par les touristes étrangers. En 1947, la firme, rebaptisée Canon Camera Company, continue d'innover en technologie photo, avec notamment le premier appareil à flash et obturateur synchronisés, le Canon *IVSb* (1952). Le Canon *L1* silencieux et la caméra de cinéma *8T* sont les premiers produits à recevoir le label « Bon Design » décerné par le ministère japonais du Commerce et de l'Industrie en 1957. Dans les années 1960 et 1970, Canon diversifie sa gamme de produits et y intègre des appareils à microfilms et des calculatrices. En 1965, l'entreprise fait ses premiers pas dans l'industrie des copieurs

Le *Kwanon*, le premier appareil photo petit format japonais doté d'un obturateur à rideau, 1934

Appareil photo *AE-1*, 1976

avec son *Canofax 1000*. Trois ans plus tard, elle lance la première tête d'enregistrement à quatre pistes. Au cours des années soixante-dix, Canon continue de développer des appareils photo de pointe, comme le *F-1*, un haut de gamme reflex (1971), et l'*AE-1* (1976), à micro-ordinateur intégré. En 1975, la société réussit la mise au point d'une imprimante laser (LBP) et lance en 1976 le premier appareil rétinien non-mydriatique, le *CR-45NM*. Suivent, en 1981, la première imprimante à bulles d'encre et une nouvelle version du *F-1 SLR*. En 1982, Canon sort une imprimante couleur à jet d'encre et, en 1986, le premier téléphone multifonctions avec fax intégré. À cette époque, Canon sort ses premiers caméscopes numériques : *Optura* (1997) et, plus léger et plus compact, *Elura* (1999). En 1995, la marque lance aussi son premier appareil photo numérique, le *EOS DCS 3* SLR. L'année d'après, elle commercialise le *Power Shot 600*, et en 2000, sa populaire gamme numérique *IXUS*. En grande partie grâce à ces trois modèles, les ventes de Canon d'appareils photo numériques depuis le milieu des années 90 excèdent le chiffre incroyable de 250 millions d'unités. Outre les appareils photo, Canon est également leader sur le marché des imprimantes, photocopieurs et autres produits d'imagerie numérique. L'entreprise suit ces principes de design : utilisation de formes, matériaux et technologies avancés, optimisation de la prise en mains et de la commodité, priorité à la simplicité fonctionnelle, prise en compte de l'environnement d'utilisation et création de solutions transculturelles.

Appareil photo *EOS-1D X*, lancé en 2012

GEORGE CARWARDINE

Né en 1887 en Angleterre
Mort en 1948 en Angleterre

George Carwardine, ingénieur automobile de formation, fonde Carwardine Associates (Bath) et se spécialise dans la conception de systèmes de suspension. En 1932, il fait breveter le design de *l'Anglepoise*, une lampe de bureau articulée. Ce modèle novateur qui autorise une grande souplesse de positionnement, est basé sur un principe de tension constante analogue à celui des membres humains : les ressorts de la lampe jouent à peu près le même rôle que celui des muscles. Le contrepoids relié au bras par un ressort permet à celui-ci de garder sa stabilité dans une infinie variété de positions. Produite dès 1933 par le fabricant anglais Herbert Terry à Redditch, l'*Anglepoise* connaît un succès immédiat. Elle s'intègre aussi bien dans des bureaux, des usines ou des hôpitaux que dans des environnements domestiques. Elle est produite en très grandes séries durant plus de cinquante ans. Son brevet est racheté en 1937 par le créateur norvégien de luminaires Jacob Jacobsen (1901–1996) dont le modèle *Luxo L-1*, qui remporte un grand succès commercial, trahit son admiration pour l'*Anglepoise*. Celle-ci, désormais fabriquée en Norvège et commercialisée sous un autre nom, devait in-

Page d'une brochure vantant les mérites de l'*Anglepoise* dans le centre hospitalier de Birmingham, milieu des années trente.

Modèle ancien d'*Anglepoise 1227* pour Herbert Terry & Sons, 1932 (produite à partir de 1933)

fluencer durablement les générations ultérieures de lampes de bureau. Le fait que ce modèle classique soit encore fabriqué aujourd'hui prouve sa fonctionnalité et l'intemporalité de son esthétique moderne.

Couverture de *The Case Eagle*, numéro de septembre 1932

CASE

Fondée en 1842
À Rochester, Wisconsin, États-Unis

Jerome Increase Case (1819–1891) lut un jour un article dans le *Genessee Farmer* concernant une machine qui pouvait servir à « battre » le blé, une corvée exténuante qui avait toujours été effectuée entièrement à la main. La longueur des opérations de battage traditionnel empêchait le développement des fermes en Amérique du Nord et Case comprit l'énorme potentiel d'une batteuse mécanique. En 1842, il met au point une variante de la batteuse « groundhog » qu'il avait réalisée auparavant et fonde la J. I. Case Company à Rochester, Wisconsin. Deux ans plus tard, il construit une usine à Racine et devient le premier fabricant de batteuses mécaniques. Sa *Sweepstakes Thresher* de 1862 est capable de battre deux à trois cents boisseaux de blé par jour, alors que le rendement d'un homme se limite à six ou sept. Case devient bientôt le « roi de la batteuse » et en 1865, il adopte le célèbre logo de l'aigle. Quatre ans plus tard, il lance la première machine Case à vapeur, la *Old N° 1* dotée d'un moteur de huit chevaux et plébiscitée par les fermiers parce qu'ils peuvent travailler toute la journée avec elle, à la différence des machines actionnées par l'énergie animale. Il faudra pourtant attendre les années 1870 pour voir les ventes des machines agricoles à vapeur décoller vraiment. L'année 1880 voit le lancement de la batteuse *Agitator* au rendement plus élevé. En 1886, Case est déjà le plus grand fabricant de machines à vapeur au monde et en 1892, il lance le premier tracteur à essence. En 1913, son entreprise fabrique des tracteurs plus petits et plus rapides, ancêtres des tracteurs actuels. En 1919, Case ajoute des charrues et des appareils de labour à sa ligne de produits ce qui en fait un fabricant d'équipements agricoles généraliste. Case s'est aussi essayé à la construction automobile et a même monté une écurie de voitures de course pour la première épreuve des 500 miles d'Indianapolis. Dans les années trente, la société exporte des batteuses jusqu'en Nouvelle-Zélande

Batteuse, 1908

Le premier moteur à vapeur, *Old N° 1*, avec batteuse *Eclipse*, 1869

Batteuse *Groundhog*, vers 1842

et continue à proposer de nouveaux produits comme la *Case Hammer Mill* qui mout des aliments pour le bétail ou la moissonneuse-batteuse *One-Man*. Durant la Seconde Guerre mondiale, Case construit plus d'un millions trois cents mille châssis pour l'armée américaine et fabrique des pièces de rechange pour les camions militaires, les tanks Sherman et les avions de combat. Après la guerre, l'entreprise revient à la fabrication de matériels et d'équipements agricoles. Aujourd'hui, Case reste leader dans son domaine.

CASIO

Fondée en 1957
À Tokyo, Japon

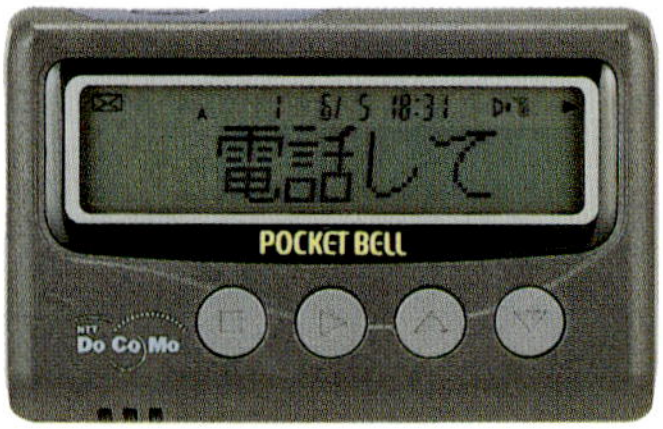

PPr-avertisseur de poche *Senty Next G11 Pocket Bell*, 1996

En 1946, Tadao Kashio, ingénieur de son état, crée une société, la Kashio Seisakujo, spécialisée dans la fabrication de pièces détachées pour avions. Sur la suggestion de son frère Toshio, Tadao et ses trois frères cadets s'attellent aussi à la mise au point d'une calculatrice. À la différence des autres calculatrices, conçues autour d'engrenages électriques, la calculatrice des frères Kashio adapte ingénieusement les commutateurs à relais en usage dans la téléphonie de l'époque. La taille réduite de ces composants permet de fabriquer des calculatrices sensiblement plus compactes. L'année 1957 voit la fondation de Casio Computer Inc. et le lancement du modèle *14-A* entièrement électrifié. Dix ans plus tard, la société produit la première calculatrice de bureau électronique programmable, la *AL-1000*. À l'époque, les calculatrices restent extrêmement onéreuses. Casio décide donc d'élargir son marché, jusque-là réservé aux sociétés, au grand public. Pour ce faire, elle transforme le design de ses produits : la *Casio-Mini* (1972), qui tient dans le creux de la main, est la première calculatrice personnelle au monde ; elle contribue à faire entrer ce type d'objets dans la vie quotidienne. S'appuyant sur sa technologie d'avant-garde, Casio reste en pointe dans la course à la miniaturisation avec la première montre bracelet électronique, la *Casiotron* (1974) et la première calculatrice de la taille d'une carte de crédit, la *Casio Mini Card* (1978). La *Casiotron*, qui affiche année, mois, jour, heures, minutes et secondes est basée sur le concept selon lequel le temps est un « processus d'addition continuel ». En 1981, Casio décide de réaliser une montre bracelet « aussi forte qu'un tank mais qui reste souple » et qui dure dix ans. Le résultat est la *G-Shock* (1983), un modèle qui résiste à une chute de dix mètres de haut sur le sol. Nombre de variantes suivront dont un modèle féminin, la *Baby-G* (1994) qui deviendra aussitôt un « must » des accessoires de mode. Dans les années 1980 et 1990, Casio continue de se spécialiser dans le design et le développement de calculatrices, de montres et d'instruments de musique dernier cri ainsi que de produits polyvalents comme la montre *BM-100WJ* (1989), une montre numérique dotée d'un senseur qui prévoit le temps qu'il

Calculatrice *MG-800*, vers 1978, l'une des premières à intégrer un jeu électronique rudimentaire

← Montre-bracelet *Baby G (BG 100 OCL-7T)*, 1995

→ Montre-bracelet *G-Shock (DW 003 B-9)*, vers 1991

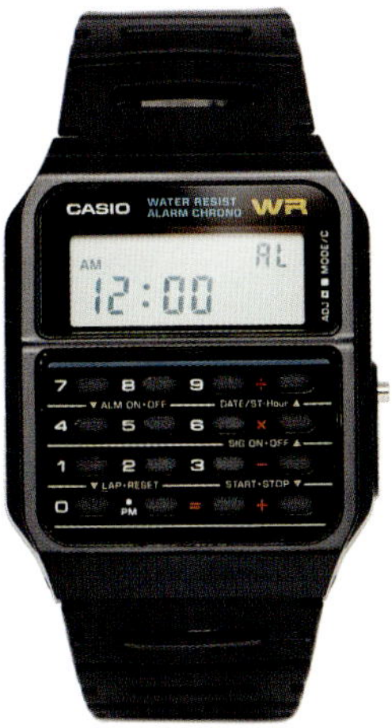

← Montre calculatrice *CA53W*, 2012

→ Chronographe homme *Casio Edifice EQB-510RBM-1AER*, Red Bull Racing, édition solaire limitée

va faire et la *Pathfinder PAT1GP-1* (2000), la première montre qui affiche la latitude et la longitude grâce à son système GPS intégré. Aujourd'hui, Casio s'attache à créer des designs aux fonctionnalités innovantes, simples à utiliser et versatiles. Les produits s'étalent sur une large gamme de prix, de sa montre calculatrice rétro et bon marché *CA53W*, à affichage simple qui rappelle les modèles des années 70, à son chronographe haut de gamme *Edifice* doté d'une foule de fonctions, dont une connectivité Bluetooth, une liaison mobile et un mode avion.

LIVIO, PIER GIACOMO & ACHILLE CASTIGLIONI

Né en 1911 / Mort en 1979 à Milan, Italie
Né en 1913 / Mort en 1968 à Milan, Italie
Né en 1918 / Mort en 2002 à Milan, Italie

Livio Castiglioni étudie l'architecture à l'École Polytechnique de Milan, où il obtient son diplôme en 1936. En 1938, il fonde un atelier avec son frère Pier Giacomo et Luigi Caccia Dominioni (né en 1913) et se consacre à la création de couverts en argent et en aluminium. Leur projet le plus remarquable de l'époque est la radio *547* (1938–1939) pour Phonola. La *547* est la première radio italienne en Bakélite, et elle inaugure un nouveau design pour ces postes de radio dont les boîtiers étaient jusqu'alors presque toujours en bois. La *547* reçoit une médaille d'or à la VIIe Triennale de Milan (1940) où les Castiglioni supervisent la section consacrée aux radios. Livio travaille comme consultant en design, d'abord pour Phonola, de 1939 à 1960, puis pour **Brionvega** de 1960 à 1964. En 1959–1960, il est président de l'ADI (Associazione per il Disegno Industriale) où il conçoit de nombreuses présentations audiovisuelles. Il collabore aussi avec ses frères sur plusieurs projets de luminaires. Sa création la plus connue, la lampe serpentine *Boalum* (1970) est réalisée en collaboration avec Gianfranco Frattini (1926–2004).

Livio Castiglioni, Pier Giacomo Castiglioni & Luigi Caccia Dominioni, Radio *547* pour Phonola, 1938–1939

Achille & Pier Giacomo Castiglioni, Projecteur de diapositives pour Ferrania, 1960

À l'instar de leur frère, Pier Giacomo et Achille Castiglioni sont diplômés de l'École Polytechnique de Milan respectivement en 1937 et 1944. Achille rejoint l'atelier de design de ses frères aînés, Piazza Castello et durant les années d'après-guerre les trois frères collaborent à des projets d'architecture et d'urbanisme et aménagent des expositions, tout en se consacrant au design d'objets. Très actifs, ils contribuent à l'organisation des expositions de la Triennale de Milan, de l'ADI et du concours du Compasso d'Oro (compas d'or). Quand Livio se sépare de ses frères en 1952, ses deux cadets continuent à travailler ensemble. Ils conçoivent l'exposition « Couleurs et formes de la maison d'aujourd'hui », à la villa Olmo, Côme, où pour la première fois, ils exposent leurs « ready-made » de 1957, le *Mezzadro* (tabouret de métayer) avec son siège de tracteur et le *Sgabello per Telephono* (tabouret de téléphone) avec une selle de vélo. Les frères créent aussi des objets moins révolutionnaires comme le fauteuil *Sanluca* (1959) de style Neo-Liberty pour le fabricant de meubles Dino Gavina dont ils aménagent les bureaux milanais en 1963. Parmi les autres créations notables de Pier Giacomo et Achille Castiglioni, on retiendra la lampe de bureau *Tubino* (1950), le lampadaire *Luminator* (1955), le lampadaire *Arco* (1962) et la lampe *Taccia* (1962). En 1966, ils dessinent le siège *Allunaggio*, inspiré par le premier alunissage. Dans la longue et prestigieuse liste de leurs clients, figurent **Kartell**, Zanotta, Brionvega, Bernini, **Siemens**, Knoll, Poggi, Lancia, Ideal Standard et Bonacina. Outre le mobilier et les luminaires, Pier Giacomo et Achille Castiglioni ont aussi réalisé des matériels audio pour Brionvega, dont le combiné radio-grammophone *RR 126* (1965). Après la mort de Pier Giacomo en 1968, Achille poursuit sa carrière de designer industriel et crée des objets qui remportent un grand succès comme le luminaire *Lampadina* (1972) pour **Flos**, un élégant service à condiments (1980-84) pour **Alessi** et la lampe orientable *Gibigiana* (1980) pour Flos. Les frères Castiglioni exercent un grand ascendant sur les générations montantes de designers italiens, non seulement à travers leurs activités et leur succès de designers industriels mais à cause de leur engagement constant dans l'enseignement : Pier Giacomo enseigne à l'École Polytechnique de Milan de 1946 à 1968, Achille est professeur de design industriel artistique de 1970 à 1977 puis de design et d'architecture intérieure de 1977 à 1980 à l'École Polytechnique de Turin. De 1981 à 1986, il enseigne la décoration intérieure à l'École Polytechnique de Milan avant d'y occuper le poste de professeur de design industriel.

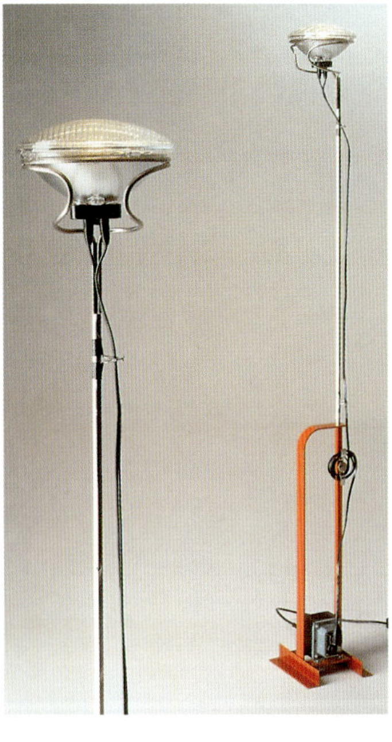

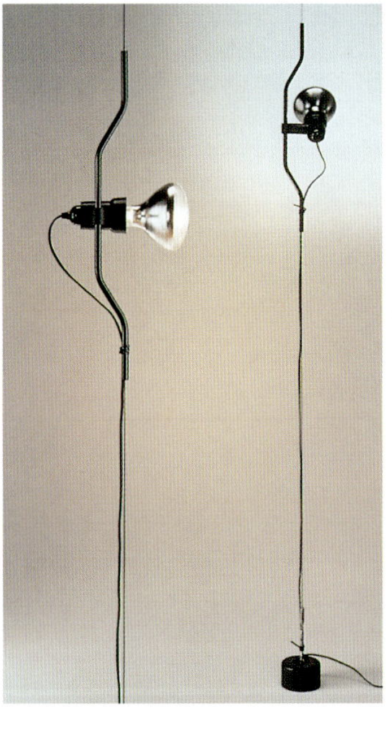

← Achille & Pier Giacomo Castiglioni, Lampadaire *Toio* pour Flos, 1962

Achille Castiglioni & Pio Manzu, Lampe *Parentesi* pour Flos, 1970

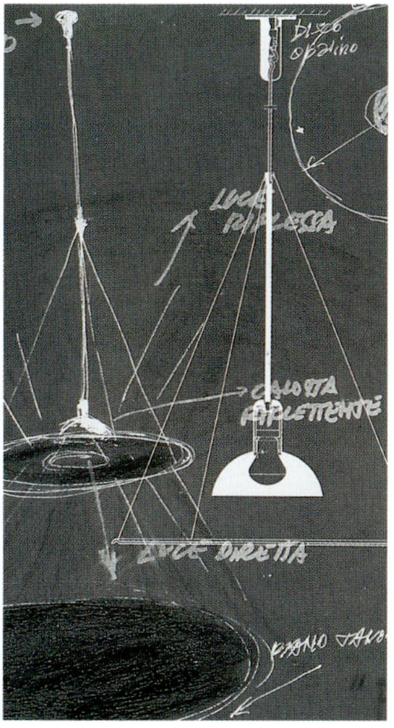

Achille Castiglioni, Projet de lampadaire *Frisbi* pour Flos, 1978

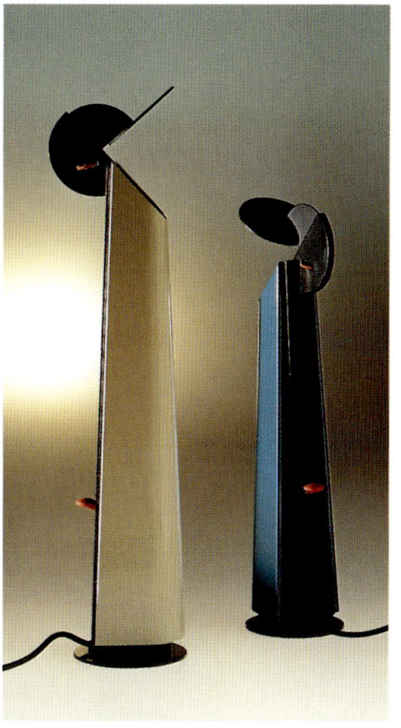

→ Achille Castiglioni, Lampe de bureau *Gibigiana* pour Flos, 1980

Durant sa longue carrière qui s'étend sur plus de cinquante ans, Achille Castiglioni a reçu huit Compasso d'Oro ainsi que de nombreux autres prix de design. L'esprit du design qu'inventent et déclinent les Castiglioni est issu du Rationalisme, mais tempéré d'ironie et d'un sens sculptural de la forme. Cette approche inhabituelle du design a été qualifiée d'« expressionnisme rationnel ». L'humour et la remarquable cohérence de leurs créations qui mêlent invention structurelle et séduction esthétique ont fait des frères Castiglioni trois des plus importantes figures du design italien du 20e siècle. Achille Castiglioni estime que « le besoin d'une approche nouvelle et originale dans le design contemporain apparaît avec une urgence croissante. » « Une telle approche, affirme-t-il, peut se réaliser dans le design à deux niveaux. D'un côté on trouve un design destiné à la production de masse. D'un autre le design qui crée de petites séries. » Dans ces deux secteurs d'activité, Achille a expérimenté mais aussi excellé. Il a communiqué par son œuvre des valeurs émotionnelles, tout en « s'efforçant d'aboutir au résultat adéquat avec un minimum de moyens. »

CATERPILLAR

Fondée en 1925
À Peoria, Illinois, États-Unis

Un des premiers tracteurs à vapeur, vers 1890

Durant les années 1880, Benjamin Holt (1849–1920) et Daniel Best mènent chacun de leur côté des recherches sur des tracteurs agricoles à vapeur. L'un et l'autre sont à l'origine des tracteurs à chenillettes et à essence. Durant la Première Guerre mondiale, le tracteur « Caterpillar » (à chenillettes) de Holt est utilisé par les Forces alliées pour le transport de l'artillerie et des wagons de marchandises. En 1925, les sociétés Holt et Best fusionnent pour créer Caterpillar, établie à Peoria, Illinois. Après des années de recherches sur le moteur diesel, considéré comme prometteur pour les tracteurs à chenillettes, l'entreprise lance en 1931 le *Diesel Sixty Tractor* qui fera date. Pendant les années 1940, Caterpillar diversifie sa ligne de produits et produit des niveleuses automotrices et des générateurs électriques, très demandés pendant la Seconde Guerre mondiale, tout comme ses tracteurs. Caterpillar développe aussi un moteur spécial pour le tank *Sherman M-4*. Après la guerre, la société renouvelle complètement sa gamme de produits et, en 1950, ouvre sa première succursale en Angleterre. Depuis les années cinquante, l'entreprise fabrique des moteurs *Cat* pour les fabricants de camions, de trains, de bateaux et d'engins de travaux publics. Grâce à ses systèmes de génération électrique, les moteurs *Cat* approvisionnent en électricité des régions inaccessibles aux réseaux conventionnels, plates-formes pétrolières ou encore pays en voie de développement. Autre application : les générateurs de secours destinés aux hôpitaux, aux écoles, etc. Durant les années 1970, Caterpillar développe plusieurs produits novateurs, dont le *D 10*, le plus grand et le plus performant tracteur chenillé au monde. On retiendra aussi l'excavateur hydraulique 225 et la gamme de moteurs 3400. Durement touchée par la récession au début des années 1980 l'entreprise parvient à rebondir grâce à des innovations révolutionnaires comme le design du piston élévateur de ses tracteurs à chenillettes qui accroît la productivité, simplifie l'entretien et allonge la durée de vie de la transmission.

Tracteur *D11R CAT*, fin des années 90

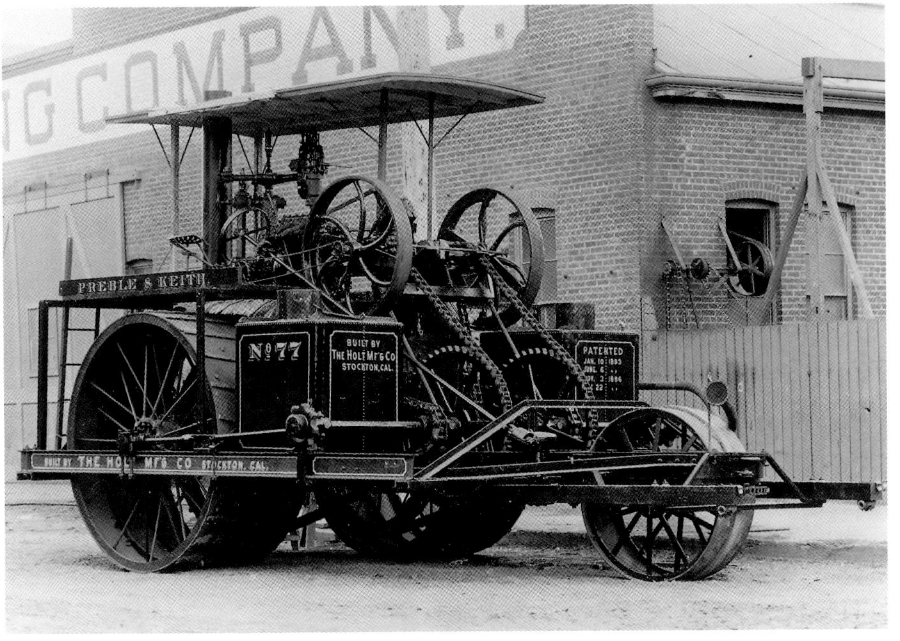

Benjamin Holt,
Premier tracteur
« Caterpillar »,
breveté en 1893

Tracteur Caterpillar
Thirty, vers 1930

Walter Percy Chrysler, années 1930

CHRYSLER

Fondée en 1925
Dans le Delaware, États-Unis

Walter Percy Chrysler (1875–1940) débute sa carrière comme apprenti mécanicien sur une locomotive. Mais dès l'âge de trente-trois ans, il est directeur de la division des moteurs de la Chicago Great Western Railway. En 1910, il devient directeur du site industriel de l'American Locomotive Company, à Pittsburgh. À la même époque, il achète sa première voiture, un Phaeton Locomobile. Deux ans plus tard, Chrysler entre dans la Buick Motor Company à Flint, Michigan. En 1916, Buick devient la première division automobile de la General Motors, dont Chrysler devient en 1917, le premier président et directeur général. Il est promu vice-président de **General Motors** en 1919 mais démissionne un an plus tard pour rejoindre Willys-Overland. Il est ensuite embauché par la Maxwell Motor Company qui périclite et qu'il remet à flot avec le développement de la Chrysler Six (1924), la première auto américaine élégante à prix moyen. Avec 32 000 unités produites, la Six bat les records de vente. La Chrysler Corporation qui s'établit dans le Delaware en 1925 succède à la Maxwell Motor Company et Walter Chrysler en devient le président. C'est la même année qu'est lancée la Chrysler *Four* (vitesse de pointe : 90 km/h) qui connaît un immense succès. Dès 1926, l'entreprise est passée de la 57e à la 5e place dans les ventes d'automobiles. En 1928, Chrysler réalise les premiers modèles Plymouth et De Soto et rachète aussi Dodge Brothers, une référence en matière de véhicules utilitaires. Bien que frappée par la Grande Dépression, Chrysler ne réduit pas ses

Walter Percy Chrysler avec une *Four Series 58*, 1925

Camion Dodge, années 1940

budgets de recherche et développement, et signe quelques innovations importantes en design et ingénierie, comme le système de montage de moteur « flottant » qui atténue les vibrations et accroît le confort de conduite. L'entreprise engage dès 1932 son premier designer intégré, Ray Dietrich (1894–1980), mais chez Chrysler, le design et le stylisme restent subordonnés à l'ingénierie jusqu'en 1950. Exception notable, la Chrysler *Airflow* de 1934. Conçue par l'ingénieur en chef **Carl Breer** et ses assistants Fred Zeder et Owen Skelton, l'*Airflow* allie stylisme aérodynamique d'avant-garde, répartition novatrice du poids et carrossage monocoque. C'est la première voiture dotée d'un pare-brise monobloc incurvé. L'*Airflow* qui fut un échec commercial parce qu'elle était en avance sur son époque exerça une influence énorme sur le design automobile. Durant la Seconde Guerre mondiale, Chrysler produit 18 000 tanks *Sherman M-4* de 32 tonnes et environ 500 000 camions Dodge destinés à l'armée. En 1945, le montant total des matériels fournis aux forces alliées par Chrysler s'élevait à 3,4 milliards de dollars. Après la guerre, Chrysler répond à l'accroissement de la demande en voitures et camions en construisant ou en achetant 11 sites industriels entre 1947 et 1950. En 1949, l'entreprise engage son premier directeur du stylisme, Virgil Max Exner, (1909–1973), ex collaborateur de l'agence de design **Raymond Loewy**. Exner européanise le stylisme de l'entreprise et développe un style qui souligne le mouvement et la vitesse par le recours aux glaces incurvées et aux ailerons arrière. C'est peut-être la Plymouth *Belvedere* dessinée par Exner en 1957 qui symbolise le mieux ce style aérodynamique.

Dodge *Coronet R/T*, moteur Hemi, 1968

Dans les années cinquante, Chrysler introduit aussi quelques innovations dont la direction assistée, le démarrage par clé, les lève-glaces électriques et les tableaux de bord capitonnés qui assurent une meilleure sécurité. En 1951, la firme lance le légendaire moteur « Hemi » V-8. Avec ses profondes chambres de combustion hémisphériques, le Hemi est doté de soupapes performantes qui augmentent la puissance du moteur de 20 % par rapport aux V-8 courants. Le Hemi est arrêté dans les années cinquante mais réapparaît en 1964 sous la forme du féroce Hemi 426 qui aligne 425 chevaux. Le Hemi 426 est le moteur idéal pour équiper une nouvelle génération de sportives agressives, une mission dévolue à Elwood P. Engel (1917–1986), designer en chef d'une lignée de voitures musclées et imposantes voire arrogantes : la Dodge *Challenger*, la Dodge *Charger*, la Plymouth *Road Runner* et la Plymouth *Barracuda*. Du milieu des années soixante jusqu'au début des années soixante-dix, ces voitures dominent la scène des sportives musclées et deviennent les monstres sacrés de leur époque. Le crise du pétrole, au début des années soixante-dix, mettra fin à cette surenchère des « belles américaines » et le

Chrysler *426 CI*, moteur Hemi

Chrysler *Grand Voyager*, modèle 2015

public se tourne vers des voitures plus petites et moins gourmandes. La marque est confrontée à une crise financière et, en 1979, Lee Iacocca, célèbre patron de l'automobile est appelé à la rescousse pour sauver Chrysler. Avec sa campagne de publicité basée sur le slogan : « Si vous réussissez à trouver une meilleure auto, achetez-la », et les nouveaux modèles K lancés en 1981, la Dodge *Aries* et la Plymouth *Reliant*, Iacocca parvient à sauver la firme. En 1983, Chrysler lance le minibus avec la Dodge *Caravan* et le Plymouth *Voyager*. Non seulement ces véhicules créent un marché complètement neuf – celui des monospace destinés au transport des personnes – mais il deviennent rapidement les meilleures ventes de la société. En 1987, Chrysler effectue son retour sur le marché européen avec des véhicules réservés à l'exportation et rachète notamment la marque de sportives italiennes **Lamborghini**.
Au cours des années 90, Chrysler lance plusieurs modèles qui remportent un grand succès commercial : le Dodge *Viper* 700 cv (1992), le véhicule utilitaire sportif **Jeep** *Grand Cherokee* (1993) et une version nettement améliorée du monospace *Voyager* (1995). C'est en adaptant le design de ses véhicules aux habitudes de vie et aux besoins des clients que Chrysler a assuré sa survie et sa croissance dans les années 90.
En 1998 a lieu la fusion de l'entreprise avec le prestigieux constructeur automobile allemand Daimler-Benz. Sa gamme de produits s'adapte alors beaucoup plus aux goûts européens. La marque a toutefois des difficultés à percer sur le marché européen, à l'exception du très populaire *Voyager* : c'est le membre principal de la célèbre famille de monospaces, avec plus de 13 millions d'unités vendues et 260 prix remportés dans le monde au cours des 30 dernières années.

Affiche Citroën pour la *Type A*, 1919

CITROËN

Fondée en 1913
À Paris, France

André-Gustave Citroën (1878–1935) étudie à l'École Polytechnique et commence une carrière d'ingénieur et de dessinateur industriel. Dès 1905, il se lance dans la fabrication de pièce détachées automobiles et utilise la roue cylindrique hélicoïdale double. En 1913, il fonde la société des engrenages Citroën à Paris et deux ans plus tard commence à fabriquer des munitions (jusqu'à cinquante-cinq mille obus par jour) pour l'armée française. À la fin de la guerre, les ventes d'armement chutant, Citroën convertit son usine et se lance dans la production de petite voitures bon marché. Il engage Jules Saloman qui devient son premier designer. En 1919, l'entreprise sort la *Type A*, la première voiture populaire fabriquée en grande série. Avec ses roues à disques, son éclairage électrique et son starter intégré au tableau de bord, elle représente un progrès important dans le domaine du design auto. C'est cependant la *5 CV* lancée un peu plus tard, un modèle plus compact et très populaire, qui établit solidement la réputation de Citroën dans le grand public. En 1934, à cause des investissements d'André Citroën dans son projet de *Traction Avant* (rebaptisée par la suite *7A*), la société frôle la faillite. Elle est alors rachetée par Michelin. La traction avant et l'empattement allongé de la *7A* en font un modèle en avance de vingt ans sur son époque. La *2 CV*, la voiture la mieux vendue de la marque est l'œuvre de Pierre Boulanger (1886–1950). Conçue en 1939, elle n'est lancée qu'en 1948 ; c'est un modèle fonctionnel simple et solide censé rivaliser avec la *Coccinelle* de **Volkswagen**. De 1948 à 1990, année où la production est arrêtée, près

Pierre Boulanger, Prototype de la Citroën *2CV*, 1936

↘ Citroën *2CV CI*, 1959

Flaminio Bertoni, Citroën *DS19*, 1962

Citroën *C4 Cactus*, 2014

de 3 870 000 *2 CV* sont fabriquées. Plus élégante, la célèbre *DS 19*, dessinée en 1955 par Flaminio Bertoni (1903–1964) remplace la *Traction Avant*. L'esthétique de son châssis surbaissé en fait une « déesse » incontestée en France ou, comme la *Traction Avant*, elle se pose en précurseur audacieux. Citroën sera finalement rachetée par Peugeot en 1975, sans avoir atteint la qualité de design du passé. Sévèrement touchée par la récession des années 2000, l'entreprise PSA Peugeot Citroën est remise à flots en 2012 par le constructeur automobile chinois Dongfeng Motor. Depuis, l'horizon est plus clément pour la marque, et son récent modèle, le *C4 Cactus*, a reçu le titre de « 2015 World Car Design of the Year » au salon de l'automobile de New York.

COALBROOKDALE

Lieu de naissance de la révolution industrielle
Shropshire, Angleterre

Au début du 18e siècle, Abraham Darby (1678–1717), métallurgiste britannique installé dans la région de Coalbrookdale (Shropshire) réussit pour la première fois à fondre minerai de fer et coke. La proximité de gisements importants, notamment de coke à faible teneur en souffre, contribue à cette révolution dans la production du fer. Darby est le premier industriel à produire du fer commercialisable dans un haut fourneau alimenté par du coke (1709) et sa fonderie sera aussi la première à fabriquer un bateau en fer (1787) et la première locomotive de chemin de fer (1802) en Grande-Bretagne. La qualité du fer de Darby est telle qu'il peut être coulé en fines feuilles ce qui le pose en rival du laiton dans la fabrication de pots et d'ustensiles de cuisine. Le célèbre pont métallique proche de Coalbrookdale est aussi le premier dans son genre. Conçu par Thomas Pritchard, cet ouvrage est élevé au dessus de la Severn de 1777 à 1779 par John Wilkinson et le petit fils de Darby, Abraham Darby III (1750–1791). Il a notamment pour mission de faire connaître la fonderie familiale. Important centre

Christopher Dresser, Coalbrookdale Co. grille de foyer en fer forgé, 1879

Philippe Jacques de Loutherbourg, *Coalbrookdale la Nuit*, 1801

Pont en fer enjambant la rivière Severn dans la vallée d'Ironbridge, conçu par Thomas Pritchard et construit entre 1777 et 1779

Chaudron en fonte dessiné par Abraham Derby et fabriqué par la Coalbrookdale Company, vers 1710

Christopher Dresser, Coalbrookdale Co. porte-parapluies en fer forgé, vers 1880

de production de fer pendant plus d'un siècle, Coalbrookdale était célèbre au 19e siècle pour ses cheminées en fonte et ses manufactures de meubles utilitaires (certains furent dessinés par **Christopher Dresser**).

WELLS COATES

Né en 1895 à Tokyo, Japon
Mort en 1958 à Vancouver, Canada

Wells Coates fait des études d'ingénieur à l'université de Colombie britannique (Vancouver) où il obtient son diplôme en 1921. Il s'installe ensuite en Angleterre et, de 1922 à 1924 suit une formation doctorale en ingénierie à l'université de Londres. De 1923 à 1926 il travaille comme journaliste pour le *Daily Express* dont il sera, pendant une brève période le correspondant à Paris. Ses textes de l'époque, empreints d'humanisme, décrivent le design comme un catalyseur du changement social. À Londres, en 1928, il crée des textiles pour la Crysede Textile Company et des décorations à partir d'éléments en contreplaqué pour l'usine de la firme, à Welwyn Garden City. À partir de 1931, Coates est consultant pour **Isokon**, un fabricant de meubles en contreplaqué, pionnier du Modernisme en Angleterre. En 1931, Pritchard, le directeur d'Isokon, demande à Coates de concevoir Lawn Road Flats un ensemble d'appartements situé à Hampstead. Lawn Road Flats constitue un exemple séminal du Mouvement moderne dans l'architecture anglaise. En 1933, Coates est cofondateur de MARS (Modern Architecture Research Group) et s'associe pour des projets ponctuels avec Patrick Gwynne en 1932 et David Pleydell-Bouverie en 1933. Il conçoit des gammes de radios en Bakélite pour Ekco, dont sa célèbre radio circulaire Ekco *AD65* (1934), destinés à une production en série. Ce sont les premiers produits modernes anglais de grande consommation. Après la Seconde Guerre mondiale, Coates travaille à Vancouver où il conçoit des intérieurs d'avions pour **De Havilland** et BOAC et, dans les années 1950, il dessine des postes de télévision. Les créations de Wells Coates incarnent parfaitement l'épanouissement du Modernisme britannique dans les années 1930.

Radio Ekco *AD65*
pour E. K. Cole, 1934

Démonstration de l'hovercraft Westland *SRN2* à Cowes, 1962

SIR CHRISTOPHER COCKERELL

Né en 1910 à Cambridge, Angleterre
Mort en 1999 à Sutton Scotney, Angleterre

Le concept de véhicule sur coussin d'air fait son apparition dans les années 1870 sous l'impulsion de l'architecte naval britannique Sir John Thornycroft (1843–1928). Bien que Thornycroft ait construit et breveté plusieurs modèles, il n'a pas réussi à résoudre le problème du coussin d'air « détaché » du bateau. Il faut attendre les années 1950 pour que l'idée aboutisse grâce au projet de Christopher Cockerell qui lui adjoint une « jupe » enveloppant le coussin d'air. En 1959, Christopher Cockerell dessine le premier hovercraft au monde, le Westland *SRN1*. Ce véhicule amphibie peut transporter trois passagers mais seulement sur mer calme ou terrain plat. Le *SRN2*, plus grand et beaucoup plus performant, est doté d'une cabine centrale spacieuse et peut transporter, suivant les versions, de 56 à 76 passagers avec leurs bagages. En juin 1962, des experts de la Marine américaine assistent à des expérimentations du *SRN2* sur la Solent tandis que les hauts responsables de l'armée anglaise s'intéressent au potentiel militaire de ce projet révolutionnaire. À la fin des années 1970, en reconnaissance des services rendus au design nautique, Cockerell est fait chevalier. Aujourd'hui d'énormes hovercrafts dont la vitesse atteint jusqu'à 110 km/h et pouvant embarquer 400 passagers et 40 véhicules assurent de fréquentes rotations quotidiennes sur la Manche.

Hovercraft Westland *SRN1*, 1959

SIR HENRY COLE

Né en 1808 à Bath, Angleterre
Mort en 1882 à Londres, Angleterre

Henry Cole, Théière pour Summerly Art-Manufactures, vers 1846

Henry Cole travaille plusieurs années comme employé aux archives municipales de la ville de Londres, où il milite pour une meilleure conservation des documents. Il rédige aussi un projet de réforme du service postal et étudie l'aquarelle avec David Cox (1783–1859). Ses œuvres sont exposées à la Royal Academy. Il publie ensuite une série de livres pour enfants intitulés *Felix Summerly's Home Treasury* en 1841 et, deux ans plus tard, édite la première carte de Noël dont la conception est due à J.C. Horsley (1817–1903). En 1846, il devient membre de la Society of Arts. Cette même année, la société lui décerne une médaille pour un service à thé qu'il a créé sous le pseudonyme de Felix Summerly. Remarquable par sa simplicité de formes, ce service est fabriqué par Herbert **Minton**. Défenseur acharné des arts appliqués, Cole fonde en 1847 la manufacture d'art de Summerly, qui commande des projets adaptés à une production industrielle à des artistes comme John Bell (1811–1895), Daniel Maclise (1806–1870) et Richard Redgrave (1804–1888). Cole coupe les ponts avec la Manufacture dès 1848 mais il lui reconnaît tout de même le mérite d'avoir « imposé l'expression ‹ manufactures d'art › dans notre langue ». De 1847 à 1849, Cole organise les expositions annuelles de la Society of Arts destinées à promouvoir les « manufactures d'art » , et en est nommé président en 1851. À ce poste, Cole est un des principaux responsables de l'organisation de **The Great Exhibition** (l'Exposition Universelle) de Londres (1851) et de la constitution d'une collection permanente, noyau du futur Musée Albert et Victoria. Il monte aussi une exposition d' « exemples de faux principes de décoration » dans le but de démontrer les différences entre « bon » et « mauvais » design. Autre contribution de Cole au progrès du design industriel, sa réforme de l'enseignement du design qui milite pour la création de formes fonctionnelles et simples adaptées à la fabrication industrielle.

Caricature contemporaine de Henry Cole, vers 1850

GINO COLOMBINI

Né en 1915
À Milan, Italie

De 1933 à 1952, Gino Colombini travaille dans l'agence d'architecture de Franco Albini (1905–1977) où il réalise des immeubles commerciaux et d'habitation tout en se consacrant au design de mobilier. En 1949, il est nommé directeur technique de Kartell, une société récemment créée et spécialisée dans la fabrication de plastiques. Colombini conçoit de nombreux produits pour **Kartell**, dont un seau en plastique qui est couronné d'un Compasso d'Oro en 1955. Colombini dessine aussi de nombreux autres produits en plastique destinés à un usage domestique quotidien, parmi lesquels un battoir à tapis (1957), un seau à traire (1958), un presse-citron (1958), un panier-repas pour enfants (1958), une baignoire (1957) et différents paniers et pelles à poussière (1956–1957). Ses créations très novatrices et fonctionnelles sont parmi les premières à exploiter les possibilités du plastique, matériau parfaitement adapté à la production en série. Avec Leonardo Fioro, Colombini signe aussi un système de rangements modulaire pour Kartell dont la structure en métal tubulaire supporte des portes et des étagères en polystyrène résistant aux chocs. Ce projet précurseur de 1956 anticipe les systèmes de rangement des années 1960 et 1970. Les produits de Colombini, exprimant presque toujours une unité de matières, de structure et de fonctions, ont contribué à faire de Kartell un des leaders du design italien des années 1950. Ses créations ne révolutionnent pas seulement la qualité intrinsèque mais aussi l'allure esthétique des objets de tous les jours et ils ont exercé à ce titre une influence profonde sur les designers industriels qui lui ont succédé.

Corbeille à papier *4660* pour Kartell, 1965

Corbeilles à papier *4660* et porte-parapluies *4650* pour Kartell, 1965

JOE COLOMBO

Né en 1930 à Milan, Italie
Mort en 1971 à Milan, Italie

Cesare « Joe » Colombo a d'abord été peintre avant de se tourner vers le design industriel vers 1958. Il s'intéresse aux possibilités de nouveaux matériaux, dont les plastiques renforcés, et décide d'explorer de nouvelles techniques de construction et de fabrication. En 1962, Colombo ouvre son propre bureau de design à Milan et se concentre sur des projets d'architecture et de décoration intérieure. En 1964, il reçoit le prix IN-Arch pour son aménagement intérieur d'un hôtel de Sardaigne (1962–1964) dont les plafonds, constitués de prismes de plexiglas, diffractent la lumière. Avec son frère Gianni, Colombo développe cette idée dans son projet de lampe *Acrilica* (1962) pour O-Luce. Son premier projet pour **Kartell** est la chaise *N° 4801* (1963–1964) composée de trois éléments en contreplaqué imbriqués les uns dans les autres. La fluidité de formes de cette chaise annonce ses futurs projets de meubles en plastique, comme l' *Universale N° 4860* (1965–1967), la première chaise pour adultes en plastique ABS moulé par injection. Parmi les objets et ustensiles novateurs crées par Colombo, on retiendra les dessertes multifonctions *Boby* (1968), ainsi que des meubles, luminaires, verreries de table, poignées de portes, tuyaux, réveils matins, montres, etc. Dès le début de sa carrière, Colombo se passionne pour les systèmes d'habitat modulaires, comme son *Combi-Centre* de 1963. Suivent d'autres programmes similaires comme l'*Additional Living System* (1967–1968), les chaises transformables *Tube* (1969–1970) et *Multi* (1970), avec leurs

Chaise *4860 Universale* pour Kartell, 1965–1967

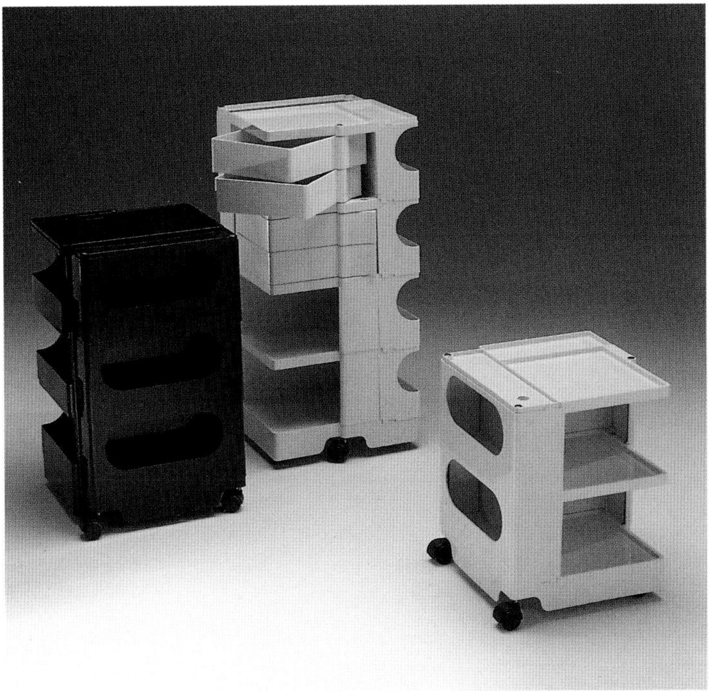

Dessertes multifonctions *Boby* pour Bieffeplast, 1968

multiples positions assises qui reflètent le but premier qu'il assigne au design : l'adaptabilité. Ses projets les plus avant-gardistes restent cependant ses micro-environnements intégrés. Signalons notamment *Visiona 1*, l'unité d'habitation du futur présentée à l'exposition du même nom qu'organise Bayer en 1969. Elle comprend un intérieur de l'ère spatiale « à la Barbarella » où les meubles se transforment en éléments modulaires et vice-versa. Colombo remplace les meubles traditionnels par des éléments fonctionnels – les blocs *Night-Cell* (cellule de nuit) et *Central-Living* (blocs d'habitat centraux) et la *Kitchen-Box* (boîte-cuisine) – qui concourent à créer un cadre de vie dynamique et multi-fonctionnel. Pour son propre appartement, Colombo dessine les unités *Roto-living et Cabriolet-Bed* (1969), suivis de *Total-Furnishing Unit* (ameublement global) (1971) qui constituent un exemple très marquant de design « monobloc ». Cette unité d'ameublement globale est présentée à l'exposition de 1972 : « Italie : le nouveau paysage domestique » au Musée d'Art Moderne de New York. Elle se veut une machine à habiter complète. Colombo a aussi conçu des produits pour O-Luce, Kartell, Bieffe, **Alessi**, Flexform et Boffi.

Lampe de table *Spider 291* pour Oluce, 1965

SAMUEL COLT

Né en 1814 à Hartford, Connecticut, États-Unis
Mort en 1862 à Hartford, Connecticut, États-Unis

C'est sur le bateau qui l'emmène vers Calcutta que le jeune marin Samuel Colt grave un modèle en bois du revolver qui deviendra plus tard la plus célèbre arme de poing jamais conçue. La mise au point du Colt exige cependant plusieurs années. Son revolver à plusieurs coups est une arme révolutionnaire, dotée d'un barillet qui tourne chaque fois qu'on arme le chien. C'est aussi la première arme de poing à utiliser avec succès le déclenchement par percussion. En 1835, Colt fait breveter son modèle et le revolver est fabriqué par la Patent Arms Manufacturing Company qu'il fonde à Paterson en 1836. L'inventeur dessinera ensuite trois autres modèles de revolver – un modèle de poche, un modèle de ceinture et un holster – ainsi que deux fusils. En 1842 son usine doit fermer pour cause de commandes insuffisantes, mais la production reprend cinq ans plus tard quand le gouvernement américain lui achète 1 000 revolvers pour la guerre du Mexique. En 1855, Colt ouvre une usine à Hartford – elle deviendra la plus grande armurerie privée du monde. Sous l'influence d'**Eli Whitney**, pionnier de la fabrication industrielle d'armes à feu, Colt développe un système de fabrication à la chaîne basé sur la standardisation et l'interchangeabilité des composants, dont 80 % sont fabriqués mécaniquement. Colt a paraît-il déclaré qu' « il n'est rien qui ne puisse être produit par une machine » et ce sont ses méthodes de production industrielles qui lui ont permis d'atteindre le rendement remarquable de 150 armes par jour dès 1856. Les revolvers Colt ont connu leur heure de gloire durant la Guerre Civile américaine et, au moment de sa mort, Colt avait fabriqué plus de 400 000 armes à feu. Dans les années 1880, le modèle *Peacemaker* de Colt devint légendaire dans le Far West. Le pistolet semi-automatique *Colt .45* devait quant à lui devenir l'arme américaine de référence des Première et Seconde Guerres mondiales. Elle est restée l'arme officielle des forces armées américaines jusqu'en 1984. La marque met actuellement au point une arme « intelligente » qui devrait en réserver l'usage aux détenteurs autorisés.

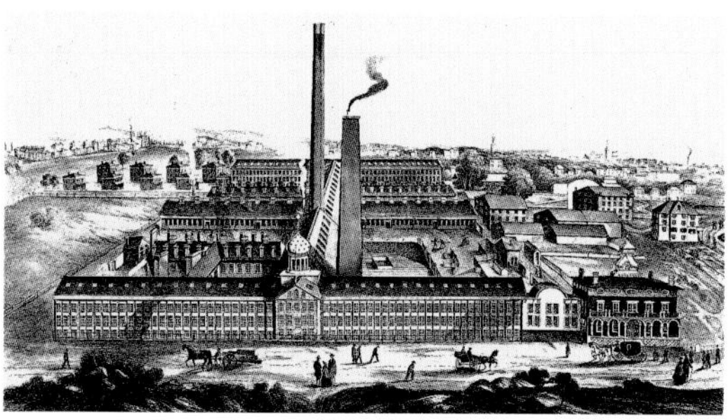
Usine d'armes à feu de Samuel Colt, Hartford

Revolver, vers 1849

↘ Publicité pour
le pistolet
automatique de Colt

Publicité pour le
revolver *Official
Police 38 de* Colt

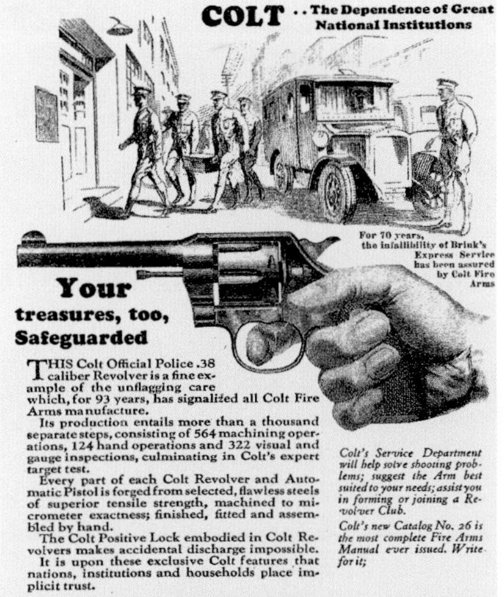

CORNING

Fondée en 1868
À Corning, New York, États-Unis

Amory Houghton

En 1864, Armory Houghton (1813–1882) achète la Brooklyn Flint Glass Company qu'il installe en 1868 à Corning, New York. Spécialisée dans les produits en verre pressé, la société fusionne avec la Corning Glass Works en 1875. Deux ans plus tard, des experts de Corning essaient d'améliorer la qualité des verres optiques, cette recherche marquant la première incursion de l'entreprise dans la recherche scientifique. En 1880, la firme commence à fabriquer des boîtiers d'ampoules pour les lampes à incandescence de **Thomas Alva Edison** et, en 1908, le laboratoire de recherches Corning est créé. L'entreprise développe par la suite un verre au borosilicate résistant à la chaleur baptisé Pyrex et, en 1915, elle ajoute des articles de cuisine en pyrex à ses gammes. La popularité de ses verreries en Pyrex pousse l'entreprise à s'agrandir et en 1918, elle rachète la Steuben Glass Works. Corning continue à développer des équipements complexes pour la recherche scientifique et les laboratoires et se lance dès 1935 dans la production de fibre de verre. En 1942, Corning commence à fabriquer des tubes cathodiques pour des systèmes radar et, pendant la Seconde Guerre mondiale aboutit 174 projets de recherche, dont un concernant un « ruban de verre » utilisé dans les composants électriques. Corning commence la fabrication automatisée de tubes cathodiques en 1947, suivie deux ans plus tard par le moulage centrifugé de boîtiers de téléviseurs. La production des tubes cathodiques en couleur suit en 1953 et, en 1956 c'est le lancement de la gamme *Corningware* qui connaîtra un énorme succès : c'est la première application commerciale des verres céramiques en *Pyroceram*. En 1980 est lancée une gamme de casseroles en verre baptisée *Vision Cookware*. En 1994, la firme a reçu la National Medal for Technology des États-Unis pour avoir signé « six produits qui ont changé la vie », dont l'ampoule électrique qui équipait la lampe d'Edison, les premiers tubes cathodiques de télévision produits en grande série et son invention des fibres optiques dans les années soixante-dix.

Ecran et boîtier de téléviseur, 1947

Casserole *Cornflower* de la gamme Corning, 1958

Fer à repasser *Silver Streak*, 1942–1946 (Corning ne fabriquait que le capot en verre)

THOMAS CRAPPER

Né en 1836 à Thorne, Yorkshire, Angleterre
Mort en 1910 à Londres, Angleterre

Les progrès en matière d'hygiène et de santé constituent très certainement l'une des grandes réussites de l'ère industrielle, et Thomas Crapper est une importante figure de ce domaine souvent oublié du design. Il travaille d'abord à Chelsea comme apprenti avant d'y créer en 1861 sa propre entreprise de plomberie, pour se consacrer à la conception de nouveaux appareils sanitaires. Il gagnera très vite une solide réputation et est chargé d'équiper la résidence royale de Sandringham House d'une trentaine de toilettes. Il dépose un total de six brevets concernant les tuyaux d'évacuation ventilée et les mécanismes de vidange pour sièges de toilette. S'il n'a pas inventé le WC à chasse d'eau, Crapper a cependant mis au point un système de vidange à siphon, appelé *Crapper's Valveless Waste Water Preventer* [système de vidange des eaux usées sans valve]. Sa technologie est à la pointe de son époque, et ses bouches d'égout sont encore en service dans tout le sud de l'Angleterre, et notamment autour de l'Abbaye de Westminster.

Pages extraites du catalogue Thomas Crapper & Company, vers 1902

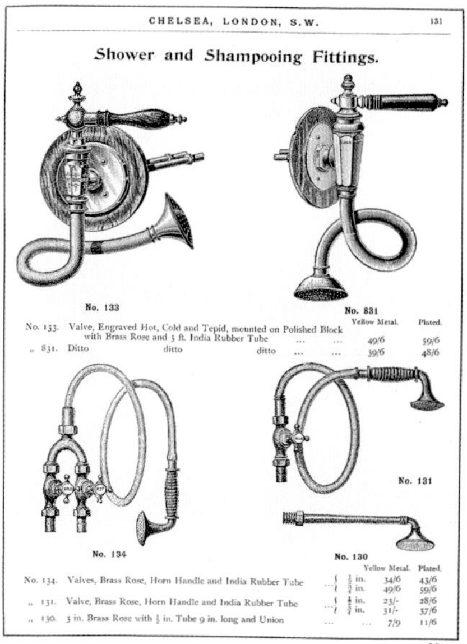

CRRC

Fondée en 2015
À Pékin, Chine

Train grande vitesse *CRH380BL*, lancé en 2008 et basé sur le modèle *Velaro* de Siemens

Basée à Pékin, la CRRC (China Railway Rolling Stock Corporation) a été fondée en 2015, à l'occasion de la fusion de la China CNR Corporation et de la CSR Corporation, 2 géants de la construction de matériel ferroviaire qui s'étaient séparés en 2000. Aujourd'hui, CRRC assure la fabrication de 80 pour cent du matériel de chemin de fer en Chine et emploie plus de 175 000 personnes. En terme de design et de technologie, il s'agit du premier constructeur chinois de trains grande vitesse : elle est célèbre pour le *CRH380BL* (2008) à la locomotive profilée qui a battu en 2011 le record de vitesse des trains chinois avec des pointes vertigineuses de 487,3 km/h lors d'une simulation, et qui est une version du *Velaro* de Siemens. CRRC fabrique également le *CRH380A EMU* (2010), au fuselage sublime et très présent sur le réseau ferroviaire chinois, avec un système de traction très performant, une technologie de contrôle du bruit et un freinage par récupération. Grâce à sa forme aérodynamique,

Train grande vitesse *CRH380A EMU*, 2010

Rendu sur ordinateur d'une rame proposée pour la ligne orange du métro de Boston, 2015

il rencontre une infime traînée lors de son déplacement. Outre ses trains grande vitesse ultra modernes, CRRC fabrique des locomotives électriques et diesel, des rames de métro, des véhicules de transport en commun, plusieurs types de wagons ferroviaires spécialisés, ainsi que des machines pour l'installation de voies. Souhaitant s'ouvrir à l'Occident, CRRC a entamé en septembre 2015 la construction de sa première usine d'assemblage à Springfield, dans le Massachusetts. Elle a décroché un contrat impliquant la construction de 184 rames pour deux lignes du métro de Boston. S'inscrivant parmi les principaux fabricants dans son domaine, CRRC est l'une des premières entreprises chinoises à être présente au niveau mondial, une tendance amenée à augmenter les prochaines années.

GUSTAV DALÉN

Né en 1869 à Stenstrop, Suede
Mort en 1937 à Stockholm, Suede

En 1906, Gustav Dalén est nommé ingénieur en chef de la Svenska Aktiebolaget Gas Accumulator Company, qui fabrique du gaz acétylène. Il y effectue de nombreuses recherches sur l'amélioration des moteurs utilisant des turbines à air chaud et sur la turbine à vapeur de Laval. Devenu directeur de la société en 1909, il invente l'Agamassan, une substance qui absorbe l'acétylène et permet de concentrer le gaz sans risque d'explosion. En 1912, il remporte le prix Nobel de physique pour son invention du *solventil*, une valve solaire qui régule un éclairage au gaz et le coupe automatiquement durant la journée. Ce procédé innovant sera utilisé dans le monde entier pour les phares et balises fonctionnant sans assistance humaine. Lors d'une de ses expériences, Dalén est victime d'un accident qui le rend aveugle. Pendant sa convalescence, il prend conscience des problèmes que pose à sa femme un vieux fourneau de cuisine capricieux en fonte dont les fluctuations de température nécessitent une surveillance constante. En appliquant le

Publicité pour la cuisinière *Aga*, sortie en 1924

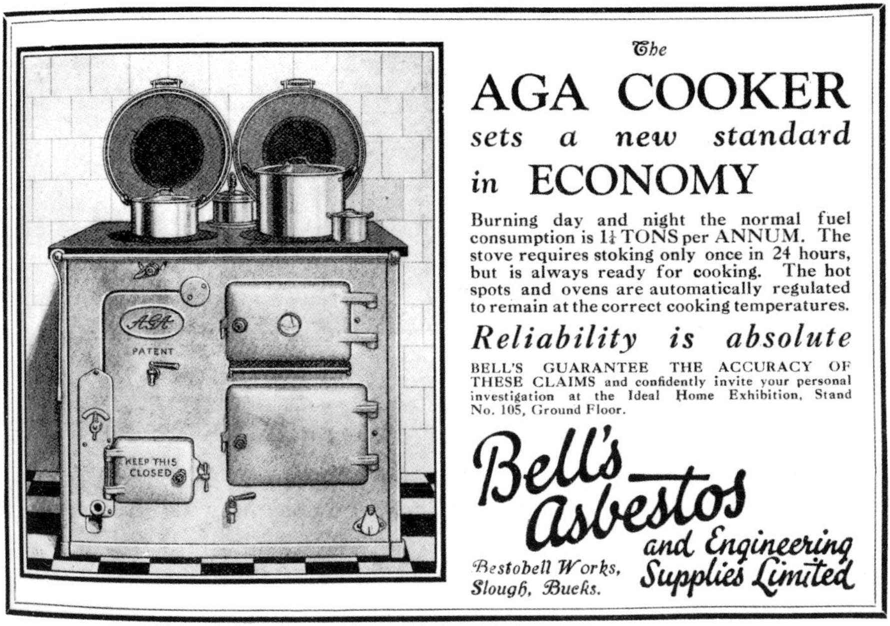

Cuisinière *Aga* à deux fours, années quatre-vingt-dix

principe de l'accumulation de la chaleur, Dalén met au point en 1922 une cuisinière compacte et robuste à fort rendement calorifique, comportant deux grandes plaques de cuisson et deux fours spacieux. Avec une très faible quantité de combustible, l'*Aga* (son nom provient des initiales de la société) accumule un maximum de chaleur, dont la restitution est d'autant mieux contrôlable que la maison est bien isolée.
La chaleur est diffusée par radiation, si bien que dans les fours, chaque centimètre cube est rentabilisé. Elle bénéficie également d'un thermostat, ce qui permet de supprimer tous les cadrans et boutons.
Les plaques et les fours chauffent à des températures différentes, selon leur emplacement par rapport à la source de chaleur, et l'on peut simultanément cuire au four un rôti et un gâteau, tout en faisant frire, bouillir, griller ou mijoter d'autres plats sur les plaques de cuisson.
Les premières cuisinières *Aga* arrivent en Grande-Bretagne en 1929 et c'est là qu'elles sont actuellement fabriquées, par Aga-Rayburn. C'est la fonderie de **Coalbrookdale** (Shropshire) berceau de la révolution industrielle qui en produit encore les principaux composants. La cuisinière de Dalén a révolutionné le design de l'équipement culinaire, et de nombreux utilisateurs fidèles considèrent l'*Aga* comme le nec plus ultra du fourneau.

DANESE

Fondée en 1957
À Milan, Italie

La société Produzioni Danese, fondée à Milan en 1957 par Bruno Danese et Jacqueline Vodoz se consacre dès l'origine à des objets pour le bureau et la maison en matière plastique et résolument « design ». Ce sont des designers indépendants qui créent les « objets parfaits » que recherche Danese. Citons par exemple le cendrier minimaliste *Cubo* (1957), en mélamine et aluminium anodisé, de Bruno Munari (1907–1998) ou la poubelle *In Attesa* d'**Enzo Mari**, dont l'inclinaison permet d'y jeter plus facilement les ordures. En 1959, la maison d'édition Danese publie les résultats de ses recherches sur le « phénomène de la perception visuelle ». Au cours des années soixante, les produits Danese, qui associent le fonctionnalisme à un stylisme épuré très italien, jouissent d'une réputation internationale. C'est le cas, par exemple des calendriers perpétuels *Formosa* (1963) et *Timor* (1967) d'Enzo Mari. Ce dernier est l'auteur de la plupart des produits édités par Danese, mais d'autres créateurs apportent aussi leur contribution, comme Bruno Munari (1907–1998), Kuno Prey (né en 1958), Angelo Mangiarotti (1921-2012) et Marco Ferreri (né en 1958). Rachetée en 1994 par Alias, le prestigieux fabricant italien de mobilier, Danese maintient sa tradition de design anticonformiste et travaille avec le centre de recherche de l'Académie Domus de Milan. Les produits maison sont « des objets pleins de beauté et d'esprit, symboles de la noblesse de l'histoire du design italien », et qui témoignent de ce qui a toujours été la conviction de l'éditeur milanais, à savoir que « le design est à la fois porteur d'innovation et de valeur durable ».

Enzo Mari,
Calendrier *Timor*,
1967

Enzo Mari,
Calendrier perpétuel
Formosa, 1963

HUMPHREY DAVY

Né en 1778 à Penzance, Angleterre
Mort en 1829 à Genève, Suisse

Souhaitant devenir médecin, Humphrey Davy commence en 1796 son apprentissage comme assistant d'un pharmacien-chirurgien. Il entreprend l'année suivante des études scientifiques et monte son propre laboratoire où il effectue des recherches sur le protoxyde d'azote, le gaz hilarant. Il est nommé en 1798 directeur de l'Institut pneumatique de Clifton, où il étudie les possibilités thérapeutiques de différents gaz, et plus particulièrement celles de l'azote. Il est l'auteur de plusieurs importantes découvertes scientifiques : après avoir successivement découvert le sodium et le potassium, il démontre que l'électricité produite par de simples éléments de piles à électrolyse provient d'une réaction chimique qui se produit entre deux substances de charges opposées. C'est toutefois la création d'une lampe de sûreté pour les mines qui le rendra célèbre. Les mineurs travaillaient alors à la lumière de la bougie ou autres éclairages à flamme nue qui, en grande profondeur, provoquant parfois des « coups de grisou » lesquels avaient fait une centaine de victimes au début du 19e siècle. L'association de prévention des accidents dans les mines de charbon s'adresse à Davy, qui conçoit une lampe dont la mèche est reliée à un réservoir d'huile et qui comporte un conduit cylindrique garni d'une double couche de toile métallique, qui contient la flamme en dirigeant la chaleur vers son embouchure supérieure. Humphrey Davy était fait chevalier en 1818, avant de recevoir la médaille de la Royal Society en 1826.

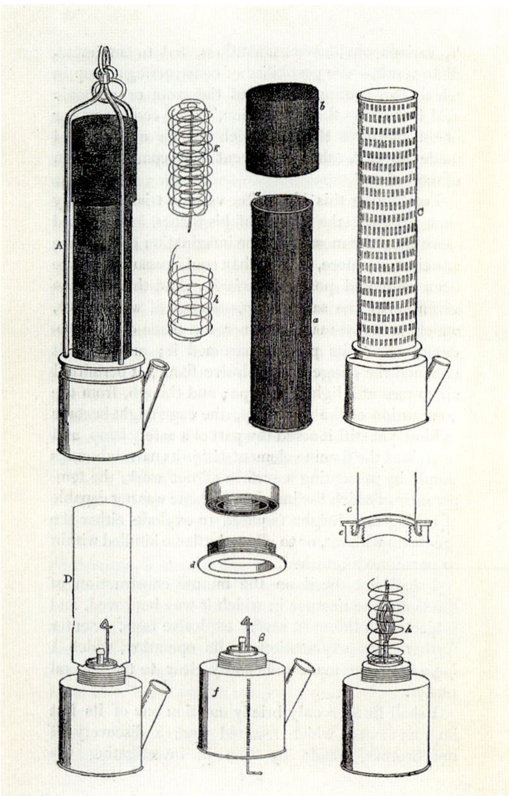

Divers exemples de la lampe Davy, 1815

ROBIN DAY

Né en 1915 à High Wycombe, Buckinghamshire, Angleterre
Mort en 2010 à Chichester, Sussex, Angleterre

Robin Day obtient en 1935 une bourses d'études au Royal College of Art de Londres, dont il sort diplômé en 1938. Avec sa femme, la créatrice textile Lucienne Conradi (1917–2010), il ouvre un cabinet de design en 1948. Il se consacre au graphisme, au design industriel et à l'aménagement d'expositions. Ses modules de rangement en métal tubulaire lui valent, avec Clive Latimer (né en 1915), le premier prix du « Concours international pour le design de meubles bon marché » du Musée d'Art Moderne de New York. Le fabricant Hille International lui confie peu après la création de mobilier moderne pour la « British Industrial Fair » de 1949. Nommé l'année suivante designer en chef, il s'attache à la création de l'identité visuelle de la société, tout en continuant à travailler comme consultant à l'extérieur et notamment pour John Lewis. En 1962 et 1963, il crée le *Polyprop*, un fauteuil empilable moulé par injection, l'un des premiers meubles à exploiter les possibilités de production en série des thermo-plastiques. Visiblement inspiré de la série de sièges moulés en fibre de verre créée par **Charles & Ray Eames**, le *Polyprop* est produit à plus grande échelle. Il connaît aussi un plus gros succès commercial parce qu'il peut être fabriqué en plus grandes séries pour un coût moindre. Il est édité en deux modèles standards pour la coque – fauteuil et chaise – et ses nombreux piétements lui permettent de meubler aussi bien les écoles, et les églises, que les stades de football et les aéroports. Avec plus de 14 millions d'exemplaires vendus depuis 1963, le fauteuil de Robin Day figure parmi les produits de design les plus démocratiques du 20ᵉ siècle. Selon son créateur, « la qualité du design [est] très importante pour le bien-être de l'humanité ».

Fauteuil *Polyprop* pour Hille International, 1962–1963

DHC-6 Twin Otter, 1965

DE HAVILLAND

Fondée en 1920
À Londres, Angleterre

Geoffrey de Havilland (1882–1965) est l'un des grands pionniers de l'aviation. Il fonde en 1920 la Havilland Aircraft Company, qui construit d'abord le *Moth* (1924–1925), puis le célèbre bombardier bimoteur *Mosquito* (1939–1940) et l'avion de combat à réaction *Vampire* (1942–1943). La société lance son premier avion civil à réaction, le *Comet*, en 1949. Cet appareil ouvre une ligne transatlantique régulière en 1958, la même année que son concurrent, le **Boeing** 707. Créée en 1947, la filiale canadienne de Havilland entreprend la construction du *DHC-2 Beaver*, l'avion de transport de brousse devenu légendaire qui a joué un rôle vital dans le développement des régions retirées du Canada, mais aussi d'autres régions inaccessibles de l'Antarctique et de l'Afrique Equatoriale. Le *Beaver*, souvent équipé d'un double flotteur, figure en 1987 dans la sélection des dix plus grandes réussites de l'ingénierie canadienne. Entre 1947 et 1967, la société en a construit 1 692, dont un millier sont toujours en activité, attestant de la solidité de cet appareil. En 1965, Havilland lance le *DHC-6 Twin-Otter*, un gros hydravion utilitaire extrêmement fiable et performant, qui lui aussi s'assure un solide créneau dans le marché de l'aéronautique. La société est depuis 1997 une filiale de **Bombardier** Inc.

DHC-2 Beaver, 1947

MICHELE DE LUCCHI

Né en 1951
À Ferrara, Italie

Après des études au lycée scientifique Enrico Fermi de Padoue, Michele de Lucchi apprend l'architecture avec Adolfo Natalini (né en 1941) à l'université de Florence, où il obtient son diplôme en 1975. Deux ans plus tôt, avec Piero Brombini, Pier Paola Bortolami, Boris Pastrovicchio et Valerio Tridenti, il a fondé le groupe Cavart, qui organise des événements, séminaires et édite des ouvrages sur l'architecture et le design. De Lucchi collabore également avec le cabinet Superstudio, avec **Ettore Sottsass** et Gaetano Pesce (né en 1939), tout en enseignant l'architecture à l'université de Florence de 1975 à 1977. Puis il s'installe à Milan où il travaille comme consultant au Centrokappa, le centre de design de l'entreprise **Kartell**. Il sera plus tard l'assistant d'Ettore Sottsass pour le projet de la première exposition du groupe Memphis. En 1979, il crée plusieurs prototypes d'appareils ménagers post-modernes pour le studio Alchimia et devient consultant chez **Olivetti**. Cofondateur du groupe Memphis en 1981, il est le premier à introduire des motifs géométriques colorés dans les plastiques stratifiés créés par la coopérative. En 1986, il crée un groupe de design à Milan, Solid, et enseigne à l'Académie Domus, avant de fonder, au début des années 90 le groupe de Lucchi qui réalise de nombreux projets avec le Japon et l'Allemagne. Ses créations se sont progressivement adaptées à la production industrielle et il compte parmi ses clients les sociétés **Artemide**, Kartell, Bieffeplast, Mandarina Duck et Pelikan. Il a remporté de nombreux prix de design, notamment celui du Good Design au Japon, ceux de la Gute Form et du Deutsche Auswahl en Allemagne, et le Compasso d'Oro italien. Il considère que le design est un moyen de communication, et cette conviction imprègne l'ensemble de son œuvre, depuis les créations rebelles de ses débuts jusqu'aux produits de design industriels internationaux qu'il a réalisés par la suite.

Applique murale *Tolomeo* pour Artemide, 1995

JC DECAUX

Fondée en 1964
À Lyon, France

Jean-Claude Decaux

En 1955, Jean-Claude Decaux (1937–2016) crée une société qui se spécialise dans les placards publicitaires d'autoroute. Ceux-ci étant frappés d'une taxation exorbitante par une loi de 1964, JC Decaux s'oriente alors vers l'affichage urbain, avec un nouveau concept qui consiste à offrir aux municipalités des abris d'autobus entièrement financés par les annonces publicitaires haut de gamme qu'ils hébergent. Le premier projet est testé avec la municipalité de Lyon et s'étend rapidement aux villes de Grenoble, d'Angers, et de Poitiers. Pendant les premières années, JC Decaux se heurte aux réticences des annonceurs sceptiques sur l'impact de ces affiches relativement petites. Mais l'idée fait son chemin et l'entreprise décolle au début des années 70 avec l'*Abribus Standard* (1970) qui deviendra vite familier aux citadins de l'hexagone. Decaux est également le créateur des panneaux lumineux *MUPI* (Mobilier urbain pour l'information) en 1972 et des *PISA* (Point d'information service animé), dont il équipe gratuitement les mairies en échange de l'autorisation d'affichage sur ses abris bus. En 1980, l'entreprise Decaux lance des abris de toilette publics, appelés *SPEA* (Sanitaire public à entretien automatique) et sort l'année suivante ses premiers panneaux lumineux d'actualité. Utilisant des matériaux de qualité et assurant un entretien rigoureux de ses installations, JC Decaux est devenu l'un des leaders du mobilier urbain, et ses produits sont exportés dans le monde entier. Au cours des années 80 et 90, il a confié le design de ses abris bus, panneaux d'information et de signalisation, kiosques et toilettes publiques aux architectes et designers **Mario Bellini, Philippe Starck,** Norman Foster, **Knud Holscher, Ferdinand Alexander Porsche** et Martin Székély (né en 1956). L'entreprise s'impose des délais remarquablement courts : douze mois pour la création, la fabrication et l'installation de ses produits. JC Decaux cherche à maintenir un niveau

Toilettes publiques *SPEA*, JC Decaux, 1980

Abribus Standard
Jean-Claude
Decaux, 1970

esthétique qui s'intègre à l'environnement urbain, et sait varier les styles de son mobilier en fonction des cultures et des traditions. Pleinement conscient de l'impact esthétique du mobilier urbain sur l'environnement public, Decaux sait produire tout un éventail de designs parfaitement adaptés aux différents contextes culturels. Aujourd'hui, JC Decaux reste le leader mondial du secteur de mobilier urbain et l'une des principales entreprises du marché publicitaire en extérieurs : ses panneaux d'affichage de toutes tailles, statiques comme numériques, sont devenus une icône des paysages urbains du 21e siècle.

JOHN DEERE

Né en 1804 à Rutland, Vermont, États-Unis
Mort en 1886 à Moline, Illinois, États-Unis

→ Tracteur *D* (1923), premier tracteur de l'usine Waterloo signé John Deere (fabriqué de 1924 à 1953)

Apprenti forgeron dans le Vermont pendant quatre ans, John Deere s'engage ensuite comme compagnon. Il devient vite recherché pour son ingéniosité et sa maîtrise technique : le polissage de ses pelles et fourches à foin est particulièrement apprécié dans tout l'Ouest de l'Etat. Mais Deere est tenté par l'Ouest et ses promesses de vie meilleure. Il s'installe à Grand Detour, dans l'Illinois, où il s'associe avec le Major Leonard Andrus. Il se rend bientôt compte que la terre du Midwest que les pionniers tentent de cultiver est beaucoup trop lourde pour des charrues en fonte fabriquées en Nouvelle-Angleterre où la terre est sablonneuse. Constamment sollicité pour des réparations, Deere est convaincu que le problème peut être résolu par un soc d'une forme adaptée, poli à l'extrême et qui rejetterait lui-même la terre soulevée en creusant le sillon. Il crée en 1837 sa première charrue « autorécurante » à soc et versoir d'acier qu'il fabrique et vend aux fermiers des environs. Cette invention, suivie d'une cinquantaine de modèles de plus en plus performants les deux années suivantes, fera date dans le développement agricole du Midwest. Dès 1843, Deere importe son acier d'Angleterre et en 1846, le chiffre de ses ventes annuelles se monte à un millier d'unités. Il crée par la suite une usine à Moline qui, en 1857, vend 10 000 charrues par an. John Deere, qui ne cesse de perfectionner ses modèles, déclare : « Si nous n'améliorons pas

Charrue autorécurante en acier, 1837

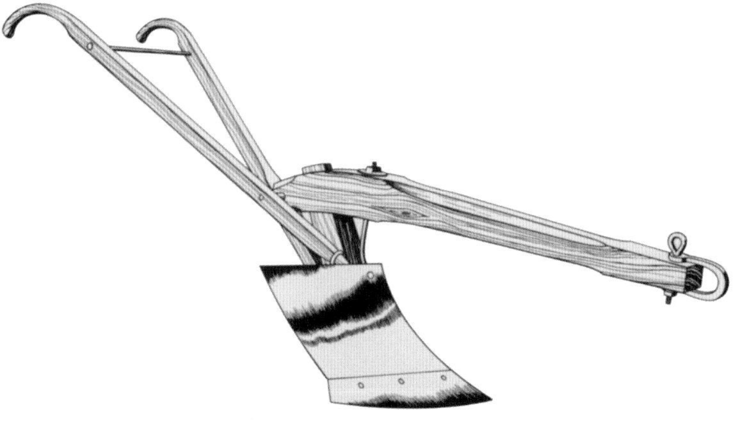

notre produit, c'est un autre qui le fera ». En 1868, l'entreprise devient la société Deere & Company et Charles, le fils de John, lui succède comme président l'année suivante. En 1910, la société achète la Waterloo Gasoline Traction Engine Company de Waterloo (Iowa), et la fabrication de tracteurs occupe une part de plus en plus importante de son activité. Le *Model D* sort en 1923 et au cours des décennies qui suivent, Deere & Co diversifie sa gamme de produits et construit motoculteurs, moissonneuses, batteuses, lieuses et autres machines agricoles ainsi que des pelles mécaniques et des chargeuses de chantier. L'entreprise est actuellement le premier fabricant de machines agricoles en Amérique du Nord.

↑ Tracteur *GP*, 1928 (fabriqué jusqu'en 1935)

Tracteur *MR*, 1992

CHRISTIAN DELL

Né en 1893 à Hanau, Allemagne
Mort en 1974 à Wiesbaden, Allemagne

Christian Dell étudie à la Königliche Preussische Zeichenakademie, tout en travaillant comme apprenti en orfèvrerie chez Schleissner & Söhne à Hanau. En 1911 et 1912, il exerce son métier à Dresde, avant de suivre l'enseignement de Henry van de Velde à la Kunstgewerbeschule (École d'Arts Appliqués) de Weimar en 1912 et 1913. Après la Première Guerre mondiale, il travaille comme compagnon, puis devient maître orfèvre chez Hesterman & Ernst à Munich. Il entre en 1920 dans l'atelier d'Emil Lettré (1876–1954) à Berlin avant d'ouvrir son atelier un an plus tard à Hanau. De 1922 à 1925, il dirige l'atelier de métal du **Bauhaus**, puis enseigne pendant sept ans à la Frankfurter Kunstschule où il dessine les pièces d'argenterie qui sont réalisées par l'atelier. C'est pendant cette période qu'il crée des modèles adaptés à la production industrielle. Ses luminaires, comme la lampe de bureau *Rondella* (1927–1928) et la gamme *Idell*, qui sera plus tard copiée par Helo, sont fabriqués en série, l'une par Rondella et l'autre par Kaiser. Il a dessiné plus de 500 lampes et la gamme *Idell* a été fabriquée durant plus de soixante ans. Dell commence à travailler le plastique dans les années trente et ouvre son propre atelier de bijouterie à Wiesbaden en 1939.

↘ Prospectus *Das Frankfurter Register 1*, 1928

Lampe de bureau *Rondella*, pour Rondella, 1927–1928

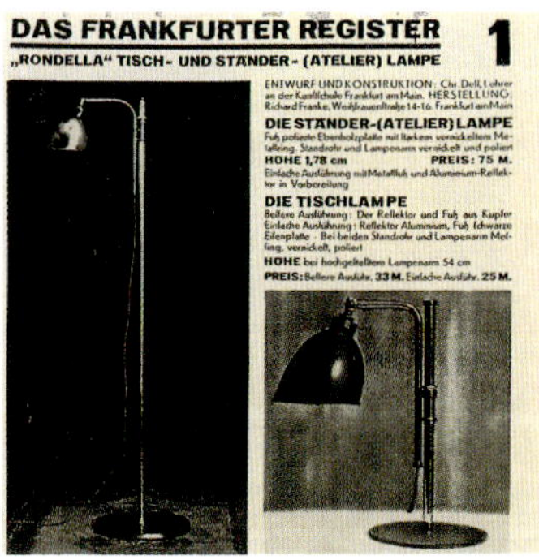
DAS FRANKFURTER REGISTER 1
„RONDELLA“ TISCH- UND STÄNDER-(ATELIER) LAMPE
ENTWURF UND KONSTRUKTION: Chr. Dell, Lehrer an der Kunstschule Frankfurt am Main. HERSTELLUNG: Richard Franke, Weißfrauenstraße 14-16, Frankfurt am Main
DIE STÄNDER-(ATELIER) LAMPE
HOHE 1,78 cm PREIS: 75 M.
DIE TISCHLAMPE
HOHE bei hochgestelltem Lampenarm 54 cm
PREIS: Bessere Ausführ. 33 M. Einfache Ausführ. 25 M.

DESIGN COUNCIL

Fondée en 1944
À Londres, Angleterre

Premier numéro du magazine *Design*, 1949

En 1944, le Ministère du Commerce britannique annonce la création du Council of Industrial Design (CoID), dans le but de « promouvoir par tous les moyens praticables l'amélioration du design des produits de l'industrie britannique ». Deux ans plus tard, le CoID organise l'exposition « Britain Can Make It » (L'Angleterre en est capable), qui cherche, au lendemain de la guerre, à revivifier le design anglais pour les exportations. Avec plus d'un million et demi de visiteurs, l'exposition remporte un grand succès et contribue largement à relever le niveau de la création britannique. En 1949, le CoID lance le magazine *Design*, qui s'adresse aux créateurs et aux fabricants ainsi qu'aux dirigeants et acheteurs professionnels. Le comité organisera par la suite la sélection et la présentation des 10 000 articles exposés au « Festival of Britain » de 1951. Il ouvre à Londres en 1956 sur Haymarket le Design Centre, qui se veut « un guide d'achats de créations britanniques, pour ceux qui veulent acheter bien sans perdre de temps ». L'année suivante les prix du Design Council voient le jour, suivis en 1958 des labels de qualité à carreaux noirs et blancs. Le CoID est rebaptisé Design Council en 1972 et se voit accordé un privilège royal en 1976. Restructuré en 1991, il participe aux réformes de l'éducation qui entendent revaloriser l'enseignement du design et de la technologie dans les programmes scolaires.

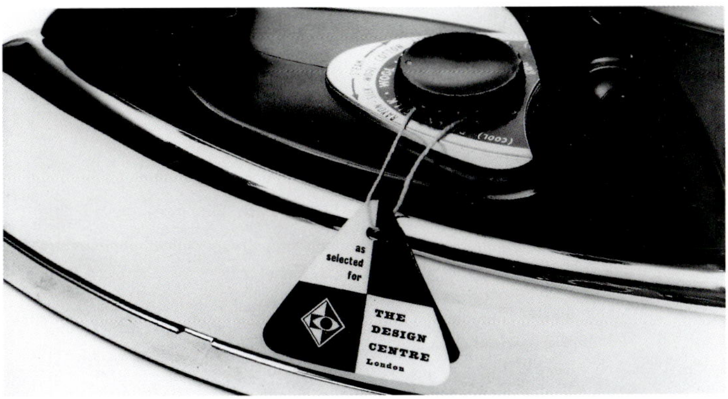

Label de qualité du Design Council, lancé en 1958

DESIGN RESEARCH UNIT

Fondée en 1943
À Londres, Angleterre

Identité visuelle : Logo de British Rail, 1965

En 1922, Charles et Henry Bassett fondent avec Milner Gray l'une des plus importantes agences de design d'Angleterre, le Bassett-Gray Group of Artists and Writers. Avec la collaboration de Graham Sutherland (1903–1980), puis de **Misha Black** en 1934, le groupe se définit comme « un ensemble d'artistes réalisant des créations à destination industrielle et commerciale ». En 1935, le groupe se réorganise et devient l'Industrial Design Partnership, dont les activités se limitent d'abord au graphisme, au design de conditionnement et de stands d'expositions. Dès le début de la Seconde Guerre mondiale, l'IDP est dissous, Milner Gray et Misha Black entrent au Ministère de l'Information. Prévoyant une énorme demande de biens de consommation à la fin de la guerre, Marcus Brumwell (1901–1983) et le théoricien du design Herbert Read (1893–1968) proposent en 1942 de confier à un collectif d'architectes et de designers la conception de produits adaptés à l'industrialisation à grande échelle.

Caravane d'exposition-vente pour Olivetti, vers 1956

On consulte Milner Gray, alors responsable des expositions au Ministère de l'Information, et la Design Research Unit, axée d'emblée sur le design industriel, voit le jour en janvier 1943. Misha Black y produit la majorité de ses créations qu'il s'agisse de téléviseurs, de radiateurs électriques, de trains, ou d'appareils photos. Milner Gray se concentre sur le conditionnement et la signalisation. En 1961, Dorothy Goslett, l'assistante administrative de l'agence, publie un livre intitulé *Professional Practice for Designers*, un guide professionnel pour consultants en design, dans lequel elle écrit : « Les designers traitent directement avec des industriels, généralement peu enclins aux émotions artistiques... Les rapports entre le créateur et le client doivent donc se limiter à ceux d'une relation d'affaires, fondée sur les codes de conduite professionnelle du designer ». Reconnu comme l'agence de design la plus influente dans l'Angleterre d'après-guerre, la DRU a beaucoup contribué à la professionnalisation de la pratique du design, tout en rendant « à l'industrie britannique un service efficace ». Elle a donné une expression concrète à la théorie du design moderne.

Appareil photo *Pixie* pour Ilford, années soixante

DONALD DESKEY

Né en 1894 à Blue Earth, Minnesota, États-Unis
Mort en 1989 à Vero Beach, Floride, États-Unis

Conditionnements pour Procter & Gamble, vers 1951

Donald Deskey étudie l'architecture à l'université de Berkeley en Californie, puis les Beaux-Arts à la Arts' Student League de New York et à l'Institute of Chicago's School of Art. Il s'inscrit ensuite à l'École de la Grande Chaumière à Paris, à l'Académie Colarossi et à l'Atelier Léger. Après la Première Guerre mondiale, il travaille comme graphiste dans une agence de publicité de Chicago. En 1925, il visite l'Exposition Internationale des Arts Décoratifs et Industriels à Paris et s'oriente vers le dessin en trois dimensions. Il dessine en 1926 des paravents pour le grand magasin new-yorkais Saks Fifth Avenue, avant de créer ses vitrines un an plus tard, ainsi que celles de Franklin Simon. La même année, il s'associe avec Philip Vollmer pour créer le cabinet Deskey-Vollmer, qui se spécialise dans le mobilier et les luminaires haut de gamme en métal tubulaire, mais les deux partenaires se séparent quelques années plus tard. À la fin des années vingt, Deskey met au point le Weldtex, un bois stratifié teinté. On lui confie en 1931 l'aménagement intérieur du Radio City Music-Hall. Cette réalisation, la plus prestigieuse de sa carrière, est une illustration magistrale du style Art Déco américain. Il crée au cours des années trente divers produits de design industriel, machines à laver, distributeurs automatiques, et même un casier à boules de bowling, exposés au Metropolitan Museum of Modern Art en 1934. À partir des années trente et jusqu'en 1975, il dirige Donald Deskey Associates, où il diversifie son activité, créant aussi bien graphismes et conditionnements pour Procter & Gamble, que des presses d'imprimerie pour American Type Founders. Ses œuvres se caractérisent par un design aux lignes fluides et aérodynamiques, appliqué à des produits novateurs. Le meuble classeur qu'il a conçu pour la Globe-Wernicke Company en est un exemple significatif : une silhouette épurée avec quelques détails ingénieux, comme les tiroirs à poignées étiquetées et les façades profilées. Ce maître éminent du style Art Déco américain fut également un précurseur du conseil en design industriel.

Meuble classeur pour Globe-Wernicke, vers 1951

Emblème de la Deutscher Werkbund

DEUTSCHER WERKBUND

Fondée en 1907
À Munich, Allemagne

Fondée en 1907, la Deutsche Werkbund (Union Allemande pour l'Oeuvre) se fixe d'emblée pour objectif de concilier la création artistique et la production industrielle en série. On trouve certes parmi ses fondateurs des designers, notamment Richard Riemerschmid (1868–1957), Bruno Paul (1874–1968), **Peter Behrens** et Joseph Maria Olbrich (1867–1908), mais aussi une dizaine d'industriels reconnus, comme Peter Bruckmann & Söhne ou Poeschel & Trepte, ainsi que des ateliers tels que la Wiener Werkstätte de Vienne et les Vereinigte Werkstätten für Kunst im Handwerk de Munich. Peter Bruckmann (1865–1927) est le premier président de cette association pluridisciplinaire qui, un an après sa création, compte un demi millier de membres. À partir de 1912, la Werkbund publie chaque année un annuaire comportant des articles illustrés sur les projets de ses membres. On y trouve par exemple les plans d'usines de **Walter Gropius** et de Peter Behrens, ou les projets de voitures d'Ernst Naumann. Cherchant à promouvoir la collaboration entre créateurs et industriels, l'annuaire donne également les adresses de ses membres et leurs domaines de spécialisation. En 1914, la Werkbund organise à Cologne une exposition marquante, où l'on peut voir la maquette d'une usine en verre et acier de Walter Gropius, le théâtre de la Werkbund d'Henry van de Velde, et le pavillon de verre de Bruno Taut. En 1915, l'association compte presque deux mille membres, mais le fossé qui se creuse entre fabrication artisanale et production industrielle provoque de violents débats au sein de la Werkbund : certains membres, comme Hermann Muthesius (1861–1927) et Ernst Naumann plaident en faveur de la standardisation, tandis que d'autres, notamment Gropius, van de Velde et Taut, tiennent à des créations plus individuelles. L'association est menacée d'éclatement, mais Gropius prend conscience du besoin croissant

Fritz Hellmut Ehmcke : boîte à tabac pour l'exposition de la Deutscher Werkbund à Cologne, 1912–1914

de produits de grande consommation dans un pays dévasté par la Première Guerre mondiale. Il finit par admettre la nécessité de la standardisation et de la production de masse, alors que certains autres, notamment Hans Poelzig (1869–1939) restent opposés au changement. De 1921 à 1926, sous la présidence de Riemerschmid, la démarche fonctionnaliste gagne du terrain. La Deutscher Werkbund monte en 1924 l'exposition « Form Ohne Ornament » (La Forme sans Ornement), dont le catalogue présente des projets pour l'industrie tout en faisant l'apologie des surfaces dépouillées et, en dernière analyse, du fonctionnalisme.
En 1927, à Stuttgart, la Werkbund organise une unique exposition, « Die Wohnung » (L'habitation), confiée à Ludwig Mies van der Rohe (1886–1969). Cette dernière s'axe essentiellement autour d'un projet de lotissement, le Weissenhofsiedlung, dont les pavillons sont l'œuvre des architectes européens les plus novateurs. Mais les stands d'exposition comme celui d'**AEG** servent également de vitrine au design industriel. Créé par Mies van der Rohe, Mart Stam (1899– 1986), le Corbusier (1887–1965) et **Marcel Breuer**, le mobilier en métal tubulaire qui investit les demeures décorées sur mesure par ces architectes d'avant-garde, jouit d'une large publicité qui contribue à la diffusion du Modernisme en Allemagne comme à l'étranger. Démantelée en 1934, l'association reprend forme en 1947, mais sans retrouver son dynamisme d'avant-guerre. Les activités de la Werkbund, et en particulier l'introduction du concept de « types » (créations aux composants standardisés, bien adaptées à la production industrielle), ont ouvert au design la voie vers la production de masse, et ce mouvement a exercé une influence décisive sur l'évolution du design industriel allemand.

Stand AEG dans le grand hall de l'exposition de la Deutscher Werkbund (« L'Habitation ») à Stuttgart, 1927

NIELS DIFFRIENT

Né en 1928 à Star, Mississippi, États-Unis
Mort en 2013 à Ridgefield, Connecticut, États-Unis

Niels Diffrient étudie l'ingénierie aéronautique à la Cass Technical High School de Détroit, avant de s'inscrire à la Cranbrook Academy of Art de Bloomsbury (Michigan), puis à la Wayne Street University de Détroit. De 1946 à 1951, il travaille chez Eero Saarinen(1910–1961) puis, en 1954 et 1955, au studio **Marco Zanuso**, à Milan. Il intègre en 1952 l'agence **Henry Dreyfuss** Associates, dont il deviendra associé en 1956. C'est là qu'il compile des données anthropométriques qu'il rassemble dans un important ouvrage en trois volumes intitulé *Humanscale*. Il y travaille aussi à l'aménagement de cabines d'avions, au design d'ordinateurs et d'appareils de radiographie. Il fonde en 1981 Niels Diffrient Product Design à Ridgefield (Connecticut), où il se consacre à la création de meubles de bureau ergonomiques édités par Knoll et Sunar-Hausmann. Sa maîtrise de l'ergonomie lui permet d'optimiser l'interaction physique entre l'objet et son utilisateur. Considérant le design comme un « art pratique », Diffrient s'est efforcé de réaliser des meubles et des objets qui s'accordent parfaitement avec le corps humain, tout en offrant l'esthétique la plus agréable possible.

Siège de bureau *Diffrient* pour Knoll International, 1979–1980

CHRISTOPHER DRESSER

Né en 1834 à Glasgow, Écosse
Mort en 1904 à Mulhouse, France

→ Saladier argenté par galvanoplastie pour Elkington & Co, 1885 [Un croquis préparatoire, datant de 1864, illustre les *Principles of Design*, ouvrage publié par Dresser en 1873]

De 1847 à 1854, Christopher Dresser étudie la botanique avec John Lindley à la Government School of Design de Londres, où il donne ensuite des conférences pendant quatorze ans. Son engagement en faveur de l' « Art botanique » – une représentation stylisée de la nature reposant sur l'observation scientifique – contribue à faire évoluer le naturalisme ampoulé de la fin de l'ère victorienne vers un style plus rigoureux. En 1857, il est nommé professeur de « botanique appliquée aux Beaux-Arts » à l'École de Design de South Kensington [Londres]. Les articles qu'il écrit dans l'*Art Journal* et les trois livres qu'il publie lui valent une réputation internationale : il est nommé docteur honoraire de l'université d'Iéna [Allemagne]. Il abandonne la botanique en 1860, pour se consacrer au design. Il ouvre un atelier qui connaît dès le début un énorme succès. Dresser y crée des objets en métal, en fonte, en céramique et en verre, ainsi que des carrelages, des tissus et des papiers peints. Ses créations sont fabriquées par une trentaine d'industriels, dont Elkington & Co., **Minton** & Co., **Coalbrookdale** Co., Benham & Froud, Dixon & Sons, Hukin & Heath, et Linthorpe Art Pottery. Ses modèles en métal argenté par galvanoplastie sont particulièrement remarquables par la simplicité de leurs formes géométriques qui préfigurent le vocabulaire formel du Modernisme. Ils incarnent ce que Dresser lui-même nomme « l'ampleur de traitement la simplicité de l'exécution et l'audace du design » des arts appliqués japonais, qu'il est l'un des premiers à promouvoir. Ses créations progressistes reflètent sa croyance en l'efficacité de la production industrielle et sa quête de « la vérité, la beauté et la force ». Grand réformateur et théoricien du design du 19e siècle, Dresser est aussi l'un des premiers praticiens du design industriel.

→ Service à thé pour Watcombe Terracotta Company, vers 1870

Réveil *Big Ben* pour Westclox, 1939

Aspirateur ligne « streamline » pour Hoover, vers 1950

HENRY DREYFUSS

Né en 1904 à New York, États-Unis
Mort en 1972 à Pasadena, Californie, États-Unis

Après des études à l'Ethical Culture School de New York, Henry Dreyfuss entre comme apprenti chez le designer industriel **Norman Bel Geddes** en 1923. Il y reste jusqu'en 1929, se consacrant principalement à la conception de décors, d'éclairages et de costumes pour le Strand Theater de New York et pour les théâtres de music-hall de la station de radio R.K.O. Consultant pour le grand magasin new-yorkais Macy's, il fonde ensuite sa propre agence de design. Il crée à partir de 1930 des appareils téléphoniques pour les laboratoires **Bell Telephone** (le *Model 300* en 1937, le *Model 500* en 1949, et le *Trimline* en 1964). La maquette de sa cité modèle, *« The City of Tomorrow »* (la cité de demain), conçue pour **General Electric**, est exposée à la **New York World's Fair** en 1939. De 1938 à 1940, Dreyfuss travaille à la conception de trains entiers pour la compagnie de chemins de fer New York Central Railroad : il est notamment l'auteur du *20th Century Limited* (1938) au profil aérodynamique. En 1947, il réalise la *Convair*, un curieux prototype de voiture volante pour Vultee. Son approche directe et pragmatique du design, qui le pousse à travailler en étroite collaboration avec des ingénieurs, contribue au

Téléphone *Model 300* pour les laboratoires Bell, 1937

succès commercial de son agence et lui assure une large clientèle d'industriels, comme AT&T, American Airlines, **Polaroid, Hoover** et RCA. Les formes amples et sculpturales de ses créations au profil aérodynamique incarnent le style streamline du design américain. À l'instar de **Raymond Loewy**, **Norman Bel Geddes**, et **Walter Dorwin Teague**, il remodèle de nombreux produits à la demande d'industriels qui cherchent à relancer la demande par des innovations plutôt esthétiques que technologiques. Certains de ses modèles sont gravés de sa signature, inaugurant ainsi la notion de label en design. Henry Dreyfuss est membre fondateur de la Society of Industrial Design.

← ↙ Voiture-avion *Convair* pour Consolidated Vultee Aircraft, 1947

Locomotive du *20th Century Limited*, pour New York Central Railroad, 1938

Élu premier président de l'Industrial Designers Society of America, il a longtemps enseigné au département d'ingénierie du California Institute of Technology. Mais l'essentiel de sa contribution au design industriel provient de ses recherches en anthropométrie rassemblées dans deux ouvrages importants : *Designing for People* en 1955 et *The Measure of Man* en 1960. Il est aussi l'auteur d'un répertoire des symboles internationaux, qui illustre l'efficacité de la communication par l'image.

DUCATI

Fondée en 1926
À Bologne, Italie

La Società Radio Brevetti Ducati fabrique d'abord des composants pour postes de radio à partir de brevets déposés par Adriano Ducati (1903–1991). Elle s'agrandit et ouvre sa première usine en 1935. Après la Seconde Guerre mondiale, les frères Ducati construisent un petit moteur auxiliaire pour bicyclette, le *Cucciolo* (1946), auquel ils ajoutent ensuite un cadre : la première motocyclette Ducati est née. Pendant les années cinquante, Ducati produit des motocyclettes futuristes comme la *Cruiser* 175 cc (1952). En 1955, la société embauche le brillant ingénieur designer Fabio Taglioni (1920–2001), qui est déjà l'auteur de plusieurs motos remarquables par leur originalité. Il exige que ses modèles à haute performance soient testés dans des courses d'endurance comme le Milan-Tarente et le Giro d'Italia. Taglioni construit dès 1955 le système desmodromique (à commande positive) mais ce dernier ne sera exploité qu'en 1968, sur la *Mark 3D 450*. Les *Scramblers* de Ducati connaissent un vif succès aux États-Unis, et pour répondre à la forte demande de grosses cylindrées, à la fin des années soixante, Taglioni crée la bicylindre desmodromique *750*, qui remporte les 200 miles d'Imola en 1972. Issue du même design attrayant, la *Supersport 750*, dont la capacité est plus tard portée à 900 cc, remporte la course de Formule 1 TT en 1978. Au cours des années 80, ère des superbikes, Ducati accroît sa part de marché en lançant de nouveaux modèles très performants et au design original. En 1993, Miguel Galluzzi invente la légendaire *Monster*, suivie un an plus tard de la *916*, élue par la suite « Moto de l'année ». Aujourd'hui, la *Panigale 1299 S* est l'une des superbikes les plus prisées au monde grâce à ses lignes élégantes et son moteur de 205 chevaux.

Bicyclette Ducati équipée du moteur *Cucciolo*, vers 1946

→ Moto *M900 Monster*, 1993

→ Moto Ducati *Panigale 1299 S*, 2015

↘ Moto *750 GT*, 1971, la première moto hypersport

Mariana 125, premier modèle de Taglioni, vers 1955

DUCATI

DUCATI
1299

JAMES DYSON

Né en 1947
À Norfolk, Angleterre

James Dyson étudie la décoration intérieure et le design au Royal College of Art de Londres dont il est diplômé en 1970. Durant ses études, il conçoit un *Sea Truck* pour l'inventeur Jeremy Fry qui remporte un **Design Council** Award et le prix spécial du Duc d'Édimbourg en 1975. Après avoir travaillé comme designer pour la division marine de la société Rotork pendant quatre ans, Dyson la quitte pour développer la *Ballbarrow*. Cette brouette innovante et très maniable grâce à sa boule qui remplace la roue usuelle, remporte un grand succès. Mais Dyson n'en tire qu'un maigre bénéfice parce qu'il a vendu les droits pour financer ses recherches sur la mise au point d'un aspirateur sans sac. Ce concept l'intéresse depuis 1978, date à laquelle il réalise que les parois des sacs, même récents, sont rapidement obstruées par une mince couche de poussière qui réduit spectaculairement l'aspiration. De 1979 à 1984, Dyson construit 5 127 prototypes de son aspirateur révolutionnaire qui utilise la force centrifuge pour aspirer la poussière et la séparer de l'air exactement comme les séparateurs à cyclone des scieries ou les nettoyeurs à cyclone qui filtrent l'air des particules toxiques en suspension dans les ateliers de peinture au pistolet. En utilisant une méthode cyclonique d'aspiration et en éliminant le sac, Dyson parvient à créer un aspirateur qui assure une puissance d'aspiration optimale. Son premier prototype de 1983, le *G-Force* rose et lilas fait la couverture du magazine *Design* qui lui consacre un article intitulé « Les peluches dictent sa forme ». Mais Dyson, quand il tente d'imposer son invention, découvre que les grands fabricants d'aspirateurs refusent d'investir dans son invention qui sonne le glas du lucratif marché des sacs d'aspirateurs à l'obsolescence planifiée. En 1985, Dyson présente son *G-Force* aux Japonais et parvient à le faire fabriquer sous licence. Six ans plus tard, son modèle remporte l'International Design Fair Prize au Japon. Dyson, qui a aussi réussi à trouver des concessionnaires en Amérique du Nord, finit par faire construire un centre

Aspirateur *DC01*, 1993

Aspirateur à cylindre *DC02*, 1995

de recherche et une usine à Chippenham (Angleterre) en 1993 grâce aux royalties générées par les ventes américaines. Lancé la même année, le célèbre Dyson *DC01* jaune et gris *(Dual Cyclone)* devient, en deux ans, l'aspirateur le plus vendu en Grande-Bretagne malgré son prix relativement élevé. Tous les aspects de la conception du modèle reposent sur une démarche logique, témoin le capot transparent qui permet à l'utilisateur de surveiller le remplissage du collecteur. L'esthétique du *DC01* le distingue également de ses concurrents. Comme Dyson l'a expliqué : « Nous voulions qu'il ressemble à un produit de la technologie de la NASA. Ses performances devaient se deviner. Il fallait lui donner la tête de l'emploi. » L'approche marketing de Dyson est minimaliste et ses slogans publicitaires (« Dites adieu aux sacs » et « 100 % d'aspiration 100 % du temps ») vantent avec une simplicité audacieuse les avantages du nouveau modèle. En 1995, il lance un aspirateur à cylindre, le Dyson *DC02* et ouvre une grande usine à Malmesbury. L'année suivante, les ventes du *DC01* atteignent le chiffre record de 32 000 unités par an, cinq fois plus que son concurrent le plus proche, apportant la preuve que le public est prêt à payer plus cher des produits plus performants. En 1996, le Design Museum de Londres présente l'exposition « Doing a Dyson ». Elle retrace la mise au point de l'aspirateur et l'année suivante, Dyson devient la première société anglaise à se voir décerner un European

Sèche-main *Airblade*, sorti en 2006

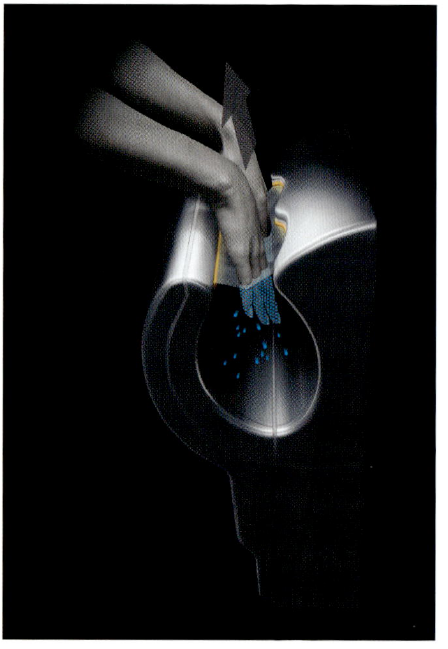

Ventilateur chauffant AM09 *Hot + Cool*, 2015

Design Award. Au lieu de s'endormir sur ses lauriers, Dyson instaure une culture d'innovation continue à son siège social de Malmesbury, où sont effectuées toutes les étapes de recherche, design et développement des technologies par une équipe dédiée d'ingénieurs, de scientifiques et de spécialistes en production. De nouvelles catégories de produits voient le jour : en 2006, le premier *Airblade*, un sèche-mains électrique qui n'utilise pas de l'air chaud comme les appareils conventionnels, mais une couche puissante d'air pour « balayer » l'eau des mains, ce qui en fait une solution plus hygiénique et plus éco-énergétique. Trois ans après sort le ventilateur *Air Multiplier* qui intègre, comme les aspirateurs sans sac, une technologie cyclonique. Grâce à ce design primé, le flux d'air frais est stable et de longue portée, sans besoin de lames à rotation rapide. En 2011 est commercialisé le ventilateur chauffant *Hot + Cool*, tout aussi convoité par les consommateurs malgré son prix élevé. Alliant design innovant et technologie avancée, son succès commercial va de soi.

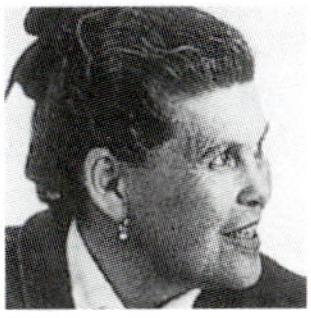

CHARLES ET RAY EAMES

Né en 1907 à St Louis, Missouri, États-Unis
Mort en 1978 à St Louis, Missouri, États-Unis

Née en 1912 à Sacramento, Californie, États-Unis
Morte en 1988 à Los Angeles, Californie, États-Unis

Charles et Ray Eames ont œuvré à changer la perception que le public a du design moderne plus qu'aucun autre designer. Les Eames, qui définissaient ainsi leur mission : « Procurer la meilleure qualité possible au plus grand nombre et au meilleur coût », ont eu un impact énorme sur la pratique du design industriel. Tout au long de leur carrière, ils ont créé des objets extraordinairement novateurs plébiscités par le public, et qui incarnent l'idéal intemporel du bon design. Les réalisations de Charles et Ray Eames forcent aujourd'hui encore l'admiration de leurs pairs car elles ont à elles seules changé le cours du design. Après des études à la Cranbrook Academy of Art de Bloomfield Hills, Michigan, Charles Eames et Eero Saarinen (1910–1961) – secondés par Ray Kaiser – soumettent des projets de meubles au concours « Organic Design in Home Furnishings » (design organique dans le mobilier domestique) organisé par le Musée d'Art Moderne de New York en 1940. Les modèles révolutionnaires – primés – qu'ils présentent font appel à deux techniques de pointe : le cintrage du contreplaqué suivant des courbes complexes et une technique de soudure électronique mise au point par la **Chrysler** Corporation qui permet de coller bois et métal. Avec les structures monocoques de ces sièges Eames et Saarinen font progresser l'idée d'une coquille qui épouse et soutient parfaitement le corps, imprimant ainsi une toute nouvelle direction au design moderne de mobilier. La pénurie de matériaux et de main-d'œuvre empêche l'aboutissement de ce projet très novateur,

PAW Fauteuil pivotant pour Herman Miller, 1950

mais ses idées fortes restent présentes dans tous les projets de sièges ultérieurs des Eames. En 1942, la Marine américaine leur commande des gouttières pour membres cassés ainsi que des civières et ils créent leur propre société pour produire en série leur première commande de 5 000 gouttières. En 1945, ils dessinent une série de meubles pour enfants en contreplaqué moulé qui est produite par la Evans Product Company. En 1945–1946 ils lancent la célèbre gamme de sièges en contreplaqué moulé d'abord produite par Evans et dont **Herman Miller** reprend la fabrication à partir de 1949. En 1948, le couple expose une série de chaises moulées en fibre de verre grâce auxquelles il remporte le second prix du « Concours International pour le Design de Meubles Bon Marché ». Ces projets les conduisent à travailler, entre 1948 et 1950, avec Herman Miller et le département d'ingénierie de l'université de Californie, à l'élaboration de sièges en plastique sans garniture produits en série. Basée sur le concept de coque universelle auquel on peut adjoindre une multitude de piétements différents, cette ligne, fabriquée par Herman Miller, marquera profondément les designers. Viennent ensuite les *ESU* (modules de rangement) de 1950. Il s'agit d'un système modulaire d'éléments en acier pourvus de panneaux, de portes coulissantes et de tiroirs en contreplaqué enrobé de plastique ou en masonite laquée, d'une grande souplesse fonctionnelle et qui peuvent faire office aussi bien de cloisons, de placards, d'étagères que de bureaux. Cette ligne de mobilier de rangement évoque la résidence personnelle des Eames (1949) construite pour une large part à partir d'éléments préfabriqués. La maison Eames conçue à l'origine pour le projet Case Study Houses sponsorisé par la revue *Arts & Architecture*, se veut une réflexion sur la notion d'habitat préfabriqué : les édifices sont des produits industriels destinés à des consommateurs. Dans toute leur œuvre qui comprend aussi des films, des photos et l'aménagement d'expositions, les Eames ont réussi, avec éloquence et virtuosité, à transmettre leurs valeurs : adéquation, morale civique, égalitarisme, optimisme, refus du formalisme et essentialisme (légèreté immatérielle). Conciliant poésie et pragmatisme, les Eames ont surtout démontré dans la pratique que matériaux et technologie de pointe peuvent contribuer à créer des produits modernes d'excellente qualité et d'un prix abordable.

Harley Earl, Cadillac *62 Sedan de Ville* 1956, photographiée avec un Douglas *A4 Skyhawk* sorti la même année.

HARLEY EARL

Né en 1893 à Los Angeles, Californie, États-Unis
Mort en 1969 à West Palm Beach, Floride, États-Unis

Le père de Harley Earl fonde l'usine d'attelages Earl en 1908 avant de la rebaptiser deux ans plus tard usine d'automobiles Earl pour rendre compte de la transition des voitures à traction animale aux véhicules motorisés. L'entreprise Earl fabrique notamment des voitures sur mesure pour des vedettes de cinéma et des chariots utilisés dans les films. En 1914, Harley Earl commence des études à l'université de Stanford, mais il les abandonne vite pour seconder son père qui le forme dans l'usine familiale au métier de designer auto. Quelques années plus tard, il dessine des automobiles luxueuses pour des clients fortunés de Hollywood, dont l'acteur Roscoe « Fatty » Arbuckle qui devait tomber en disgrâce peu de temps après, ou encore le légendaire metteur en scène Cecil B. De Mille. En 1919, l'affaire est rachetée par Don Lee, le distributeur de Cadillac sur la côte Ouest et l'usine se consacre désormais entièrement aux commandes particulières. À la même époque, Harvey Earl met au point une technique innovante de modelage d'argile qui permet un rendu plus sculptural et qu'il utilise comme soutien stylistique – une technique qui se généralisera par la suite dans l'industrie automobile. Alors qu'aux débuts de l'industrie automobile, les constructeurs peinent à satisfaire les demandes, au début des années vingt, la productivité

Automobile La Salle, avec Harley Earl (assis) et L. T. Fisher, 1927

Cadillac *Eldorado*, 1959

s'étant beaucoup améliorée, le marché devient plus compétitif. Le PDG de **General Motors**, Alfred Sloan, comprend alors que l'esthétique va jouer un rôle croissant et, en 1925, il invite Earl à Détroit. La première mission de Earl pour la GM est d'apporter « quelque chose » à la ligne La Salle, intermédiaire entre les Buick à direction assistée et les luxueuses Cadillac. Le modèle La Salle de 1927 qui résulte des recherches de Earl Harvey est la première voiture destinée au grand public à être conçue par un designer et non par un ingénieur. Sloan comprend l'intérêt commercial de sortir chaque année des modèles différents de ceux de l'année précédente. Cette idée de rafraîchissement cosmétique annuel introduit la notion d'obsolescence stylistique et conduit la General Motors à créer une section Art & Color en 1928. Earl dirige ce département de stylisme complètement inédit qui sera rebaptisé Style Section en 1937. Il supervise la conception de la toute première « concept car », la Buick *Y-Job* lancée en 1938 qui arbore une peinture deux-tons, un pare-brise panoramique et des ailerons arrière profilés en queue de poisson. C'est aussi Earl qui persuade la GM de construire une voiture de sport : ce sera la classique Chevrolet *Corvette* de 1953. Le stylisme de Earl devient de plus en plus extravagant, les modèles toujours plus bas, plus longs, plus chromés, une tendance qui culmine avec l'*Eldorado* aux ailerons arrière pastichant des lance-roquettes. La griffe de Earl et ses outrances devaient exercer une influence profonde sur l'industrie automobile et sa contribution est toujours honorée chez GM.

THOMAS ALVA EDISON

Né en 1847 à Milan, Ohio, États-Unis
Mort en 1931 à West Orange, New Jersey, États-Unis

Lampe à incandescence, modèle original d'Edison fabriqué par Corning Glass Works, 1879

Thomas Alva Edison est à l'origine de quelques-unes des inventions les plus importantes du 20e siècle. Il souffrit de dyslexie et de graves problèmes de surdité durant son enfance. Au point qu'il dût finalement quitter l'école et étudier avec sa mère, une ex-institutrice. Elle lui donna un livre d'initiation aux sciences qui présentait des expérimentations à faire à la maison. A l'âge de dix ans, Edison est autorisé à monter son propre laboratoire scientifique dans la cave de la maison familiale. À douze ans, il commence à travailler comme serveur pour le Grand Trunk Railway et installe son laboratoire dans un fourgon à bagages afin de pouvoir poursuivre ses expérimentations durant les relâches à Détroit. Mais son installation prend feu et il est renvoyé. Edison, devenu marchand de journaux à bord des trains, sauve un jour la vie du fils d'un employé de gare. Le père est si reconnaissant qu'il lui apprend à se servir d'un télégraphe. Edison est ensuite employé comme télégraphiste à Toronto où il doit envoyer un signal toutes les heures. Il met au point un transmetteur-récepteur qui peut envoyer automatiquement un message même quand il est endormi. Il s'installe ensuite à New York et commence à travailler sur d'autres inventions, dont un télégraphe qui envoie des messages multiples, un enregistreur de votes électriques et un téléscripteur boursier dont il vend la licence à la Gold & Stock Telegraphy Company pour 40 000 $ en 1870. Devenu riche, Edison installe une usine à Newark, New Jersey, qui fabrique des téléscripteurs boursiers, des télégraphes à grande vitesse d'impression et une version améliorée de la machine à écrire de Christopher Shole, le premier modèle exploitable commercialement. En 1876, Edison

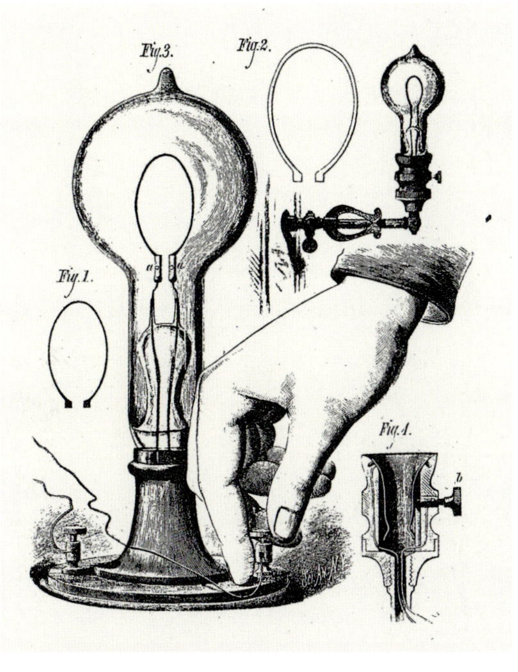

Dessin détaillant les composants d'une ampoule, vers 1880

There's a Right Lamp
For Every Purpose

Thomas Alva Edison

← Présentoir publicitaire pour les ampoules électriques, Edison Lamp Works, General Electric, 1923

construit une « usine à inventions » à Menlo Park, New Jersey. Dans ce nouveau laboratoire qui emploie soixante personnes il passe le plus clair de son temps à ses expérimentations, travaillant parfois sur une quarantaine de projets simultanés. Durant les dix années qui suivent, Edison dépose jusqu'à quarante brevets par an. Parmi les nombreuses inventions conçues à Menlo Park qui passées à la postérité, citons le télégraphe sans fil (1875), le mémographe (1876), un transmetteur à bouton en carbone (1877), le phonographe (1877–1878), l'ampoule électrique à incandescence (1878–1880) et le télégraphe sans fil à induction (1885). Le phonographe et l'ampoule électrique sont sans conteste ses inventions les plus marquantes. Le phonographe, dérivé de ses recherches en télégraphie est la première machine à enregistrer. En développant un procédé consistant à percer une bande de papier pour enregistrer des messages en morse, Edison constate que, quand elle défile rapidement, cette bande émet des bruits distincts. Pour adapter ce concept à l'enregistrement sonore, Edison recourt à un style qui, quand il est soumis à des vibrations, grave des sillons sur un cylindre rotatif recouvert d'une feuille d'étain. Son ampoule à incandescence électrique est, elle aussi, le résultat de nombreuses années de recherche et de plus de 1200 expérimentations. Intégrant des filaments de carbone obtenus à partir de fils de coton carbonisés, les ampoules d'Edison qui ont une durée de vie de 48 heures sont utilisées pour la première fois sur le paquebot *Columbia*. En 1878, il fonde la Edison Electric Light Company pour développer et commercialiser cette invention révolutionnaire. Cette société rebaptisée l'Edison General Electric Company en 1892, deviendra plus tard la **General Electric**. En 1882, Edison construit la première centrale électrique grâce à laquelle New York devient la première ville éclairée à l'électricité. Autre découverte d'une portée considérable, due à un ingénieur d'Edison, le tube à électrons, première étape vers la fondation de l'électronique, un secteur complètement nouveau de la science.

Dynamo bipolaire d'Edison, fabriquée par la Edison Machine Works, 1899

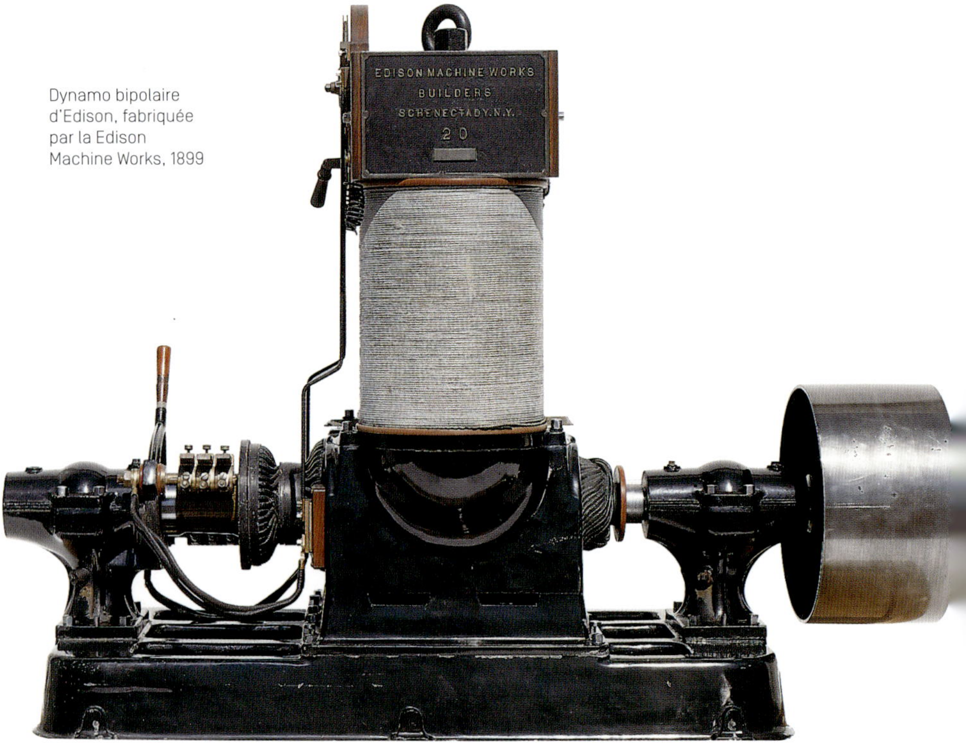

Affiche publicitaire pour le phonographe d'Edison

↗ Phonographe d'Edison, vers 1880

En 1887, Edison crée à West Orange un énorme laboratoire voué au « métier d'inventer » qui emploie plus de 5 000 personnes. Il continue à améliorer son phonographe, met au point la première version de la caméra de cinéma (1891), le kinétographe et le projecteur pour images fixes et animées, le kinétoscope (1897). Il invente aussi une dynamo bipolaire (1899) et une pile galvanique réversible (1900). Au cours d'une existence extraordinairement féconde, Edison aura déposé un total de 1093 brevets. « Tous les progrès, tous les succès découlent de la réflexion », déclarait-il, mais ses réalisations extraordinaires sont aussi le résultat d'une persévérance sans faille et d'une étonnante capacité à tirer les leçons de ses innombrables échecs. Comme il le disait si succinctement : « Le génie, c'est 1 % d'inspiration et 99 % de transpiration. »

Peter Müller-Munk, Casseroles *Ekcoware*, vers 1950

↘ Ustensiles de cuisine *Flint*, à partir de 1946

EKCO PRODUCTS COMPANY

Fondée en 1888
À Chicago, Illinois, États-Unis

Dès les débuts du 20e siècle, la fabrication d'ustensiles de cuisine se mécanise et devient de plus en plus compétitive. Mais dans la bataille pour fabriquer des produits au moindre coût, la qualité est souvent la première victime. Dans les années vingt, les ustensiles de cuisine Ekco, produits en grande série et bon marché ont une durée de vie limitée qui ne les distingue guère de leurs rivaux. Mais en 1935 la société lance des cuillers à manche percé d'un trou qui permet de les suspendre. Cette nouveauté astucieuse fait gagner des parts de marché à Ekco mais est bientôt copiée par les autres fabricants. En 1945, le président d'Ekco décide de lancer une ligne d'ustensiles de cuisine robustes et de qualité. Comme l'entreprise ne possède pas de designer, ce sont les ingénieurs et les contremaîtres qui sont chargés du design de cette nouvelle gamme. La ligne *Flint* en acier inoxydable et plastique, lancée en 1946 est sensiblement plus chère que les produits concurrents mais elle enregistre un grand succès commercial. Le succès de cette gamme démontre que les consommateurs acceptent de payer un prix plus élevé pour « des objets quotidiens d'un bon design » et pose Ekco en leader du marché dans les années 1950. Richard Latham, de **Raymond Loewy** Associates, a dessiné le conditionnement de la gamme et est associé aux projets Ekco depuis les années cinquante.

KENJI EKUAN

Né en 1929 à Tokyo, Japon
Mort en 2015 à Tokyo, Japon

Surnommé le « **Raymond Loewy** japonais », Kenji Ekuan était le plus important designer industriel du Japon. Après des études pour devenir prêtre bouddhiste, il s'initie au design à la National University of Fine Arts & Music dont il est diplômé en 1955. Avec des camarades, il fonde en 1953 le **GK Design Group** à l'origine dédié au design industriel. Une bourse de l'Institut du Commerce Extérieur Japonais (JETRO), lui permet d'étudier un an à l'Art Center College of Design de Pasadena, Californie. À son retour à Tokyo, en 1957, il devient président de GK Industrial Associates. Outre les produits **Yamaha** qu'elle dessine depuis plus quarante ans, qu'il s'agisse de motos ou d'équipements audio, l'agence a créé de nombreux autres produits : des conditionnements pour Kikkoman, des bicyclettes pour Maruishi et des appareils photo pour Olympus, notamment. GK a aussi signé des réalisations graphiques, des systèmes de signalisation et des projets d'urbanisme. Dans ses nombreuses publica-

Train de banlieue grande vitesse série *E3*, 1997

Bouteille de sauce de soja pour Kikkoman, 1961

tions sur la pratique du design, Ekuan a souligné le besoin d'humaniser les technologies, de démocratiser le design et de « chercher l'âme dans les choses matérielles ». À la fois designer de niveau international et moine bouddhiste, Ekuan a toujours cherché à promouvoir un rapport harmonieux entre le monde spirituel et le monde matériel.

Alvar Lenning,
Robot ménager
Assistant pour
Electrolux, 1940

ELECTROLUX

Fondée en 1919
À Stockholm, Suède

Avec plus de 55 millions de produits vendus chaque année dans le monde entier, le groupe Electrolux est le plus grand fabricant mondial d'appareils électroménagers. Les origines de la société remontent à Axel Wenner-Glen, l'inventeur, en 1912, d'un des tout premiers aspirateurs domestiques, le *Lux-1*. En 1919, Lux fusionne avec une autre société de Stockholm, Elektromekanista pour former Electrolux. Wenner-Gren est nommé directeur général de la nouvelle entité. Trois ans plus tard les apprentis ingénieurs suédois Baltzar von Platen et Carl Munters inventent un refroidisseur qui convertit la chaleur en froid par processus d'absorption et peut fonctionner à l'électricité, au kérosène ou au gaz. Ce réfrigérateur très innovant est construit en petite série par leur société, AB Arctic. En 1925, Electrolux rachète l'entreprise, accroît sa production de réfrigérateurs. Son développement rapide dans la décennie qui suit l'amène à installer des succursales en France, en Grande-Bretagne et aux États-Unis. À la fin des années 1930, Electrolux reconnaît l'avantage concurrentiel que procure un design de qualité et demande à **Raymond Loewy** de dessiner plusieurs produits « streamline ». En 1940 est lancé le robot ménager aérodynamique *Assistant* d'Alvar Lenning,

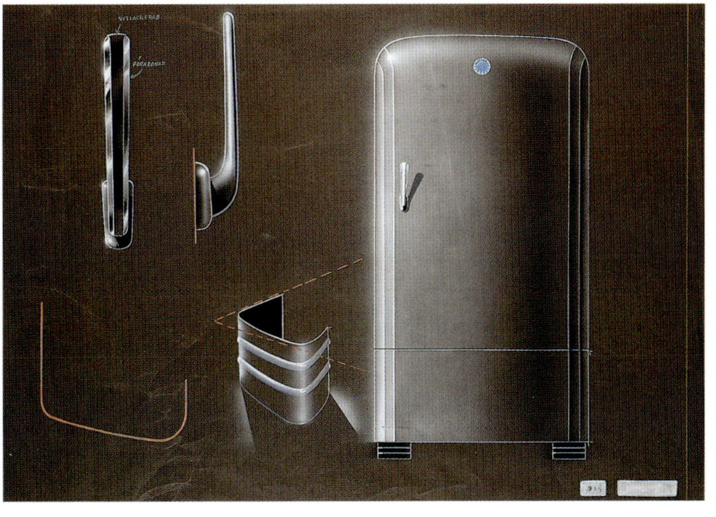

Ralph Lysell,
Les différents
éléments du
réfrigérateur *L460*
pour Electrolux,
1948

Aspirateur *Oxygen*, 1999

un appareil révolutionnaire qui mixe, hache, broie, râpe et presse. À la fin des années 1940 et au début des années 1950, les designers suédois **Sixten Sason** et Ralph Lysell (1907–1987) conçoivent d'autres produits de style streamline pour Electrolux, dont le célèbre aspirateur *Model 248* en forme de balle de revolver (1943), oeuvre de Sason. En 1963, Electrolux crée son propre département de design intégré placé sous la direction de Hugo Lindström. Dans les décennies suivantes Electrolux accroît ses parts du marché de l'électroménager grâce à diverses acquisitions : Eureka, Husqvarna, Zanussi et White Consolidated Inc, propriétaires de marques comme Frigidaire, Kelvinator et White Westinghouse. Pendant les années 90, Michael Green, l'un des directeurs du design de la marque, déclare : « Sur le marché actuel, les fabricants d'appareils ménagers qui ne s'engagent pas à innover fréquemment deviennent de simples producteurs de marchandises... Cette entreprise intègre le design à ses valeurs et à sa vision. » Cet engagement en termes d'innovation se perpétue avec la gamme ultra luxueuse *Grand Cuisine* (2015) qui donne naissance à une catégorie de produits totalement inédite : un système de cuisine professionnel conçu pour l'usage domestique.

Induction Zone et *Stand Mixer* de la gamme *Grand Cuisine* d'Electrolux, 2015

Siège social d'Enercon à Aurich, Allemagne, alimenté en électricité par l'une des éoliennes de l'entreprise

ENERCON

Fondée en 1984
À Aurich, Allemagne

Jeune diplômé en ingénierie, Aloys Wobben fonde Enercon en 1984, année où il commence aussi à travailler avec une petite équipe d'ingénieurs sur la première éolienne de l'entreprise, la *E-15/16*, d'une puissance de 55 kW seulement. Pendant quatre ans, Wobben et son équipe poursuivent la R&D, qui débouche en 1988 sur la vente des éoliennes plus performantes *E-17/80kW* et *E-32/100kW*. En 1991, Enercon ouvre sa propre usine de production et innove avec le modèle *E-40/500kW* doté d'une technologie sans pignons. Cette éolienne de nouvelle génération a un système moteur innovant, avec moins de composants de rotation, d'où un flux d'énergie quasiment sans frictions et des performances accrues. Ce système moteur réduit aussi la contrainte mécanique, et par là même les coûts de fonctionnement et de maintenance, alors que la durée de vie augmente. En 1995, Enercon engage le brillant architecte Norman Foster (né en 1935) pour développer une nouvelle génération d'éoliennes, non pas pour gagner en efficacité, mais pour prendre plus en compte leur impact visuel dans divers types de paysages. Grâce à des lames résistantes mais légères (en fibre de verre et époxy) et à une tour faite de composants préfabriqués en acier, faciles à transporter et à assembler, l'éolienne de Foster offre une vitesse de rotor variable et des mécanismes de réglage des lames pour optimiser le rendement énergétique. Ce design se distingue des autres éoliennes par le boîtier du réacteur en forme de goutte. Les modèles d'Enercon sont également reconnaissables aux bandes vertes peintes en dégradé à la base des tours pour qu'elles se fondent dans le paysage. Par son engagement

Éolienne Enercon *E115*

continu en R&D, Enercon a su augmenter l'énergie produite par ses éoliennes. Par exemple, l'entreprise a inventé en 2004 une nouvelle géométrie des lames du rotor, améliorant grandement le rendement énergétique, mais réduisant aussi les émissions de bruit et l'impact de charge sur le convertisseur d'énergie éolienne. À ce jour, Enercon possède plus de 22 000 éoliennes installées dans plus de 30 pays, ce qui en fait le leader du secteur éco-technologique. Grâce au design soigné de Foster, ces générateurs se dressent comme d'élégants totems d'un monde plus vert.

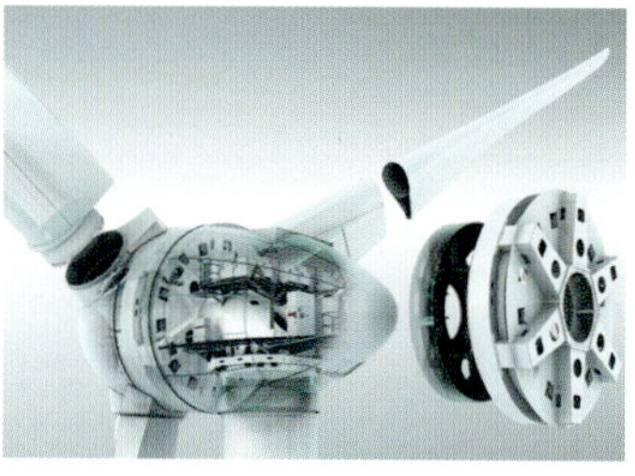

Rendus sur ordinateur des composants internes d'une éolienne Enercon *EP4*

Éoliennes Enercon *E101* dans la nature

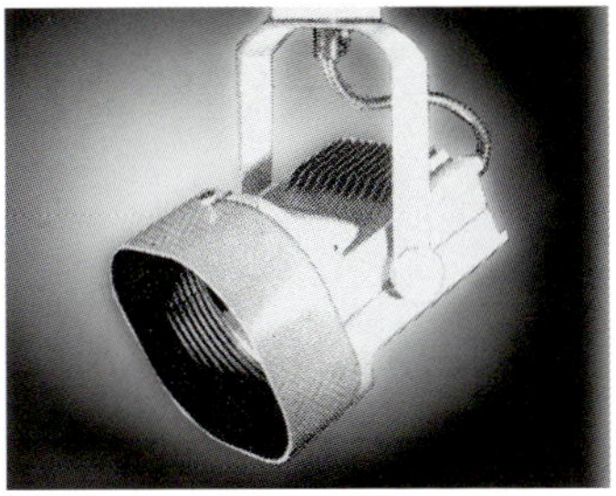

ERCO

Fondée en 1934
À Lüdenscheid, Allemagne

Heidi & Dieter Witte,
Spot *7310*, 1969–1970

Les origines d'Erco remontent à une usine d'appareils d'éclairage fondée par Arnold Reininghaus en 1934. En 1968, le directeur exécutif de l'usine, Klaus Jürgen Maack, lance le slogan : « De la lumière, pas des luminaires » qui définit la future orientation de la société. Concevant la lumière comme la quatrième dimension de l'architecture – en ce que la lumière interprète et définit l'espace et lui donne vie – l'entreprise commercialise des systèmes de spots révolutionnaires dès la fin des années soixante. Les lampes d'Erco, témoin le spot *7310* (1969/70) de Heidi et Dieter Witte, se distinguent par leur fonctionnalisme, leur standardisation, et leur adaptation à une production en grande série. Les rampes de spots, les appliques et les lampes à faisceau descendant encastrées d'Erco, à l'origine surtout utilisés dans des environnement professionnels, expriment un fort sens de la structure et de la technique et ont exercé une profonde influence sur le design des luminaires contemporains. Nombre de designers célèbres ont collaboré avec Erco, notamment **Mario Bellini, Knud Holscher, Frogdesign,** Norman Foster et Franco Clivio (né en 1942). Erco est leader dans le domaine de l'éclairage architectural avec ses produits qui sont installés dans des bâtiments comme le Reichstag à Berlin ou le Musée Guggenheim de Bilbao.

Mario Bellini,
Spot *Eclipse*, 1986

ERGONOMI DESIGN GRUPPEN

Fondée en 1979
À Stockholm, Suède

Masque de soudure *Speedglas* pour Hörnells, 1982

En 1979, deux groupes de design suédois fondés au milieu des années soixante, Designgruppen et Ergonomi Design, fusionnent pour former Ergonomi Design Gruppen, installé à Bromma. Ce groupe de 14 membres se consacre à la recherche et au développement de produits sûrs, fiables et efficaces basés sur des principes ergonomiques. Il étudie les problèmes des utilisateurs en construisant des maquettes grandeur nature de ses projets pour estimer leur pertinence en situation. Leur projet le plus connu est sans doute la ligne de vaisselle de table destinée aux handicapés *Eat/Drink* (1980) et fabriquée par RFSU Rehab. Parmi les autres projets primés du groupe, on retiendra le *Genotropin Pen* pour Pharmacia & Upjohn, une cafetière ergonomique pour SAS, une gamme d'outils manuels pour Sandvik, une poussette pour BabyBjörn et une agrafeuse ergonomique pour Esco. En 1972, deux des fondateurs du groupe, Maria Benktzon (née en 1946) et Sven-Eric Juhlin (né en 1940) entreprennent des recherches sur les carences musculaires et les difficultés rencontrées par les handicapés pour saisir et tenir des objets et se spécialisent dans le design pour handicapés. Ergonomi Design Gruppen est guidé par la conviction que : « Le design ne se réduit pas à l'apparence. Il est forme, fonction et économie. Une mise au point consciencieuse des produits peut accroître les ventes, réduire les coûts de production, ouvrir de nouveaux marchés et améliorer

Ligne de couteaux *E Series* pour Tupperware, 1995–1996

Cafetière *SAS* pour Scandinavian Airlines (SAS), 1988

la qualité. Le design devient un moyen stratégique de la réussite. » Ergonomi Design Gruppen se forge alors une réputation en design d'outils ergonomiques qui réduisent le risque de microtraumatismes et d'accidents. Parmi les fleurons du groupe, le casque de soudure *Speedglas* (1982) a remporté depuis son lancement de nombreux prix, et la cafetière (1988) pour la compagnie aérienne SAS optimise l'angle du poignet et minimise les risque d'éclaboussures sur les passagers.

Landau-poussette convertible *Brio Go* pour BRIO, 2008

En 2012, le groupe est rebaptisé Veryday mais reste fidèle à son approche intrinsèquement humaine du design ; deux ans plus tard, il reçoit le prix Red Dot « Design Team of the Year ». L'engagement de développer des solutions centrées sur l'utilisateur est très profond, comme Anna Bäck, présidente de Veryday Asia, le souligne : « La recherche en design consiste à comprendre les personnes. Chaque individu est un monde en soi, et nos méthodes doivent être pragmatiques et adaptées à chaque situation. Chaque projet est unique et demande des méthodes et des outils de recherche personnalisés. »

ERICSSON

Fondée en 1876
À Stockholm, Suède

Lars Magnus Ericsson (1846–1926) fonde la L. M. Ericsson Company à Stockholm en 1876. Son entreprise, qui se consacre au début à la réparation d'équipements télégraphiques, se lance dès 1878 dans la fabrication de téléphones à partir des prototypes d'**Alexander Graham Bell**. Peu après, L. M. Ericsson commence à produire des téléphones de sa propre conception qu'il exporte dans toute l'Europe et qui sont les premiers à être doté d'un combiné émetteur-récepteur. En 1909, Ericsson lance un modèle à support commutateur qui est plébiscité dans toute l'Europe. Dans les années trente, l'entreprise demande à l'artiste Jean Heiberg (1884–1976) de renouveler ce modèle et à l'ingénieur norvégien Johan Christian Bjerknes de concevoir un téléphone en Bakélite. Ce modèle n'est pas le premier téléphone en plastique, mais ses formes sculpturales feront date et inspireront le modèle ultérieur d'Henry Dreyfuss, le *Bell 300* (1930–1933). De 1940 à 1954, Hugo Blomberg (1897–1994), Ralph Lysell (1907–1987) et Gösta Thames (1916–2006) développent l'*Ericofon* (lancé en 1956). Ce modèle précurseur réunit écouteur, micro et cadran dans un unique objet aux formes sculpturales. En exploitant les nouveaux matériaux légers, plastique, caoutchouc et nylon, et grâce à la miniaturisation de certains composants, l'*Ericofon* est resté le téléphone monobloc le plus populaire pendant plus de trois décennies. Au fil des décennies, Ericsson a assis son succès avec des designs toujours innovants, faisant de la marque le leader mondial en téléphonie mobile à la fin des années 90, ainsi que l'un des trois grands fabricants de téléphones portables

Couverture de la *Ericsson Review*, 1956

Téléphone *Model 88*, 1909

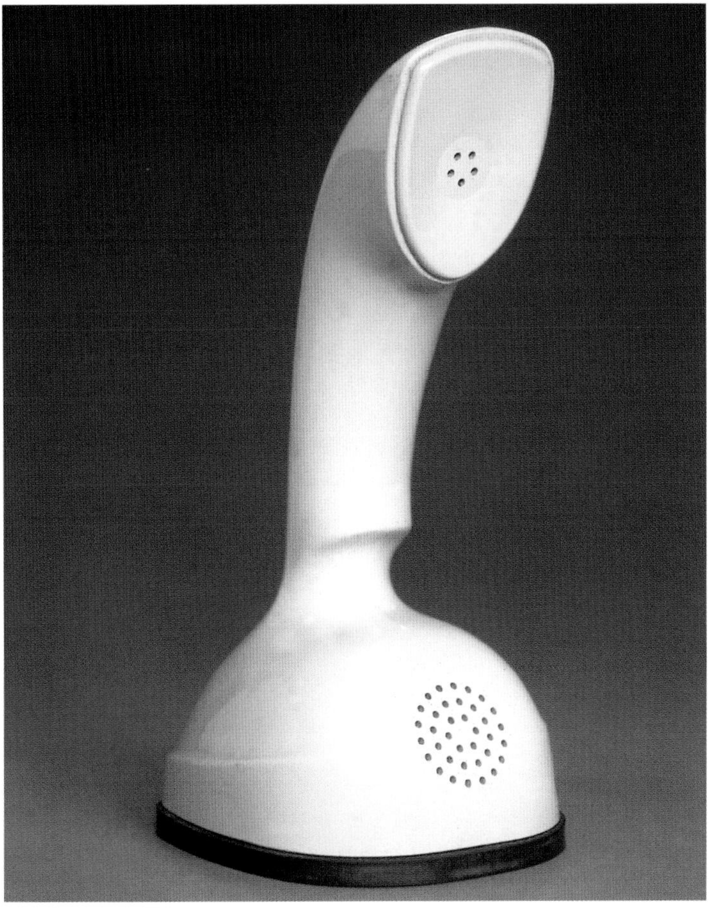

Hugo Blomberg, Ralph Lysell et Gösta Thames, *Ericofon*, 1954 (lancé en 1956)

avec Nokia et Motorola. Ericsson a malgré tout connu des difficultés dans les années 2000 avec la lente naissance des réseaux 3G, supposés approvisionner les différents opérateurs. De licenciements en chute des bénéfices, la première décennie du siècle a consisté à renflouer l'entreprise. Aujourd'hui, Ericsson reste un acteur principal dans le secteur des télécommunications, avec plus de 110 000 employés répartis dans le monde. La marque détient également 37 000 brevets, preuve de son niveau de recherche et de développement dans le passé comme actuellement, et est surtout réputée pour ses systèmes de réseaux IP.

HARTMUT ESSLINGER

Né en 1944
À Altensteig, Allemagne

Après des études d'ingénieur en électricité à l'université de Stuttgart, Hartmut Esslinger suit une formation de design industriel à la Fachhochschule de Schwäbisch Gmünd. En 1969, il ouvre un bureau de consultant, Esslinger Design, à Altensteig. Son premier client est l'entreprise d'électronique Wega Radio, qui sera rachetée par **Sony** en 1975. Cette acquisition introduit Esslinger sur le lucratif marché de l'électronique japonaise grand public en plein essor. Ses modèles élégants, dépouillés et modernes telle la chaîne hi-fi *Concept 51K* pour Wega (1975) lui apportent une reconnaissance internationale. Ils reflètent, à l'origine, la conception du design fonctionnaliste développée par **Max Bill** et **Hans Gugelot**. Mais son œuvre exprime aussi un rejet « de la sensibilité moderne dominante dans l'Allemagne des années soixante » et recherche, à l'inverse, une « vision de ce que le design pourrait encore devenir à l'opposé de l'orientation dans laquelle il s'est déjà installé. » En 1982, Esslinger rebaptise son bureau **Frogdesign** (Frog = Federal Republic of Germany) et il ouvre une agence à Campbell, Californie, pour répondre aux besoins en design de l'industrie informatique naissante à Silicon Valley. En 1984, son agence dessine le *Apple IIc* blanc cassé pour **Apple** et redéfinit les critères esthétiques de l'ordinateur personnel. En 1986, il ouvre une filiale à Tokyo et, dans les années 1990, installe des succursales dans les hauts lieux des nouvelles technologies : la « Silicon Prairie » à Austin, Texas, la « Silicon Alley » à New York, « Media Gulch » à San Francisco et « Silicon River » à Düsseldorf. Frogdesign a aussi dessiné des appareils photo, des synthétiseurs, des jumelles, des outils de communication et des meubles de bureau pour RCA**,** **Kodak, Polaroid**, Motorola, Seiko, **Sony,** Olympus, AT&T, **AEG**, König und Neurath, **Erco**, Villeroy & Boch, **Rosenthal** et **Yamaha**. Esslinger

Frogdesign, ordinateur personnel *Apple IIc* pour Apple, sorti en 1984

Esslinger Design, Pomme de douche *Tri-Bel* pour Hansgrohe, 1973

Esslinger Design, patins à roulettes *Indusco Froller* pour Frollerskate, 1979

s'efforce d'humaniser la technologie et de créer des produits plus conviviaux en leur donnant des formes sculpturales ou en y intégrant des références visuelles. Grâce à son approche internationale, il comprend « l'avantage de marier l'esprit d'équipe asiatique, la discipline européenne, la précision allemande, l'optimisme américain et la folie californienne », ce qui permet à son agence de répondre aux besoins de design d'un monde chaque fois plus globalisé. Aujourd'hui, Frogdesign est une société de design florissante comptant plus de 600 employés, et Esslinger est l'un des design thinkers phares de notre époque, se faisant un devoir d'apporter des solutions durables aux problèmes de design de demain.

EUCLID

Fondée en 1931
À Euclid, Ohio, États-Unis

En 1933, Euclid Road Machinery lance son premier tracteur-chargeur, un véhicule beaucoup plus performant que les camions traditionnels. Avec le lancement du Hoover Dam (1930–1936), la notoriété de la marque Euclid progresse énormément. En 1934, l'entreprise sort le premier camion houiller, capable de transporter des chargements de 20 tonnes, et dans les années 1940, les trois lettres EUC sont devenues un terme générique qui désignent tous les camions de chargement hors-route. Durant la Seconde Guerre mondiale, Euclid construit des équipements pour l'armée américaine puis lance la fabrication de ses engins de travaux publics sur une chaîne de montage. Réalisant que les performances de ses engins sont limitées par la puissance des moteurs, Euclid invente le concept de « moteurs jumeaux », deux diesels montés en parallèle. Ce système permet de tracter des charges beaucoup plus importantes sur des pentes plus raides à des vitesses plus élevées. En 1968, Euclid lance le *R105*, le premier chargeur hors-route d'une capacité de plus de 100 tonnes. 1996 voit le lancement du *R260*, un camion minier aux prouesses étonnantes qui peut transporter des charges de 260 tonnes.

Premier chargeur hors-route motorisé à grande capacité, 1933

Camion minier *R260*, 1996

FERRARI

Fondée en 1929
À Modena, Italie

Logo Ferrari

En 1920, Enzo Ferrari (1898–1988) est embauché chez **Alfa-Romeo** et dans les vingt années qui suivent, il occupe successivement les postes de pilote d'essais, pilote de course et finalement directeur de l'écurie de course Alfa-Romeo. En 1929, il fonde à Modène la Scuderia Ferrari, alors un centre d'entraînement pour pilotes de course. En 1940, la Scuderia devient une société indépendante, l'Auto Avio Costruzioni Ferrari. L'atelier s'installe à Maranello en 1943 et à la fin de la guerre prend le nom de Ferrari. La première voiture de course Ferrari est la *125 GT Sport* qui remporte le Grand Prix de Rome en 1947. En 1969, Enzo Ferrari revend 50 % de l'entreprise à **Fiat** (une participation qui monte à 90 % en 1988) tout en conservant une large autonomie. En 1972, Ferrari construit un circuit à côté de l'usine de Fiorano pour tester ses GT et ses modèles de Formule 1. L'expérience acquise en course a toujours influencé directement la conception des modèles destinés au public. En habillant de lignes élégantes et séduisantes les extraordinaires performances mécaniques de ses machines, Enzo Ferrari a inventé une tradition de création d'« expressions d'une ingénierie sans pareille » et de « voitures qui se font désirer ». Depuis quarante ans, ses modèles comme la légendaire *250 GT* (1962), la *275* (1967), la *Dino* (1973), la *Testarossa* (1984) et la *550 Maranello*

Pininfarina, Ferrari *275 GTB/4*, 1967

Pininfarina, Ferrari *Dino 246 GT*, 1973

Équipe interne de design de Ferrari, *Ferrari 488 GTB*, 2015

(1996), incarnent, grâce à l'exquis stylisme de **Pininfarina**, la quintessence du design italien. En 2015, Ferrari dévoile sa *488 GTB* (2015) aux courbes aérodynamiques que le centre de style de la marque a mise au point. Il s'agit sans conteste du modèle Ferrari le plus attrayant, preuve que la marque, qui fêtera bientôt ses 90 ans, est plus fidèle que jamais à l'héritage de son design automobile légendaire.

Affiche publicitaire pour la Fiat *500*, vers 1936

FIAT

Fondée en 1899
À Turin, Italie

Fiat est le plus grand fabricant automobile italien et l'un des premiers groupes industriels mondiaux. La gamme des produits maison est très large : Fiat produit aussi bien des bus et des trains que des tracteurs ou encore des avions. Fondée en 1899 par un groupe d'investisseurs dont Giovanni Agnelli (1866–1945), la Fabbrica Italiana Automobili Torino a joui d'une renommée immédiate pour ses automobiles luxueuses ainsi que pour ses succès en courses automobiles. L'entreprise se développe rapidement et, sur sa lancée, implante sa première usine aux États-Unis en 1909 (Poughkeepsie, New York). En 1922, dans le but d'accroître sa production, Agnelli décide de construire la plus grande usine automobile du monde en Europe, à Lingotto. Grâce à ses méthodes de montage à la chaîne, Fiat parvient à transformer la voiture, jusque là réservée à une certaine élite, en un produit beaucoup plus abordable. Cette approche est restée la sienne durant toute son histoire. Le plus célèbre de ses modèles d'avant-guerre est la Fiat *500* « Topolino » (petite souris) due au talent de **Dante Giacosa**. Lancée en 1936, la *500* était la plus petite voiture produite en grande série du monde et plus de 519 000 unités ont été construites entre 1936 et 1955. Ses lignes arrondies rompent avec la tradition des formes « boîtes » et sa carrosserie en tôle légère permet des cadences de production extrêmement souples. Dans l'après-guerre, Fiat se fixe

Fiat *500* signée Dante Giacosa, 1936

comme objectif de construire un type de voitures négligé par les grands fabricants américains d'après-guerre : des modèles aux performances modestes et à la portée de toutes les bourses. La Fiat *600* (1955) et la Fiat *Nuova 500* (1957) incarnent cette orientation. Ces véhicules bon marché de taille réduite sont vendus par millions et jouent un rôle majeur dans la démocratisation de l'automobile en Italie. Ils attestent aussi le miracle économique de la péninsule. En 1978, Fiat lance les premières chaînes de montage automatisées flexibles dans ses usines de Rivalta et de Cassino. Un an plus tard c'est la fusion avec Lancia, **Ferrari**, Autobianchi et Abarth qui débouche sur la création de Fiat Auto SpA. Durant les années 1980 et 1990, Fiat continue de fabriquer des voitures « populaires » comme la *Panda* (1980), la *Uno* (1983) dont le stylisme se doit à **Giorgetto Giugiaro** et qui deviendra le modèle le mieux vendu de la marque, et la *Punto*, un modèle de taille intermédiaire (1993). En 1999, Fiat lance la *Multipla* un monospace révolutionnaire de moyenne gamme à six places au stylisme détonnant qui est élue voiture de l'année 2000 par la BBC. C'est la jeune équipe du centre de design avancé de Fiat qui est responsable du développement des nouveaux concepts automobiles comme celui de la *Multipla*. Ces dernières années toutefois, l'entreprise a remporté un énorme succès en se tournant vers le passé plutôt que l'avenir, avec le lancement en 2007 de la nouvelle Fiat *500*. Cette petite voiture de ville dynamique et au look rétro est la réinterprétation moderne de la classique *Cinquecento* de Dante Giacosa de 1957. Aujourd'hui, le groupe Fiat reste le plus grand fabricant automobile d'Italie et au cours des cinq dernières décennies, il a remporté une douzaine de fois le prix « European Car of the Year ».

Fiat *Multipla*, 1999

Fiat *Nuova 500A*, 1957

↓ Fiat *500 Vintage '57*, 2015 – la première version de ce nouveau modèle *500* est sortie en 2007

FISKARS

Fondée en 1649
À Fiskars, Finlande

Olavi Lindén dans son studio de design chez Fiskars

Les origines de Fiskars remontent à 1649, ce qui en fait la plus ancienne société industrielle finlandaise. À l'époque, Peter Thorwöste crée dans le sud de la Finlande un atelier de ferronnier. Dès les années 1820, Fiskars se distingue par la qualité supérieure de ses articles de vaisselle, de ses couteaux et de ses ciseaux. Il faudra pourtant attendre 1967 pour qu'elle acquière sa notoriété internationale avec les *O-series* (lancée en 1963) une ligne de ciseaux à anneaux oranges en plastique ABS. Développée par l'ingénieur et sculpteur sur bois **Olof Backström**, le prototype de cette ligne ergonomique est en bois sculpté. Vendus sous licence dans le monde entier, ces ciseaux existent aussi en version pour gauchers et en ciseaux à denteler. Cette gamme dénommée *Classic*, au design ergonomique exemplaire, comprend aujourd'hui 18 modèles de ciseaux différents. Sous l'impulsion du designer Olavi Lindén (né en 1946), qui a rejoint l'entreprise en 1970 et en a longtemps été le gourou, Fiskars a mis au point un assortiment d'outils récompensés par de nombreux prix. L'approche intrinsèquement humaine reflète « l'engagement au service de la qualité et l'application systématique des principes ergonomiques pour la production d'outils maniables, sûrs et agréables ».

Olavi Lindén, sécateurs *P94*, 1996

Olavi Lindén, gamme d'outils de frappe *IsoCore(TM) Striking Tools*, qui inclut marteaux, masses, maillets et piolets, 2015

Achille & Pier
Giacomo Castiglioni,
suspension
Taraxacum, 1960

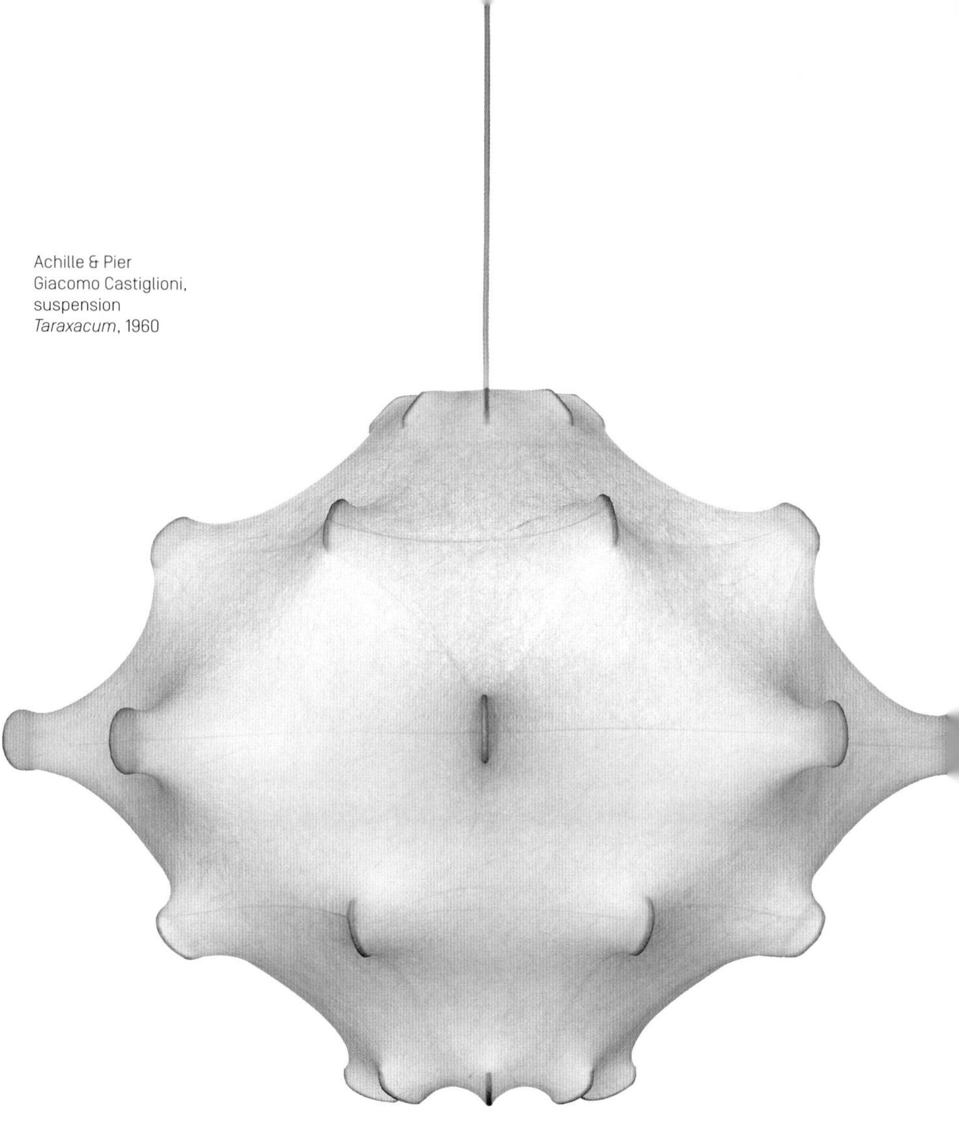

FLOS

Fondée en 1962
À Merano, Italie

À la fin des années cinquante, aux États-Unis, est mise au point une matière plastique qui a la propriété d'enrober comme une deuxième peau les objets sur lesquels on la projette. Dénommée Cocoon, elle est importée en Italie par Eisenkeil qui lui cherche des applications. En 1962, il s'associe avec Dino Gavina (1932–2007) et Cesare Cassina (1908–1981), deux fabricants de mobilier d'avant-garde, pour fonder la société de luminaires Flos. La même année, il édite la première ligne de luminaires Flos, dessinés par **Achille** et **Pier Giacomo Castiglioni**. Peu après, la société lance ses premières lampes Cocoon que signent les frères Castiglioni et de Tobia Scarpia (né en 1935). Dès sa fondation, Flos se démarque de ses concurrents non seulement par sa collaboration avec des designers d'avant-garde mais à cause de sa forte identité visuelle. En témoignent les premiers catalogues de Max Huber (1919–1992) et la décoration intérieure par les frères Castiglioni du showroom de Milan en 1968. En 1974, Flos rachète sa rivale Arteluce fondée par Gino Sarfatti (1912–1985). Depuis lors, les deux entreprises font dessiner leurs lignes de luminaires par d'éminents designers internationaux, dont **Mario Bellini**, Matteo Thun (né en 1952) Marc Newson (né en 1963), **Jasper Morrison**, Antonio Citterio (né en 1950) et **Konstantin Grcic** (né en 1965). En 1988, Flos lance la *Arà*, la première lampe signée **Philippe Starck**, bientôt suivie par *Miss Sissi* (1991). En 1994 l'applique en simili-caoutchouc *Drop*, œuvre de Marc Saddler (né en 1946), reçoit un Compasso d'Oro, tout comme l'entreprise, récompensée pour la constance de son engagement en faveur d'un design novateur. Les années 90 s'avèrent décisives pour Flos, une période de globalisation rapide durant laquelle l'entreprise se construit une forte identité conceptuelle de portée internationale. Grâce à sa collaboration avec des designers du monde entier et de styles très contrastés

Philippe Starck, Lampe de table *Miss Sissi*, 1991

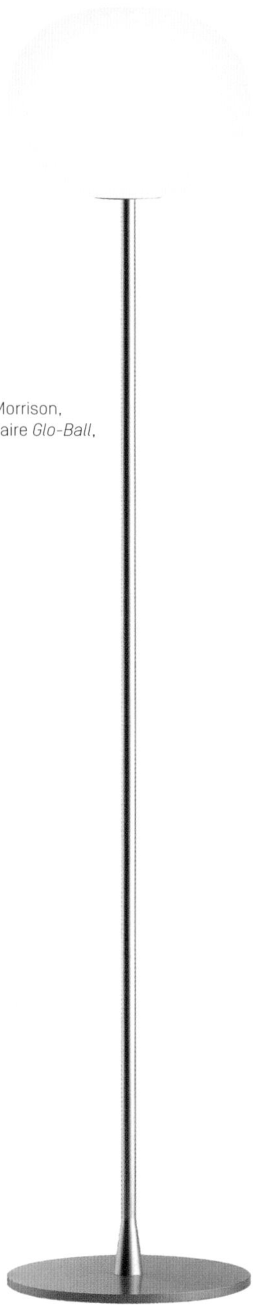

Jasper Morrison,
Lampadaire *Glo-Ball*,
1999

(de l'esthétique néo pop de Marc Newson à l'essentialisme épuré de Jasper Morrison), Flos met au point divers designs d'éclairage répondant à des goûts distincts. C'est aussi à cette époque que Flos adopte l'idée de famille de produits, comme la gamme extensive *Glo-Ball* (1999) de Jasper Morrison : elle inclut au départ des modèles de sols, de tables et de suspensions, puis s'étend pour incorporer des solutions pour les murs. Les familles de produits offrent une plus grande variété fonctionnelle, ce qui permet à Flos de mieux suivre les cahiers des charges et de satisfaire les designers d'intérieurs qui travaillent sur des projets de grande envergure, comme le secteur hôtelier et des loisirs. Les années 90 voient aussi un intérêt croissant de Flos pour les classiques de jadis, tels que le modèle *Arco* (1962) de Pier Giacomo et Achille Castiglioni ; cette approche lui est profitable et assoit sa réputation. Aujourd'hui, Flos ne collabore qu'avec les meilleurs designers dans le but suivant : « Travailler avec des maîtres du design. Découvrir de nouveaux talents. Exiger un niveau technique et technologique élevé. Rester à l'écoute de la culture de masse. Ces qualités consolident notre position de leader. » Et c'est précisément la place occupée par Flos depuis plus de 50 ans, une réussite admirable quel que soit le domaine d'activité, mais davantage encore dans la sphère du design.

Ronan & Erwan Bouroullec, Suspensions *Aim*, 2014

→ Konstanin Grcic, Suspension *OK*, 2013

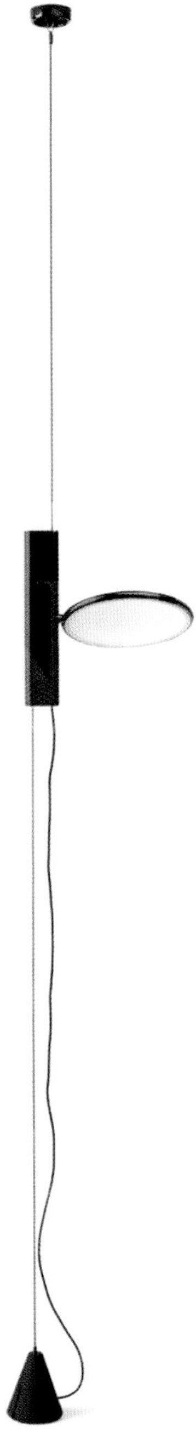

Edward Barber & Jay Osgerby, Lampe de table *Tab F*, 2011

Henry Ford I

FORD

Fondée en 1903
À Détroit, Michigan, États-Unis

Henry Ford (1863–1947) n'a pas inventé l'automobile mais c'est sa vision qui a rendu l'automobile vraiment accessible à des millions de gens. Son but premier était de « construire un véhicule motorisé pour le plus grand nombre... il sera d'un prix si bas que personne ne sera incapable d'en acheter un ». Dès les années 1860, deux événements préfiguraient la réalisation de ce rêve : l'invention du four à creuset ouvert en 1864, qui signe la naissance de l'aciérie moderne, et l'installation d'un pipeline pétrolier dans la vallée de l'Allegheny en 1865, annonçant la mise en place d'un énorme réseau de stations service qui allaient fournir aux automobiles Ford le carburant dont elles avaient besoin. Fondée par douze investisseurs, la Ford Motor Company est établie en juin 1903 à Détroit, dans une usine de wagons reconvertie. La première voiture, vendue seulement un mois plus tard est présentée comme « la machine la plus parfaite du marché... si simple qu'un garçon de quinze ans peut la conduire ». Durant les cinq années qui suivent, le programme de recherche et de développement lancé par Ford débouche sur la création d'une multitude de

Model T, 1925

↑ *Model T*, 1912

↗ *Model T*, 1913

↑ *Model T*, 1923

↗ *Model T*, 1927

modèles. Ces véhicules, qui reçoivent des lettres de l'alphabet en guise de noms, sont équipés de moteurs à deux, quatre ou six cylindres entraînés par chaîne ou arbre de transmission. Tous les modèles ne sont pas mis en production, et parmi ceux qui le sont, certains reçoivent un accueil mitigé : alors que la *Model N*, qui coûte 500 dollars se vend bien, la luxueuse limousine *Model K* s'avère un échec. Tirant les leçons de cette réaction du public, Henry Ford oriente définitivement l'entreprise vers la production de véhicules bon marché. À cette époque, George Selden détient un brevet sur les « locomotives routières » équipées de moteurs à combustion interne et la plupart des constructeurs automobiles lui versent des royalties. Ford estime irrecevable la revendication de Selden sur la technologie automobile et refuse de lui verser des royalties. En 1911, après plusieurs années de litiges coûteux, Ford finit par gagner le procès que lui a intenté Selden et, ce faisant, il libère toute l'industrie automobile de ce qui constituait une entrave à son progrès. Ford poursuit son expansion et, en octobre 1908, lance le célèbre *Model T*. Décrit par Ford comme une « voiture universelle », ce véhicule bon marché et fiable est aussitôt plébiscité par le public. La demande pour le *Model T* est telle que Ford instaure un système de production compartimenté d'où est issue l'idée de chaîne de montage. Cette méthode de fabrication, baptisée Fordisme, réduit spectaculairement les délais d'assemblage et c'est grâce à elle que 15 millions de *Model T* seront construits entre 1908 et 1927. Le *Model A* (d'après la première voiture de Ford) qui suivra la Ford *T*,

Pick-up Ford *F 250* 4X4, 1959

Ford *Mustang-GT* Fastback, 1965

Ford *GT*, 2005

accorde une plus grande importance à la sécurité et au confort. À cause de ses lignes plus douces, elle sera surnommée « bébé Lincoln ». Malgré l'impact négatif de la Grande Dépression de 1929 sur les ventes, cinq millions de *Model A* sont fabriqués avant son remplacement en 1932 par le *V-8*. En 1948, Ford lance son camion *F-Series*, construit « plus solidement pour durer plus longtemps ». Le *F-Series* devient le véhicule le plus vendu en Amérique du Nord, puis au niveau mondial. À ce jour, des dizaines de millions d'unités ont été fabriquées et depuis 2009, les ventes de ce pick-up enregistrent une forte hausse chaque année. En Europe, Ford est surtout connue pour ses voitures petites et moyennes comme l'*Escort* et la *Fiesta*. À la fin des années 1990, la marque opte pour le « Design New Edge », qui allie « surfaces douces et sculptées et intersections nettes aux angles vifs ». Cette approche nouvelle conduit à la création de modèles comme la *Ka*, la *Puma*, la *Cougar* et la *Focus*, élue voiture de l'année en 1999, en Europe, et en 2000 aux États-Unis. La volonté de novation en matière de design a conduit Ford à confier à **Marc Newson** une étude de style sur la voiture du 21e siècle : c'est le projet 012C doté de nombreux équipements astucieux comme le plateau à bagage coulissant et le phare unique à cristaux liquides. Dans le respect de son héritage, Ford lance en 2004 sa nouvelle *Mustang*, étonnante réinterprétation du modèle original légendaire des années 60. Ford sort aussi en 2005 une nouvelle version de ses voitures de courses *GT40* pour circuler sur les routes. Une autre version de cette remarquable supercar en fibre de carbone est prévue pour 2016. Comme tous les constructeurs automobiles, Ford est de plus en plus attentif aux problèmes écologiques et s'est engagé à développer une nouvelle génération de véhicules beaucoup moins polluants. C'est pourquoi même cette supercar ultra performante cache sous son capot un moteur turbocompressé *EcoBoost*, qui améliore sa consommation et réduit radicalement les émissions à effet de serre.

Pick-up Ford *F150*, 2015

FROG

Fondée en 1969
À Altensteig, Allemagne

Casque *Solido* pour IMAX, 1994

Les origines de Frogdesign remontent au cabinet international de conseil en design fondé en 1969 par le designer industriel **Hartmut Esslinger** à Altensteig (Allemagne). Leader dans le design de produits grand public, Esslinger Design, de son intitulé initial, compte dans sa clientèle des entreprises comme **Sony, AEG,** Zeiss et **Apple**. En 1982, le cabinet adopte le nom de Frog (initiales de Federal Republic of Germany, RFA) au moment où il ouvre une succursale à Campbell (Californie) pour répondre aux besoins de designers de la Silicon Valley. À la différence des autres agences de design, Frogdesign orchestre dans les années 1970 et 1980 une campagne d'auto-promotion très accrocheuse dans des revues professionnelles de design. En 1983, elle devient la première agence à remporter un contrat d'un million de dollars (avec Apple) dans la Silicon Valley. Ses profits sont réinvestis dans des outils informatiques d'aide à la création, ce qui en fait une des équipes technologiquement les plus en pointe. Trois ans plus tard, une succursale est installée à Tokyo pour répondre à la demande du marché émergent de l'électronique grand public japonaise. Le style maison de Frogdesign mêle des formes organiques et un fonctionnalisme hérité du **Bauhaus** et de la Hochschule für Gestaltung d'Ulm. Mais ce vocabulaire rationnel est souvent tempéré par des références visuelles expressives à la fonction du produit, parfois même humoristiques comme en témoigne le *Personal Communicator* (1992) pour AT&T, avec ses éléments en forme d'oreilles. Pour Esslinger, Frog (nom actuel de l'agence) n'est pas seulement un cabinet conseil en design. Il estime que le design doit être créatif et valorisant. Selon ses termes : « Le but du design est de rendre notre environnement artificiel plus humain. » Les derniers designs de Frog, qu'il s'agisse d'un thermostat pour Honeywell ou d'un équipement médical pour Storz, reflètent l'approche humaine et se distinguent par leurs lignes sculpturales.

Ordinateur portable *Z-Lite* pour Zenith Data Systems, 1992

Image montrant l'évolution du thermostat Honeywell : à droite, le système intelligent de contrôle de température *Honeywell Connected Home* signé Frog, 2015

Ecomagination EcoSwitch pour GE, 2013 : concept associant la fonctionnalité d'une bouilloire, d'une mijoteuse, d'une plaque chauffante et d'un mixeur en un seul pack éco-efficace

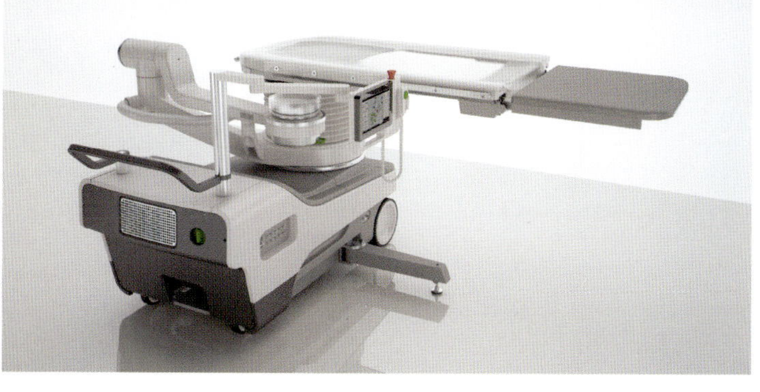

Appareil *ESWL [Extracorporeal Shock Wave Lithotripsy]* Modulith pour le traitement de calculs rénaux pour Storz, vers 2013

FSB

Fondée en 1881
À Brakel, Allemagne

Philippe Starck,
Poignée de porte
PS1 pour FSB, 1991

Fondée par Franz Schneider en 1881, la FSB, d'abord spécialisée dans les objets de culte et les garnitures en laiton devient une entreprise réputée pour ses ferronneries architecturales. Au début du 20e siècle, Franz Schneider Brakel GmbH diversifie sa gamme de produits et y ajoute les garnitures métalliques pour portes et fenêtres. Dans les années 1950, la société lance une ligne de produits « moulés à la main » créés par son designer maison Johannes Potente. Le premier designer célèbre à travailler avec FSB est **Dieter Rams** qui crée une série de douze garnitures qui s'adaptent aux fenêtres et portes de toutes tailles et formes. Reflétant la conviction de Rams selon laquelle « la modestie est préférable à la prétention, le neutre au criard, l'harmonie au disparate et l'équilibre à l'exaltation », le design de la série *rgs 1, 2, 3* (1986) en aluminium et thermoplastique exprime une démarche rigoureusement rationnelle. FSB a par la suite édité des objets de **Jasper Morrison, Philippe Starck**, Franco Clivio, Hartmut Weise, Nicholas Grimshaw (né en 1939) et Erik Magnussen (né en 1940), sculpturaux ou fonctionnels pour satisfaire un large éventail de goûts. Comme le remarquait Otl Aicher (1922–1991), co-fondateur de la Hochschule für Gestaltung d'Ulm, le dénominateur commun de tous les produits FSB c'est la main de l'homme. Avec son concours, FSB a publié *The Good Grip Guide* qui affirme que « tout objet conçu pour être saisi doit répondre aux besoins spécifiques du pouce, de l'index, de la partie charnue du pouce et de la paume. » Aujourd'hui, FSB est le leader mondial pour le développement et la production de dispositifs avancés de contrôle d'accès électronique, dont des lecteurs d'empreintes digitales et des systèmes de cartes d'identification électronique.

Hartmut Weise,
Poignée de porte
1025 pour FSB,
vers 1991

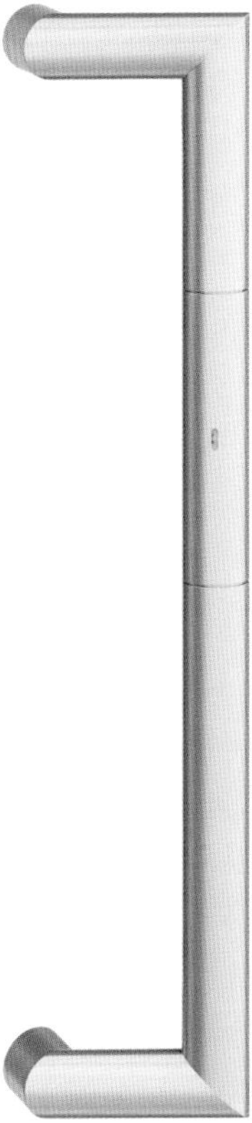

Poignée de porte *isis F, modèle 24 6538*, avec lecteur d'empreintes digitales pour FSB, vers 2009

↗ Poignée de porte *isis M100* avec lecteur de carte d'identification électronique pour FSB, vers 2009

Cartes d'identification électronique *isis M100* pour FSB, vers 2009

NAOTO FUKASAWA

Né en 1956
À Kofu, Japon

Naoto Fukasawa est actuellement l'un des experts en design industriel les plus influents. Il reçoit une formation de designer à la Tama Art University avant de travailler comme responsable du design du service de recherche et développement de la Seiko Epson Corporation au Japon. Depuis 1989, Fukasawa dirige pour ID Two (plus tard **IDEO**), une équipe de designers qui a développé une langage visuel cohérent pour les produits NEC, qu'il s'agisse de notebooks ou de projecteurs à cristaux liquides. Ces produits ont été souvent primés. Fukasawa a aussi assisté **Apple** dans la mise au point d'un nouveau design dont l'ergonomie soit adaptée aux actions de l'utilisateur. Le designer japonais a également signé un *Système d'Assistance au Ventricule Gauche* (1990), un ordinateur qui contrôle en externe le cœur artificiel de patients convalescents. Fukasawa le décrit comme « un design propre, typique de l'équipement médical » ; il s'agit en fait d'un design robuste et pertinent qui doit assurer la continuité des pulsations cardiaques. Fukasawa qui était directeur

Moniteur 17" pour NEC, 1998 (en collaboration avec Sam Hecht)

Lecteur CD mural
Without Thought
pour MUJI, 1999

↙ Téléphone
portable *INFOBAR 2*
pour KDDI, 2007

du design d'IDEO Japon est fasciné par l'interaction entre l'homme et la technologie. Il a collaboré avec Sam Hecht (né en 1969) à toute une série de produits qui s'efforcent d'humaniser la technologie des ordinateurs et traduisent sa conviction que « la perfection consiste à reconnaître l'existence de l'imperfection ». En 2001, il devient aussi consultant en design pour MUJI ; il a depuis conçu pour la marque de nombreux produits ménagers et appareils électroniques, dont le célèbre lecteur CD *Without Thought* (1999), un tour de force acclamé d'essentialisme conceptuel. En 2003, il monte finalement son studio de design et crée sa propre marque ±0 (plusminuszero) pour commercialiser ses designs ultra simples, du grille-pain à une fente tout blanc à une gamme de ventilateurs électriques, en passant pas des horloges, des montres, des calculatrices et des tapis de sol. Outre son travail pour ±0, Fukasawa a été sollicité au cours de la dernière décennie par de nombreuses entreprises internationales et est l'auteur d'une foule de produits, tous symboles de sa pureté des formes. Tout comme son ami **Jasper Morrison**, Fukasawa est adepte d'ordre et de simplicité, ainsi que d'archétypes épurés ; en 2006, le duo organise une exposition itinérante d'environ 200 objets quotidiens, intitulée « Super Normal : Sensations of the Ordinary ». Parfois erronément décrit comme un « maître du minimalisme », Fukasawa est définitivement un pionnier de la simplicité radicale, une approche bienvenue dans notre monde technologique complexe.

RICHARD BUCKMINSTER FULLER

Né en 1895 à Milton, Massachusetts, États-Unis
Mort en 1983 à Los Angeles, Californie, États-Unis

Richard Buckminster Fuller étudie les mathématiques à l'université Harvard de 1913 à 1915 et, deux ans plus tard, s'engage dans la marine américaine. Durant ses études à l'Académie Navale d'Annapolis il échafaude sa « conception théorique » et son projet de « *Flying Jet-Stilts Porpoise* » – un bateau propulsé par turbine – qui ne sera publié qu'en 1932. Il quitte l'armée en 1922 et fonde le Stockade Building Company dont l'échec financier entraîne sa faillite personnelle. La mort de sa fille de quatre ans en 1922, due selon lui à une conception inadéquate de son logement, l'incite à rechercher des solutions universelles aux problèmes sociaux. En 1933–1934, il fonde à New York la société 4D pour développer ses concepts. Buckminster Fuller veut élaborer une « science du design » qui apporte des solutions optimales pour une consommation minimale d'énergie et de matériaux. Sa perspective, tirer le maximum du minimum, est empruntée au Mouvement moderne. Il résume cette formule en un terme : Dymaxion (contraction de « dynamique » et « efficacité maximale »). En 1929, il fonde le magazine *Shelter* dont il est, de 1930 à 1932, l'éditeur et le rédacteur en chef. Durant les six années suivantes, il est directeur et directeur technique de la Dymaxion Corporation qu'il a créée pour réaliser trois prototypes de véhicules aérodynamiques basés sur ses principes et inspirés de la construction aéronautique. Fuller affirmait que la Dymaxion de 1934 pouvait accélérer de 0 à 100 km/h en trois secondes et que sa consommation de carburant était de 7,5 litres aux cent. Ce prototype, qui souffre de plusieurs erreurs de conception ne sera toutefois jamais fabriqué en série. À partir de 1927, Fuller développe aussi le concept de maison Dymaxion et en 1944 il s'attelle à la mise au

Voiture *Dymaxion*, 1932

Dymaxion Dwelling Machine (Maison Wichita), 1944–1947

point de la Wichita House, un module d'habitation préfabriqué en métal (1944–1947). La société qu'il a créée pour commercialiser cette maison enregistre un extraordinaire afflux de commandes – 38 000 après le lancement de presse – mais la fabrication en série suppose une révision de la conception de la maison. Les investisseurs, découragés par les retards qu'accumule ce projet d'habitat préfabriqué se désistent et il est abandonné. La plus célèbre invention de Fuller reste le dôme géodésique de 1949 qui se prête à une large gamme d'exploitations industrielles, militaires et civiles (expositions, notamment). Le dôme géodésique reste la seule structure de cette importance à pouvoir être élevée entièrement à partir du sol, elle offre aussi le rapport dimension-coût le plus intéressant et elle est le seul bâtiment de type utilitaire à dimensions variables. Incarnation de la démarche du « plus pour moins », le dôme de Fuller réduit au minimum les éléments utilisés dans la construction ; il est en outre d'un assemblage et d'un transport aisé. Geodesics Inc est créé en 1949 pour développer ce concept de design qui fait époque et permet de fabriquer industriellement des formules d'habitat écologique. Fuller est aussi le premier à forger l'expression « vaisseau spatial terre ». Communicateur prolifique, humaniste, esprit universel, futuriste, Buckminster Fuller pensait que les capacités créatrices de l'humanité étaient illimitées et que l'alliance de la technologie et d'un design global et précurseur pouvait éliminer les entraves matérielles et spirituelles au progrès de l'humanité vers un avenir meilleur.

ACHILLE GAGGIA

Né en 1895 en Italie
Mort en 1961 en Italie

Jeune barman à Milan, Achille Gaggia éprouve une insatisfaction croissante devant les machines à café traditionnelles à vapeur. Ayant entrepris des recherches dans son garage, il développe de nouveaux modèles utilisant un système de piston qui fait passer l'eau à très haute pression à travers le café moulu afin d'améliorer l'arôme de ce dernier. Vers 1937, il installe ses première machines dans des cafés milanais et en 1944, il fait breveter son procédé de fabrication exclusif de l'espresso. Trois ans plus tard il fonde une usine chargée de produire ses machines, la Brevetti Gaggia. Son premier modèle, le *Classico*, à gaz ou électrique, est réservé à l'usage professionnel. Mais vers 1948, il met au point une cafetière à deux poignées pour l'usage domestique. En actionnant ces bras articulés, on crée une dépression dans le réservoir d'eau chaude qui entraîne l'extraction du café. Ce modèle est très populaire dans les années 1950, tout comme le *Gilda* (1952–1954) qui doit son nom à un film dont Rita Hayworth est la vedette. La machine à café dessinée par Ambrogio Fumagalli pour Gaggia en 1954 est la première à produire deux espressos en parallèle, assurant un rendement amélioré. En utilisant des formes expressives inspirées du stylisme automobile et aéronautique, Gaggia a conféré à ses machines, ainsi qu'au rituel de préparation et de consommation du café, un « glamour » inédit.

Ambrogio Fumagalli, Machine à café *International Two Group*, 1954

Machine à expresso, vers 1948

NORMAN BEL GEDDES

Né en 1893 à Adrian, Michigan, États-Unis
Mort en 1958 à New York, États-Unis

Norman Bel Geddes étudie l'art au Cleveland Institute of Art et, brièvement, à l'Art Institute de Chicago. En 1913, il travaille comme dessinateur industriel dans une agence de publicité de Détroit, où il dessine des affiches pour Packard et **General Motors**. En 1916, il écrit une pièce de théâtre et travaille ensuite comme décorateur pour six productions montées à Los Angeles. Deux ans plus tard, il devient décorateur au Metropolitan Opera de New York et en 1925 s'installe à Hollywood où il dessine de somptueux décors de cinéma. Influencé par sa rencontre avec Franck Lloyd Wright (1867–1959), et l'architecte expressionniste allemand Erich Mendelssonhn (1887–1953), Geddes décide de se consacrer à l'architecture et au stylisme de produits. Designer industriel très réputé – il a notamment travaillé pour la Toledo Scale Company en 1929 et la Standard Gas Equipment Corporation en 1931 – c'est pourtant comme apôtre du design qu'il reste dans les mémoires.
En 1932, il publie *Horizons*, ouvrage dans lequel il défend sa vision épurée du design industriel et sa croyance dans la suprématie de la forme en goutte d'eau. Geddes a aussi dessiné des voitures futuristes pour la firme automobile Graham-Paige (1928) et des produits de style streamline, des radios pour Philco (1931), des boîtiers de radios pour RCA et des sommiers métalliques pour Simmons – sans oublier un célèbre siphon *Soda King* pour Walter Kiddes Sales Co. (1932). Parmi ses réalisations les plus remarquables, on retiendra les ensembles de cuisine standardisés et notamment la cuisinière modulaire *Oriole* (1931) pour la Standard Gas Equipment Company. La structure en acier de l'*Oriole* inspirée du style gratte-ciel, est ornée de décors émaillés. En 1939, il dessine le stand de General Motors à la **New York World's Fair** (Exposition Internationale de New York). Celui-ci, baptisé « Futurama », reflète sa vision du monde tel qu'il sera en 1960, et annonce notamment la généralisation des autoroutes. Geddes fut l'un des plus important représentants du streamline et un précurseur important du consulting en design industriel.

Siphon Soda King pour la Walter Kidde Sales Company, 1932

GENERAL ELECTRIC

Fondée en 1892
À Albany, New York, États-Unis

Gamme complète d'appareils de chauffage, 1907

→ Combiné lave-linge séchoir *WD-560S*, 1954

Les origines de cette société à la réussite phénoménale remontent à l'inventeur **Thomas Alva Edison** qui fonde la Edison Electric Light Company en 1878 et, un an plus tard, invente la première ampoule électrique commercialisable. Cette entreprise, rebaptisée Edison General Electric Company en 1889 fusionne avec la Thomson-Houston Electric Company en 1892, signant l'acte de naissance de la General Electric Company. Suivant l'idée d'Edison, créer des « usines à inventions », la société ouvre en 1895 un laboratoire d'ingénierie générale chargé de conduire des recherches en ingénierie et instrumentation avancée. En 1900, la General Electric crée un laboratoire de recherche, l'un des premiers laboratoires industriels d'Amérique à entreprendre des recherches en sciences fondamentales. Ces laboratoires jouent un rôle crucial dans la mise au point de nombreuses inventions et découvertes, dont l'alternateur à hautes fréquences (1906) dû à Ernst Alexanderson (1878–1975) qui révolutionne l'émission d'ondes radio, la lampe à incandescence au gaz (1913) d'Irving Langmuir (1881–1957), qui préfigure les ampoules d'aujourd'hui, et le premier tube à rayons X (1913), invention de William Coolidge (1873–1975), qui annonce le tube à rayons X utilisé dans la radiologie moderne. À la fin des années 1920, General Electric est aussi pionnière en matière de télévision aux États-Unis, grâce à une technologie développée par Anderson. En outre l'entreprise est réputée pour ses appareils ménagers fonctionnels, convecteurs électriques, machines à laver le linge, aspirateurs et autres réfrigérateurs – autant d'inventions qui ont littéralement transformé le mode de vie américain. Dans les

Lave-linge *Model AW1*, 1933

SHES AND DRIES IN ONE COMPLETELY AUTOMATIC OPERATION

Combination Washer-Dryer

UNDERCOUNTER MODEL WD-560S

Première réception d'une émission télévisée à la résidence d'Ernest Alexanderson, Schenectady, vers 1928

Station de satellites GE en Californie, vers 1992

Turboréacteur *GEnx*, première exploitation en 2006

années 1940, GE fabrique les moteurs qui équipent le premier avion à réaction américain, le **Bell** *P-59 Airacomet* (1942) et l'avion alors le plus rapide du monde, le **Lockheed** *P-80 Shooting Star* (1945). L'entreprise lance ensuite le *J-79*, le premier moteur à propulser un avion à deux fois la vitesse du son. Durant les années 1960, GE participe aux projets de la NASA et son expertise technique est notamment utilisée pour l'atterrissage de la fusée Apollo sur la lune (1969). La société produit aussi des satellites météo. En 1975, ses laboratoires de recherche mettent au point un composant essentiel du scanner TAO (tomographie axiale sur ordinateur) et dans les années 1980, elle rachète la société de diagnostic par imagerie médicale CGR. Développant son pôle média, GE rachète RCA en 1986, qui comprend le réseau télé NBC. La société lance ensuite deux réseaux : CNBC (1989) et MSNBC (1996). Pendant plus de 120 ans, General Electric a donné la priorité à l'innovation technologique, et ses inventions révolutionnaires et enrichissantes font partie de notre vie. Derrière sa réussite durable, il y a la volonté de travailler sur des technologies qui changent la donne, qu'il s'agisse de turboréacteurs comme le *GEnx* (2006), d'appareils innovants biomédicaux et de diagnostic pour le traitement du cancer, ou encore de pompes électriques submersibles pour les puits de pétrole et de gaz non conventionnels. Comme de par le passé, les efforts de recherche et de développement menés dans les laboratoires multidisciplinaires de General Electric à travers le monde seront amenés à tracer le futur du design industriel des prochaines années.

Oldsmobile, 1903

GENERAL MOTORS

Fondée en 1908
À Hudson, New Jersey, États-Unis

General Motors, premier constructeur automobile du monde, est resté le plus grand groupe industriel du monde durant presque tout le 20e siècle. On l'a considéré pour cette raison comme le baromètre de l'économie américaine. Sept ans avant son incorporation, en 1908, l'entreprise fabrique la première voiture produite en grande série aux États-Unis. L'année de sa création officielle, GM lance le premier feu avant électrique et, en 1910, la première voiture tout acier, beaucoup plus solide et sûre que les modèles antérieurs. En 1924, GM fonde le premier centre d'essais à Milford, Michigan. Au début des années 1920, son PDG prédit l'importance croissante du stylisme dans l'industrie automobile et demande à **Harley Earl** de dessiner le modèle La Salle de 1927, la première voiture produite en grande série à être conçue par un designer automobile. En 1928, GM crée son propre département de style. Placé sous la direction de Earl, c'est le premier de ce genre. Ce service intégré planifie des changements stylistiques annuels afin de raccourcir le cycle de vie des

La Salle, 1934

Décapotable Cadillac
Series 62, 1941

↓ Coupé Chevrolet
Bel Air, 1955

Pick-up Chevrolet *3100*, 1957

modèles et donc d'accroître les ventes. Outre ces modifications cosmétiques régulières, GM continue à innover en profondeur, avec par exemple le premier coffre intégré (1933) qui révolutionne la forme de la voiture. Sous la direction de Earl, GM développe aussi son premier « concept car », la Buick *Y-Job* (1938). En 1940, GM avait fabriqué 25 millions de véhicules, ce qui donne une idée du nombre de propriétaires d'autos aux États-Unis à cette date. Après la guerre, GM renouvelle sensiblement sa gamme : ailes « profilées », (1942–1948), pare-brise incurvé (1948) et enfin moteur moderne *V-8* à compression élevée et soupapes en tête, le premier à être utilisé sur les modèles Oldsmobile et Cadillac du groupe. La célèbre Chevrolet *Corvette* qui sort en 1953 devient la première étude de style GM à être passée sans altérations d'un salon de l'auto au stade de la production en série. Le laboratoire de tests de sécurité qu'elle a créé en 1955 n'épargnera pas à GM les attaques célèbres du jeune avocat Ralph Nader contre sa Chevrolet *Corvair* sortie en 1960 : celle-ci avait une fâcheuse tendance à se retourner, comme il le démontrait dans son ouvrage : *Unsafe at any Speed* (dangereuse à n'importe quelle vitesse) (1965). L'action en justice victorieuse intentée par Nader contre la GM amènera le Congrès américain à voter 25 textes de loi favorables aux consommateurs entre 1966 et 1973 ; ceux-ci ouvrent la porte aux procès

↗ Pontiac *GTO, 1964*

→ Coupé Corvette *Stingray*, 1963

GTO

Chevrolet *Camaro*
Z28, 1968

Chevrolet *Camaro*
1LS, 2015

Véhicule utilitaire sport Chevrolet *Suburban*, 2015

de consommateurs sur la sécurité et la fiabilité des produits. Tirant les leçons de cette douloureuse expérience, GM lance la première colonne de direction à absorption d'énergie (1966), la première portière renforcée par longeron et les premiers coussins gonflables montés sur véhicules de série (1974). En 1975, elle commence aussi à équiper ses voitures vendues aux États-Unis de pots catalytiques. Plus récemment, GM a lancé en 1996 la première voiture tout-électrique, la *EV-1*. Le développement de ce véhicule à émissions nulles, arborant une carrosserie sophistiquée en aluminium ultra léger, avait pourtant été – non sans une certaine polémique – suspendu en 2002, poussant de nombreuses voix leaders « vertes » à se demander pourquoi GM « avait tué la voiture électrique ». L'entreprise a pendant les années 90 vu ses bénéfices augmenter grâce au « boom des camions », période à laquelle nombre d'Américains ont acheté des véhicules utilitaires sport au lieu des traditionnelles berlines familiales. Aujourd'hui encore, malgré la réputation énergivore de ses véhicules, le modèle *Suburban* à 9 places est l'utilitaire le plus convoité par une certaine partie de la population américaine en raison de ses dimensions généreuses et de ses options high-tech. Dernièrement, comme d'autres marques, l'entreprise a remis sur le marché des modèles au passé prestigieux : le nouveau *Camaro* (2009) possède par exemple le même ADN de design et de performances que son légendaire homologue des années 60. Aujourd'hui, General Motors produit un large éventail de véhicules sous quatre grands noms automobiles : Chevrolet, Buick, GMC et Cadillac. Elle n'occupe malheureusement plus la place de pionnier en véhicules « propres » qu'elle avait dans le passé.

Giacinto Ghia

GHIA

Fondée en 1915
À Turin, Italie

La légendaire Ghia Spa, fondée à Turin en 1915 par Giacinto Ghia (1887–1944), est un des carrossiers les plus célèbres d'Italie. Ghia, qui a appris son métier dans l'atelier Diatto, fournit d'abord des études de style à **Bertone**. La société deviendra plus tard célèbre pour ses propres designs de voitures de course et d'automobiles de luxe. En ce qui concerne les voitures de course, c'est le style « torpedo » qui caractérise la production Ghia. Après le décès de Giacinto Ghia, de jeunes designers, au premier rang desquels Mario Boana, renouvellent le stylisme de l'entreprise. Dans les années 1950, l'usine Ghia crée des carrosseries spéciales pour Bentley, Delahaye et Talbot. Le prototype de la Ghia *Gilda* (1955) est l'un des premiers à subir des tests d'aérodynamisme en soufflerie : les informations collectées conduisent à l'ajout d'ailerons pour renforcer son adhérence – une caractéristique copiée par des constructeurs américains pour des motifs purement esthétiques. À la même époque, Ghia prend en charge le stylisme de nombreux modèles américains et son design influence les grands fabricants de Détroit. Dans les années 1960, la Ghia collabore avec de grands fabricants européens comme **Fiat, Volkswagen, Alfa Romeo**, **Renault, Chrysler** et **Ford**. Mais si les créations de la Ghia, témoin la VW *Karmann Ghia* (1961), la De Tomaso *Mangusta* (1966) et la Maserati *Ghibli* (1968)

VW *Karman Ghia*, 1961

De Tomaso *Mangusta*, 1966

Maserati *Ghibli*, 1968

ont une personnalité affirmée, elles ne peuvent rivaliser avec l'élégance des automobiles carrossées par certains de leurs concurrents. En 1972, Ghia devient une filiale de Ford et dessine la première *Fiesta* (1973). Aujourd'hui, composante du groupe de design avancé de Ford, Ghia collabore au « New Edge Design » qui allie « des surfaces sculptées au design aérodynamique traditionnel avec des intersections à angles aigus pour façonner une image plus nette aux contours plus définis. »

DANTE GIACOSA

Né en 1905 à Rome, Italie
Mort en 1996 à Turin, Italie

Dessin de la Fiat *500A*

Dante Giacosa commence à travailler pour **Fiat** en 1926 et vers 1932 se voit chargé du design d'une voiture petite mais élégante ; ce sera la 500A, lancée en 1936. Egalement surnommée « Topolino » (petite souris) ce véhicule compact et aérodynamique fait époque en matière de design de petites voitures. La forme arrondie de la 500A rompt avec la convention de la forme « boîte » et sa carrosserie en tôle légère est parfaitement adaptée aux contraintes de la production industrielle. En 1938–1939, c'est le véhicule italien le plus exporté aux États-Unis. La *500A* a été, dans sa catégorie, la voiture la plus vendue au monde avec 519000 unités fabriquées entre 1936 et 1955. Giacosa continue à dessiner des versions modifiées de la Topolino, la berline *500B* (1948) et le break *500C* (1949) au confort amélioré (chauffage de l'habitacle). À ces modèles succède la *Nuova 500* (1957), encore plus menue et construite à 3,6 millions d'unités. Giacosa a aussi dessiné les Fiat 124, 128 et 130. Si la 500A avait contribué à démocratiser l'achat d'une voiture en Italie, la *Nuova 500* devait incarner avec éclat le miracle économique italien de l'après-guerre.

Fiat *500A*, 1936

King Camp Gillette

GILLETTE

Fondée en 1901
À Boston, Massachusetts, États-Unis

King Camp Gillette (1855–1932), élevé à Chicago, devient le vendeur vedette de la Crown Cork et Seal Company, une société spécialisée dans la fabrication de bouchons de liège. Son mentor dans la société qui a remarqué sa prédilection pour le bricolage mécanique lui suggère d' « essayer d'inventer quelque chose comme le bouchon Crown qu'on jette après usage », afin que le client revienne. Cette idée obsède Gillette qui a, un matin de 1985, alors qu'il s'échine à affûter son rasoir « coupe-chou », la vision d'un rasoir à tête démontable enserrant une lame jetable à double tranchant. Après six années difficiles, Gillette fonde finalement l'American Safety Razor Company qui devient en 1902 la Gillette Safety Razor Company. Le rasoir Gillette, qui n'est pas le premier « rasoir de sûreté », est beaucoup plus pratique, avec son système de lames rechargeables, que ses prédécesseurs. Fabriqué dès 1903, il est breveté un an plus tard. Durant la Première Guerre mondiale, Gillette fournit 3,5 millions de rasoirs et 36 millions de lames à l'armée américaine. En 1932, l'entreprise lance le célèbre *Blue Blade* à double tranchant qui domine le marché des rasoirs jetables pendant de longues années. Gillette diversifie ses domaines d'activité avec l'acquisition de la Paper Mate Company en 1955 et de **Braun** AG en 1967. Leader dans le domaine des rasoirs électriques, Braun est alors renommé pour

↘ Rasoir de sûreté Gillette, vers 1904

King Camp Gillette, Dessin du brevet du premier rasoir de sûreté, 1901 (le modèle finalement produit en différait légèrement)

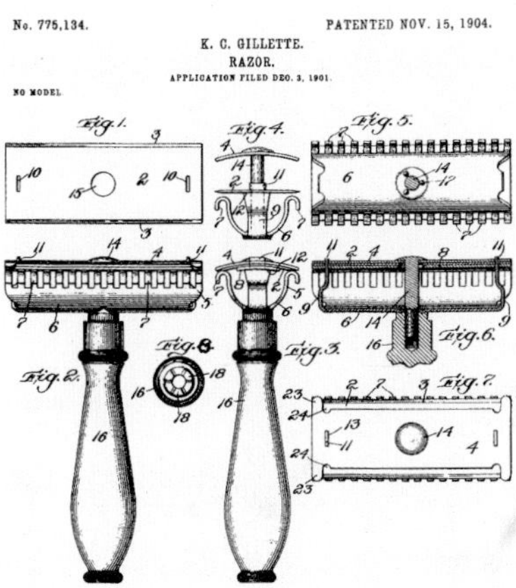

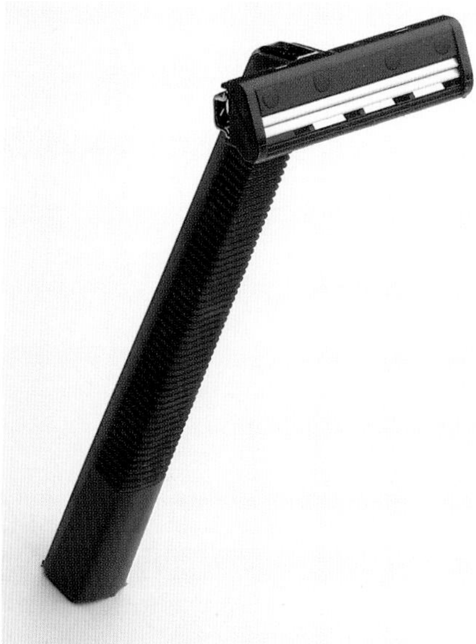

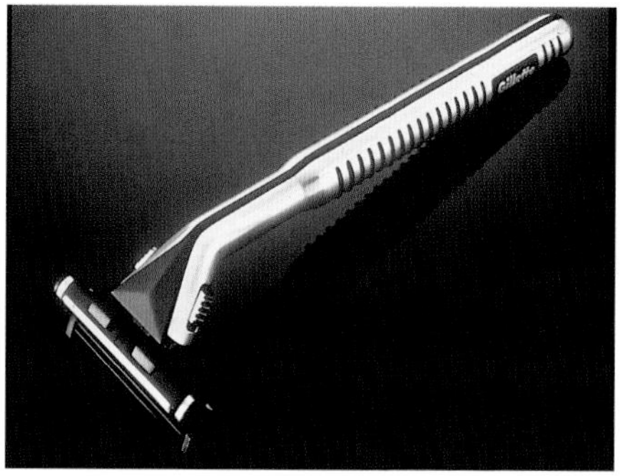

Trac II, 1971

↗ *Sensor*, 1990

Mach 3, 1998

son équipe de design dirigée par **Dieter Rams**, désormais responsable du design des produits Gillette. En 1971, l'entreprise lance le rasoir à double lame *Trac II* qui devient aussitôt un best-seller. En 1990, après un développement de dix ans, Gillette lance le système *Sensor* (conçu par l'équipe de design Braun). Ce produit révolutionnaire est équipé de lames montées sur ressort insérées dans une cartouche pivotante en plastique. L'année de son lancement, 24 millions de rasoirs et 350 millions de cartouches sont vendues. C'est la plus éclatante réussite de l'histoire de la société et la leçon du projet *Sensor* est claire : la société est confortée dans sa volonté de « dépenser ce qu'il faut pour acquérir la suprématie technologique dans sa catégorie et lancer des produits novateurs qui gagneront les consommateurs, même au prix fort. » Cette philosophie débouche directement sur le plus récent produit phare de Gillette, le remarquable *Mach 3* à triple lame. De loin le plus onéreux des rasoirs manuels d'aujourd'hui, le *Mach 3* est doté de lames ultra-fines révolutionnaires, enrobées d'un film qui leur confère la dureté du diamant. Au cours des années 1980 et 1990, Gillette poursuit sa diversification en rachetant Oral-B, Waterman, les stylos **Parker** et Duracell, s'inscrivant en 2000 comme la marque à plus forte rentabilité après Coca-Cola. En 2005, Gillette et Procter&Gamble opèrent à une fusion et lancent l'année suivante le rasoir à 5 lames *Fusion*. Depuis lors, le design a été mis plusieurs fois à jour pour en augmenter les performances et donc les ventes.

→ *Fusion ProGlide Flex Ball*, 2014

Gillette

TACHYMETER
MIN.
SEIKO
Chronograph
SPORTS
200
ALARM

GIORGETTO GIUGIARO

Né en 1938
À Garessio, Italie

← Montre sport *Macchina Sportiva* pour Seiko, 1995

Giorgio Giugiaro intègre le département de design de **Fiat** après des études de dessin technique et de graphisme à l'Accademia di Belle Arti de Turin. Il continue à suivre des cours d'ingénierie au collège technique de Turin. Dès 1959, il devient chef du département de stylisme du carrossier **Bertone** à Turin où il travaille avec Nuccio Bertone (1914–1997) et dessine notamment la **BMW** *3200 CS* (1961), l'**Alfa Romeo** *Giulia GT* (1963) et la Fiat 850 *Spider* (1965). En 1965, Giugiaro devient directeur du Studio de design automobile **Ghia**, où il dessine le *Coupé Dino* pour Fiat en 1967. Trois ans plus tard, il s'associe avec Aldo Mantovani (né en 1927) pour créer l'agence Ital Styling (rebaptisée plus tard ItalDesign). Cette énorme agence de design qui emploie aujourd'hui 750 personnes offre aux constructeurs une assistance technique complète incluant des études de faisabilité et la construction de prototypes. Giugiaro a créé des voitures de sports élégantes comme la Maserati *3200 GT Coupé* (1998) mais aussi des véhicules plus utilitaires comme la Golf de **Volkswagen** (1974), les Fiat *Panda* (1980) et *Uno* (1983). En 1981, la section de design industriel d'ItalDesign se sépare de la maison mère et prend le nom de Giugiaro Design. Cette agence crée le design de nombreux produits et véhicules, dont la machine à coudre *Logica* pour Necchi (1982), les appareils photo **Nikon** *F4* et *F5* (1988 et 1996), le catamaran *High Speed Ferry* pour SEC (1992), la locomotive *ETR460 Pendolino* pour la Italian Railway Company (1995), la montre *Macchina Sportiva* pour Seiko (1996), et les chaussures de ski *Grand Prix* pour Nordica (1997). Giugiaro Design est aussi présent dans les domaines de la signalétique et du conditionnement. Dédié à la « poursuite de la fonction », Giugiaro joue habilement des contraintes physiques et des exigences de la production industrielle, avec une conscience aiguë des impératifs marketing. Se refusant à plaquer un langage formel sur ses produits il travaille au contraire sur des « réponses esthétiques et fonctionnelles à partir d'un besoin. »

Machine à coudre *Logica* pour Necchi, 1982

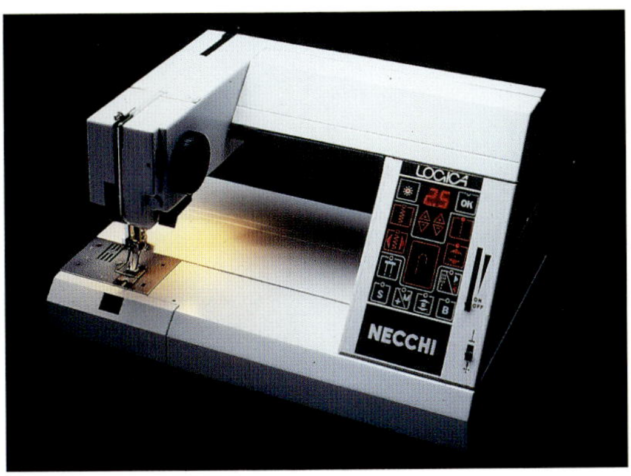

N'EX
JR

GK DESIGN GROUP

Fondée en 1957
À Tokyo, Japon

Véhicule tout-terrain *YFM350FWX* pour la Yahama Motor Co., 1995

Le groupe de design GK (Groupe Koike) est l'un des plus importants cabinets de design pluridisciplinaires du Japon. Fondé en 1957 par **Kenji Ekuan**, le groupe de Design GK se spécialise d'abord dans le design industriel. Élargissant ses activités, le studio intervient par la suite dans la communication, le graphisme et le design environnemental. Partisan d'une approche intégrée du design parfois qualifiée de « design total », il a construit un impressionnant réseau de filiales afin d'offrir une gamme complète de services, de la recherche (veille marketing et planification de produits) à la promotion (identité visuelle et organisation d'événements). Depuis quarante ans, GK Design a créé des motos, des matériels audio, une autoneige, des bateaux à moteur individuels et un véhicule tout-terrain pour **Yamaha**. Citons aussi des locomotives pour la East Japan Railway Company, des conditionnements pour Kikkoman, Konica, la brasserie Kirin, Nescafé, Häagen Dazs et des toilettes publiques pour Restatio. Il a également conçu un large éventail de produits pour d'autres fabricants, dont un horodateur, une machine à coudre, des casseroles, des montres, des équipements dentaires, des emballages de cosmétiques, un moteur hors-bord et une pelle hydraulique. GK Design est par ailleurs reconnu pour ses créations en signalétique et en planification urbaine, notamment pour son travail pour l'Expo'70 à Osaka et l'Expo'85 à Tsukuba. Au fil des décennies, le travail de GK Design a su se distinguer par son ingénierie raffinée et ses formes fonctionnelles.

↖ Moto *VMAX* pour Yamaha Motor Co., Ltd., 2008

↙ Locomotive *Narita Express série E259* pour East Japan Railway Company, 2009

Pelleteuse *Legest SH200* pour Sumitomo (S.H.I.) Construction Machinery Co., Ltd., 2006

KENNETH GRANGE

Né en 1929
À Londres, Angleterre

Kenneth Grange étudie à la Willesden School of Arts and Crafts (Londres) de 1944 à 1947. Pendant son service, il reçoit une formation d'illustrateur technique dans le corps des Royal Engineers, avant de travailler comme assistant dans diverses agences d'architecture et de design londoniennes. En 1958, il ouvre à Londres sa propre agence spécialisée dans le design de produits. Deux ans plus tard il est chargé du redesign d'un mixer Kenwood lancé en 1950. Conçu en quatre jours, le mixer *Chef* (1960), s'inspire d'appareils ménagers antérieurs conçus par Gerd Alfred Müller (1932–1991) pour **Braun**. Grange travaille comme consultant en design pour Kenwood pendant plus de quarante ans et il renouvelle à plusieurs reprises le design britannique classique des produits de la marque. En 1972, il s'associe avec Theo Crosby, Alan Fletchern, Mervyn Kurlansky et Colin Forbes pour créer le studio **Pentagram**. Parmi ses nombreuses créations remarquables au sein de Pentagram, on retiendra le *Pocket Instamatic* pour **Kodak** (1975), la ligne de stylos 25 pour **Parker** (1979), les rasoirs manuels *Royale et Protector* pour Wilkinson Sword (1992) et le fer à vapeur de voyage *ST50* pour Kenwood. Il a aussi dessiné la carrosserie du TGV *125 Intercity* (1971–1973) pour les chemins de fer anglais, les abribus Adshel pour **London Transport** (1990) et les taxis noirs classiques pour London Taxis International (1997). Grange a été souvent primé pour son travail de designer : dix fois lauréat du **Design Council**, il a reçu le prix du Duc d'Édimbourg pour un design élégant en 1963. De 1985 à 1987, il est directeur de la Faculty of Royal

↘ Rasoirs *Royale* pour Wilkinson Sword, 1979

Mixer Kenwood *Chef A701*, 1960

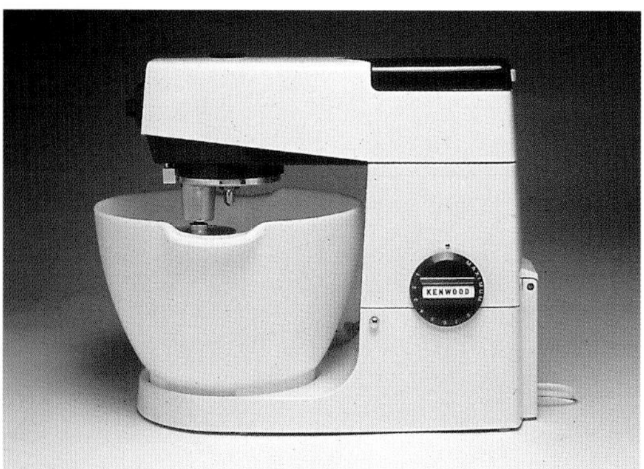

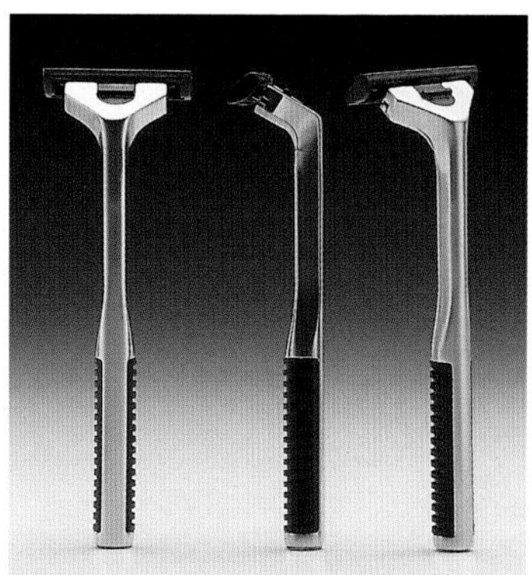

Lampe d'appoint *Type 75* pour Anglepoise, 2004

Designers for Industry avant d'être nommé président de la Chartered Society of Designers en 1987. Le travail de Grange a fait l'objet d'une exposition rétrospective à la Boilerhouse du Victoria and Albert Museum de Londres en 1983. Il quitte Pentagram en 1997 pour monter son propre studio de design. Grange voit dans le design un vecteur d'innovation et croit qu'il devrait faire partie intégrante du processus de fabrication. Il marie les attributs traditionnels du design britannique (sincérité, intégrité et pertinence) pour créer des produits de grande qualité, soignés dans les moindres détails et répondant aux critères de bon design.
Au fil de sa longue carrière, Grange a fait preuve d'une remarquable cohérence, dotant tous ses designs élégants d'une grande solidité, ce qui témoigne de son talent pour trouver l'équilibre entre fonctionnalité et esthétique. De bien des façons, le travail de Grange est l'éloquente expression du design britannique de la seconde moitié du 20e siècle.

KONSTANTIN GRCIC

Né en 1965
À Munich, Allemagne

Né en Allemagne, le designer industriel Konstantin Grcic aime depuis tout petit fabriquer des objets ; à la fin du lycée, il travaille pour un restaurateur d'antiquités car il veut « apprendre comment faire les choses correctement ». Il suit ensuite une formation d'ébéniste au John Makepeace's Parnham College à Dorset, en Angleterre, avant de déménager à Londres pour passer une maîtrise en design de mobilier au Royal College of Art. Après un court passage par le studio de design londonien de **Jasper Morrison**, il ouvre en 1991 à Munich son propre cabinet-conseil en design, Konstantin Grcic Industrial Design (kGID). La même année, il dessine les tables ajustables *Tam Tam* et *Tom Tom* pour SCP, l'une des premières créations de Grcic à être fabriquée en série. Parmi ses premiers clients, il compte aussi le fabricant allemand de produits domestiques en plastique **Authentics**, pour lequel il crée sa célèbre corbeille à linge *2-Hands* (1996) et le seau *H2O* (1997), deux objets qui reflètent l'intérêt de Grcic pour réinterpréter des archétypes. Dans les années 90, il remporte d'autres succès, comme l'astucieux porte-manteaux pliant *HUT_AB* (1998) pour Moormann et l'originale lampe portable *MayDay* (1999) pour **Flos**. Grâce à ces designs aux fonctionnalités innovantes, Grcic a bénéficié d'une vaste reconnaissance et été considéré comme membre de la communauté émergente de jeunes designers

Chair_ONE avec option de base en béton pour Magis, 2004

↘ Chaise *MYTO* pour BASF/Plank, 2007–2008

Lavabo pour Laufen, Suisse, 2015

ayant contribué à planter les bases du design au début des années 2000. En 2004, il conçoit la gamme de chaises géométriques *Chair_One*, incorporant une assise en aluminium coulé qui rappelle un ballon de foot et qui adopte une forme dynamique en trois dimensions. Étrangère à tout autre design de chaise, la famille *Chair_One* prouve combien Grcic domine forme et fonction ; BASF l'engage alors pour inventer une application ou un produit à partir du matériel plastique que l'entreprise vient de mettre au point, *Ultradur High Speed*. Résultat : la chaise *MYTO* (2007–2008), révision de la chaise monobloc Cantilever pensée pour une fabrication en série, avec une structure lisse sans division entre le dossier et une assise perforée comme un filet. Ce design au look industriel, orienté processus, a été fabriqué par Plank et récompensé d'un Compasso d'Oro en 2011. Autre design « radical », la chaise/tabouret *360°* pour Magis (2009) : plus qu'une chaise de bureau sophistiquée et ergonomique, elle fait surtout office d'assise pour de courtes périodes de temps et encourage une posture active pendant le travail. En complément, les rangements *360°* rendent avec style un hommage au chariot *Boby* de **Joe Colombo** des années 70, alors que la chaise de bureau *Allstar* (2014) pour Vitra affiche des lignes rétro pop, en harmonie avec l'atmosphère détendue et créative des environnements professionnels actuels. À l'avant-garde du design industriel contemporain, Grcic est un chef de file tant sur le plan de la forme que de la fonctionnalité, et ses créations projettent toujours un fort sentiment d'intégrité et d'identité.

THE GREAT EXHIBITION

Exposition universelle, 1851
À Londres, Angleterre

« L'exposition comme leçon de goût »

→ Argenterie exposée par M Higgins de Londres – typique de la surenchère décorative de l'exposition

Le *Rapport sur les Arts et les Manufactures* rédigé en 1836 par un comité de personnalités concluait que, dans le domaine du design industriel, la Grande-Bretagne était surclassée par ses rivaux européens. Dans les années 1840, le mari de la Reine Victoria, le Prince Albert de Saxe-Coburg Gotha et **Henry Cole**, employé aux Archives publiques de Londres et fondateur des éphémères mais influentes manufactures d'art de Summerley, s'efforcent de redresser la situation. Ils militent sans relâche pour une réforme du design qui rapprocherait l'art et l'artisanat de la production industrielle et s'évertuent à revitaliser la Society of Arts avec une série d'expositions consacrées au design industriel. Devant l'échec de leurs efforts, ils décident d'organiser une exposition pour promouvoir leur cause eux-mêmes. En 1848, ils commencent à mettre sur pied cette foire internationale avec un triple objectif : « Exposition, compétition et encouragement ». Cette initiative reçoit un accueil enthousiaste du public britannique et étranger, et les organisateurs décident d'organiser un concours pour la construction du grand hall qui hébergera l'ensemble des exposants. En 1850, un projet peu gracieux est d'abord retenu mais finalement c'est le plan inspiré de Joseph Paxton (1801–1865) qui est adopté. Celui-ci est alors superintendant des jardins de Chatsworth (Derbyshire), la résidence du Duc de Devonshire. Avec son énorme bâtisse de verre, basée sur un de ses anciens projets pour un conservatoire, Paxton respecte ingénieusement toutes les spécifications rigoureuses, du coût des matériaux aux délais de construction. Cette élégante structure connue sous le nom de Crystal Palace se compose d'une remarquable construction en éléments d'acier industriellement préfabriqués et offre un volume de 10 millions de mètres cube.

Entrée Sud du transept

The silver works of Mr. Higgins, of London, are such as come within the province rather of a spoon and fork manufacturer than of a maker of

silver plate. From his very numerous contributions we select several, chiefly commending

those designs which are taken exclusively from natural objects; and we may remark that the articles which Mr. Higgins exhibits, as specimens of his best ordinary production, are worthy of more public attention than such as have been

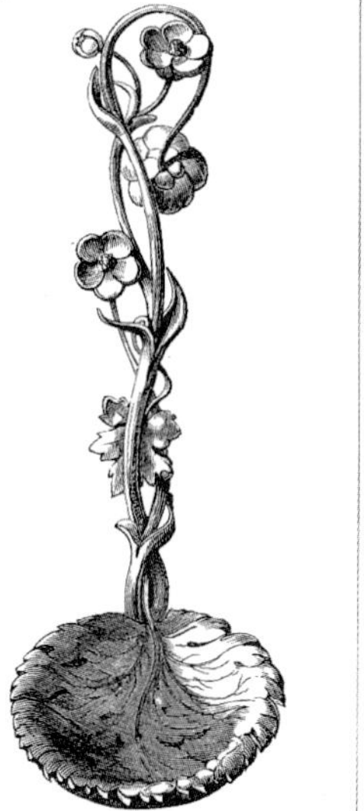

prepared expressly for the present occasion. Our illustrations commence with an Apostle Spoon, surmounted by a figure of St. Peter, being one of a series of twelve, which are elevated on a rotatory pedestal. With this is a simple but graceful Dessert Fork, of which the stem and prongs are of silver in imitation of twisted

branches, and the handle composed of agate. On the opposite side of the page are a Dessert-spoon and a Dessert-fork taken from different sets, one composed of vine branches and the other of conventional ornament. In the centre

column we engrave a light and elegant Cream-ladle, the design of which appropriately consists of stems, leaves, and flowers of the common buttercup. The plant is fashioned for its purpose

with the best possible taste, and the effect of the work is greatly enhanced by the gilding, which

Stand de machines outils Whitworth de The Great Exhibition, 1851

Construit dans Hyde Park, cet édifice couvre une surface de 19 hectares, englobant sans peine les arbres centenaires du parc. On a écrit que l'architecture exceptionnellement novatrice de Paxton était le clou de la « Grande Exposition de l'Industrie de toutes les Nations » qui a lieu en 1851. Plus de 14 000 exposants participent à l'exposition, dont près de la moitié ne sont pas anglais. Les stands les plus populaires sont ceux des machines industrielles, presses hydrauliques, moteurs à vapeur, pompes et machines à filer le coton automatisées, mais les articles ménagers, mobilier, verreries, céramiques et orfèvrerie captivent aussi les visiteurs. Pourtant, les stands consacrés aux arts ménagers offrent pour la plupart le spectacle d'une débauche décorative et d'un éclectisme stylistique outranciers (grec, égyptien, renaissance, rococo, baroque, celtique, sans oublier le monde végétal...) : tous les objets, des ciseaux aux voitures sont recouverts d'ornements et ce qui aurait dû constituer une « leçon de goût » est devenu le motif d'une pénible surenchère décorative. Malgré l'immense succès de l'exposition qui attire plus de six millions de visiteurs et représente un grand succès politique et économique, ses organisateurs y trouvent, dans une large mesure, la confirmation de leurs inquiétudes. Après coup, certaines de ces expositions sont regroupées dans une collection destinée à l'enseignement du design qui doit former le noyau de la collection du futur Victoria et Albert Museum. Entre 1852 et 1854, le Crystal Palace est transféré à Sydenham Hill dans le quartier d'Upper Norwood (Londres) où il est rebâti sous une forme assez différente. Il y est demeuré jusqu'à sa destruction par un incendie en 1936.

Gravure illustrant le côté sud du Crystal Palace de Joseph Paxton, construction préfabriquée à partir d'éléments standardisés

← Gravure sur acier de l'intérieur du Crystal Palace lors de l'Exposition universelle de 1851

WALTER GROPIUS

Né en 1883 à Berlin, Allemagne
Mort en 1969 à Boston, Massachusetts, États-Unis

Walter Gropius étudie l'architecture à la Technische Hochschule, Munich, puis à la Technische Hochschule de Berlin. De 1908 à 1910, Gropius travaille dans l'agence berlinoise de **Peter Behrens** et crée des espaces de bureaux et des meubles pour le grand magasin Lehmann à Cologne. En 1910, il ouvre une agence avec Adolf Meyer (1881–1929) à Neubabelsberg et adhère au **Deutscher Werkbund** (Union allemande pour l'œuvre). Membre actif du mouvement, Gropius s'y oppose à Hermann Muthesius (1861–1927) qui milite pour la standardisation. La célèbre usine Fagus que construit Gropius en 1911 innove avec son mur-rideau suspendu entre les éléments verticaux de l'immeuble. Il conçoit aussi une usine modèle en verre et acier pour l'exposition du Deutscher Werkbund à Cologne en 1914. Après la terrifiante dévastation de la Première Guerre mondiale et sous l'influence du succès d'Henry **Ford**, Gropius accepte la nécessité de la standardisation et d'une approche industrielle pour moderniser la société. Il devient directeur de l'École des Arts Appliqués de Weimar, qu'il fusionne avec l'Académie des Beaux-Arts pour créer le

Walter Gropius & Adolf Meyer, Garnitures de porte en laiton nickelé, 1928

Service à thé *TAC 1* pour Rosenthal, 1969

Bauhaus. Directeur de l'école de 1919 à 1928, Gropius met l'accent sur l'unité des arts et « veut fournir des conseils artistiques à l'industrie au commerce et à l'artisanat ». Il encourage un système d'ateliers dirigés par des « maîtres ». Durant cette période, il crée des meubles peints en blanc, des garnitures de portes en métal avec Adolf Meyer et conçoit un modèle de maison préfabriquée pour l'exposition « Weissenhof-Siedlung » (Stuttgart, 1927). Spécialement construits et dessinés par Gropius, les nouveaux bâtiments du Bauhaus qui s'installe à Dessau en 1925 incarnent un glissement spectaculaire vers la modernité industrielle. En 1934, Gropius émigre en Angleterre où il est associé avec l'architecte E. Maxwell Fry (1899–1987) jusqu'en 1937. À Londres, Gropius travaille aussi pour **Isokon**, l'entreprise de Jack Pritchard, où il devient responsable du design en 1936. Un an plus tard, il émigre aux États-Unis et devient professeur d'architecture à l'université Harvard. Gropius est un des plus éminents représentants du Mouvement moderne et l'un des pédagogues les plus influents du design industriel du 20e siècle.

HANS GUGELOT

Né en 1920 à Célèbes, Indonésie
Mort en 1965 à Ulm, Allemagne

Après des études d'architecture, Gugelot collabore avec Max Bill jusqu'en 1954. De 1954 à 1956, il travaille pour le département de design de **Braun** où il contribue à forger un style maison avec une forte identité visuelle, mariant fonctionnalisme et essentialisme. De 1954 à 1965, Gugelot dirige le département 2 de design de produits de la Hochschule für Gestaltung d'Ulm ; il s'y montre un partisan rigoureux de l'axiome du Mouvement moderne « la forme découle de la fonction ». Une de ses plus remarquables créations, le *Phonosuper* (1956), conçue en collaboration avec **Dieter Rams**, est surnommée « le cercueil de Blanche-Neige », à cause de son couvercle en acrylique transparent. Parmi les autres créations remarquables de Gugelot, on retiendra le rasoir électrique *Sixtant* (1962). Il signe aussi le projecteur de diapos Carousel *S-AV 1000* (1962) pour **Kodak** et une gamme de meubles encastrés pour Boffinger (1954). Malgré la brièveté de sa carrière l'influence de Gugelot fut immense, surtout dans l'évolution du design allemand de produits.

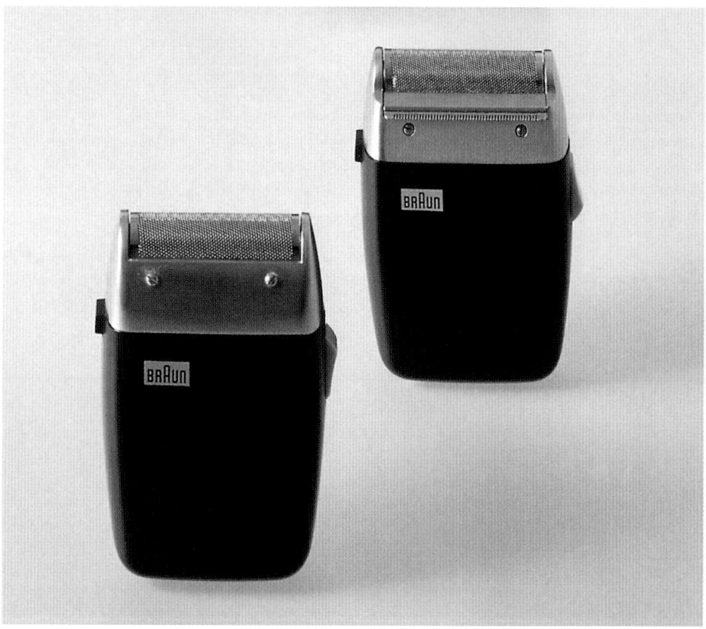

Rasoir électrique Braun *Sixtant*, 1962 (en collaboration avec Gerd Alfred Müller)

La *Spinning Jenny* de Hargreaves, 1764

JAMES HARGREAVES

Né vers 1720 près de Blackburn, Lancashire, Angleterre
Mort en 1788 à Nottinghamshire, Angleterre

Vers 1760, James Hargreaves travaille chez Robert Peel à la mise au point d'une cardeuse plus performante pour la laine. Devenu par la suite tisserand, Hargreaves invente la première machine à filer qui fonctionne. Comme c'est souvent le cas à l'époque, il tisse à domicile sur son propre métier la laine qu'il a lui même filée au rouet. On raconte qu'un jour, sa fille Jenny renversa le rouet et que le fuseau continua à tourner une fois tombé. Il en déduisit l'idée qu'une rangée entières de fuseaux pouvaient être actionnés par une seule roue. Il construit vers 1764 sa première *Spinning Jenny*, dont les huit fuseaux accroissent d'autant le rendement, et qu'un enfant peut actionner. Hargreaves se contente d'abord d'utiliser sa machine chez lui. Lorsqu'il commence à la commercialiser en 1768, les fileurs manuels du Lancashire, qui craignent de perdre leur gagne-pain, se rendent en masse chez Hargreaves et détruisent tous les équipements. Il finit par s'installer dans le Nottinghamshire où il ouvre une petite filature de coton. Le brevet n'ayant pas été déposé, d'autres copient la *Spinning Jenny* et l'améliorent jusqu'à une capacité de quatre-vingt fuseaux. Au moment de la mort de Hargreaves, la Grande-Bretagne compte 20 000 *Spinning Jenny* en activité, symboles exemplaires de la révolution industrielle.

Femme travaillant sur la *Spinning Jenny*, vers 1870

Moteur *V-Twin* à 45°, 1909

HARLEY-DAVIDSON

Fondée en 1902
À Milwaukee, Wisconsin, États-Unis

En 1901, William Harley (1880–1943) et Arthur Davidson (1881–1950) travaillent ensemble à des expériences destinées à « faire de la bicyclette sans effort ». Ils installent l'année suivante la Harley-Davidson Motor Company, dans un hangar appartenant au père de Davidson. En 1903, les deux amis sortent leur première motocyclette, équipée d'un unique moteur de 167 centimètres cubes, suivie la même année de deux autres modèles. Constituée en société en 1906, l'entreprise produit 150 motocyclettes par an dès 1907. Le célèbre moteur *V-Twin* à 45° qui monte à 100 km/h, sort en 1909. En 1913 la société, qui domine les courses moto aux États-Unis, fabrique 12 904 motocyclettes. Ayant déjà prouvé leur efficacité lors d'escarmouches frontalières contre Pancho Villa, les Harley-Davidson sont utilisées par l'armée américaine pendant la Première Guerre mondiale. La société connaît après la guerre une croissance rapide et arrive au premier rang mondial en 1920. La réputation de vitesse des Harley-Davidson s'accroît encore lorsqu'en 1921 une moto d'usine remporte,

Un de premiers modèles Harley-Davidson, vers 1913

Moto avec moteur *Panhead*, fabriquée entre 1948 et 1965

pour la première fois, une course à une vitesse moyenne de 100 km/h. Le constructeur lance le réservoir en goutte d'huile et le frein avant au cours des années vingt, puis le moteur *Knucklehead* à soupape en tête en 1936. Pendant la Seconde Guerre mondiale, les forces alliées commandent un total de 90 000 Harley-Davidson, et le fameux moteur *Panhead* voit le jour en 1948. En 1957, sort l' « ancêtre des super-motos », la *Sportster*, suivie en 1958 de la confortable *Duo Glide* à suspension hydraulique, améliorée en 1965 sous le nom d'*Electra Glide*. Le moteur *Shovelhead* succède au *V-Twin* en 1966. Avec le boom de la moto aux États-Unis dans les années soixante-dix, de nombreux fans de la Harley-Davidson se mettent à transformer leur engin, le plus souvent dans le style *Chopper* (haut guidon et fourche avant allongée). En 1975, l'entreprise fabriquait plus de 75 000 motos par an. En dépit d'une concurrence croissante de la part de constructeurs japonais, l'identité de la marque n'a cessé de s'affirmer, tout comme la demande de ses modèles en Europe, au Japon et en Australie. Aujourd'hui, Harley-Davidson est le plus important fabricant de grosses cylindrées d'Amérique, avec une part de 55 % du marché domestique. Pendant de nombreuses décennies, l'entreprise a incarné le symbole de l'individualisme américain, ce qui a sans conteste garanti son succès et sa reconnaissance au niveau mondial en tant que « King of the Road ».

Moto Harley-Davidson *Softail Slim*, 2016

JEAN HEIBERG

Né en 1884 à Oslo, Norvège
Mort en 1976 à Oslo, Norvège

Prototype en plâtre du téléphone *DBH 1001* pour Ericsson, vers 1930

Jean Heiberg étudie la peinture à Munich avant de suivre à Paris, entre 1908 et 1910, l'enseignement d'Henri Matisse (1869–1954). Il demeure à Paris jusqu'en 1929, devient adepte du Fauvisme. Ses tableaux comme ses sculptures connaissent un large succès. À son retour d'Oslo, on lui confie la conception d'un nouveau téléphone en Bakélite, destiné à remplacer les modèles métalliques existants. Le projet fait l'objet d'un partenariat entre le Norsk Elektrisk Bureau et la société suédoise **Ericsson**. La configuration interne du combiné est l'œuvre de l'ingénieur norvégien Johan Christian Bjerknes. L'habillage sculptural que dessine Heiberg pour le téléphone *DHB 1001*, moins anguleux que les modèles précédents, est réalisé à partir de prototypes de plâtre. La relation cohérente entre le combiné et le boîtier influencera profondément le design des téléphones jusqu'aux années cinquante. Produit à partir de 1932, le *DHB 1001* est distribué dans toute la Scandinavie, mais aussi en Grande-Bretagne, en Italie, en Grèce et en Turquie. Il est également fabriqué sous licence par **Siemens**, en Angleterre, en France et aux États-Unis. Le designer américain **Henry Dreyfuss** s'inspire d'ailleurs du modèle de Heiberg lorsqu'il crée son *Model 300* pour les Laboratoires **Bell** en 1937.

Téléphone *DBH 1001* pour Ericsson, produit à partir de 1932

HERMAN MILLER

Fondée en 1923
À Zeeland, Michigan, États-Unis

D. J. De Pree

À propos de Herman Miller, Robert Propst (né en 1921) écrit : Nous avons toujours recherché un design qui dépasse les modes, des produit plus discrets et durables qui en reviennent à des qualités élémentaires ». L'origine de la société Herman Miller remonte à 1923, date à laquelle D. J. De Pree et son beau-père Herman Miller acquièrent la majorité des actions de la Michigan Star Furniture Company, rebaptisée Herman Miller Furniture Company. Comme la plupart de ses concurrents, l'entreprise fabrique des copies de meubles anciens qui visent le marché des classes moyennes. Mais en 1930, De Pree rencontre le designer Gilbert Rohde (1894–1944) et l'entreprise change de cap. Rohde propose de créer une gamme complète de mobilier moderne d'une parfaite simplicité privilégiant qualité des matériaux et de la fabrication. Devant la réussite commerciale des modèles de Rohde, Herman Miller abandonne totalement la production de meubles anciens en 1936, et ouvre à New York en 1941 un magasin où il expose ses créations de style Moderne. En 1946, **George Nelson** succède à Gilbert Rohde à la direction du design. Il confie à d'autres designers de talent, comme **Charles Eames**, Isamu Noguchi (1904–1988) et Alexander Girard (1907–1993), la création de mobilier Moderne. À l'instigation de Nelson, Herman Miller produit des modèles répondant aux critères du bon design définis par De Pree : « Durabilité,

Robert Propst, Ensemble *Action Office II*, 1968

Don Chadwick & Bill Stumpf, Siège de bureau *Aeron*, 1992

↗ Bill Stumpf & Jeff Weber, Chaise de bureau *Embody*, 2009

Unité, Intégrité, Nécessité ». On y trouve les chaises en contreplaqué cintré (1945–1946) et les séries de chaises à coque plastique (1948–1950) de **Charles et Ray Eames**, ainsi que le système de rangement intégré *Comprehensive Storage Unit* (1959) et le module de bureau *Action* I (1964–1965), deux créations signées George Nelson. En 1968, le lancement de l'*Action Office II* de Robert Propst introduit une véritable révolution dans l'aménagement des espaces de bureaux. Le succès commercial de cette création fait de Herman Miller l'un des leaders mondiaux du mobilier. Le fabricant américain continue à produire des fauteuils de bureau novateurs, comme ceux de Bill Stumpf (1936–2006) et de Don Chadwick (né en 1936) : L'*Ergon* en 1976, l'*Equa* en 1984, ou le révolutionnaire *Aeron* en 1992. Après le succès mondial remporté par la chaise Aeron, Herman Miller lance en 2009 une chaise ergonomique de nouvelle génération : le modèle *Embody*, signé par Bill Stumpf et Jeff Weber et qui, comme son prédécesseur, démontre ses qualités fonctionnelles. Comme Herman Miller le souligne, « Avec *Embody*, la forme n'obéit pas simplement à la fonction. La fonction est totalement exposée. Chaque pièce de la chaise a été conçue pour répondre à un objectif de santé très spécifique. La technologie de *Embody* n'est pas dissimulée, elle prend part à l'esthétique. » En tant que l'une des entreprises les plus admirées d'Amérique, Herman Miller n'a cessé au cours de son histoire de repousser les limites technologiques et de poursuivre sa quête d'excellence en design et en production.

Garage de HP au 367-369 Addison Avenue à Palo Alto, Californie

HEWLETT-PACKARD

Fondée en 1939
À Palo Alto, Californie, États-Unis

Aucune entreprise n'a son histoire autant liée à l'expansion de la Silicon Valley que Hewlett Packard, fondée à la fin des années 30 par deux diplômés en ingénierie de Stanford, Bill Hewlett (1913–2001) et Dave Packard (1912–1996), dans un petit garage sur Addison Avenue, à Palo Alto. Ce modeste garage pour une voiture, avec son sol en béton et un banc, est désormais considéré comme le « berceau de la Silicon Valley » et en tant que tel, est officiellement un repère historique. Le premier produit du duo est l'oscillateur audio *Model 200A*, conçu pour la lecture précise de fréquences sonores. Cet appareil attire l'attention d'un ingénieur de Walt Disney Studios et après quelques modifications, il devient le deuxième produit HP, le *Model 200B* (1938). Huit de ces nouveaux moniteurs sont vendus à Disney, en quête désespérée de meilleurs moniteurs audio pour son film d'animation en préparation, *Fantasia* (sorti en 1940). Forts de l'acquisition de l'équipement par Disney, Hewlett et Packard formalisent leur partenariat en janvier 1939. Pendant les années 40 et 50, Hewlett-Packard met au point plusieurs dispositifs de mesure, dont un voltmètre, un analyseur d'ondes harmoniques et différents oscillateurs. Les années 60 sont marquées par le lancement de deux appareils photo pour oscilloscope, mais c'est avec la calculatrice de bureau *9100A* (1968) que se produit la révolution, ce produit étant plus un ordinateur qu'une machine à calculer. Comme Bill Hewlett le fait remar-

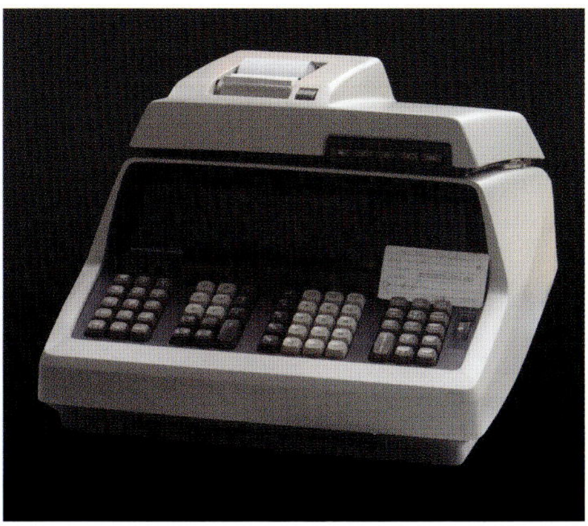

Ordinateur personnel de bureau Hewlett-Packard *9100A*, 1968

↘ Première calculatrice scientifique de poche au monde, Hewlett-Packard *HP-35*, 1972

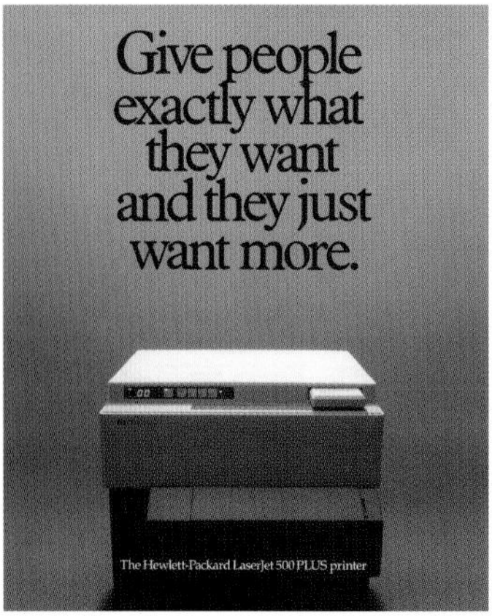

Publicité Hewlett-Packard pour l'imprimante *LaserJet 500 PLUS*, 1988

quer plus tard, « Si nous l'avions baptisé ordinateur, les gourous en informatique de nos clients l'auraient rejeté car il ne ressemblait pas une machine IBM. Nous avons donc décidé de parler de calculatrice, ce qui a coupé court à toutes ces absurdités. »
Ce design de référence, vendu à l'origine comme « un puissant génie du calcul », a depuis été reconnu comme l'un des premiers ordinateurs personnels au monde. L'année après la sortie du *9100A*, Hewlett-Packard lance son ordinateur numérique *2116B*, avec une mémoire à piste magnétique de 4 ko amplifiable à 32 ko. HP commercialise ensuite la première calculatrice scientifique portable au monde, la *HP-35*, en 1972. Malgré un coût de 395 dollars, le succès est immédiat et 300 000 unités se vendent durant les 3 années qui suivent. Grâce à ces fonctions trigonométriques, logarithmiques et exponentielles, cette puissante calculatrice portable (et les mises à jour qui ont suivi) finit par remplacer la traditionnelle règle à calculs employée par les ingénieurs et les scientifiques depuis des générations. Pendant les années 80, HP est à l'avant-garde de l'industrie informatique naissante : en 1982, sortie de son premier ordinateur portable, le *HP-75C*, auquel pouvaient être connectés un lecteur de cassettes numériques et une imprimante ; 1983, sortie du *HP-150 Touchscreen PC*, qui permettait aux utilisateurs d'activer des fonctions en touchant l'écran, ce qui est banal de nos jours mais totalement innovant à cette époque ; 1984, l'imprimante thermique à jet d'encre *HP ThinkJet* et l'imprimante *HP Laserjet* sont des révolutions, la seconde devenant l'imprimante laser domestique la plus populaire au monde ; 1988, lancement de la première imprimante à jet d'encre grande consommation de l'entreprise, le modèle *HP Deskjet*, suivie en 1991 de la *HP DeskJet 500C*, capable, grâce aux algorithmes de compression des couleurs mis au point par les brillants scientifiques des laboratoires HP, de réduire considérablement le coût de l'impression en couleurs. En 1994, avec 10 millions d'imprimantes *HP LaserJet* déjà vendues, HP ne s'en tient pas là et lance le premier tout-en-un (imprimante, télécopieur, photocopieur) grande consommation au monde. Aujourd'hui, HP est acclamé pour ses ordinateurs portables, ordinateurs de bureau et moniteurs, et reste leader dans le secteur des imprimantes. En 1957, le co-fondateur Dave Packard avait établi les objectifs de l'entreprise, en mentionnant : « Il est nécessaire que les personnes travaillent à l'unisson pour atteindre des objectifs communs et évitent de fonctionner à contre-courant à tous les niveaux si le but est d'optimiser l'efficacité et la réussite ». Un conseil que la marque a de toute évidence su respecter au cours des décennies qui ont suivi.

KNUD HOLSCHER

Né en 1930
À Rødby, Danemark

Après des études d'architecture à l'Académie Royale des Beaux-Arts de Copenhague, Knud Holscher est l'assistant d'**Arne Jacobsen** de 1960 à 1964. Il conçoit plus tard avec Alan Tye (né en 1933) la gamme d'installations sanitaires *Modric*, qui reçoit le prix du British Design et celui de la British Aluminium Industry en 1966. De retour au Danemark l'année suivante, il entre comme associé à l'agence d'architecture Krohn et Hartvig Ramussen. En 1970, il remporte à nouveau un prix du British design pour un système de signalétique de bureau. Il crée deux ans plus tard une série de garnitures de portes en inox, récompensée par de nombreux prix, qui devient par la suite la gamme d'accessoires métalliques d'intérieur et de salle de bains la plus complète au monde. Les couverts et les pinces à salade qu'il dessine en 1975 pour Georg Jensen possèdent les mêmes qualités de simplicité architecturale. Devenue l'un des premiers cabinets de design scandinaves, la société Knud Holscher Industrial Design compte parmi ses clients les entreprises **JC Decaux, Erco, Philips**, Fritz Hansen et Facit. Elle a remporté de nombreux concours pour des projets de mobilier urbain et de signalétique.

Rampe d'escalier
d-line, 1999

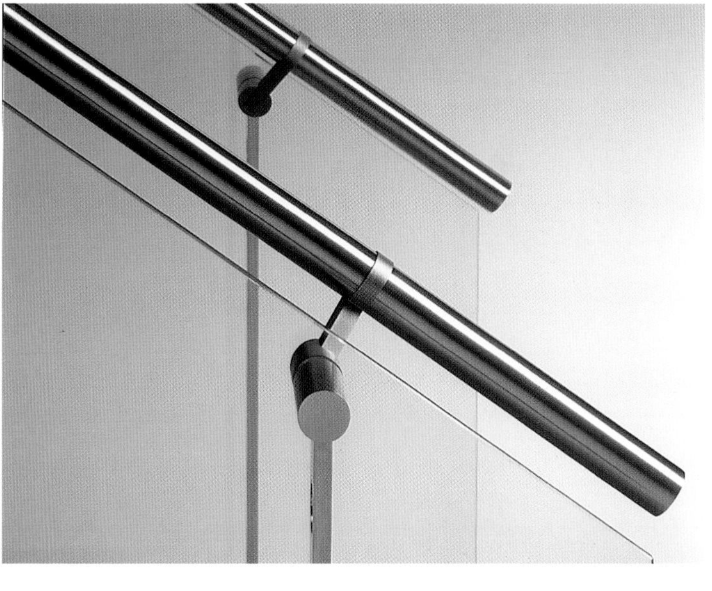

HONDA

Fondée en 1948
à Hamamatsu, Japon

Soichiro Honda, président de Honda Motors, dans le laboratoire de recherche de son usine à Hamamatsu, Japon, 1965

Dès son enfance, Soichiro Honda (1906–1991) est fasciné par la mécanique. Très jeune il commence à construire et à conduire des voitures de course. Il gagne plusieurs championnats avant d'être obligé d'abandonner après avoir été gravement blessé dans un accident. En 1937, il crée une entreprise qui fabrique des segments de pistons, laquelle sera plus tard rachetée par **Toyota**. Il fonde en 1946 l'Institut Honda de Recherche Technologique qui produit un plus tard sa première motocyclette, la *Type A*. Rebaptisée en 1948 Honda Moto (Honda Motor Company), la société sort un nouveau modèle, la *Dream Type D* en 1949. Honda lance sa première grosse cylindrée, la *Type H* en 1953, et sa première moto légère, la *Super Cub* 100 centimètres cube en 1958. La société ouvre en 1959 une succursale aux États-Unis, puis une autre en Europe en 1960. L'année 1962 voit l'achèvement du célèbre circuit Suzuka, construit près de l'usine japonaise. La même année, Honda lance une aux États-Unis une campagne publicitaire, dont le fameux slogan : « You meet the nicest people in Honda » (Les gens les plus sympas se rencontrent en Honda) contribue à détruire l'image négative du motocycliste : cinq ans plus tard, Honda a vendu 5 millions de *Super Cubs*, et la petite moto japonaise devient la plus vendue au monde (25 millions d'unités aujourd'hui). En 1963, Honda lance sa première voiture de sport, la *S500* et le petit camion *T360*. Le programme de Recherche et Développement de la société la conduit à participer aux courses de Formule 1 à partir de 1964, et Honda remporte sa première victoire au Mexique en 1966. Ce type de courses est resté un objectif important de l'entreprise. Quant à ses motos, elles ont été les premières à récolter le Championnat des Constructeurs dans toutes les catégories en 1966. Parallèlement à ces triomphes sportifs, la mini-compacte *N360*, voiture la plus vendue au Japon en 1968, est suivie en 1972 de la peu gourmande Honda *Civic* qui se vend à un million d'exemplaires en deux ans, pour atteindre un total de dix millions en 1995. Sortie en 1976, l'*Accord*, un modèle plus grand, bat lui aussi les records de vente. Honda continue à se développer à l'étranger au cours des années quatre-vingt et lance plusieurs nouvelles

« You meet the nicest people on a Honda », campagne de publicité pour *Super Cub*, 1963

Moto Honda *C100 Super Cub*, 1958

Micro pick-up Honda *T360*, 1963

HA-420 HondaJet,
vol inaugural, 2010

Coupé Honda
Civic Si 2.4, 2015

voitures, notamment la mini-compacte *Today* et la plus luxueuse *Legend* en 1985, tandis que l'*Accord* est, en 1989, la voiture la plus vendue d'Amérique. La société japonaise construit en 1992 l'immense usine high-tech de Swindon en Angleterre. Toujours concernée par les enjeux environnementaux, Honda devient en 1993 le premier fabricant de moteurs à respecter la nouvelle réglementation californienne sur les émissions. Sa quête d'innovation technologique a également motivé les ingénieurs à concevoir des robots humanoïdes bipèdes et dotés d'un certain degré d'intelligence artificielle. Le premier bipède, *Model 0* (1986), est assez primitif mais après plusieurs tentatives pour créer une version avancée, Honda dévoile en 2000 la première génération *ASIMO*, avec des fonctions et une mobilité nettement supérieures à tous les autres robots humains jamais inventés. Aujourd'hui, Honda produit toujours des designs exigeants dans le domaine des motos, des voitures et des jets d'affaires. Comme son fondateur l'a fait remarqué, « Le succès représente 1 % du travail, qui provient de 99 % d'échecs. »

3e génération du robot *ASIMO*, 2011 – présenté au Tokyo Motor Show de 2013

HOOVER

Fondée en 1908
À North Canton, Ohio, États-Unis

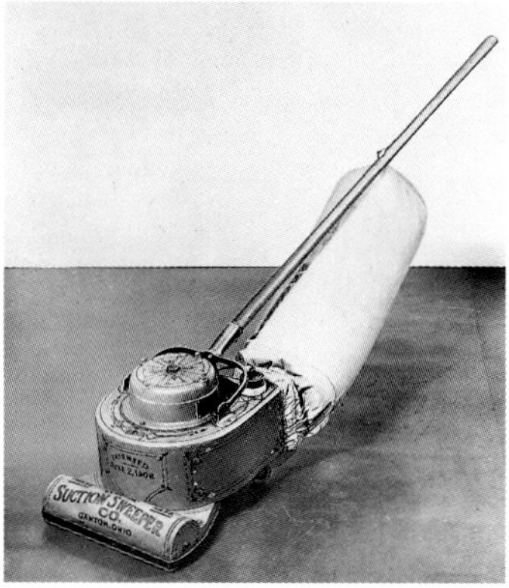

Aspirateur pour la Electric Suction Sweeper Company, 1908

Le premier aspirateur Hoover est dérivé d'une invention de James Murray Spangler (1848–1915), portier dans un grand magasin. Il imagine que le nettoyage des tapis (poussière et saletés) serait radicalement simplifié et amélioré si l'on associait au balayage la découverte récente de succion aspirante. Il met au point un premier prototype assez malcommode, en bois et fer blanc, avec une taie d'oreiller en guise de sac à poussière, mais qui fonctionne assez bien. Manquant des fonds nécessaires à la commercialisation de son dispositif, il réussit à y intéresser un de ses amis, le maroquinier W. H. Hoover (1849–1932). En 1908, Spangler dirige la production de l'Electric Suction Sweeper Company, rebaptisée Hoover Suction Sweeper Company en 1910, avant de s'appeler Hoover Company en 1922. Frank Mills Case redessine l'aspirateur et l'habille d'aluminium. La production quotidienne démarre au rythme de six à huit aspirateurs, qui pèsent une petite vingtaine de kilos. Mais dès 1909, Hoover équipe ses appareils d'un petit moteur très rapide, construit par Hamilton et Beach (Racine), ce qui ramène leur poids à moins de trois kilos. La même année, la société met en place un pro-

↘ Henry Dreyfuss, Aspirateur Hoover *Model 150*, 1946

Publicité pour l'aspirateur Hoover *Model 150*, 1936

Aspirateur Hoover
Constellation, 1955

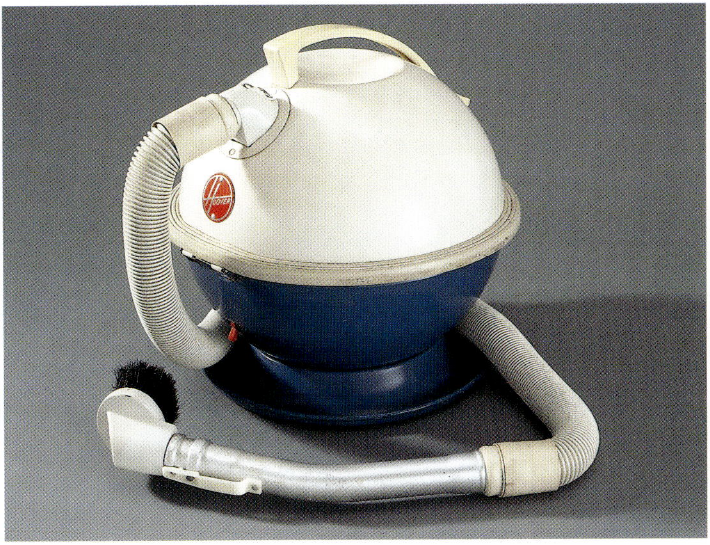

gramme de recherche et développement, qui aboutit en 1926 à l'invention d'une nouveauté, « l'Agitator ». Cet accessoire, monté sur tous les modèles d'aspirateurs balais, consiste en une brosse à poils spiralée montée sur une barre rotative qui déloge la poussière et les saletés incrustées dans la laine des tapis en les battant. Le célèbre slogan de 1919 : « L'aspirateur qui brosse et bat en nettoyant » contribue efficacement à vendre ce procédé astucieux. Une autre caractéristique voit le jour en 1926 : le *Model 700* au bouton de contact électrique placé sur le manche. Des années trente, et jusqu'au début des années cinquante, c'est **Henry Dreyfuss** qui est chargé de concevoir des aspirateurs d'inspiration streamline que fabrique la marque, dont l'un est équipé d'un bandeau lumineux. En 1955, sort le futuriste *Constellation* qui flotte sur coussin d'air comme un aéroglisseur. Ce modèle, qui fait écho à l'intérêt de l'époque pour la technologie spatiale naissante, est extrêmement populaire aux États-Unis. Preuve que l'influence de la marque est encore bien présente, le nom Hoover est toujours reconnu à travers le monde, même si la Hoover Company n'est plus une entreprise internationale. Maytag Corporation, qui a racheté Hoover en 1989, a cessé ses opérations en Europe (y compris au Royaume-Uni) au milieu des années 90, puis vendu en 2006 le reste de ses participations à l'entreprise chinoise Techtronic Industries (TTI). Aujourd'hui, la marque Hoover Europe est propriété de Candy Group et occupe une place de choix sur le marché européen des électroménagers grâce à sa gamme d'aspirateurs et à un éventail de produits blancs.

ELIAS HOWE

Né en 1819 à Spencer, Massachusetts, États-Unis
Mort en 1867 à Brooklyn, New York, États-Unis

Machine à coudre d'Elias Howe, vers 1845

Détail de la machine à coudre d'Elias Howe

Dès son enfance, Elias Howe s'intéresse à la mécanique. Il est ouvrier dans une usine qui fabrique des machines pour l'industrie du coton, lorsqu'on lui fait comprendre qu'il pourrait faire fortune avec l'invention d'une machine à coudre. Pendant les neuf années qui suivent, il teste différentes machines et parvient en 1845 à mettre au point la première machine à coudre commercialisable. L'année suivante, il dépose le brevet de sa machine à coudre au point de navette qui, actionnée avec une manivelle (à main), fait avancer le tissu sur une plaque garnie de petites pointes, sous une aiguille verticale qui perce le tissu au rythme de la manivelle. L'invention de Howe ne suscitant (au début) qu'un intérêt limité aux États-Unis, son frère Amasa emporte la machine en Grande-Bretagne, où il vend le brevet à William Thomas pour 250 livres sterling (soit 325 euros). Elias Howe s'installe en Angleterre où il travaille pour un salaire de misère, tout en continuant à perfectionner son invention qu'il souhaite adapter à la couture du cuir et des corsets. Pendant ce temps, les machines à coudre, et notamment celles d'Isaac **Singer**, sont fabriquées en grande série aux États-Unis. Après trois ans passés en Angleterre, Howe rentre pour défendre ses droits, qui lui sont finalement restitués en 1854. Il touche alors des royalties sur toutes les machines fabriquées dans le pays. L'invention de Howe est à l'origine d'une véritable révolution dans le monde de la couture domestique et industrielle.

IBM

Fondée en 1911
À New York, États-Unis

En 1911, trois entreprises fusionnent : la Tabulating Machine Company (qui produit des machines électriques de traitement de données par système de cartes perforées), la Computing Scale Company (qui détient le brevet de l'échelle graduée informatique de Julius Pitrat) et l'International Time Recording Company (un fabricant d'horloges mécaniques) pour fonder une société qui ne s'appellera IBM (International Business Machines) qu'en 1924. Avec le doublement, quatre ans plus tard, de la capacité des cartes perforées (de quarante-cinq à quatre-vingt colonnes de données) apparaît, au début des années trente, une nouvelle génération de machines à calculer. Celles-ci sont capables de traiter une comptabilité complète. Après le lancement en 1935 de ses premières machines à écrire électriques, IBM fabrique l'année suivante les machines destinées à la comptabilité du Programme de Sécurité Sociale Américain. En 1944 sort l'ASCC (Automatic Sequence Controlled Calculator), fruit d'une collaboration avec l'université de Harvard : c'est la première calculatrice qui exécute automatiquement de très complexes calculs mathématiques.

Eliot Noyes, Machine à écrire IBM *Model A*, 1948

Eliot Noyes, Machine de traitement électronique de données *705*, 1954

IBM
360

IBM
IBM

← Eliot Noyes, Ordinateur central *Système 360*, 1964

Puce électronique *CMOS SRAM* 128,00 bits, début des années 1990

Quatre ans plus tard, le fabricant américain lance le premier ordinateur qui associe la computation électronique avec des instructions stockées. Au cours des années quarante, **Norman Bel Geddes** devient le conseiller en design d'IBM. Le premier ordinateur à effectuer des calculs scientifiques, l'*IBM 701* sort en 1952. Le stockage des données y est assuré par des bandes magnétiques dont la capacité équivaut à celle de 12 500 cartes perforées. **Eliot Fette Noyes**, qui a travaillé chez Geddes, dessine l'*Electronic Data Processing Machine 705*, avant d'être nommé deux ans plus tard directeur du design de l'entreprise. Il crée plusieurs modèles révolutionnaires, notamment la machine à écrire *Selectric* (1961) avec son système de frappe « balle de golf ». C'est aussi lui qui élabore l'identité visuelle d'IBM, associant au design intégré de ses propres produits la contribution de Paul Rand pour le graphisme, et celle d'architectes réputés, comme **Marcel Breuer**, pour la conception des bâtiments de l'entreprise. Dans les années cinquante et soixante, le perfectionnement et la diversification des systèmes informatiques IBM s'accentue : comptabilité, billetterie, participation aux programmes spatiaux de la NASA... Les ordinateurs et leurs périphériques, comme le remarquable *System/360* (1964) sont encore extrêmement volumineux, mais de plus en plus puissants. En 1968, la société lance sa machine à écrire en Braille, la *3986* et le *Copier* IBM sort en 1970. Au cours de la décennie suivante, sortent l'*Automatic Banking Machine 3614* et le *Supermarket System 3660*, un lecteur de code barre. La fin des années soixante-dix voit la naissance des ordinateurs qui bénéficient de la nouvelle technologie des semi-conducteurs, ainsi que des machines à écrire électroniques équipées de microprocesseurs. La société lance son premier ordinateur personnel en 1981, mais se heurte dès le milieu des années quatre-vingt à la concurrence d'**Apple**, dont les modèles sont beaucoup plus conviviaux. Bien qu'étant l'une des plus grandes entreprises américaines, IBM tarde à réagir au changement technologique et commence à perdre de sa part de marché. Pionnière dans le traitement d'informations, la firme a toutefois réussi à être présente dans tous les aspects quotidiens (banques, magasins, génération d'énergie, prévisions météorologiques). L'approche est conditionnée par l'innovation technologique et une philosophie fortement axée sur le design. Ses valeurs sont le respect de l'individu, le service à la clientèle et l'excellence.

Ordinateur personnel IBM, vers 1984

Tracy Currer & Nick Dormon, Poste de radio numérique pour la BBC, 1997

IDEO

Fondée en 1969
À Londres, Angleterre

Le fondateur d'IDEO, Bill Moggridge (1943-2012), étudie le design industriel à la Central School of Arts and Crafts de Londres, où il obtient son diplôme en 1965. Il enseigne ensuite la typographie et la communication électronique à la Hornsey School of Arts. En 1969, il ouvre une agence de design, Moggridge Associates, et dix ans plus tard, installe à San Francisco le studio I.D.Two, qui s'adresse à la nouvelle et florissante industrie informatique de la Silicon Valley. Parmi ses premières créations, on retiendra l'ordinateur portable GRiD *Compass* (1980). Persuadé qu'il est nécessaire d'introduire un mécanisme d'interface dans le développement de produits, Moggridge invente le « design interactif » au cours des années 1980. En 1991, son agence fusionne avec celle de David Kelley, pour être rebaptisée IDEO. Des équipes interdisciplinaires de consultants y proposent à leurs clients un service global de développement qui cherche à traduire des idées en produits prêts à fabriquer. La méthode de travail anticonformiste d'IDEO, qui inclut par exemple des séances de brainstorming dans le processus de création, paraît quelquefois désordonnée, comme le montre cette remarque du gourou du management Tom Peters : « IDEO est un zoo... où l'on rencontre des experts de tous poils, travaillant pêle-mêle dans des ‹ bureaux › qui ressemblent plus à des classes d'école maternelle qu'au siège de l'une des entreprises de design les plus prospères au monde ». Mais il s'y développe une puissante synergie qui associe créativité et technologie de pointe pour créer des modèles de design à la fois innovants et pleins d'imagination. Très soucieux d'innovation technique, le cabinet de design attache aussi une grande importance aux besoins du consommateur, et ses créations visent délibérément commodité et

Rick Lewis, Communicateur *Visor* pour Handsprung Inc., 1999

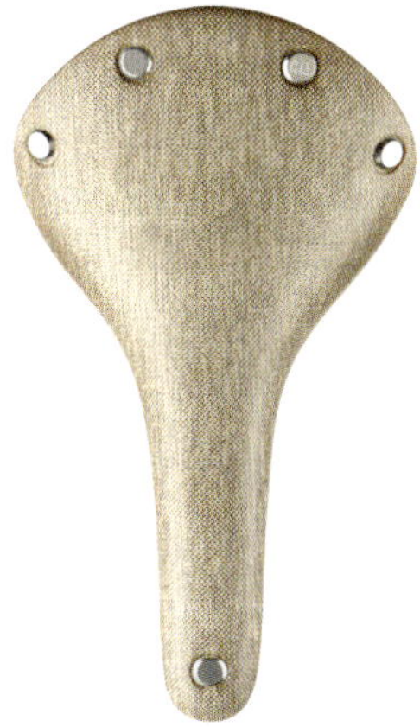

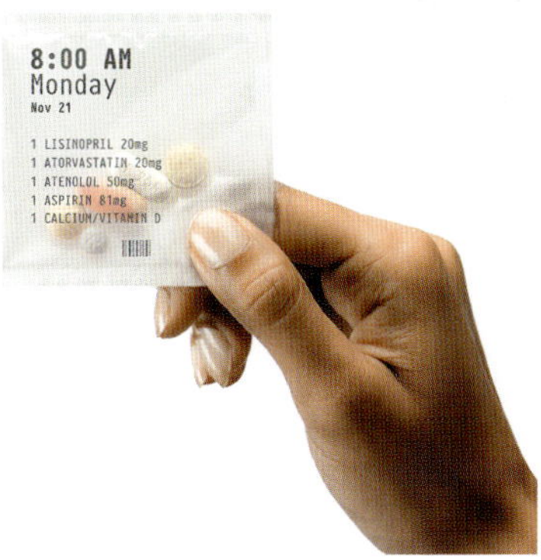

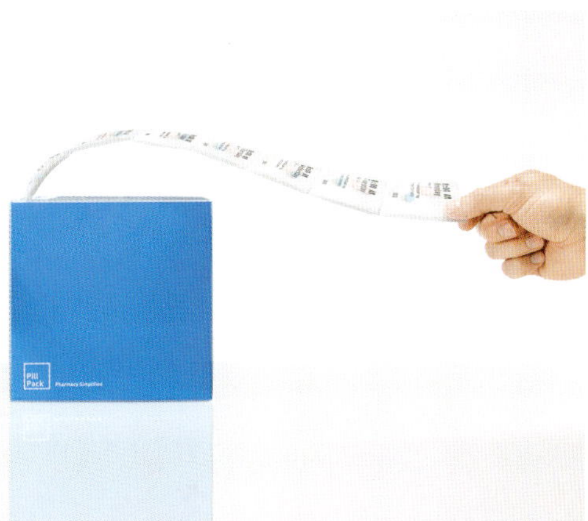

↑ Selle de vélo *Cambium* pour Brooks, 2013

Distributeur personnalisé de médicaments pour PillPack, 2014

convivialité. Auteur de tout un éventail de produits dans les domaines de la médecine, de l'informatique, des télécommunications, de l'industrie, du mobilier et des biens de consommation, IDEO compte parmi ses clients **Apple, Black & Decker, Nike**, British Airways, Baxter Healthcare, Amtrak, Deutsche Telekom, Microsoft, NEC, Nokia, **Samsung**, **Siemens** et **Steelcase**. Aujourd'hui, IDEO continue à réinventer des typologies de design existantes et créer des produits plus performants et plus simples d'emploi : tel est par exemple le cas de son distributeur personnalisé de médicaments pour PillPack, qui simplifie la vie des personnes devant prendre des doses quotidiennes, ou encore de la réinterprétation de la selle de vélo en un support en caoutchouc et coton, confortable et réduisant les pressions, pour Brooks.

IITTALA

Fondée en 1881
À Iittala, Finlande

Göran Hongell,
Verres *Aarne*, 1954

Le souffleur de verre suédois Per Magnus Abrahamsson fonde la verrerie Iittala en 1881. Sa société produit d'abord des objets en verre pour la maison, simples et sans décor, fortement influencés par les européens de l'époque. En 1917, l'entreprise est rachetée par le fabricant de verre Karhula, filiale du groupe Ahlström, qui introduit de nombreuses améliorations dans la production. Au cours des années 1950, l'usine s'oriente principalement vers la fabrication de verre soufflé plutôt que pressé. Le service de verres fonctionnel d'Aino Aalto (1932) et le célèbre vase *Savoy* d'Alvar Aalto (1936) sont d'abord produits par Karhula. Cherchant à développer une gamme de verrerie artistique, Iittala organise en 1946 un concours que remportent Tapio Wirkkala (1915–1985) et Kaj Franck (1911–1989). Les œuvres originales de ces deux designers, comme la série de vases *Kantarelli* de Wirkkala (1946) ouvrent de nouvelles perspectives au fabricant, tout en annonçant une ère nouvelle pour le design du verre finlandais. Entré plus tard dans la société, Timo Sarpaneva (1926–2006) crée des sculptures en verre et dessine au milieu des années 1950 la première série de verres fonctionnels du fabricant, la *i-Collection*, qui se prête à la production en grande série. Par la suite, les modèles en verre dépoli de Wirkkalma et de Sarpaneva influencent fortement la production mondiale des années 1960 et 1970. Racheté en 1990 par le groupe Hackman, Iittala s'est assuré depuis la collaboration de designers comme **Konstantin Grcic**, **Marc Newson** et Harri Koskinen (vers 1970). De façon un peu confuse, le groupe Hackman est ensuite renommé Iittala Oy Ab en 2003, puis racheté quatre ans plus tard par **Fiskars**. Aujourd'hui, au sein du groupe Fiskars, Iittala reste l'une des sociétés de design scandinaves les plus en vue et est l'auteur d'articles ménagers aussi beaux que fonctionnels et utiles.

Kaj Franck,
Verres *Kartio*, 1958

IKEA

Fondée en 1943
À Älmhult, Suède

Magasin IKEA à Belfast, 2008

Le jeune Ingvar Kamprad (né en 1926) a 17 ans lorsqu'il fonde en 1943, à l'aide d'un modeste prêt de son père, la société IKEA à Älmhult, près de son village du Småland, l'une des régions les plus pauvres de la Suède. Il vend tout d'abord par correspondance toutes sortes de petits produits domestiques, allant du savon à la graisse de bœuf jusqu'aux bas et chaussettes. Au début des années cinquante, il passe à la vente par catalogue de mobilier à prix d'usine. Cette initiative est très mal reçue par les marchands de meubles traditionnels, qui l'empêchent d'exposer à la foire commerciale de Stockholm, et par les fournisseurs qui menacent de boycotter la société. Kamprad estime que « les meubles les mieux conçus sont très très onéreux » et il souhaite en fabriquer qui soient pratiques et bien dessinés, tout en étant abordables pour la majorité des gens. Pour accomplir sa « mission sociale » de démocratisation du design, il prend conscience des trois priorités essentielles : l'esthétique, la fonctionnalité et la conformité à la production de masse. Il forme à la fin des années 1950 sa première équipe de designers, composée de Gillis Lundgren, Bengt Ruda et Erik Wørts. Les trois créateurs conçoivent, dans l'optique du Mouvement moderne, des meubles à monter soi-même, un progrès révolutionnaire dans cette industrie traditionnelle. L'étagère *Regal* de Lundgren (1959) est l'un des premiers produits IKEA vendus dans un carton plat. Autre concept novateur, la fabrication de composants modulaires avec systèmes d'attaches interchangeables. Ce projet, qui oblige le fabricant suédois à coordonner sa gamme de produits et à promouvoir un « look » intégré, constitue l'un des premiers exemples de commercialisation d'un style de vie. La découverte des planches de bois aggloméré pendant les années 1960 ouvre la voie à la fabrication de meubles réellement bon marché. Matériau peu coûteux et relativement solide, l'aggloméré entre encore actuellement dans la composition de nombreux meubles en kit de la marque.

Noburo Nakamura, Fauteuil *Poem*, 1977

IKEA of Sweden/Gillis Lundgren, Étagère *Billy*, 1979

IKEA continue à prospérer et à s'agrandir pendant la période difficile des années soixante-dix. La société commercialise alors de nouveaux produits en plastique, dont la lampe *Telegono*, créée en 1970 par le designer avant-gardiste italien Vico Magistretti (1920–2006), est un exemple marquant. Outre ce type de création, IKEA a le plus souvent commercialisé des interprétations de modèles classiques très connus, comme l'incontournable chaise de café **Thonet** ou la chaise *Polyprop* de **Robin Day**. Les années soixante-dix sont aussi celles des meubles en pin naturel et des textiles de couleurs vives, deux tendances décontractées. Dans la décennie suivante, IKEA lance les meubles à la fois élégants et pratiques de Niels Gamelgaard (né en 1944), dont la table *Moment* (1987) remporte le prix de l'Excellent Design Suédois. Parmi les autres créations marquantes d'IKEA, on peut citer la série de meubles pour enfants *Puzzle*, créée en 1987 par Knut et Maria Hagberg, dont les formes simples habillées de couleurs primaires remportent un grand succès commercial. Dans les années 90 et au début des années 2000, IKEA poursuit la croissance de ses opérations internationales et popularise sa version du modernisme scandinave. Aujourd'hui, l'entreprise possède 373 magasins répartis dans 47 pays, son chiffre d'affaires ayant atteint en 2014 le total vertigineux de 29 milliards d'euros. Comme le théoricien du design Victor Papanek l'a écrit de façon prémonitoire : « Une chose est sûre : IKEA restera à l'avant-garde (sur le plan écologique, social et culturel) de la fabrication d'objets fonctionnels, esthétiques et abordables. »

Thomas Sandell, fauteuil *PS Vågo*, vers 2013

INDUSTRIAL FACILITY

Fondée en 2002
À Londres, Angleterre

Kim Colin & Sam Hecht

L'agence de design londonienne Industrial Facility est généralement considérée comme l'un des studios les plus innovants et progressistes du secteur du design industriel. Elle touche à toute une gamme de disciplines, d'appareils et dispositifs électroniques aux meubles et éclairages ; au fil des années, de nombreux prix ont récompensé ses solutions élégantes et très soignées, surtout pensées pour une production en série. Fondé par Sam Hecht et Kim Colin en 2002, le bureau de design se trouve à Clerkenwell, dans l'est de Londres. Originaire de cette ville, Hecht a étudié le design industriel au Central Saint Martins College of Art and Design, avant de travailler pour la célèbre agence **IDEO** en Californie et au Japon. Pour sa part, Colin est né à Los Angeles et a suivi une formation d'architecte. L'année après la création d'Industrial Facility, le couple publie son premier ouvrage intitulé « Things That Go Unseen » (2003), expliquant leur philosophie du design et montrant à quel point le vocabulaire d'un designer peut être influencé par des choses que d'autres tiennent pour acquises. À cette époque, le duo est sollicité par la célèbre marque japonaise d'articles ménagers MUJI, ce qui leur confère un statut d'agence de design dont ils jouissent encore mainte-

Stylo *Pentagon* pour Elephant & Coral, 2011

→ Horloge *Two Timer* pour Established & Sons, 2008

Fauteuil *Alumi* pour Tectona, 2013

↗ Lampe *USB* pour Wästberg, 2015

nant. Industrial Facility est l'auteur d'une incroyable gamme de produits simples, fonctionnels et abordables pour MUJI, dont une radio de salle de bains, un ventilateur électrique, un téléphone et un canapé, sans compter tout un éventail de produits acclamés pour une série de clients internationaux de renom. Ils ont par exemple créé des produits électroniques pour Hitachi, Epson et LaCie, des meubles pour **Herman Miller**, Droog et Established & Son, un stylo pour Elephant & Coral, des horloges et des montres pour IDEA Japan, une bouteille de parfum et un présentoir pour Issey Miyake, une montre pour Nava Milan, pour ne citer que quelques-uns de leurs designs à l'élégance minimale mais fonctionnels. Outre leur propre travail, le couple a accumulé une foule d'objets bon marché dénichés dans les quincailleries, les supermarchés et les pharmacies près de chez eux. Cette collection imposante de designs anonymes a été présentée en 2008 à leur exposition « Under a Fiver » au Design Museum de Londres ; elle a ensuite servi de base à un ouvrage intitulé « Usefulness in Small Things » (2011). Comme Colin le souligne, « Je suis fasciné de voir que les produits souffrent souvent d'un excès de spécifications par rapport à nos besoins réels. Et ce sans souvent réaliser que d'autres produits nous apportent d'autres fonctions ». C'est pourquoi la spécialité d'Industrial Facility est d'élaborer des solutions simples pour un monde chaque fois plus complexe.

Second Phone pour MUJI, 2002

1 2 3
4 5 6
7 8 9
* 0 #

Esquisse de la Morris *Mini Minor*, vers 1959

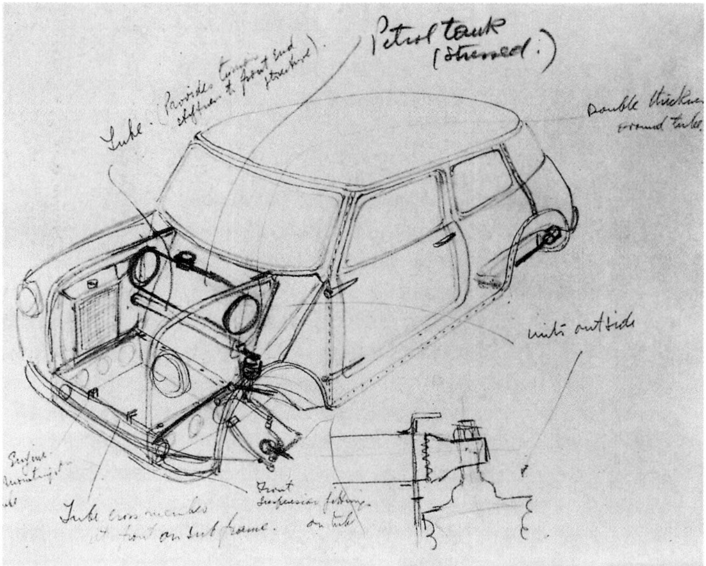

peu onéreuse et sobre. Lancée en 1959, cette traction avant en forme de boîte n'excède pas trois mètres de longueur. Grâce à sa configuration révolutionnaire et notamment au gain d'espace que permet son moteur transversal, elle peut embarquer quatre passagers avec un confort correct. L'influence de la *Mini* ne tient pas seulement à son design mais aussi à son aura culturelle : c'est la première voiture « tous publics » qu'achètent aussi bien des célébrités que des citoyens ordinaires. Peu de voitures auront autant incarné la vitalité des années soixante que la *Mini* – dont la sécurité a pourtant été sérieusement remise en question vers la fin de sa carrière. Elle a été commercialisée sous plusieurs versions, dont la *Traveller*, une fourgonnette à châssis en bois. En 1962, Issigonis dessine la *1100*, un peu plus grande, également fabriquée par Austin Morris. Comme ses versions précédentes, ce modèle a influencé les compactes ultérieures, comme la **Renault** *5* et la *Golf* de Volkswagen. En 1967, Issigonis devient membre de la Royal Society et deux ans plus tard il est fait chevalier pour son immense contribution à l'industrie automobile anglaise. Il prend sa retraite en 1971. En 1988, l'année de sa mort, le chiffre des ventes de la *Mini* dépassait les cinq millions.

→ Austin *Mini Seven*, 1959

XAA 274

JONATHAN IVE

Né en 1967
À Londres, Angleterre

Jonathan Ive étudie le design à l'École Polytechnique de Newcastle avant de collaborer avec l'agence de design londonienne Tangerine, pour laquelle il crée un large éventail de produits : téléviseurs, magnétoscopes, articles de toilette et peignes, notamment. Chez Tangerine, il contribue aussi au développement du *PowerBook* pour **Apple**, en 1991. En travaillant sur ce projet, Ive constate que l'aspect morose des ordinateurs résulte de leur configuration arbitraire et en conclut qu'il existe une énorme opportunité de créer de nouveaux produits excitants qui se démarquent des boîtiers blancs, beiges ou noirs. À cette époque, l'industrie informatique se préoccupe surtout du contenu de ses machines – vitesse des processeurs et puissance de la mémoire – et néglige leur apparence extérieure. L'industrie tout entière souffre de ce qu'Ive appelle une « faillite créative ». Frustré de n'avoir, en tant que consultant extérieur, qu'une influence réduite sur le développement futur des ordinateurs, Ive rejoint en 1992 Apple, dont il devient directeur du design. Ce n'est pourtant qu'avec le retour de Steve Jobs chez Apple qu'Ive et ses collègues pourront se concentrer entièrement sur « la poursuite de rien d'autre que du bon design ». Jobs réalise alors qu'Apple doit retrouver une forte identité, celle qui s'est diluée dans une mentalité du « design par groupe cible ». Son retour chez Apple marque, de manière significative, le démarrage du projet *iMac*. L'*iMac* (1998) turquoise translucide avec ses élégantes lignes organiques se veut en rupture avec les conventions existantes. Enfin un ordinateur sympa qui arbore une forte personnalité ! Dès son lancement, il s'avère évident que la marque dont les parts de marché se sont étiolées (3 % en 1997) a rappelé un gagnant qui va retrouver la voie du succès : pas moins de 150 000 *iMac* sont vendus dans le week-end qui suit sa sortie. Grâce à l'intense campagne

Publicité pour *l'iMac*, 1999

iMac, 1998

publicitaire et au slogan « Chic, not Geek », l'*iMac* devient l'ordinateur le plus vendu aux États-Unis – l'étonnant étant qu'il le doit plus à son design qu'à ses performances techniques. Ive a réussi à démarquer spectaculairement les Mac des PC, et de nombreux acheteurs d'*iMac* sont conquis par l'élégance de son look. Mais quand ils commencent à utiliser leur machine en forme de Gumdrop, ils deviennent rapidement accros au système d'exploitation très convivial d'Apple et sont motivés à acheter d'autres produits conçus par Ive les années suivantes. En 2001 est lancé le premier *iPod*, autre démonstration du talent d'Ive pour créer un produit simple en apparence, mais doté de fonctionnalités technologiques sophistiquées. La première génération d'*iPod* blancs est un tour de force de design « Nouvelle Simplicité » qui naît au début des années 2000. En 2004, Ive et l'équipe de design d'Apple lancent une version allégée, l'*iPod Mini*, un gadget électronique élégant et tout une leçon de miniaturisation pour l'époque. Ultra portable, son enveloppe

ARNE JACOBSEN

Né en 1902 à Copenhague, Danemark
Mort en 1971 à Copenhague, Danemark

← Chaises *Serie 7* pour Fritz Hansen, 1955

Arne Jacobsen reçoit une formation de maçon avant d'étudier l'architecture à la Kongelige Danske Kunstakademi (Copenhague) dont il est diplômé en 1927. Il travaille ensuite dans l'agence architecturale de Paul Holsøe de 1927 à 1929. Vers 1930, il fonde sa propre agence à Hellerup et commence à travailler comme architecte et designer indépendant. Ses premiers travaux montrent l'influence de Modernistes comme Le Corbusier (1887–1965), Gunnar Asplund (1885–1940) et Ludwig Mies van der Rohe (1886–1969). Jacobsen fait figure de pionnier du modernisme dans le design danois, témoin son projet de « Maison du Futur » conçu en collaboration avec Flemming Lassen en 1929. Ses premières commandes architecturales importantes sont le projet de logements sociaux Bellavista (1930–1934) à Copenhague, et la fonctionnaliste Rothenborg House (1930) à Ordrup, une *Gesamtkunstwerk* (œuvre d'art totale). L'aérogare de la compagnie aérienne SAS et l'hôtel Royal de Copenhague (1956–1960) sont ses réalisations les plus célèbres et les plus intégrées. Pour ces deux projets, Jacobsen a conçu chaque détail, des textiles jusqu'aux appliques. Une décennie plus tôt, Jacobsen avait remporté un succès considérable avec ses célèbres projets de chaises *Ant* (1951–1952) et *Serie 7* (1955) pour Fritz Hansen qui figurent parmi les plus grands succès commerciaux de l'histoire du design. Jacobsen a aussi dessiné des luminaires (gamme *AJ*) pour **Louis Poulsen**, la ligne d'orfèvrerie *Cylinda* (1967) pour **Stelton**, des couverts pour Georg Jensen, des accessoires de salle de bain pour I.P. Lunds et des textiles pour August Millech, Graucob Textilien et C. Olesen. De 1956 à 1965 il est professeur à la Skolen for Brugskunst à Copenhague. Durant les années 1960, le projet architectural le plus important de Jacobsen est le St. Catherine College d'Oxford qui, comme ses réalisations antérieures, est un projet complètement intégré pour lequel il réalise des meubles sur mesure. Les créations élégantes et dépouillées de Jacobsen exercent une séduction remarquable et intemporelle qui explique leur formidable succès.

Théière *Cylinda-Line* pour Stelton, 1967

JAGUAR

Fondée en 1922
À Blackpool, Angleterre

Jaguar *SS100* roadster, 1936

Alors jeune motocycliste passionné, William Lyons (1901–1981) rencontre William Walmsley, l'inventeur d'un élégant side-car. Devinant le potentiel commercial de cet engin, Lyons fonde la Swallow Sidecar Company à Blackpool en 1922. Ses side-cars en aluminium de style « torpédo » connaissent un succès immédiat. Lyons détecte une autre opportunité commerciale en 1927 quand Herbert Austin lance sa révolutionnaire Austin Seven, la première petite voiture britannique peu onéreuse destinée au grand public. Lyons construit alors une élégante caisse à deux places qu'il monte sur un châssis de *Seven*. L'Austin *Seven Swallow*, luxueuse mais abordable est plébiscitée par le public, au point qu'une version berline est lancée en 1928. Après le déménagement de leur usine à Coventry vers 1929, Lyons et Walmsley décident de dessiner leur propre châssis qui est fabriqué par la Standard Motor Company : à leur sortie, en 1931, les coupés S1 et SS2 font sensation. Avec leur long capot et leur châssis surbaissé, ils ont l'air de modèles luxueux et élégants alors que leur prix reste abordable. Après le départ de Walmsley en 1934, Lyons recrute un ingénieur-designer, Harry Weslake, et crée un service d'ingénierie dont il confie la direction au jeune William Heynes. Ensemble, Weslake et Heynes développent une gamme complètement nouvelle de berlines et de sportives qui est lancée au London Motor Show de 1935. En hommage à leur grâce féline, à leur agilité et à leur puissance, ces voitures sont baptisées « SS Jaguar ». La production est interrompue par le déclen-

Jaguar *Type C*, 1951

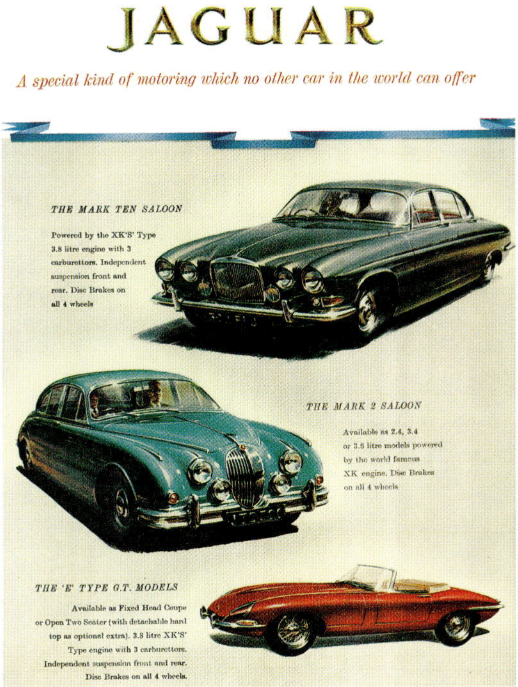

Publicité Jaguar extraite de *The Motor*, 1963, montrant les berlines *Mark-Ten* et *Mark 2* et le roadster *Type E*

chement de la Seconde Guerre mondiale et la société se rabat sur la fabrication de side-cars et d'avions militaires. Après la guerre la construction automobile reprend, l'abréviation SS est abandonnée et la société adopte l'appellation Jaguar Cars. En 1948, le premier modèle d'après-guerre est lancé, c'est la *Mark V*, assez conservatrice. Mais dans le même temps, Jaguar met au point un nouveau moteur XK, un monstre qui développe 160 chevaux. Pour le Motor Show de 1948, Lyons dessine une caisse adaptée à ce puissant moteur et le résultat est l'un des plus extraordinaires bolides de tous les temps, la classique *XK-120*. Avec une vitesse de pointe de 190 km/h, la *XK-120* est à l'époque la voiture la plus rapide du monde. Pour prouver à la presse les performances de la *XK-120*, Jaguar organise un test de vitesse en Belgique où son modèle atteint 202 km/h (213 km/h, sans le pare-brise). Les commandes affluent rapidement et, peu après, une nouvelle berline de cinq places dotée d'un moteur XK, la *Mark VII* est lancée au Salon de l'Auto de Londres. Encouragée par les victoires en compétition de la *XK-120*, Jaguar décide de produire une vraie voiture de course, la *XK-120 C*, qui devient rapidement célèbre sous l'appellation *Type C*. Pour réduire son poids, la firme adopte un châssis triangulé et Malcolm Sayer dessine une carrosserie aérodynamique. Seuls 53 *Type C* sont construits, mais ce modèle marque son époque et emporte les première, deuxième et quatrième places aux Vingt-Quatre heures du Mans, en 1953. Après le lancement de la *Type D*, dérivée de la précédente, Sayer se consacre dès 1955 à l'élaboration d'un nouveau modèle qui va devenir une routière et une sportive hors pair. La légendaire *Type E* est dévoilée au Salon de l'Auto de Milan en 1961. Cette voiture, l'une des plus belles de l'histoire de l'automobile avec un stylisme superbe et une vitesse de pointe de 240 km/h, révolutionne l'univers des voitures de luxe. La *Type E* qui coûte à l'époque 1 830 Livres, soit la moitié d'une Aston Martin et le tiers d'une **Ferrari**, incarne résolument l'éthique du rapport qualité-prix optimal qu'avait toujours cherché à imposer

Décapotable Jaguar *Type E*, 1968

Coupé Jaguar *Type F*, 2013

Lyons. En 1963, Jaguar lance la berline *Type S*, suivie cinq ans plus tard de la *XJ-6*, reconnaissable entre toutes. À la même époque, la firme développe un nouveau moteur, le célèbre V12, qui allie surpuissance et souplesse féline et équipe la *Type E* et la *XJ-12* lancée en 1972 – la voiture de série à quatre places la plus rapide de son temps. Le marché des voitures de luxe devient, dans les années 1980, de plus en plus compétitif et Jaguar comprend la nécessité absolue de s'allier avec un géant de l'automobile. La firme est acquise en 1990 par la **Ford** Motor Company et connaît alors un renouveau créatif. En 1991, la superbe supercar *XJ220* est produite en nombre limité et en 1996, la non moins élégante *XK8* est dévoilée au Salon de l'Auto de Genève. Sévèrement touchée par la récession de 2008, Ford revend cette année-là Jaguar (ainsi que Land Rover) au constructeur indien Tata Motors. Depuis, Jaguar a sorti le *Type F* comme « héritier spirituel » du légendaire *Type E*. L'engagement historique de la marque pour un design innovant l'a dotée d'une forte identité visuelle et lui a permis de tirer parti de son prestigieux héritage au lieu de rester sur les succès passés.

PAUL JARAY

Né en 1889 à Vienne, Autriche
Mort en 1974 à Saint-Gall, Suisse

Prototype d'Audi aérodynamique, carrosserie de Paul Jaray, années 1930

L'ingénieur Paul Jaray étudie à Vienne et Prague avant de s'installer en Allemagne où il travaille comme ingénieur en chef pour Flugzeugbau Friedrichshafen en 1913 et 1914. De 1914 à 1923 il conçoit des dirigeables pour Luftschiffbau **Zeppelin**. Son dirigeable à hydrogène *LZ38* mesure 63 mètres de long et renferme 33 780 m^3 de gaz. Son dirigeable ultérieur à l'hélium, le *LZ126* est encore plus grand puisqu'il mesure 200 mètres de long. Baptisé le *Los Angeles*, il sera le premier ballon dirigeable à traverser l'Atlantique durant les mois d'hiver. Jaray conçoit un tunnel aérodynamique pour Zeppelin en 1919. Il est aussi responsable de l'adoption de la forme en goutte d'eau dans le design aéronautique. Jaray établit les principes scientifiques et les modèles mathématiques de la méthode streamline et, en 1922, il dépose le brevet d'une carrosserie entièrement aérodynamique. Son projet de voiture enveloppante, avec pare-brise incurvé, phares intégrés et poignées de porte encastrées est en avance d'au moins dix ans sur son temps. Et il exercera une grande influence sur des modèles ultérieurs comme la *Coccinelle* de 1936 et la *Tatra V-8* de 1938, deux modèles **Volkswagen**. **Audi** a aussi produit plusieurs véhicules expérimentaux d'après les brevets de Jaray. En 1921, ce dernier dépose le brevet d'une bicyclette aérodynamique, la *J-Rad*. Le cycliste est assis dans une position semi-inclinée et la transmission se fait par cordes. La *J-Rad* est un lointain précurseur des véhicules à traction humaine entièrement couchés produits notamment par Mike Burrows (né en 1943).

Esquisse d'une voiture aérodynamique (brevet), 1922

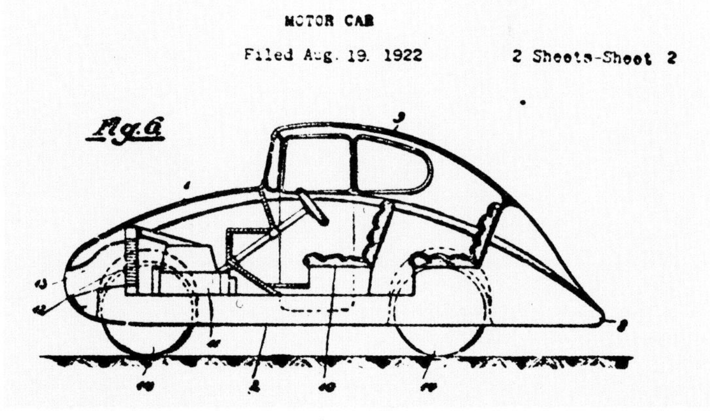

JCB

Fondée en 1945
À Uttoxeter, Staffordshire, Angleterre

Joseph Cyril Bamford

JCB est fondé en 1945 par Joseph Cyril Bamford. Son premier projet, une remorque, est construit dans un box de garage à partir de pièces détachées de l'armée et vendu 90 livres. Trois ans plus tard, ayant compris le potentiel de l'hydraulique, Bamford lance ce qui est sans doute la première remorque à benne basculante hydraulique à deux roues.
En 1951, JCB lance le *Master-Loader*, un chargeur agricole et deux ans plus tard, il met au point le *Mark 1*, la première tractopelle. 1954 voit le lancement du puissant *Hydra-Digger* qui annonce les véritables débuts commerciaux de JCB. Mais c'est la sortie de la tractopelle 3C, en 1963 qui renforce la position de la société désormais n° 1 du secteur. Deux ans plus tard, JCB pénètre un nouveau marché avec le développement de sa première excavatrice à chenilles opérant à 360°. En 1969, 50 % de sa production est exportée et JCB poursuit son expansion grâce à l'excellence de son design et de son ingénierie. En 1976, après le départ de son père, Anthony Bamford reprend la présidence de la société et, en 1980,

Tractopelle et chargeur JCB *Mark I*, 1953

Pelleteuse sur chenilles de 22 tonnes JCB *JS220*, 2012

il lance avec succès le *JCB 3X* une nouvelle tractopelle qui remplace l'ancien modèle vieux de 19 ans dont la société avait vendu 17 000 unités. Le *3 CX* dont le développement a demandé 10 ans remporte un succès commercial immédiat. En 1984, JCB annonçait un CA de 150 millions de livres et détenait 17 % du marché mondial des chargeuses pelleteuses, dont 65 % à l'export. Dans les années 1990, JCB continue d'innover avec notamment la première tractopelle 4x4x4. En 1996, la société remporte un prix du **Design Council** pour l'Innovation pour le JCB *Landpower*, et son *Teletruk* (chariot élévateur à bras téléscopique) est nommé « Innovation de l'année » 1997 par l'Institute of Transport Management. Au total, JCB a remporté un nombre incalculable de récompenses pour son excellence en ingénierie, son design, ses exportations, son marketing, son management et ses pratiques environnementales, y compris 27 Queen's Awards, tout un record, pour ses résultats en matière de technologie et d'exportations. Fruits d'une approche innovante en R&D, de tests poussés et d'un contrôle qualité rigoureux, les machines JCB, comme la *JS220*, imposante pelleteuse sur chenilles de 22 tonnes, ont acquis une renommée mondiale pour leurs prestations exceptionnelles, leurs qualités techniques et leur extrême fiabilité.

Willys-Overland, Jeep de 1940 en action

JEEP (WILLYS-OVERLAND)

Fondée en 1909
À Toledo, Ohio, États-Unis

Décrite par le général George C. Marshall comme « la plus importante contribution de l'Amérique à la guerre moderne », la Jeep est un objet emblématique dont le nom est devenu un terme générique désignant les petits 4x4 tout terrain. Après la Première Guerre mondiale, l'armée américaine comprend la nécessité d'un véhicule de reconnaissance à la fois léger et rapide pour remplacer les motos. Mais c'est seulement en 1940 que les responsables militaires lancent le projet et édictent un cahier des charges, invitant 130 fabricants automobiles à présenter des prototypes en état de marche sous 49 jours. Seuls trois fabricants parviendront à répondre dans les délais et c'est Willys Overland qui décroche le contrat de l'armée avec la Jeep MB, équipée du puissant moteur « Go Devil ». La société, fondée en 1909 par John North Willys (1873–1935), fabrique elle-même 368 000 véhicules et en sous-traite la fabrication de plus de 700 000 sous licence à **Ford**. La Jeep, avec sa charge utile de 300 kilos, est utilisée pour transborder les troupes, convoyer les blessés et sert également de « limousine » pour les officiels et les hauts gradés. Sa conception robuste est incontestablement un de ses meilleurs atouts : on peut la démonter pour la transporter et la remonter rapidement afin de la déployer dans des conditions optimales. La genèse du nom « Jeep » reste controversée, mais quelles que soient ses origines, Willys-Overland parvient à déposer le nom Jeep en 1950. Les Jeeps civiles (CJ) sont fabriquées depuis 1945 sous diverses variantes dont la célèbre *CJ-5*, lancée en 1955 et qui est restée populaire jusque dans les années 1980. Parmi les utilitaires Jeep de sport remarquables, on retiendra la *Wagoneer* de 1962, la *Cherokee* de 1974 et plus récemment la *Grand Cherokee* (1993). Willys-Overland, rachetée par Kaiser Manufacturing en 1953, devient la Willys Motors et plus tard la Kaiser Jeep Corporation. L'American Motors Company (AMC) se porte acquéreur de la Kaiser Jeep Corporation en 1970 avant d'être rachetée à son tour par la **Chrysler** Corporation en 1987, laquelle détient toujours les droits sur le nom Jeep.

Willys-Overland, Jeep de 1940

JACOB JENSEN

Né en 1926 à Copenhague, Danemark
Mort en 2015 à Virksund, Danemark

Jakob Jensen étudie le design industriel à la Kunsthandvaerkerskolen [Ecole d'Arts Appliqués] de Copenhague dont il est diplômé en 1952. De 1952 à 1959 il est responsable du design chez **Sigvard Bernadotte** et **Acton Bjørn**, le premier cabinet danois de conseil en design industriel, fondé en 1949. En 1959, il s'installe aux États-Unis où il ouvre un bureau de design avec Richard Latham [1920–1991] et il enseigne à l'université de l'Illinois [Chicago]. À son retour à Copenhague en 1961, Jensen fonde son propre bureau de design industriel et, à partir de 1964, il crée des matériels radio et hi-fi pour **Bang & Olufsen**. Ses créations élégantes et techniquement performantes ont d'emblée constitué une référence en matière de systèmes audio, témoin la chaîne hi-fi *Beogram 1200* [1969], qui a reçu un prix du design danois pour son équilibre harmonieux entre « technique » et « esthétique », et la platine *Beogram 4000* [1972] dotée d'un bras de lecture tangentiel. Outre son travail précurseur chez Bang & Olufsen, Jensen a créé des produits pour d'autres fabricants danois, dont le téléphone à touches *E76* [1972] pour Alcatel-Kirk, un fauteuil de bureau [1979] pour Labofa, un scanner à ultrasons [1982] pour Bruel & Kjaer et une montre [1983] pour Max René. Les diverses créations innovantes du célèbre designer industriel danois ont été couronnées par de nombreuses distinctions.

Électrophone
Beogram 4000, 1972

JUNGHANS

Fondée en 1861
À Schramberg, Allemagne

Catalogue Junghans, 1898

Une des premières montres-bracelets Junghans, 1928

Erhard Junghans (1823–1870) importe de la paille d'Amérique pour confectionner des chapeaux, mais au début de la guerre civile, en 1861, la matière première est devenue prohibitive et Junghans décide de se lancer dans l'horlogerie, une activité traditionnelle qui a fait la renommée de sa région natale de la Forêt-Noire. Cet artisanat est cependant affaibli par la concurrence de l'horlogerie américaine dont les produits, fabriqués en série à bas prix, inondent le marché. La réponse de Junghans consiste a produire « des montres américaines selon le principe américain » (de production industrialisée). Les produits horlogers Junghans se font rapidement connaître pour leur précision et leur prix abordable. Après la mort prématurée d'Erhard en 1870, son fils Arthur part aux États-Unis étudier les méthodes modernes de production. À son retour en Allemagne en 1872, Arthur met en place un système de production rationalisé chez Junghans. Il est le premier à fabriquer un réveil matin produit en série (1875) et en 1878 le chiffre de sa production annuelle atteint 100 000 horloges par an. En 1903, Junghans est le n° 1 mondial de l'horlogerie et la même année, il lance sa première montre de gousset. Oskar, le fils d'Arthur inventera par la suite le premier cadran luminescent au radium (1912). Junghans survit aux difficultés des années vingt et trente avec son slogan « la classe pour les masses » et ses produits de bonne qualité à bon marché. Junghans édite son premier catalogue pour l'export en 1949. En 1956, la société est rachetée par le groupe Diehl. L'année suivante, **Max Bill** dessine sa célèbre horloge murale et une ligne de montres-bracelets pour Junghans, unanimement admirées pour leur clarté fonctionnelle. Dédiée à l'innovation, la marque lance en 1969 la toute première montre à quartz et, en 1986, la première montre à énergie solaire ainsi que la première horloge analogique radio commandée.

Max Bill, Horloges murales, *Modell 367/6046* et *Modell 367/4047*, 1957

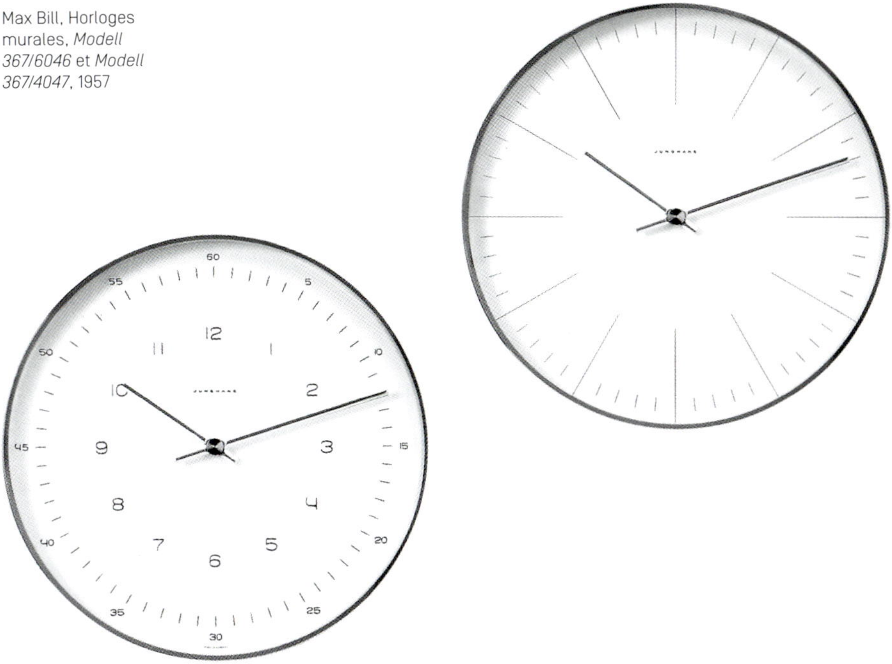

Panneau publicitaire pour réveils Junghans, 1936

WILHELM KÅGE

Né en 1889 à Stockholm, Suède
Mort en 1960 à Stockholm, Suède

Soupière *Liljeblå* (Lis Bleu), 1917

Wilhelm Kåge étudie la peinture et le graphisme avant d'être engagé en 1917 par le fabricant de céramiques suédois Gustavsberg pour renouveler sa gamme de produits. À cette époque, la Svenska Slöjdföreningen (Société Suédoise de Design Industriel) encourage activement les fabricants comme Gustavsberg à employer des artistes pour améliorer la qualité des objets domestiques. Le service à dîner *Liljebala* (Lis Bleu) que signe Kåge en 1917 répond à cette exigence et son coût abordable pour les classes populaires le fera baptiser « service de l'ouvrier ». Pour l'exposition de Stockholm, en 1930, qui annonce le mouvement fonctionnaliste suédois, Kåge dessine le service *Pyro*, la première vaisselle « du four à la table » de Gustavsberg. Mais sa vaisselle de table *Praktika* (1933) en faïence est beaucoup plus révolutionnaire : pourtant malgré son caractère très fonctionnel, avec ses éléments empilables de plusieurs tailles, *Praktika* ne remporte pas le succès commercial escompté, sans doute à cause de son esthétique utilitaire trop sévère. Pour les critiques de design, cette gamme reste sans aucun doute, le service fonctionnaliste de l'époque. En 1937, Kåge crée le service *Soft Shapes*, moins austère. Kåge crée aussi d'exquises céramiques d'atelier mais ses pièces industrielles inaugurant les formes fonctionnelles et basiques qui ont dominé la production contemporaine ont marqué un tournant dans la création de vaisselle.

Vaisselle *Praktika* pour Gustavsberg, 1933

KARTELL

Fondée en 1949
À Milan, Italie

Marco Zanuso et Richard Sapper, chaise pour enfant *Model N° 4999/5*, 1961–1964

L'entreprise Kartell, spécialisée dans la fabrication de produits en plastique, est fondée en 1949 par Giulio Castelli (1920–2006). Castelli part du point de vue suivant : « Le public est disposé à accepter de nouvelles formes pour des machines accomplissant de nouvelles fonctions, mais s'agissant d'objets d'autrefois, cuillers, chaises, etc., ce n'est guère aisé de faire accepter de nouvelles formes. Si les hommes ont peur de la nouveauté, il faut leur apporter de la supernouveauté. » Le premier produit lancé par Kartell est un râtelier à skis original conçu par l'architecte et designer industriel Roberto Menghi (1920–2006). Ce premier objet est suivi d'une série d'ustensiles ménagers, souvent imaginés par **Gino Colombini**. Qu'il s'agisse de presse-citron ou de pelles à poussières, de bassines, de baignoires pour bébés, Kartell a métamorphosé les objets du quotidien en élégants produits en polyéthylène étonnamment modernes d'aspect. Le design et les innovations technologiques de l'entreprise lui valent un grand succès et plusieurs Compasso d'Oro à la triennale de Milan. Kartell produit aussi du mobilier, témoin le meuble de rangement modulaire (1956) en métal et plastique dessiné par Gino Colombini et Leonardo Fiori. Mais Kartell ne devient un fabricant de premier plan qu'à partir des années 1960 avec la chaise d'enfant empilable *Model N° 4999/5* (1961–1964) de **Marco Zanuso** et **Richard Sapper** et la chaise révolutionnaire *Model N° 4860* Universale (1965–1967) en plastique ABS de **Joe Colombo**. Cette dernière est la première chaise pour adulte entièrement en plastique moulé par injection. Citons encore les éléments de rangement cylindriques en plastique ABS *4953-54-55-56* (1970) d'Anna Castelli Ferrieri (1920–2006). Kartell a aussi édité des luminaires de Sergio Asti, Marco Zanuso, **Achille** et **Pier Giacomo Castiglioni**. En 1973, l'entreprise fonde Centrokappa, un groupe de design et de recherche avec Valerio Castelli à sa tête et vingt collaborateurs, dont **Michele De Lucchi** et **Alberto Meda**. Centrokappa est connu pour

Anna Castelli Ferreri, système de rangement *Componibili*, 1970

→ Ferruccio Laviani, Suspension *FL/Y*, 2002

↘ Philippe Starck, Fauteuil *Louis Ghost*, 2002

son mobilier pour enfants *5300, 5312, 5320* [1979] récompensé d'un Compasso d'Oro. Dans les années 80, l'entreprise jouit d'une grande notoriété grâce à sa production de meubles dessinés par **Philippe Starck**, comme l'originale chaise *Dr. Glob* conçue en 1988. La même année, Claudio Luti, après dix années comme directeur général de Gianni Versace, acquiert Kartell et écrit un nouveau chapitre prometteur dans son histoire. Sous son leadership éclairé, l'entreprise devient un phénomène international, passant d'être un concept très italien à une marque de design globale. Dans les années 90, le bloc à tiroirs translucides *Mobil* [1995], conçu par Antonio Citterio [né en 1950] et Glen Oliver Löw [né en 1959], et fabriqué en PMMA moulé par injection, reçoit un Compasso d'Oro. C'est en 1997 que sort l'étagère *Book Worm* de **Ron Arad**, faite en technopolymère extrudé et moulé par injection. Au cours des années 2000, l'entreprise poursuit son expansion et s'entoure des plus grands designers pour créer de magnifiques meubles en plastique, souvent translucides ou transparents : le fauteuil *Louis Ghost* [2002] de Philippe Starck n'est qu'un exemple parmi tant de classiques contemporains de Kartell qui sont devenus des incontournables. Quand il fonde Kartell en 1949, Castelli déclare qu'il a « tenté de parvenir à la délicate synthèse entre technologie et design, entre économie et réponse à la demande sociale ». En plus de 60 années d'existence, cet équilibre a été atteint et Kartell possède aujourd'hui plus de 130 magasins monomarques, 250 d'installations « shop in shop » et 2 500 revendeurs dans plus de 130 pays. Le secret a été d'offrir un design innovant et élégant qui soit abordable et amusant.

Antonio Citterio, Tiroirs sur roulettes, 1995

KAWASAKI

Fondée en 1896
À Hyogo, Japon

Moto *ZX600-G2*, 1999

En 1878, Shozo Kawasaki (1837–1912) fonde un chantier naval qui prend le nom de Kawasaki Dockyard en 1896. En 1906, l'entreprise diversifie ses activités et se lance dans la fabrication de locomotives et de wagons destines au transport des passagers et des marchandises. L'année suivante, Kawasaki produit également des turbines à vapeur pour bateaux. En 1918, la société ouvre un département aéronautique et construit le premier avion métallique japonais. C'est donc la Kawasaki Aircraft Co. qui, quelques décennies plus tard, fabrique la première moto Kawasaki en 1961. À l'époque où l'entreprise est restructurée, en 1969, elle s'est solidement implantée sur le marche américain de la moto et, au début des années soixante-dix, c'est un des acteurs importants de ce secteur. 1973 voit le lancement de la légendaire 900 cc *Z1 élue* « Machine de l'année » par *Motorcycle News* quatre ans de suite. Dans les années 1970 et 1980, Kawasaki lance plusieurs modèles tout-terrain et remporte de nombreuses courses. L'entreprise sort d'autres engins de sport, notamment un *Jet Ski* en 1973, qui n'est pas le premier engin nautique personnel mais qui sera le plus vendu de sa catégorie. Le **GK Design Group** est responsable du design de nombreux produits Kawasaki.

Jet Ski Kawasaki,
fin des années 1990

WALTER MARIA KERSTING

Né en 1889 à Münster, Allemagne
Mort en 1970 à Waging, Allemagne

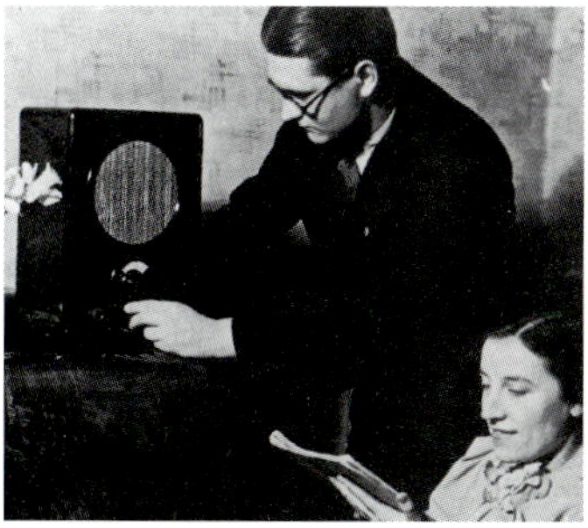

Walter Maria Kersting étudie a la Technische Hochschule de Hanovre de 1912 à 1914. Il travaille ensuite comme graphiste et directeur artistique d'une imprimerie de Hanovre. De 1922 à 1932, il est architecte, d'abord a Weimar puis a Cologne ou il conçoit aussi des luminaires et des meubles. Reconnaissant le potentiel prometteur de la Bakélite, matériau particulièrement adapté à la production en série de boîtiers de radio, Kersting met au point en 1928 la première version de sa célèbre radio en plastique. Son choix du matériau est judicieux, tout comme la disposition adoptée pour les boutons de réglage, qu'il souhaite intuitifs et faciles a manipuler. Fiable et bon marché, la radio de Kersting est devenue célèbre sous l'appellation de *Volksempfänger* [radio du peuple] et en 1939 elle s'était vendue a 12,5 millions d'exemplaires : presque tous les foyers allemands possédaient une radio Kersting. Ce modèle est fabriqué sous différentes versions, dont la petite *Kleinempfänger* et le modele *VE 301* qui commémore la date de l'accession d'Adolf Hitler à la chancellerie [30 janvier 1933]. Le concept de Kersting, un poste de radio standardisé et bon marché, est adopté par le gouvernement nazi comme moyen de diffuser la propagande étatique dans les foyers allemands. Le fait que ce récepteur assez primitif ne puisse recevoir que les programmes nationaux et que sa faible puissance ne lui permette pas de capter les émissions alliées constitue un avantage supplémentaire. Dans les années 1950, Kersting dessine une vaste gamme de produits, téléphones, machines à coudre, luminaires ou encore machines industrielles.

Volksempfänger [Radio du Peuple] récepteur *VE301*, 1936

Kleinempfänger, 1938, version plus compacte du *Volksempfänger*

KING & MIRANDA

Fondée en 1975
À Milan, Italie

La collaboration entre le designer britannique Perry A. King (né en 1938) et le designer espagnol Santiago Miranda (né en 1947) date du milieu des années 1970. Depuis 1956, King travaille pour **Olivetti** : il conçoit des matériels de bureau comme la machine à écrire Valentine, fruit de sa collaboration avec **Ettore Sottsass** et, depuis 1972, il supervise la définition de l'identité visuelle de la firme. Il a aussi créé (avec Santiago Miranda) une police de caractères pour imprimantes matricielles. À la même époque, King réalise un projet d'identité visuelle pour C. Castelli, des dictaphones pour Süd-Atlas Werke et des matériels électriques pour Praxis. Santiago Miranda étudie à la Escuela de Artes Aplicadas y Oficios Artisticos à Séville et est diplômé en 1971. Il s'installe en Italie en 1975 et entame la même année une collaboration avec King. Ensemble, ils conçoivent des graphismes, des meubles, des luminaires, de la verrerie et de puissants outils pour (entre autres) Marcatré, Disform, **Flos**, Murano, **Black & Decker** et Arteluce, tout en développant des ordinateurs et des claviers pour Olivetti. Leur lampadaire Lucerno (1991) est spécialement conçu pour les espaces publics de l'Expo'92 de Séville. Même si les objets de King & Miranda mobilisent surtout la technologie, ils recèlent aussi une qualité poétique, comme le prouve leur borne lumineuse *Borealis* (1996) pour **Louis Poulsen**. Aux dires du duo, « Il est clair que le design doit embrasser non seulement la technologie et l'économie, mais aussi la sociologie. Ceci nous amène à la conclusion que les designers doivent partir d'un modèle politique ou philosophique sur lequel fonder leur travail. »

Spot *Lucile* pour Flos, 1983

Borne lumineuse *Borealis* pour Louis Poulsen, 1996

KODAK

Fondée en 1881
À Rochester, New York, États-Unis

George Eastman

À l'âge de 24 ans, George Eastman (1854–1932) décide de visiter Saint-Domingue et achète un équipement photo pour rapporter des souvenirs de son voyage. À l'époque, l'attirail requis pour une prise de vues est encombrant : une énorme chambre, un trépied pesant, une tente qui fait office de chambre noire et un assortiment de produits chimiques. En fin de compte, Eastman n'a jamais effectué ce voyage, mais il s'est captivé pour la photo et il a résolu d'en simplifier les procédures. Ayant appris que les photographes britanniques confectionnaient et utilisaient des émulsions sur plaque séchée à la gélatine qui, une fois sèches, peuvent être exposées a volonté, Eastman fabrique la sienne en utilisant une formule recueillie dans un magazine. Apres trois ans d'expérimentations, il met au point en 1878 une émulsion sur plaque séchée a la gélatine. L'année suivante, il développe une machine à enduire la gélatine qui

Appareil *Brownie*, vers 1902

Affiche publicitaire pour les appareils photo Kodak, vers 1910

lui permet de commencer a produire ses plaques séchées en série. En 1881, il fonde la Eastman Dry Plate Company avec Henry A. Strong (1838–1919). En 1884, la société lance le négatif papier Eastman avec un système d'enroulement et, en 1885, lance le premier film photo. Trois ans plus tard, le premier appareil photo Kodak sort de l'usine. D'un coût de 25 dollars seulement, il est diffusé avec le slogan : « Pressez le bouton, nous faisons le reste ». Cet appareil révolutionnaire et d'un maniement aisé annonce l'avènement de la photo amateur. En 1889, Eastman lance le premier film photo sous forme de rouleau de pellicule transparente et souple ouvrant la voie au développement de la caméra de cinéma, invention de **Thomas Alva Edison** (1891). La société est rebaptisée Eastman Kodak Company en 1892 et en 1895 elle sort l'appareil photo Kodak *Pocket* qui utilise des rouleaux de pellicule. Le célèbre appareil *Brownie*, au boîtier en carton renforcé et bois est lancé en 1900. Bon marché à l'achat et à l'usage, le *Brownie* prend des clichés tout à fait acceptables et rend la photo accessible à tous ou presque. En 1908, Kodak lance le premier film de sûreté grand public a l'acétate de cellulose, matériau qui remplace le nitrate de cellulose, inflammable. Quatre ans plus tard, il fonde l'un des premiers laboratoires de recherche industriels aux États-Unis, dédié a l'invention de nouveaux appareils photo et films. 1923 voit le lancement du film *Kodacolor* 16 mm réversible, du film 16 mm *Cine-Kodak* pour le cinéma et du projecteur *Kodascope*, autant de produits qui rendent possible le cinéma amateur. Cinq ans plus tard sont lancés simultanément le film 16 mm *Kodacolor* et le premier procédé de photo sur microfilm pour le stockage des archives bancaires. Dans les années 1930 et 1940, Kodak continue a développer de nouveaux produits, dont le premier film diapo (1935) adopté par le grand public et la gamme *Bantam*, avec le *Bantam Special*, de style streamline, conçu par **Walter Dorwin Teague**. Le design des matériels Kodak est souvent confié a des consultants extérieurs qui collaborent avec le département de stylisme intégré et les ingénieurs de Kodak. Les appareils deviennent de plus en plus compacts et simples à utiliser. Mais le *Bantam Colorsnap* de 1954, avec son réglage automatisé de l'exposition « en fonction du temps » simplifie la photographie à un tel point qu'il est surnommé « Auntie's camera » (l'appareil de ma tante). Les progrès de la pellicule couleur permettent de fabriquer des appareils « instantanés » légers dès le début des années 1960. Les *Instamatic* Kodak lancés en 1963, dotés de réglages d'exposition simplifiés (temps ensoleillé ou nuageux), utilisent des films sous cartouches d'un char-

Appareil *Bantam Colorsnap*, 1955–1959

Appareil Kodak *Instamatic 50*, 1972

Kenneth Grange, Kodak *Instamatic* *130*, *230* et *330*, 1975

gement très simple. En 1970, plus de 50 millions d'appareils *Instamatic* avaient été vendus, révolutionnant la photo populaire. En mettant au point des cartouches plus étroites, Kodak parvient a réduire encore la taille de l'*Instamatic* qui tient désormais dans une poche. Dessiné par **Kenneth Grange**, le *Pocket Instamatic* est extrêmement populaire et plus de 50 millions d'exemplaires de ce modèle sont écoulés en sept ans. En 1987, Kodak lance son premier appareil jetable, le *Fun Saver* et en 1995, les 50 millions de Fun Saver vendus attestent le succès de ce modèle. En 1995, Kodak lance aussi son premier appareil photo numérique, le *40*, le premier modèle numérique vendu moins de 1 000 dollars. Le succès historique de Kodak est la conséquence de sa stratégie commerciale centrée sur « l'homme de la rue ». Avec l'obsolescence inéluctable de la photo sur film argentique, la voie de Kodak, à la pointe de la technologie numérique bon marché, semble toute tracée. À la fin des années 90 et au début des années 2000 pourtant, la direction tarde à réagir devant l'apparition rapide de la photographie numérique, qui a signé l'arrêt de mort de ses activités liées aux pellicules. L'ironie veut qu'un ingénieur Kodak, Steve Sasson (né en 1950) soit en fait l'inventeur du tout premier appareil photo numérique en 1975. Kodak n'a malheureusement pas compris au moment opportun le potentiel de cette technologie révolutionnaire, d'où la crise financière qu'elle a traversée ces dernières années. La marque essaye actuellement de diversifier ces activités afin de survivre dans le monde numérique du 21e siècle.

ERWIN KOMENDA

Né en 1904 à Jauern, Autriche
Mort en 1966 à Gerlingen, Allemagne

Porsche cabriolet *356*, 1952

Erwin Komenda, figure éminente du stylisme automobile, a commencé sa carrière chez Daimler-Benz comme designer en chef dans le département de carrosserie. Il rejoint ensuite le bureau de design automobile de Ferdinand **Porsche** I, à Stuttgart où il se voit confier une première commande : il s'agit de la conception d'une carrosserie pour la voiture de course Auto Union *Type A*, détentrice du record mondial de vitesse (1934). Visiblement influencé par des études aérodynamiques antérieures menées par **Paul Jaray** et Wunibald Kamm (1893–1966), Komenda dessine ensuite une carrosserie aérodynamique pour la première *Coccinelle* de **Volkswagen** (1934) qui est mise en production en 1938. Komenda mène en parallèle ses propres études d'aérodynamique dans la soufflerie de l'usine **Zeppelin** de Friedrichshafen et chez Kamm à Stuttgart. Son intérêt dans ce domaine se traduit par l'élaboration de formes aérodynamiques qui visent à une efficacité maximale. Pour le stylisme de la première Porsche, la *356* (1949), Ferdinand Porsche II demande à Komenda d'abaisser au maximum le nez de ce modèle. La forme compacte et homogène qui en résulte exercera une très grande influence sur le design ultérieur. Komenda a dessiné de nombreux autres modèles pour Porsche, dont ce grand classique du design qu'est la *911* (1963–1964).

Porsche *911*, 1964

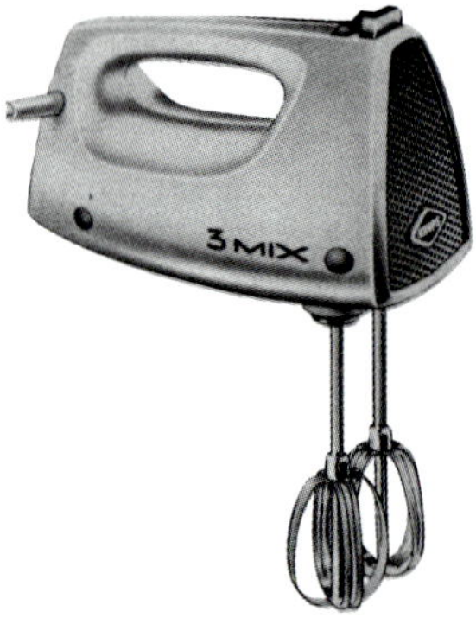

KRUPS

Fondée en 1846
À Solingen, Allemagne

La société Krups, spécialisée dans les appareils électroménagers a été fondée en 1846 par Robert Krups. À l'origine sa société fabrique des balances et des pèse-personnes à ressort. Les décennies suivantes, la société sous contrôle familial se spécialise dans ce type de produits. Ce n'est qu'à partir de 1956 qu'elle commence à diversifier sa gamme avec un moulin à café électrique lancé sous la marque Onko en collaboration avec Hag, célèbre fabricant de café de Brême. En un an, Krups vend plus d'un million de ces moulins à café. En 1958, Krups se lance dans la fabrication de moteurs électriques et, un an plus tard, dans celle de mixers électriques manuels. En 1960 sort le mixer *3 Mix*, conçu par Jörg Glasenapp qui devient une icône du design allemand des années 1960. Un an plus tard, l'entreprise lance une machine à café électrique qui annonce l'énorme succès de la *T8* de 1970. Dans les années 1960, Krups élargit considérablement sa gamme et fabrique séchoirs à cheveux, couteaux à viande, horloges, grille-pain, presse-fruits, yaourtières, rasoirs, etc. En 1983, la société sort ses premières machines espresso. En 1991, Krups est rachetée par le groupe Moulinex (45 millions de produits par

Jörg Glasenapp,
Batteur manuel
3Mix, 1960

Batteur manuel
3Mix 7007 Pro, 1996

Machine à café automatique avec broyeur à grains Krups *EA 9010*, 2011

an, un produit par seconde). En 1996, des nouvelles versions du célèbre Mixer *3 Mix* et de la machine espresso *Nespresso Programatic* sont lancées. Krups est célèbre pour ses appareils ménagers qui personnifient les qualités du design allemand : fonctionnalité, logique et excellence de fabrication. Après quelques difficultés financières au début des années 2000, Krups intègre le Groupe SEB en 2001, lequel décide de changer le cap de l'entreprise et d'en faire une marque premium sur le marché de l'électroménager. Dans ce but, il lance en 2005 une nouvelle gamme de produits esthétiques signés par le designer industriel allemand **Konstantin Grcic**. Aujourd'hui, Krups est toujours réputée pour ses articles ménagers alliant élégance et ingénierie, tels que la machine à café automatique avec broyeur à grains *EA 9010* (2011), récompensée d'un Red Dot Award en 2012. Décidée à toujours innover ou, comme l'entreprise le dit, « à rendre de bons produits encore meilleurs », Krups est devenue l'une des marques leaders du petit électroménager, non seulement en Allemagne, mais dans d'autres pays européens et aux États-Unis.

LAMBORGHINI

Fondée en 1960
À Renazzo di Cento, Italie

Bertone, Lamborghini *Miura P400*, 1966

Après la Seconde Guerre mondiale, Ferrucio Lamborghini (1916–1993) se lance dans la conversion de véhicules militaires de surplus pour un usage civil. En 1949, il fonde Lamborghini Tractors, qui fabrique des engins agricoles à haute puissance. 1960 voit le lancement de Lamborghini Bruciatori spécialisé dans la fabrication de chaudières et de climatiseurs. Devenu un important industriel, Lamborghini décide de construire sa propre voiture. L'ingénieur Giotto Bizzarini imagine un puissant V-12 dont Franco Scaglione dessine la carrosserie : la *350 GTV* (1963) est née. En 1965, Lamborghini lance la fabrication d'un nouveau monstre stylé par **Bertone**, la *Miura* dont le nom est emprunté à un célèbre taureau de combat espagnol. Dotée de lignes agressivement modernes, la *Miura* est la voiture de série la plus rapide du monde. En 1971, la *Countach*, toujours dessinée par Bertone, fait sensation au Salon de l'Auto de Genève. Futuriste, masculine, angulaire, la *Countach* est une sportive de rêve. Son successeur, la *Diablo* (1987), fruit de l'imagination de Marcello Gandini, d'une séduction plus classique, possède cependant la personnalité forte et menaçante typique des produits maison. En 1987, Lamborghini devient une filiale de **Chrysler**, avant d'être revendue en 1998 au groupe

Bertone, Lamborghini *Countach LP400*, 1973

Volkswagen. Trois ans plus tard, Lamborghini lance la *Murciélago* (2001) avec un moteur V-12, signée par Luc Donckerwolke et pensée comme la digne héritière de la puissante *Diablo*. En 2004, la *Gallardo* voir le jour et affiche une coupe de base identique à la *Murciélago*, sauf qu'elle est plus nerveuse grâce à son profil plus angulaire. Elle devient la meilleure vente de tous les temps de Lamborghini, avec 14 022 de ces supercars ultra raffinées vendues entre 2004 et 2014. Autre Lamborghini revisitant la *Murciélago*, la *Aventador* est présentée en 2011 au Salon de l'Auto de Genève. Elle est une « hypercar » aux performances accrues, plus puissante et avec un couple amélioré comparé à la *Gallardo*, à tel point qu'elle est élue en 2011 « Supercar of the Year » par le magazine Top Gear de la BBC. Tant de performances extra ont un prix, et le coût de la *Aventador* est nettement plus élevé que celui de ses prédécesseurs. Dotée d'un mode d'accélération maximale et d'une puissance extraordinaire, la *Aventador* incarne parfaitement l'ADN du design de Lamborghini, qui conquiert le cœur des passionnés d'automobiles depuis cinq décennies.

Lamborghini *Gallardo*, 2004

Lamborghini *Aventador LP 750-4 Superveloce*, 2015

LAMY

Fondée en 1930
À Heidelberg, Allemagne

Siège social de Lamy à Heidelberg

Le nom de Lamy a longtemps été synonyme d'excellence en design allemand et depuis le milieu des années 60, l'entreprise collabore avec des designers de renom, comme **Gerd A. Müller**, Franco Clivio (né en 1935), Hannes Wettstein (1958-2008), **Richard Sapper, Knud Holscher** et **Naoto Fukasawa**. L'origine de ce fabricant de stylos remonte à l'année 1930, à sa fondation à Heidelberg par C. Josef Lamy, lequel avait auparavant travaillé comme représentant pour The **Parker Pen** Company en Allemagne. L'entreprise est d'abord baptisée Orthos Füllfederhalter-Fabrik et elle fabrique des stylos-plume sous deux marques : Orthos et Artus. En 1939, sa production annuelle est de 200 000 stylos-plume, mais avec la guerre qui éclate, les ressources de l'usine sont dédiées à la fabrication d'armement. La période d'après-guerre marque le début d'une nouvelle ère pour l'entreprise, qui en 1948 est rebaptisée C. Josef Lamy GmbH. Quatre ans après sort le premier stylo fabriqué sous la marque Lamy, le *LAMY 27*, avec son système innovant *Tintomatik* permettant un apport constant et contrôlé d'encre à la plume. La publicité le vante comme « Prestigieux de l'extérieur, fiable de l'intérieur ». Tenant ses promesses, le *LAMY 27* crée la révolution et permet à l'entreprise de s'assurer une importante présence sur le marché allemand. L'expansion se poursuit et en 1964, l'entreprise lance le premier stylo à bille d'Allemagne, le *LAMY exact*. Pour renforcer encore davantage le profil de la marque, Dr Manfred Lamy, le fils de Josef qui occupe le poste de directeur marketing, décide de forger une forte identité conceptuelle

Gerd A. Müller, stylo-plume *LAMY 2000*, 1966

↓ Gerd A. Müller, stylo-plume *LAMY Studio*, 1968

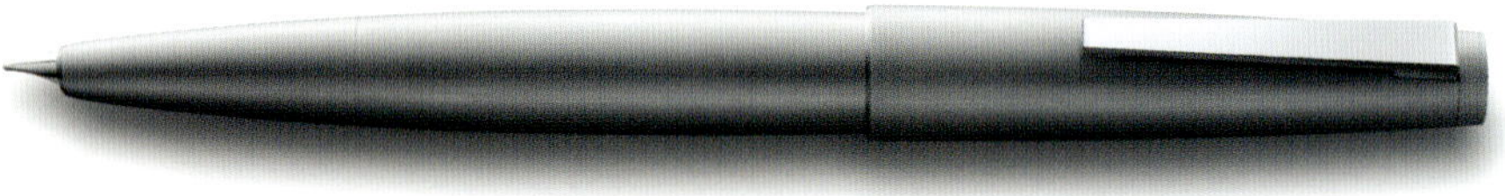

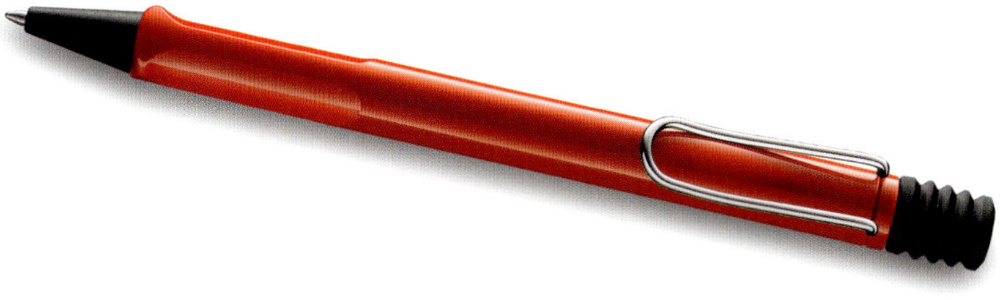

Bernt Spiegel, stylo à bille *LAMY Studio*, 1980 (actualisé ensuite par Wolfgang Fabian)

pour l'entreprise familiale. Il s'inspire de la philosophie de la **Bauhaus** d'un design propre et fonctionnel et recherche un partenaire capable de créer des produits dans cet esprit. Le hasard veut qu'il rencontre Gerd A. Müller, qui a travaillé pour **Braun**. Le design du premier stylo-plume de Müller pour la marque est le *LAMY 2000*, sorti en 1966. Il affiche une nouvelle esthétique moderne et fonctionnaliste (la forme suit la fonction). Mais avant toute chose, le *LAMY 2000* crée l'identité d'un « design Lamy ». Lamy décide ensuite de se concentrer sur le développement de stylos visant la tranche des 14-24 ans. Résultat : le *LAMY Studio* (1968) dessiné par Müller est un stylo à l'allure jeune et colorée, première variante du genre du stylo-plume « adulte ». C'est toutefois le modèle *LAMY Safari* (1980) qui vient consolider la réputation de Lamy comme innovateur hors pair. D'abord dessiné en 1980 par le professeur Bernt Spiegel (né en 1926), le stylo *Safari* en plastique ABS de couleur, extrêmement durable et de forme ergonomique, est pensé comme un stylo-plume pour des élèves de 10 à 15 ans. Son prix inférieur et son esthétique high-tech le rendent cependant aussi très populaire au sein du public adulte. Encore maintenant, quelque trente ans après sa sortie, le *Safari* reste la meilleure vente de l'entreprise, bien que mis à jour par Wolfgang Fabian (né en 1943). Moderne et pratique, il est tellement robuste qu'il est l'outil d'écriture quotidien parfait. Son efficacité pragmatique allemande se combine à sa matière plastique résistante, un indicateur du niveau d'encre, une prise en mains ergonomique et une agrafe originale. Aujourd'hui, Lamy continue à prioriser le développement d'outils d'écriture esthétiques et de grande qualité, des stylos-plume et des stylos à bille aux rollers et aux porte-mines, sans compter le modèle *Tri pen*, astucieux et versatile : cet outil lisse multifonction inclut un stylo à bille, un porte-mine, un marqueur et une gomme.

LEAR

Fondée en 1964
À Wichita, Kansas, États-Unis

Vol inaugural du Learjet *Model 23*, 7 octobre 1963. Cet appareil a été fabriqué de 1964 à 1966.

À la fin des années 1950, William Lear (1902–1978) fonde la Swiss American Aviation Corporation (SAAC) en Suisse pour développer un petit avion d'affaires. La société qui s'installe à Wichita (Kansas) en 1963, est rebaptisée en 1964 Lear Jet Corporation. Le premier jet compact, le Lear Jet *Model 23* effectue son vol inaugural la même année. En 1965, il est le premier avion d'affaires mis en fabrication. Le Learjet *Model 24*, lancé en 1966, effectue le tour de la terre en un temps record : 50 heures et vingt minutes. Le Learjet *Model 55*, lancé en 1983, bat six records d'altitude et de vitesse ascensionnelle dans sa catégorie. En 1985, la division aérospatiale de Learjet fabrique des composants pour la principale fusée de propulsion de la navette spatiale de la NASA. La Learjet Corporation a été rachetée par **Bombardier** en 1990 et quatre ans plus tard, le Learjet *60* (1990) était l'avion d'affaires de taille moyenne le plus vendu au monde. En 1998, le Learjet 45 (1992), un appareil très élégant pouvant emporter huit à neuf passagers est devenu le premier avion d'affaires à recevoir une certification des Autorités conjointes de l'aviation (JAA).

Learjet *Model 45*, 1992

Figurine *Duplo*, sortie en 1983

LEGO

Fondée en 1932
À Billund, Danemark

En 1932, Ole Kirk Christiansen (1891–1958) ouvre un atelier qui fabrique escabeaux, planches à repasser et jouets en bois. Deux ans plus tard, il rebaptise ses jouets et son atelier « Lego », contraction des mots danois « leg godt » qui signifient « joue bien ». Dans les années 1930 et 1940, la société commercialise des jouets en bois de bonne facture qui reflètent sa conviction : « Seul le meilleur est assez bon ». Après la Seconde Guerre mondiale, la recherche dans les nouveaux matériaux et les plastiques moulés par injection s'accélère. En 1947, Lego devient la première société danoise à investir dans cette nouvelle technologie pour la production à grande échelle. Deux ans plus tard, elle sort ses *Automatic Binding Bricks*, précurseurs des actuelles briques Lego, qui ne sont vendues qu'au Danemark. En 1953, elles sont rebaptisées « briques Lego » et un an plus tard le nom « Lego » est officiellement enregistré. Le système d'imbrication à pastilles en relief est inventé et breveté en 1958. Cette nouvelle astuce améliore la stabilité des assemblages et offre des possibilités de construction infinies. Au fil des années, la gamme des composants s'élargit pour permettre l'assemblage de toits pentus (1958) et de roues (1961). En 1974 apparaît la famille Lego et les figurines (1978). Pour les tout-petits, Lego a développé les système *Duplo* (1967) et *Primo* (1995). Lego est un jouet unique et très répandu : depuis 1949, autour de 440 milliards de pièces de Lego ont été fabriquées, soit une moyenne de 62 briques par habitant de la planète. Depuis près de 70 ans, Lego offre des heures infinies de jeu stimulant, avec un concept qui plaît aux filles comme aux garçons et sur une grande fourchette d'âges. Mais surtout, la marque enseigne, génération après génération, les principes clés de construction et donc de design.

Briques Lego, commercialisées en 1947

LEICA

Fondée en 1849
À Wetzlar, Allemagne

Réclame pour l'appareil révolutionnaire *Leica I* d'Oskar Barnack, 1930

Les origines de Leica remontent à 1849 : un jeune mathématicien, Carl Kellner, fonde un « Institut d'optique » pour développer et commercialiser des lentilles et des microscopes. En 1865, le mécanicien Ernst Leitz devient l'un des associés de l'entreprise qu'il rachètera par la suite et à laquelle il donnera son nom. C'est en 1914 qu'**Oskar Barnack** met au point le premier appareil photo petit format, le *Ur-Leica* dont la Première Guerre mondiale empêche cependant la mise en production. Après la mort de son père en 1920, Ernst Leitz II décide de produire l'appareil de Barnack en 1924 (mais il ne sera lancé sur le marché qu'un an plus tard). C'est le *Leica I*, un nom formé d'après Leitz Camera. Le *Leica I*, premier appareil photo de ce format adopté par le public, révolutionne l'art de la photo fixe. Leica devient vite célèbre pour la qualité de fabrication de ses boîtiers et les performances exceptionnelles de ses optiques. En 1930, la société est la première à lancer un système d'accessoires et d'optiques interchangeables, compatibles avec les différents boîtiers de la marque. Le *Leica II*, lancé en 1932, est doté d'un télémètre incorporé qui permet une mise au point plus rapide et précise. Le *Leica M-3* (1954) est équipé d'un système de baïonnette qui permet de changer d'objectifs encore plus vite. Pour contrer la concurrence japonaise, Leica commence à produire des appareils reflex à partir de 1964. Tout au long de son histoire, Leica n'a cessé de revendiquer une excellence de conception et de fabrication. Aujourd'hui, l'entreprise continue à produire des appareils et des optiques hors pair.

Appareil photo Leica, 1914

↓ Appareil photo Leica, 1955

Premiers modèles de téléphones à l'usine Goldstar, 1962

LG

Fondée en 1947
À Séoul, Corée du Sud

LG est l'un des plus grands groupes de Corée du Sud. Comme beaucoup d'autres entreprises asiatiques cotées, il s'agit d'un conglomérat de plusieurs compagnies, dont LG Electronics, célèbre dans le monde pour ses produits esthétiques et à la technologie innovante. La société LG Electronics se targue de son programme de recherche et développement, comptabilisant 30 centres de recherche à travers le globe. La priorité est de plus en plus donnée aux technologies intelligentes, avec toutes les difficultés qu'implique la concurrence de Samsung et d'**Apple** sur le marché des téléphones portables. LG Electronics reste toutefois en première ligne des technologies pour dispositifs intelligents, comme les téléviseurs OLED, aussi fins que du papier-peint et flexibles au point d'être roulés. L'origine de ce géant coréen du tech remonte à 1947, à la fondation de la Lak-Hui Chemical Industrial Corporation. Elle se fait un nom en vendant des produits ménagers, comme du savon et du détergent, sous la marque Lucky [Lak-Hui se prononce « Lucky »]. En 1952 cependant, elle comprend l'importance de se diversifier et devient la première entreprise coréenne à entrer dans le secteur de

Téléviseur *LG EG9600* OLED Ultra HD, 2015, avec écran ultra plat incurvé

l'industrie plastique. Six ans plus tard, elle ouvre la filiale GoldStar Co. Ltd., dont le but est d'aider à reconstruire le pays après la guerre de Corée en fabriquant une gamme d'appareils ménagers et d'articles électroniques. Elle se livre donc à cette tâche pendant les années 60 et produit en local des machines à laver, des réfrigérateurs, des climatiseurs, des radios et des téléphones. La croissance est exponentielle : l'entreprise ouvre une filiale aux États-Unis et sa première usine de production à l'étranger à la fin des années 80. La fusion entre Lucky et Goldstar donne naissance à la Lucky-Goldstar Corporation, finalement renommée LG en 1997. Cette même année, l'entreprise rachète Zenith, la célèbre compagnie américaine de produits électroniques. L'année suivante, LG Electronics met au point le premier téléviseur à plasma de 60 pouces et en 1999, elle intègre une joint-venture avec **Philips**. Pendant les années 90, LG crée sont Life Soft Research Lab, dans lequel une approche « maison » du design est établie, donnant priorité à l'incorporation de fonctions technologiques avancées et à une prise en mains ergonomique. C'est ainsi qu'au début des années 2000, LG se positionne avec force sur le marché naissant des téléphones portables et en 2010, elle dévoile le premier téléviseur Full LED 3D au monde. Aujourd'hui, LG est déterminée à garder une longueur d'avance grâce à ses efforts en R&D, à des alliances stratégiques et à la conviction que le design doit satisfaire quatre aspects clés : concept, style, interface et finition.

Smartphone *G4* avec protection en cuir, 2015

LOCKHEED MARTIN

Fondée en 1916
À Santa Barbara, Californie, États-Unis

Kelly Johnson posant devant un avion espion *U-2*, 1955

Glenn Martin, pionnier de l'aviation, pilote son premier aéroplane en 1909 et trois ans plus tard accomplit une traversée d'océan, une première mondiale, dans son propre hydravion. La même année, il ouvre une usine aéronautique à Los Angeles. Parmi les premiers collaborateurs de Martin, on compte des ingénieurs-designers de renom : **James McDonnell**, **Donald Douglas** et Chance Vought. En 1916, les frères Allan et Malcolm Loughead se lancent dans une entreprise similaire. Ils ont déjà construit et fait voler un hydravion en 1913. En 1918, leur société, la Loughead Aircraft Manufacturing Company (rebaptisée Lockheed Aircraft Corporation en 1926) fabrique le Bateau Volant *F-1*, tandis que la même année, Glenn Martin fabrique le premier bombardier bimoteur, le *MB-2*. Dans les années 1920 et 1930 les deux sociétés font beaucoup parler d'elles : Amelia Earhart devient la première femme à survoler l'Atlantique en solitaire (1932) aux commandes d'un Lockheed *Vega* conçu par John Northrop (1895–1981), tandis que la Pan Am effectue son premier vol commercial (1935) au-dessus du Pacifique dans un Martin M-130 (« China Clipper »). Pendant la guerre, le *B-26 Marauder* (1940) devient

Lockheed *F-104 Starfighter*, 1958

célèbre pour son « taux de survie », tandis que le *XP-80 Shooting Star* de Lockheed (1944) est le premier avion à réaction américain. Le *XP-80* est mis au point dans l'usine expérimentale de Lockheed, « Skunkworks » (l'atelier des blaireaux), fondé en 1943 par l'ingénieur en chef de la société, le légendaire Clarence « Kelly » Johnson (1910–1990). Skunkworks (devenu le Programme de Développement avancé Lockheed Martin) était, selon Johnson « une réunion de quelques types compétents qui résolvaient les problèmes très en avance – et au moindre coût – en appliquant les méthodes les plus simples et les plus directes possibles pour développer et fabriquer de nouveaux produits ». Cette usine expérimentale est créée pour mettre au point un avion de combat capable de rivaliser avec les **Messerschmitt** *Me 262* (1943). Le XP-80 est le premier avion à franchir les 800 km/h. Située à Palmdale (Californie) l'usine de Johnson est responsable de quelques-uns des plus importants progrès enregistrés dans l'aviation militaire : on lui doit ainsi le *F-104 Starfighter* (1958), le premier avion opérationnel capable de voler à Mach 2 en vitesse de croisière. Citons encore l'avion espion *U-2* (1955), toujours en activité ; le *SR-71 Blackbird* de 1964 qui est aujourd'hui encore l'avion le

SR-71 Blackbird, 1964

F-117A Stealth Fighter (avion furtif), vers 1988

Avion de combat ATF *F-22 Raptor*, 1991

plus rapide du monde et le plus « haut », avec une vitesse maximale de Mach 3,5 et un plafond opérationnel de 30 000 mètres ; le *F-117 Stealth Fighter* (vers 1988), premier avion opérationnel que ses lignes spécialement étudiées rendent indétectable aux radars, et le *F-22 Raptor* (1991) conçu pour assurer la domination aérienne des États-Unis au 21e siècle avec son système de poussée vectorielle. Outre les avions, Lockheed est aussi à l'origine de l'introduction du premier enregistreur de données de vol, la « boîte noire », approuvée par la FAA en 1958. La société Martin, également spécialisée dans le développement de programmes militaires a aussi collaboré aux programmes spatiaux de la NASA.
En 1995 intervient une « fusion d'égaux » entre Lockheed et Martin créant l'une des plus grandes entreprises aérospatiale du monde.

Portrait de Raymond Loewy en couverture de *Time*, 1949

RAYMOND LOEWY

Né en 1893 à Paris, France
Mort en 1986 à Monaco

Raymond Loewy fut la plus importante figure du consulting en design industriel. Personne n'a oublié l'adage humoristique qui résume son approche du design : « Le mieux n'est jamais l'ennemi du bien ». À l'âge de quinze ans, il fabrique et fait voler un modèle réduit d'avion qui remporte la célèbre James Gordon Bennett Cup. À la même époque, il conçoit, fabrique et dépose le brevet d'un modèle réduit d'avion mû par des élastiques. Ayant vendu les droits de ce jouet, le *Monoplan Ayrel*, à une société qui le vend dans toute la France, Loewy comprend que « le design peut être drôle et lucratif ». Avec l'argent que lui rapporte son invention, il entreprend ensuite des études à l'université de Paris et plus tard à l'école de Lanneau où il obtient son diplôme d'ingénieur en 1918. Durant la Première Guerre mondiale, il sert dans l'armée française comme sous-lieutenant et après sa démobilisation, en 1919, part pour les États-Unis. À son arrivée à New York, Loewy est stupéfait par le fossé entre l'excellente qualité des produits américains et leur apparence grossière, leur incommodité, leur massivité et leur caractère bruyant. D'abord étalagiste pour les grands magasins Macy's, Saks Fifth Avenue et Bonvit

Premier re-design du duplicateur Gestetner, 1929

→ Réfrigérateur *Coldspot* pour Sears, 1934

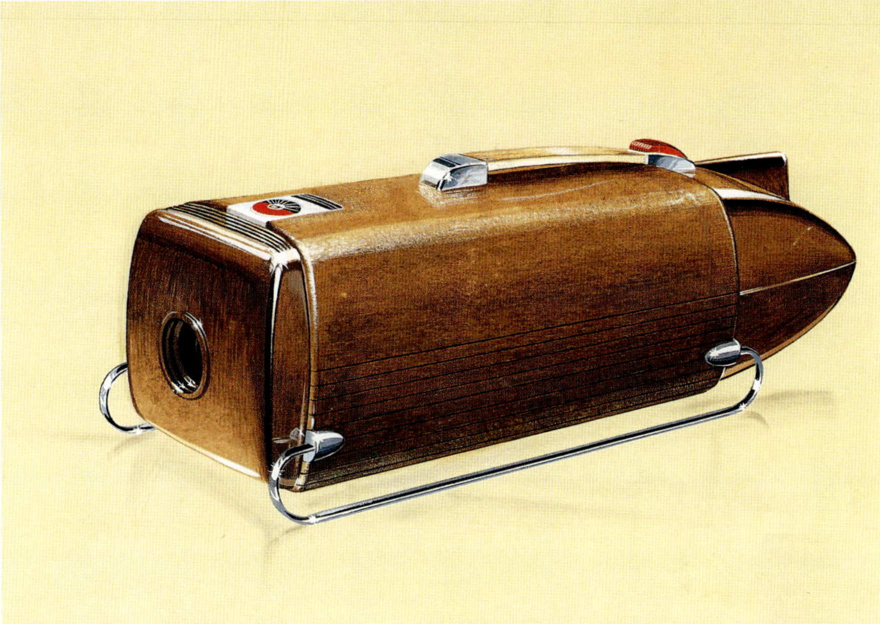

Projet d'aspirateur pour Electrolux, 1939 (ce modèle n'a jamais été mis en production)

Teller il devient ensuite illustrateur de mode de 1923 à 1928 pour *Vogue, Harper's Bazaar* et *Vanity Fair*. Loewy quitte ensuite le monde de la mode et monte son propre bureau de design industriel à New York en 1929. Toujours très habile dans l'auto-promotion, il fait imprimer une carte de visite sur laquelle on peut lire : « Entre deux produits de prix, d'usage et de qualité équivalents, le plus élégant se vendra toujours mieux que l'autre ». Quelque temps après, il reçoit sa première commande : il s'agit de redessiner un boîtier pour la machine à dupliquer mise au point par Sigmund Gestetner. Il en exécute un modelage en argile pour créer une forme élégante – une technique très efficace qu'il reprendra plus tard dans ses projets automobiles. La machine qu'il met au point est plus belle que les modèles précédents, mais en outre, grâce à sa forme simplifiée, elle est aussi plus aisée à fabriquer et à entretenir que ceux-ci. En 1932, Loewy dessine sa première voiture, la *Hupmobile* qui s'écarte du style « boîte » dominant. La version de 1934, fuselée et dotée de phares intégrés à la carrosserie, annonce les formes aérodynamiques qui le rendront célèbre. Le réfrigérateur *Coldspot* qu'il dessine la même année pour **Sears Roebuck** est le premier appareil électro-ménager dont la publicité vantera l'élégance : les réclames de l'époque appellent le consommateur à « étudier sa beauté ». Le *Coldspot* plait aussi au public parce que son design étudié a réduit son coût de fabrication que re-

↑ Studebaker, 1939

↗ Studebaker, 1950

↑ Studebaker *Starliner*, 1953

↗ Studebaker *Avanti*, 1961

flète son prix très compétitif. Toujours en 1934, le Metropolitan Museum of Art de New York présente une maquette humoristique du somptueux bureau de Loewy – confirmant par là même son irrésistible ascension : le designer est devenu une figure incontournable de l'industrie de l'époque. Dès 1935, Loewy se voit confier le réaménagement de grands magasins (dont Saks Fifth Avenue). Il conçoit aussi des modèles de locomotives aérodynamiques comme la *K4S* (1934), la *GG-1* (1934) et la *T-1* (1937). En 1937, il publie un ouvrage intitulé *The New Vision Locomotive*. Loewy repense la ligne des autocars Greyhound et dessine un étonnant modèle de voiture pour Studebaker, la *Champion* (1947) qui préfigure son modèle *Avanti*, au look européen, pour le même constructeur. Le style streamline rend les moyens de transport plus séduisants mais il améliore aussi leurs performances et leur efficacité par sa rigueur aérodynamique. Loewy considère la forme qui enveloppe ses produits comme un moyen d'expression de leur personnalité profonde. Mais contrairement à tant de Modernistes pour qui la fonction dicte complètement la forme, Loewy conjugue critères fonctionnels et esthétiques dans le but d'atteindre ce qu'il estime être la solution optimale. Loewy est aussi très célèbre pour son travail sur l'identité visuelle des sociétés, en particulier le nouveau paquet de cigarettes Lucky Strike (1942). Parmi ses autres clients : Coca-Cola, Pepsodent, National Biscuit Company, British Petroleum, Exxon et Shell. En 1939, son agence avait déjà ouvert des bureaux à Chicago, Sao Paulo, South Bend et Londres. En 1944, il fonde

Projet pour une cireuse de parquet pour Electrolux, 1939

Greyhound
SCENICRUISER

MOULIN S.F.

Logo d'Exxon, 1966

→ Logo de Shell, 1967

Nouveau paquet de cigarettes Lucky Strike pour l'American Tobacco Company, 1942

→ Nouveau distributeur de Coca-Cola *Dole Deluxe*, 1947

Raymond Loewy Associates avec quatre associés. En 1949, Loewy fait la une du magazine *Time*, une grande première pour un designer. Sous sa photo, on peut lire : « Il profile la courbe des ventes ». Cette même année, Loewy élargit son champ d'activités et fonde un cabinet d'architecture, la Raymond Loewy Corporation. Dans les années 1960 et 1970, consultant du gouvernement américain, il est responsable du « redesign » d'Air Force One, l'avion du président John F. Kennedy et de la cabine du vaisseau spatial *Skylab* (1969–1972) de la NASA. Insistant toujours sur l'importance du consommateur, Loewy formule sa philosophie du design en une formule, *Très avancé mais acceptable* [par tous], qui explique l'immense succès de ses produits. Représentant n° 1 du style streamline au 20ᵉ siècle, Raymond Loewy a clairement démontré que le succès d'un produit dépendait autant de son esthétique que de ses qualités intrinsèques. Peu de designers du 20ᵉ siècle ont été aussi influents et prolifiques que Loewy, peu ont été aussi incompris. Car ce génie du stylisme a aussi amélioré avec talent le design de nombreux produits et introduit nombre d'innovations significatives. Raymond Loewy a montré le design sous des couleurs séduisantes et rehaussé le statut du design industriel en général.

↖ Autocar Greyhound *Scenicruiser*, 1954

Intérieur d'un autocar Greyhound, vers 1946

LONDON TRANSPORT

Fondée en 1933
À Londres, Angleterre

Edward Johnston, Logo du métro londonien, après 1933

Célèbre dans le monde entier pour son identité visuelle, le programme de design intégré de London Transport a été lancé par Frank Pick (1878–1941) qui rejoint l'Underground Group (métro londonien) en 1906 et en devient le directeur de la circulation en 1909. Pick estimait que les transports publics devaient être à la fois fonctionnels et esthétiquement plaisants. Il a ébauché les grands axes d'une identité visuelle unifiée et standardisée basée sur une éthique de « l'adéquation au but recherché ». En 1913, il commande une nouvelle police de caractères pour le métro londonien au typographe Edward Johnston (1872–1944) qui crée un sans serif très lisible. Ce dernier est aussi responsable du nouveau dessin de la « rondelle rouge », le logo accrocheur du métro, qui fait sa première apparition en 1908. Pick a aussi commandé des affiches à des artistes réputés et engagé l'architecte Charles Holden (1875–1960) pour moderniser les stations existantes et en réaliser de nouvelles. Au total, Holden a construit pour le métro londonien plus de cinquante stations dont le style architectural trahit l'influence du Mouvement moderne scandinave et hollandais et représente un point culminant du design anglais rationnel. Il a aussi dessiné des abris, des panneaux de signalisation, des lampadaires et des quais. En 1932, Pick devient président de l'Association du Design et de l'Industrie et en 1933, vice-président et PDG de la toute récente London Transport Company qui contrôle les bus, trams et réseaux ferrés londoniens souterrains. Pick poursuit sa mission de « design maison » et la même année le plan du métro parisien redessiné par le dessinateur industriel Henry Beck (1903–1974) voit le jour. Beck utilise une méthode schématique ingénieuse pour cette nouvelle carte extrêmement lisible qui représente plutôt les relations spatiales que les distances géographiques entre les stations. En 1937, Enid Marx (1902–1993) dessine, pour les garnitures des sièges, une gamme de textiles résistants dont les motifs modernes mettent en valeur la cohérence visuelle des trains, trams et bus londoniens. En 1938, le matériel roulant est renouvelé et son design se conforme aux critères de « forme et de fonction » définis par Beck. La réussite la plus incontestable et la plus célèbre de

Enid Marx, Tissu d'ameublement *Shield* pour le métro londonien, 1948

Douglas Scott,
AEC *Routemaster*,
mis en circulation
en 1956

Thomas
Heatherwick,
New Routemaster,
fabriqué par Wright,
mis en circulation à
Londres en 2012

London Transport reste cependant le bus rouge *Routemaster* conçu par **Douglas Scott** en 1954. Aujourd'hui, un petit nombre seulement des bus *Routemaster* de Scott circulent encore sur des itinéraires spécialement choisis. En 2012 toutefois, l'impressionnant *New Routemaster* conçu par Thomas Heatherwick (né en 1970) entre en service, projetant la tradition londonienne du bus à impériale rouge dans le 21e siècle.

Affiche pour la lampe *PH* dessinée par Poul Henningsen, fin des années 1920

LOUIS POULSEN

Fondée en 1892
À Nyhavn, Danemark

La célèbre société de luminaires Louis Poulsen & Co. est à l'origine un commerce de gros (bouchons de liège et quincaillerie générale) fondé par Ludwig R. Poulsen. En 1892, ce dernier crée un département électrique qui vend des lampes à arc. Louis Poulsen, neveu du fondateur prend la direction de la société en 1916 et deux plus tard l'installe à Nyhavn. Mais c'est en 1911, quand Sosphus Kaastrup-Olsen achète 50 % des parts de la division électrique de Poulsen, que la société prend un virage décisif. Olsen, qui croit fermement dans l'avenir de l'énergie électrique est aussi un militant progressiste. En 1917, Louis Poulsen prend sa retraite et Olsen devient l'unique propriétaire de la société. Presque aussitôt, il bénéficie du redémarrage de l'activité lié à la fin de la Première Guerre mondiale. Dès 1918, le chiffre d'affaires de Louis Poulsen & Co. s'élève à cinq millions de couronnes et son bénéfice net à 600 000 couronnes. Malgré les turbulences financières qui affectent la société dans les années 1920, celle-ci accroît considérablement ses parts de marché en s'attachant les services du designer Poul Henningsen (1894–1967). Dès 1924, ce dernier crée des luminaires pour Louis Poulsen et en 1925, certains de ses modèles remportent une médaille d'or à l'« Exposition internationale des Arts Décoratifs et Industriels Modernes » de Paris. Un an plus tard, il dessine la fameuse série *PH* encore fabriquée aujourd'hui. Les lampes *PH*, étonnamment modernes pour leur époque, séduisent l'avant-garde : Alvar Aalto (1898–1976) les intègre par exemple dans son aménagement de l'Auditorium de Turku en Finlande. Ces lampes « sans ombre » sont dotées de trois abat-jour efficaces qui diffusent la lumière et sont utilisées dans de grands bâtiments publics comme la gare de Cologne (1929)

Poul Henningsen, Lampe de table *PH4-3*, 1966

Louis Poulsen, Suspension *Enamel*, 1930

ainsi que dans des locaux commerciaux ou privés de dimensions plus restreintes. En 1931, 30 000 lampes *PH* avaient été vendues dans le monde entier. Après la Seconde Guerre mondiale, Louis Poulsen poursuit son expansion, ouvre des filiales à l'étranger et collabore avec de grands noms du design comme **Arne Jacobsen, King & Miranda**, Alfred Homann (né en 1942) qui dessinent pour la société des luminaires à usage professionnel ou domestique. En 1997 Louis Poulsen & Co. emploie 1 090 personnes et a la propriété exclusive de filiales en Allemagne, Suède, Norvège, Finlande, Grande-Bretagne, Hollande, France, Suisse, Australie, au Japon et aux États-Unis. Trois ans après, l'entreprise crée le Sophus Fund, qui fait de généreux dons annuels de 500 000 couronnes à des projets expérimentaux et artistiques de luminaires. En 2007, Louis Poulsen est rachetée par la société italienne Targetti Sankey, et cette même année elle expose pour la première fois au salon Euroluce de Milan. Aujourd'hui, Louis Poulsen poursuit sa collaboration avec des architectes et des designers visionnaires dans le but de créer, comme la marque l'explique, « de remarquables déclarations d'éclairage » générant un « facteur de bien être ».

Alfred Homann, Suspension *Nyhavn* (maxi), 1933

ROSS LOVEGROVE

Né en 1958
À Cardiff, Pays de Galles

Ross Lovegrove étudie le design industriel à l'École Polytechnique de Manchester puis au Royal College of Art de Londres, où il obtient sa maîtrise en 1983 avant d'intégrer l'agence **Frogdesign**, conseil en design industriel, à Altensteig. Il y travaille notamment sur la conception de baladeurs pour **Sony** et d'ordinateurs **Apple**. Designer intégré chez Knoll International de 1984 à 1987, il crée l'Office System *Alessandri* qui connaît un grand succès. En 1986, Lovegrove retourne en Angleterre où il ouvre un bureau avec Julian Brown [né en 1955]. Il conçoit la bouteille thermos *Basic* pour Alfi Zitzmann [1990]. Après la dissolution de l'agence, en 1990, Lovegrove ouvre Studio X, son propre bureau de design industriel à Londres. Outre du mobilier pour des clients comme **Kartell**, Cecotti, Cappellini, Fasem, Moroso, Driade et Frighetto, Lovegrove crée de multiples luminaires pour Luceplan dont *Solar Bud* [1996–1997], un modèle à l'énergie solaire. Il a aussi signé de la maroquinerie de luxe pour Connolly Leather [1994], une bouilloire pour Hackman [1999] les couverts Handy pour Fratelli Guzzini [1999], la lampe en lave *Fluidium* pour Mathmos [1999] et des accessoires pour **TAG Heuer** [2000]. Lovegrove a aussi travaillé sur une proposition d'habitat préfabriqué comportant une structure « nomadique » alimentée par énergie solaire dénommée *Solar Seed* [1994–1995]. Au cours des années 2000, Lovegrove se fait un nom pour son essentialisme organique inédit. Deux de ses produits, la bouteille d'eau *Ty Nant* [2000–2002] et la chaise empilable *Supernatural* pour Moroso [2005–2009], illustrent parfaitement cette approche en capturant l'essence de la nature dans leur formes bio-inspirées. Tout au long de sa carrière, Lovegrove recherche « la perfection dans les objets quotidiens » et marie des formes sculpturales et ergonomiques à

Pichet isotherme *Basic* pour Alfi [co-dessiné avec Julian Brown], 1988

Chaise *Diatom*
pour Moroso
2013–2015

des matériaux et des techniques industrielles de pointe, afin de produire des designs séduisants et fiables. Puisant son inspiration dans la nature et guidé par sa conscience écologique, Lovegrove vise chaque fois que possible l'unité organique du design et se cantonne à des formes essentialistes. Davantage leader et preneur de risques que disciple en matière de design industriel, Lovegrove pousse à la limite les matériaux, la technologie, la fonction, voire l'esthétique, et est souvent en cela un précurseur. Il est infatigable dans sa quête de formes nouvelles et plus performantes, capables d'avoir une résonance émotionnelle. Deux de ses récents projets incarnent cette approche écologique et visionnaire des solutions : la voiture en fibre de carbone et entièrement électrique *Twin'Z* pour Renault (2013) et la chaise empilable 100 % aluminium *Diatom* pour Moroso (2013-2015).

DIETRICH LUBS

Né en 1938
À Berlin, Allemagne

Dietrich Lubs étudie la construction navale avant d'apprendre son métier de designer chez **Braun**. En 1962, il commence à travailler pour le département de design de la société, dirigé par **Dieter Rams**. Responsable du graphisme depuis 1971, il continue à créer certains produits Braun : de nombreux modèles de calculatrices de poche, des réveille-matin et des montres pour Braun. Tous ces objets ont en commun des formes géométriques et une conception fonctionnelle. La plupart de ses pendules sont habillées de boîtiers en plastique noir mat qui font ressortir les coloris blanc et jaune des chiffres et des aiguilles, procurant une lisibilité optimale. Depuis 1995, Lubs est directeur adjoint du département de design Braun. Les nombreux produits qu'il a créés incarnent parfaitement le langage rationnel du design inauguré par Rams. Ils traduisent aussi les vertus qu'on attribue en général au design industriel allemand : fonctionnalisme, logique et excellence de l'ingénierie.

Calculatrice de poche, variante de l'*ET 44*, en collaboration avec Dieter Rams, 1978

Réveil *AB5* pour Braun, 1990

Radio numérique avec horloge *ABR 314 df* pour Braun, 1997

MAG INSTRUMENTS

Fondée en 1974
À Los Angeles, Californie, États-Unis

Anthony Maglica

Né à New York durant la dépression, Anthony Maglica a été éduqué en Europe, où il a reçu une formation de mécanicien, avant de rentrer aux États-Unis en 1950. Cinq ans plus tard, il investit 125 dollars prélevés sur ses économies pour ouvrir à Los Angeles un petit atelier travaillant sur commande. Grâce à son savoir-faire de mécano expérimental et à une obstination sans faille, Maglica obtient bientôt la réputation d'un excellent fabricant pour les composants industriels, militaires et aéronautiques qu'il produit. Dans les années 1970, il se reconvertit dans les lampes torches, à l'époque considérées comme des articles médiocres et peu fiables. Flairant une opportunité commerciale pour des lampes torches plus durables et plus efficientes, Maglica fonde en 1974 Mag Instruments et lance une lampe torche en aluminium dénommée *Mag-Lite* (1978). La *Mag-Lite*, conçue pour offrir un outil performant aux policiers et aux pompiers, sait se rendre rapidement indispensable dans ces métiers et sa fiabilité hors pair la fait aussi adopter par le grand public. En 1984, la *Mini Maglite* un modèle plus petit, est commercialisée et en 1987 une version encore plus petite est lancée, suivie un an plus tard par une micro lampe de poche qu'on peut accrocher à son porte-clés. Comme la caravane **Airstream** et le briquet *Zippo*, la lampe de poche *Mag-Lite*, résistante aux chocs et étanche, avec sa bague permettant d'élargir et de rétrécir le faisceau, est considérée comme un classique du design américain.

Lampe torche *2-cell AA Mini Maglite*, 1984

Lampe torche *3-cell D Black Mag-Lite*, 1978

ERIK MAGNUSSEN

Né en 1940
À Copenhague, Danemark

Erik Magnussen étudie la céramique à la Kunsthandvaerkerskolen (Copenhague) jusqu'en 1960. En 1962, il est embauché comme designer par le porcelainier Bing & Grondahl pour lequel il crée des services aux formes simples et géométriques comme son *Form 25* empilable de 1965. L'originalité des onze pièces qui constituent ce service réside dans leur double paroi isolante. En 1967, Magnussen reçoit le prestigieux prix Lunning pour ses céramiques qui conjuguent sensibilité artistique et compréhension des techniques de production industrielles. L'année suivante il dessine la chaise *Z-chair* en métal tubulaire et toile pour Torben Ørskov & Co. avant de créer une gamme de mobilier scolaire en collaboration avec Per Kragh-Müller. En 1969, il imagine une théière originale pourvue d'une poignée incorporée. À partir de 1976, Magnussen collabore avec **Stelton**, pour qui il crée un certains nombres d'objets célèbres dont la classique *Thermal Carafe* (1976). À partir de 1978, il dessine des articles de vaisselle pour Georg Jensen. Parmi les créations de Magnussen des années 1980 et 1990, on retiendra la lampe à kérosène *301* (1988) pour Harlang & Dreyer, une horloge et un baromètre pour Georg Christensen ainsi qu'une table et une chaise (1989) pour Paustian, dont le châssis se composait d'une unique tige de métal tubulaire cintré.

Saladiers et couverts à salade pour Stelton, 1986

Service *Thermal Carafe*, 1976

GERHARD MARCKS

Né en 1889 à Berlin, Allemagne
Mort en 1981 à Burgbrohl, Allemagne

Gerhard Marcks apprend la sculpture en autodidacte dès 1906 avant de travailler, de 1908 à 1912 dans l'atelier du sculpteur Richard Scheibe (1879–1964), à Berlin. En 1914, ses sculptures sont présentées dans le hall d'entrée de l'usine réalisée par **Walter Gropius** pour l'exposition du **Deutscher Werkbund** à Cologne. En 1918, il rejoint l'association radicale d'artistes Novembergruppe fondée à Berlin la même année. Après son service militaire, Marcks enseigne à la Kunstgewerbeschule (École des Arts Appliqués) de Berlin pendant un an. Il adhère ensuite à l'Arbeitsrat für Kunst (Conseil du Travail pour l'Art) à Berlin et enseigne au **Bauhaus** de Weimar. En 1920, Gropius le nomme « maître de formes » du nouvel atelier de céramiques de l'école qui vient d'ouvrir à Dornburg, à trente kilomètres de Weimar. Marcks y enseigne jusqu'en 1924 et ses céramiques de cette période sont assez ornementées. Ce n'est qu'en 1928, date de son accession à la direction de l'École d'Arts Appliqués de **Burg Giebichenstein** à Halle, que Marcks adopte un style rationnel qui ne va cesser de s'accentuer. C'est en 1928 qu'il dessine la cafetière *Sintrax* pour la Glaswerke Schott & Gen. d'Iena. Cet objet au design utilitaire et typiquement moderne, conjuguant verre thermorésistant, plastique, bois et métal est destiné à une production en grande série. La *Sintrax* incarne parfaitement l'éthique de la « forme sans ornement » pour laquelle militait le Deutscher Werkbund. En 1930, **Wilhelm Wagenfeld** dessine une nouvelle poignée droite pour la *Sintrax* qui lui confère une allure encore plus rationnelle. Marcks dessine ensuite un service à thé *Tiergarten* (1932) pour la Staatliche Porzellanmanufaktur (ancienne

Cafetière à infusion *Sintrax* et support pour Jenaer Glaswerk, Schott & Gen., vers 1928

Cafetière à infusion *Sintrax* pour Jenaer Glaswerk, Schott & Gen., 1930 – poignée dessinée par Wilhelm Wagenfeld

Manufacture Royale, aux initiales KPM) de Berlin. Malgré sa conception rationnelle et ses caractéristiques ergonomiques adaptées, le service *Tiergarten* n'est jamais mis en production. En 1933, chassé de son poste par les Nazis, Marcks s'établit à Niehagen. À partir de 1936, il essaie de travailler comme artiste indépendant à Berlin, mais est interdit d'exposer. Les persécutions ne s'arrêtent pas là : en 1943, l'atelier de Marcks à Berlin-Nikolassee est saccagé. Après la Seconde Guerre mondiale, il enseigne la sculpture à la Landeskunstschule de Hambourg pendant quatre ans avant de s'installer à Cologne en 1950, où il se consacre à la création artistique. En 1971, la Fondation Gerhard Marcks est créée à Brême et en 1987 une rétrospective de son œuvre est organisée à Brême, Cologne et Berlin.

GUGLIELMO MARCONI

Né en 1874 à Bologna, Italie
Mort en 1937 à Rome, Italie

Guglielmo Marconi fait ses études à Bedford (Angleterre) et à Florence (Italie), avant de passer deux ans au Leghorn Lyceum, une école technique de Livourne. Il y étudie la physique et y découvre les travaux de grands pionniers de la science, James Clerk Maxwell (1831–1879), Heinrich Hertz (1857–1894) et Sir Oliver Lodge (1851–1940) qui ont tous effectué des recherches sur l'électromagnétisme ou les récepteurs radio. Il donne par la suite des conférences à l'université de Bologne et, dès 1894, entreprend ses propres expérimentations. Au moyen d'appareils relativement primitifs, Marconi parvient à démontrer qu'avec une antenne, la portée d'un poste de TSF peut être augmentée de 2,4 km. Il découvre aussi que si l'antenne est dotée de réflecteurs, l'énergie électrique émise peut être concentrée en faisceau. Convaincu que ses découvertes vont déboucher sur un nouveau système de communications sans fil, mais incapable d'éveiller l'intérêt de ses compatriotes, Marconi décide de partir pour Londres où il dépose son premier brevet en 1896. En 1896 et 1897, il effectue une série d'expérimentations probantes, dont certaines avec des ballons et des cerfs-volants pour tester la portée de l'émission en fonction de la hauteur de l'antenne. Pour exploiter son invention, il crée sa propre société (rebaptisée Marconi's Wireless Telegraph Company en 1900) et, le jour de Noël 1898, parvient à transmettre des signaux télégraphiques du bateau-phare d'East Goodwin au phare de South Foreland, distant de 16 kilomètres. En 1899, le bateau-phare entre en collision avec un paquebot et le télégraphe sans fil de Marconi permet d'alerter les autorités et de sauver des vies humaines. Cet incident met en évidence l'intérêt de la TSF

Premier émetteur de Marconi, 1897

Microphone à ruban de Marconi, utilisé par la BBC de 1934 à 1959

en matière de sécurité publique. La même année, les premiers messages de TSF sont envoyés, par dessus la Manche, de South Foreland (Angleterre) à Wimereux (France), près de Boulogne. En 1900, Marconi dépose son célèbre brevet pour des « améliorations sur les équipements de télégraphie sans fil ». Malgré les allégations de plusieurs éminents mathématiciens prétendant qu'à cause de la courbure du globe terrestre, la portée des signaux télégraphiques est limitée à un rayon compris entre 161 et 322 km, Marconi réussit en 1901 à établir une liaison radio entre St Jean de Terre-Neuve et Poldhu, en Cornouailles. Cette prouesse annonce l'ère des communications planétaires. Dans les années qui suivent, Marconi parvient à accroître la portée de ses transmissions sans fil et la qualité de leur réception, accumulant les récompenses pour son travail – dont le prix Nobel de physique en 1909. En 1920, la première émission de radio à destination du public – un récital de chant de Nellie Melba – est retransmis depuis l'usine Marconi à Chelmsford. Deux ans plus tard, Marconi et cinq autres sociétés s'associent pour fonder la British Broadcasting Company (BBC) et commencent à diffuser des émissions depuis Londres. En 1937, la société se voit commander par le gouvernement anglais un réseau de « Chain Home » stations, c'est le premier système radar de défense anti-aérienne britannique. La société Marconi devient dès lors leader mondial en systèmes de défense radar. Elle fusionne avec la General Electric anglaise en 1968 et plus tard avec British Aerospace pour former BAE Systems, aujourd'hui deuxième fabricant mondial de matériels militaires. Marconi est le plus grand pionnier de la radiophonie et ses inventions révolutionnaires on littéralement changé la face du monde.

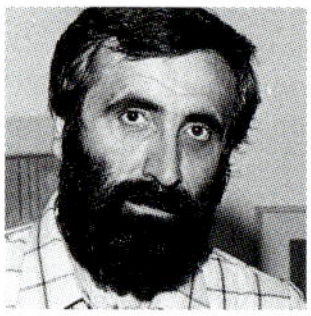

ENZO MARI

Né en 1932
À Novare, Italie

Enzo Mari étudie à l'Académie des Beaux-Arts de Brera (Milan) de 1952 à 1956 – c'est alors qu'il publie son premier article sur l'art. Après ses études, il s'oriente vers le design de livres et de jeux. Il commence à travailler pour **Danese** en 1957. L'un de ses premiers projets pour l'entreprise est un jouet, simple mais ingénieux : un puzzle constitué de seize animaux empilables en bois (1957). En 1959, il commence ses recherches sur les plastiques qui déboucheront sur la création de nombreux produits Danese, dont un porte-parapluie cylindrique en PVC (1962) et le vase *Pago-Pago* (1969) en ABS. Mari rejoint le mouvement radical *Nuove Tendenze* en 1963 et enseigne à la Scola Umanitaria (Milan). Ses théories radicales sont publiées en 1970 dans *Funzione della ricerca estetica* et, en 1974, il expose une série de meubles d'esprit « Tecnica Povera » (technologie pauvre). Mari est aussi l'auteur de quelques sièges remarquables, dont *Sof Sof* (1971) en tige de métal pour Driade, *Box* (1974–1975), un siège démontable vendu dans une boîte pour Anonima Castelli et l'élégante chaise *Tonietta* (1980–1985) pour Zanotta, qui reçoit un Compasso d'Oro en 1987. Théoricien en vue du design, Mari a été président de l'ADI (Associazione per il Disegno Industriale) de 1976 à 1979 et a enseigné à Milan, Rome, Parme et Carrare. Les créations les plus récentes de Mari pour **Alessi** comme la passoire *EM02* (1997) et le presse-citron *Titanic* (2000) illustrent sa quête continuelle de formes neuves. Alberto Alessi déclarait à son sujet : « Je suis vraiment content qu'Enzo Mari continue d'exister et de travailler en paranoïaque courageux et irréductible dans un monde… enclin à devenir trop sagement commercial. »

Passoire *EM02* pour Alessi, 1997

CYRUS HALL MCCORMICK

Né en 1809 à Rockbridge County, Virginie, États-Unis
Mort en 1884 à Chicago, Illinois, États-Unis

Cyrus Hall McCormick est le fils aîné de Robert McCormick, qui était à la fois fermier, forgeron et inventeur. Robert McCormick avait inventé plusieurs machines agricoles mais avait échoué dans la mise au point d'une moissonneuse mécanique efficace. À l'âge de 22 ans, Cyrus parvient à concevoir et à fabriquer la première moissonneuse commercialisable pour laquelle il dépose un brevet en 1834. C'est un tournant capital pour l'agriculture : cette machine peut ouvrir un andain de 70 mètres dans un champ de blé en à peine plus d'une minute. Les performances de cet équipement bon marché vont contribuer à faire de l'Ouest américain une « terre à blé » opulente et à doper l'économie du Nord des États-Unis. La moissonneuse devra pourtant attendre le milieu des années 1840 pour être commercialisée dans une version améliorée. Dans les années 1850, la moissonneuse de McCormick est fabriquée en série et vendue sur tout le territoire des États-Unis. En 1851, elle est exposée à la **Great Exhibition** de Londres où elle est décrite par le *Times* comme un « croisement entre le chariot d'Astley, une brouette et une machine volante ». En 1856, McCormick vendait plus de 4 000 moissonneuses par an. Son invention a révolutionné la production agricole.

Gravure montrant une moissonneuse tirée par des chevaux, invention de Cyrus Hall McCormick datant de 1831 environ

Douglas *DC-3*, 1935

MCDONNELL DOUGLAS

Fondée en 1967
À St. Louis, Missouri, États-Unis

La McDonnell Douglas Corporation, créée en 1967 est le résultat de la fusion de la McDonnell Aircraft Corporation, fondée par James McDonnell (1899–1980) à St. Louis en 1939 et de la Douglas Aircraft Company, fondée par Donald W. Douglas (1892–1981) à Santa Monica en 1920. Douglas, assistant en génie civil au département d'aérodynamique du Massachusetts Institute of Technology, a contribué à mettre au point l'une des premières souffleries aéronautiques (1914–1915). En 1920, il crée sa société et la même année, dessine le *Cloudster*, le premier avion conçu en application des lois de l'aérodynamique. C'est aussi le premier appareil capable d'emporter une charge utile qui excède son propre poids. Reconnaissant le potentiel des avions pour le transport de passagers et de marchandises sur de longues distances, Douglas commence à mettre au point sa fameuse série d'avions *DC* (Douglas Commercial) dès 1932. On retiendra notamment l'immortel *DC-3* (1935), le premier avion de ligne rentable au monde. Avec ses deux moteurs Pratt & Whitney, il peut emporter 21 passagers à une vitesse de 195 km/h. Durant la Seconde Guerre mondiale, le *DC-3* est converti en avion militaire et rebaptisé *C-47*. Au total, la Douglas Aircraft Company a fourni 29 000 appareils à l'armée

Douglas *DC-3*
de la KLM airlines,
fin des années 1930

Chaîne d'assemblage de la Douglas Aircraft Company en Californie, début des années 1940

FH-1 Phantom, 1948

F-4A Phantom, 1961

F-15C Eagle, 1978

F/A-18F Super Hornet, vol inaugural, 1995

américaine (dont 10 000 *C-47*), soit un sixième de la flotte aérienne. Après la guerre, la société continue à développer ses appareils destinés au transport de passagers, dont le *DC-7*, à moteur à pistons, dont le rayon d'action permet pour la première fois des trajets intercostaux sans escale. Avec l'avènement de l'avion à réaction pour le transport de passagers, Douglas développe le *DC-8* (1958) et le *DC-9* (1965) mais se voit bientôt distancé par son concurrent **Boeing**. D'où la nécessité d'une fusion avec McDonnell. Fondée à la veille de la Seconde Guerre mondiale, la McDonnell Aircraft Corporation s'agrandit rapidement et devient l'un des principaux fournisseurs de l'armée américaine. Durant la guerre, elle entreprend des recherches sur la propulsion par réaction, recherches qui aboutissent au développement du *FH-1 Phantom* (1946), le premier chasseur à réaction embarqué opérationnel. Premier appareil de la marine américaine capable d'atteindre 1200 km/h, le *FH-1* est le premier d'une longue et remarquable lignée d'avions de combat McDonnell. Parmi ceux-ci, on retiendra l'*A-4 Skyhawk* (1954), le polyvalent *F-4 Phantom* Mach 2 (1958), le *F-15 Eagle* (1972), chasseur n° 1 de l'armée de l'air américaine aujourd'hui encore et le *F/A-18 Hornet* (1978). McDonnell et Douglas, toutes deux à l'avant-garde de la technologie de l'ère spatiale, ont apporté des contributions décisives aux programmes spatiaux Mercury, Gemini et Saturn/ Apollo. Aujourd'hui, les appareils de transport commercial McDonnell-Douglas, tel l'impressionnant gros porteur *MD-11* (1990), les avions de combat et les engins spatiaux, couronnent la longue série de réalisations qui jalonnent l'histoire de ces deux entreprises. En 1997, la McDonnell Douglas Corporation fusionnait avec Boeing.

MECCANO

Fondée en 1901
À Liverpool, Angleterre

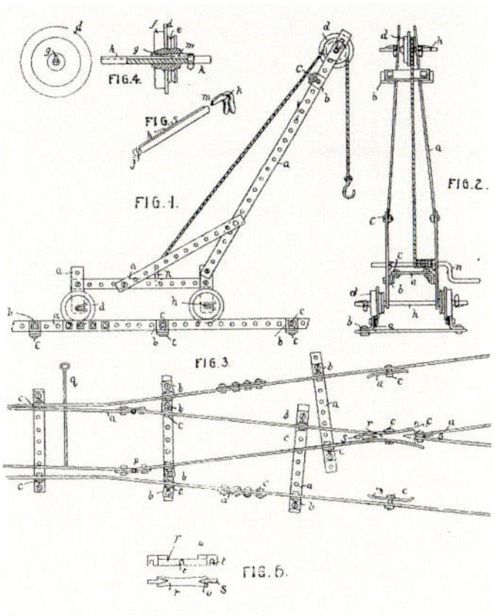

Frank Hornby, Dessin pour le brevet du jeu de construction Meccano, 1901

En 1899, Frank Hornby (1863–1936), qui devait plus tard créer les trains électriques Hornby et les jouets Dinky, décide de fabriquer une grue miniature pour ses deux petits enfants. Constatant que les composants requis sont introuvables, il décide de les fabriquer lui-même. Il se souviendra par la suite : « Je compris que seules des pièces interchangeables pouvaient remédier à cet état de choses. Un nouveau principe de standardisation était requis, permettant d'assembler les pièces en les combinant de multiples façons. Et puis, par bonheur, j'ai découvert que des éléments percés de petits trous de diamètre égal à intervalles réguliers conviendraient parfaitement. » Il brevète son système de jouet de construction (« La mécanique à la portée de tous ») en 1901 et grâce au financement d'un certain Elliot, peut commencer la fabrication. Les premières boîtes en fer blanc coûtent 7 shillings 6 pence et renferment 15 bandes de fer blanc ainsi qu'un assortiment d'écrous et de boulons. L'éclosion de ce type de jeux révèle sans doute l'influence des théories de l'éducation « active » dont les partisans les plus remarquables sont Maria Montessori et John Dewey qui militent en

Couverture d'un manuel d'instructions Meccano, France, années 1960

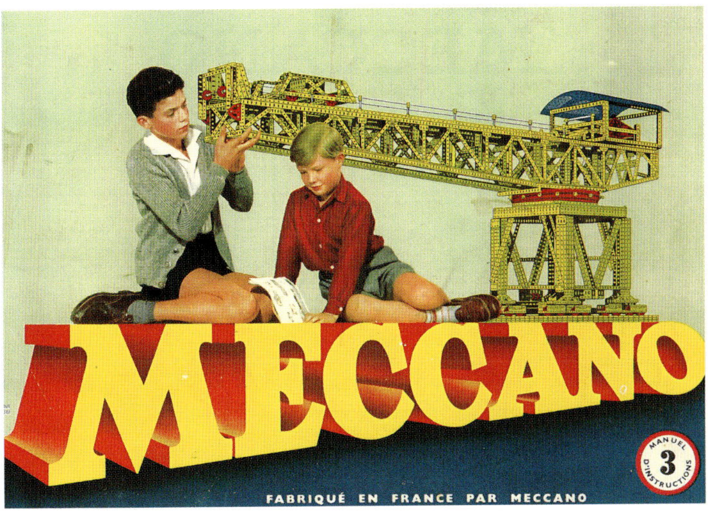

Publicité pour Meccano, Grande-Bretagne, années 1960

faveur de jouets éducatifs mais ludiques. Les années suivantes, Hornby commercialise des boîtes de différentes tailles et invente de nouveaux éléments (roues, leviers de vitesse en laiton...). La société sponsorise généreusement des compétitions de modèles réduits qui, à leur tour, contribuent à populariser ses jouets. En 1907, une nouvelle usine est construite rue Duke à Liverpool et un an plus tard, Hornby rachète les parts de son associé et rebaptise son entreprise Meccano. Dès cette époque, Meccano exporte ses composants en plaqué nickel et laiton au Canada, en Australie, Nouvelle-Zélande, Inde et dans divers pays du Commonwealth. En Amérique, les jouets Meccano sont fabriqués quelque temps dans le New Jersey, mais sont confrontés à la vigoureuse concurrence d'Erector, un jeu de construction similaire produit par la Gilbert Toy Company. Même la Première Guerre mondiale n'interrompt pas la production des Meccano : en 1914, la société s'installe dans une nouvelle usine qui restera la sienne 66 ans. En 1916 paraît pour la première fois le *Meccano Magazine*, suivi, après la guerre par la fondation du Meccano Club – tous deux contribuant fortement à fidéliser la clientèle de la marque. On notera que Meccano a fabriqué très tôt des modèles capables de mouvement : la *Panoplie de l'Inventeur*, sortie en 1920, comprenait toutes sortes de manivelles, roues, pignons et charnières, permettant aux enfants de s'initier aux rudiments de la culture industrielle, alors dans son âge d'or. En 1926 est lancé *Meccano in Colours* : les éléments sont disponibles en rouge, vert et bronze ; les pièces or et bleues sont lancées en 1934. À cause de la pénurie de matériaux, la production est interrompue durant la Seconde Guerre mondiale et subit un ralentissement durant la guerre de Corée. Dans les années 1960 et 1970, Meccano est confronté à la concurrence croissante de fabricants comme **Lego** et en 1979, elle est en cessation de paiements. Mais la société a perduré et les Meccano sont encore fabriqués aujourd'hui par la filiale française de la société. Toujours synonymes de plaisir pour petits et grands, les éléments des jeux Meccano incarnent les principes fondamentaux de la production en série.

ALBERTO MEDA

Né en 1945
À Lenno Tremezzina/Côme, Italie

Alberto Meda étudie l'ingénierie mécanique à l'École Polytechnique de Milan dont il est diplômé en 1969. Il est nommé en 1973 directeur technique et responsable planning du design des plastiques chez **Kartell** où il met en place un programme de recherche sur des équipements de laboratoire en plastique. En 1979, il s'installe à son compte comme ingénieur-designer et conseille notamment **Alfa Romeo** Alias, Cinelli, Colombo Design, **Gaggia**, Ideal Standard, Mandarina Duck, Luceplan, **Philips**, et Vitra. De 1983 à 1987 Meda enseigne la technologie industrielle à l'Académie Domus et à partir de 1995, il enseigne le design industriel à l'École Polytechnique de Milan. Il a reçu deux Compasso d'Oro pour la lampe *Lola* (1989) et le système d'éclairage *Metropoli* (1994), des luminaires novateurs conçus en collaboration avec Paolo Rizzato (né en 1941) pour Luceplan. Meda a aussi signé quelques meubles remarquables dont sa chaise *Light Light* (1987) étonnamment légère, à structure en Nomex-nid d'abeille et âme en fibre de carbone. Dans les années 1990, Meda a réalisé une gamme d'élégants sièges en fonte d'aluminium pour Alias, dont le fauteuil *Armframe* et la chaise longue *Longframe* (1996). En 1997, son fauteuil de bureau *Meda* pour Vitra est élu « meilleur de sa catégorie » par le magazine *I.D. (Industrial Design).* La solidité structurelle et la cohérence visuelle des créations de Meda rappellent sa formation d'ingénieur. Cette caractéristique, jointe à son sens exquis des proportions et des détails font de Meda un des designers industriels les plus intéressants d'aujourd'hui. Il reçoit le prix Compasso d'Oro en 2008 pour sa lampe LED *Mix* pour Luceplan, et en 2011 pour sa table *Teak* pour Alias, deux créations prouvant son talent pour inventer des solutions innovantes, pratiques et élégantes.

Fauteuil *Meda* pour Vitra, 1996

MERCEDES-BENZ

Fondée en 1926
À Stuttgart, Allemagne

Affiche Benz, 1910

Mercedes-Benz est la marque de luxe du groupe Daimler-Benz constitué en 1926 par la fusion de deux fabricants automobiles allemands précurseurs : Benz & Cie., fondée par Karl Benz (1844–1929) en 1883, et la Daimler-Motoren-Gesellschaft fondée par Gottlieb Daimler (1834–1900) en 1890. À l'origine, l'entreprise de Karl Benz fabrique des moteurs fixes à combustion interne. En 1886 toutefois, il lance le *Motorwagen*. Ce véhicule à trois roues, première voiture du monde équipée d'un moteur à combustion interne, est breveté l'année suivante. Gottlieb Daimler et Wilhelm Maybach (1846–1929) développent également des moteurs à combustion interne depuis 1883 et en 1885, ils déposent le brevet d'un moteur à quatre temps. La même année, ils montent l'un de leur moteurs sur une bicyclette à cadre de bois créant ainsi la première motocyclette. En 1886, ils motorisent une voiture à traction animale, un véhicule révolutionnaire car mû par une source d'énergie « invisible ». En 1890, Daimler fonde finalement la Daimler-Motoren-Gesellschaft. En 1894, la société lance une voiture dotée d'une transmission à quatre vitesses par une courroie qui relie le moteur aux roues arrière assurant ainsi un changement de vitesses plus souple. Benz lance lui aussi un nouveau modèle cette année-là, le *Benz Velo* qui est la première voiture fabriquée en série. En 1899, il achève la mise au point d'une voiture de course, une des plus performantes et des plus fiables de son

Voiture Mercedes, 1904

Roadster Mercedes-Benz *260 Stuttgart*, 1928

Mercedes-Benz *150 H*, 1934

Mercedes-Benz *190 SL*, 1955

Mercedes-Benz
500 SL, 1991

époque. En 1906, Daimler met au point de son côté la première Mercedes de compétition. En 1926, les deux sociétés fusionnent pour créer la Daimler-Benz qui construit des voitures sous la marque Mercedes-Benz. Parmi celles-ci, on retiendra notamment la célèbre sportive SSK (1928) et la 260 *Stuttgart* (1928), modèle vedette de l'entreprise à la fin des années 1920. Dans les années 1930, outre les berlines élégantes et les voitures de sport comme la *159H* (1935), Daimler-Benz commercialise des véhicules de compétition aérodynamiques telles la *W 25* (1934) et la *W 125* (1937) – cette dernière engrangera 27 victoires en compétition. Durant la Seconde Guerre mondiale, les usines Daimler-Benz se reconvertissent dans l'armement. La fabrication de voitures reprend en 1946, mais l'entreprise attend 1950 pour sortir un nouveau modèle. C'est le cabriolet *170 S*, puissant symbole du redémarrage économique allemand. En 1955, la firme lance la *180*, la première Mercedes moderne trois-corps, et l'élégante *190 SL* décrite comme « la voiture idéale pour les dames sportives ». Pendant plusieurs décennies prospères, Daimler-Benz produit des voitures, des camionnettes, des camions et des bus et en 1965, il est le plus grand fabricant de véhicules commerciaux d'Europe. En 1988, Mercedes-Benz célèbre la fabrication de sa dix millionième voiture et reste fidèle à sa tradition de véhicules innovants et de qualité, de ses modèles *Classe S* (lancés en 1972) haut de gamme au modèle *Classe A* (sorti en 1997) compact, illustration du design allemand dans toute sa splendeur. Récemment, à l'instar d'autres grands de l'automobile, Mercedes-Benz s'est aussi penchée sur son fier héritage et s'en est inspirée pour créer la supercar *SLS AMG*. Commercialisé en 2010, ce design aux portes « ailes de mouette » est pensé comme le successeur spirituel de la sublime Mercedes-Benz 300 SL, lancée en 1954. Primée à plusieurs reprises, la *SLS AMG* est aussi acclamée par les passionnés de voitures, des journalistes automobiles de renom aux pilotes de Formule 1. La production de cette supercar ultra onéreuse cesse pourtant en 2014, moment où l'équipe de design interne de

Mercedes-Benz
SLS AMG, 2012

Mercedes-Benz
CLS Shooting Brake, 2015

Mercedes-Benz
Smart Fortwo, 2015

Mercedes-AMG se concentre sur le développement d'une voiture de sport moins coûteuse, la *Mercedes-AMG GT*, avec un lancement en 2016. Autre pur-sang dans l'écurie Mercedes-Benz : la *CLS Shooting Brake* allie tradition et modernité et évoque les voitures de sport du passé avec sa ligne basse. D'un pedigree manifestement différent, la nouvelle *Smart Fortwo* (2015) est la dernière génération de microvoiture parfaite en milieu urbain. Fort d'un vaste éventail de voitures, Daimler, constructeur des véhicules Mercedes-Benz et Smart, a produit le chiffre record de 1 739 854 unités en 2014 grâce à l'augmentation des ventes à la Chine et à la hausse de 25 % de la demande de voitures compactes.

MESSERSCHMITT

Fondée en 1938
À Augsburg, Allemagne

Messerschmitt
Me 109F, 1938

Wilhelm « Willy » Messerschmitt (1898–1978) étudie l'ingénierie à l'Institut de Technologie de Munich. Trois ans plus tard, il devient ingénieur en chef responsable du design de l'entreprise aéronautique Bayerische Flugzeugwerke à Augsburg. Il conçoit le monoplan à aile basse, monomoteur et monoplace, *BF 109* rebaptisé *Me 109* quand la société devient, en 1938, la Messerschmitt-Aktien-Gesellschaft. Le célèbre chasseur *Me 109* est équipé d'un moteur Daimler-Benz de 1150 chevaux et sa vitesse de pointe est de 560 km/h. Durant la Seconde Guerre mondiale, près de 35 000 *Me 109* sont construits pour l'armée allemande. Parmi les autres modèles militaires, citons le chasseur bombardier nocturne Me 110, le *Me 163* (1943), le premier appareil à propulsion par fusée, et le *Me 262* (1943), le premier avion à réaction opérationnel. Après la guerre, Messerschmitt diversifie sa production, fabriquant aussi bien des machines à coudre et des maisons préfabriquées, avant de se lancer, au milieu des années 1950 dans les petites voitures, témoin la *KR-200* à trois roues (1956) dessinée par Fritz Fend, ou la *TG500* en forme de fusée (1957).

Fritz Fend, Voiturette
Messerschmitt
KR 200, 1956

Usine Miele à Gütersloh, 1900

MIELE

Fondée en 1899
À Gütersloh, Allemagne

Le credo de Miele est « Toujours mieux », et la marque obéit à un engagement ferme d'innovation conceptuelle qui lui a permis de se forger une solide réputation mondiale avec ses appareils ménagers esthétiques et de qualité supérieure. Sa gamme de produits est extensive, des fours et réfrigérateurs aux machines à laver et aspirateurs, dont beaucoup ont reçu des prix. L'entreprise jouit d'ailleurs d'une telle renommée sur son marché domestique allemand qu'en 2013, elle a été élue « meilleure marque de tous les temps » pour l'ensemble de ses catégories de produits. Ses origines remontent à la fin du dix-neuvième siècle, quand Carl Miele et Reinhard Zinkann ouvre une usine dans une ancienne scierie-maïserie en vue de fabriquer des séparateurs de crème. En 1901, la toute jeune entreprise commence à produire sa « machine à beurre » *Meteor*, sorte de baratte en bois à manivelle qui réduit grandement l'effort physique pour transformer le lait en beurre, et qui est vendue avec le slogan « ist die Beste » [c'est la meilleure]. Ayant diversifié sa ligne de produits, Miele lance en 1903 la machine à laver manuelle *Model A*, et en 1911 son premier modèle électrique. Un an après, motivés par leur succès, les fondateurs de Miele décident de

Baratte à beurre à manivelle *Meteor*, 1901

Miele
die erfolgreichste Zentrifuge
D.R.Patent
D.R.Patent
Milena
Mielewerke
Aktiengesellschaft
Gütersloh i. Westfalen

← Affiche publicitaire pour un séparateur de crème Miele

Lave-linge à chargement frontal Miele, 1957

se lancer dans la production automobile. Entre 1912 et 1914, l'entreprise fabrique 143 voitures, mais l'investissement en capitaux nécessaire et l'éclatement de la guerre la poussent à abandonner cette ligne. C'est en 1924 que Miele commence à fabriquer des vélos et en 1931, elle sort son premier aspirateur, le *Model L*, en forme de torpille. En 1932 apparaissent les premiers cyclomoteurs, qui s'adressent aux médecins, curés, facteurs et chefs-forestiers travaillant dans les zones rurales. La guerre suppose une énorme restriction de la production d'appareils ménagers, ce qui n'empêche pas Miele de produire en 1940 quelque 22 000 machines à laver. Après la guerre, les produits adoptent une esthétique plus épurée et plus contemporaine, et le marketing visant la ménagère porte ses fruits. À la fin des années 70 apparaissent les fours micro-ondes aux dimensions réduites et au début des années 80, une nouvelle génération de lave-linge avec commandes électroniques, une capacité de charge accrue, une vitesse d'essorage plus rapide et une meilleure efficacité énergétique. En 1987, Miele sort le premier lave-vaisselle incluant un tiroir à couverts, avec la devise « Lavage au niveau

supérieur ». Les années 90 et 2000 sont témoins d'une expansion supplémentaire, fruit de lourds investissements en R&D : l'objectif est de mettre sur le marché des lave-linge, aspirateurs, fours et autres appareils encore plus performants, tous conçus du point de vue de l'expérience utilisateur. Cet engagement d'excellence s'est vu récompensé au fil des années par de nombreux prix Red Dot, iF et Good Design, ainsi que par de brillants résultats lors d'enquêtes de satisfaction auprès des clients.

Lave-vaisselle Miele avec tiroir supérieur à couverts, 1987

Sèche-linge Miele *TMV 840WP* et lave-linge *WMV 960WPS*, 2015

MINTON

Fondée en 1793
À Stoke-on-Trent, Angleterre

Christopher Dresser, Frise artistique en carreaux de céramiques pour Minton & Co., 1871, motifs imprimés par transfert

Après avoir travaillé pour Josiah Spode, Thomas Minton (1765–1836) fonde sa propre usine à Stoke-on-Trent en 1793. Trois ans plus tard, il commence à produire en série des poteries et popularise un célèbre motif chinois bleu et blanc (« Willow Pattern »). L'usine acquiert aussi une certaine renommée pour sa porcelaine chinoise (1821) et pour ses créations élaborées des années 1850 inspirées de divers styles historiques. Herbert Minton prend la relève de son père en 1836 et renouvelle les méthodes de production. Il élargit aussi la gamme des produits Minton qui comprend désormais porcelaines, majoliques et pièces en gypse de parian. La société fabrique aussi des carreaux de céramique qui sont exposés à la **Great Exhibition** de 1851 et qu'A. W. N. Pugin (1812–1852) utilise pour la nouvelle décoration du Parlement britannique. Après la mort d'Herbert Minton en 1858, l'entreprise est divisée en deux entités : Minton, Hollins & Co. (carreaux de céramiques et mosaïques de sols) et Minton & Co. (carreaux à décor pictural et porcelaines). Ce dernier annonce les « manufactures d'art » et commande à d'éminents designers comme **Christopher Dresser** des créations adaptées à une production en série. Vers 1900, Minton se lance dans la fabrication de céramiques de style Art nouveau. La société est finalement rachetée par Doulton en 1968.

C. Bevan (attribué à), Carrelage pour Minton & Co., vers 1860

Spitfire *LFVc*, 1936

REGINALD MITCHELL

Né en 1895 à Talke, près de Stoke-on-Trent, Angleterre
Mort en 1937 à Southampton, Angleterre

Après des études d'ingénieur, Reginald Mitchell intègre l'usine aéronautique Supermarine Aviation Works à Southampton en 1916. Trois ans plus tard, il est nommé ingénieur en chef responsable du design de l'usine, un poste qu'il occupera jusqu'à sa mort. Mitchell conçoit des appareils ultrarapides pour les course du Scheidner Trophy (1922–1931) qui influenceront ses modèles d'avions ultérieurs. Il est l'auteur du légendaire *Spitfire* (1936) un appareil monomoteur monoplace à aile basse, fabriqué d'après les spécifications du ministère de l'air britannique. Le *Spitfire* qui entre en exploitation en 1938 est un chasseur jour/nuit qui peut voler à 580 km/h. Ce chasseur, l'un des plus rapides de la Seconde Guerre mondiale, se révèlera un intercepteur extrêmement efficace lors de la Bataille d'Angleterre. Le *Spitfire* a reçu de nombreuses améliorations, jouant des rôles divers (il a notamment servi d'avion de reconnaissance photo). Le *Spitfire XIV*, l'une des dernières versions de la guerre, pouvait atteindre la vitesse remarquable de 700 km/h et volait à une altitude de 12 200 m. Réputé pour son élégance aérodynamique et sa maniabilité, le *Spitfire* est resté en service actif dans la Royal Air Force jusqu'en 1954.

Supermarine *Spitfire MK16e*, vers 1940

JASPER MORRISON

Né en 1959
À Londres, Angleterre

Jasper Morrison étudie à Londres, à la Kingston Polytechnic Design School, de 1979 à 1982 et au Royal College of Art de 1982 à 1985. Boursier, il effectue un séjour à l'Academy of Arts de Berlin en 1984. Au début des années 1980 ses meubles expérimentaux lui valent une certaine notoriété et en 1986, il ouvre son propre bureau, l'Office for Design, à Londres. Son célèbre fauteuil intérieur/extérieur *Thinking Man's Chair* (1987) pour Cappellini est suivi par le siège *Ply* (1989) pour Vitra, qui préfigure la démarche épurée caractéristique de son travail ultérieur. En 1992, en collaboration avec James Irvine (né en 1958), Morrison lance le *Progetto Ogetto* pour Cappellini, une collection d'objets domestiques créé par un groupe de jeunes designers. La même année, Morrison publie un livre intitulé *A World Without Words* (Un Monde sans Mots) et la poignée de porte en aluminium anodisé qu'il dessine pour **FSB** (1990) est récompensée par le prix Bundespreis für Produktdesign. L'une de ses plus importantes réalisations à ce jour est le nouveau tramway de Hanovre pour l'Expo 2000, couronné par le prix du design IF Transportation et l'Ecology Award. Parmi ses autres projets récents, on retiendra ses ustensiles de cuisine en inox *Tin Family* pour **Alessi** (1998), la sus-

Tram *TW 2000* de Hanovre, pour l'Expo 2000, 1995–2000

Air-Chair pour Magis, 1999

Téléphone portable *MP01* pour Punk, 2015

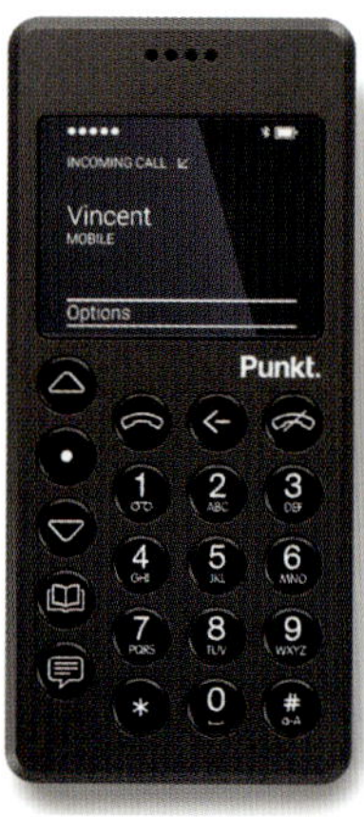

pension *Glo-ball* pour **Flos** (1998), un écran de télé plat et une chaîne hi-fi pour **Sony** (tous deux, 1998), et des meubles pour la Tate Modern à Bankside (1999). Les créations de Morrison, d'une grande pureté esthétique et ultra fonctionnelles, comme la fameuse *Air-Chair* pour Magis (1999), incarnent le nouvel esprit d'essentialisme de la fin des années 90/début 2000. En 2005, Morrison et **Naoto Fukasawa** fondent Supernormal et l'année suivante, le duo monte sa première exposition « Supernormal » d'objets quotidiens d'une grande beauté. Comme Morrison l'explique, « Le spécial est généralement moins utile que le normal, et aussi moins gratifiant à long terme. »

Entraînement sur fauteuil roulant Motivation au Bangladesh, années 1990

MOTIVATION

Fondée en 1991
À Londres, Angleterre

Motivation est une oeuvre de bienfaisance qui pilote des « projets autonomes susceptibles d'améliorer la qualité de vie d'utilisateurs de fauteuils roulants, surtout dans les pays du tiers-monde ». L'idée de cette institution est née après un accident tragique : en 1982, David Constantine, alors jeune étudiant en agriculture, se blesse dans un accident de plongée qui le laisse paralysé de la poitrine aux pieds. Il se passionne alors pour le design pour handicapés et s'inscrit aux cours de design industriel du Royal College of Art de Londres. Pendant ses études il met au point avec Simon Gue un fauteuil roulant de compétition spécifiquement destiné aux pays en développement. Ce modèle est équipé d'un châssis en métal tubulaire et d'un siège en toile amovible lui permettant d'être utilisé sous la douche. En 1990, ils effectuent un voyage au Bangladesh, où on leur demande de fabriquer des fauteuils roulants pour le Centre de Réhabilitation des Paralysés de Dacca. L'année suivante, ils y construisent leur premier fauteuil roulant en recyclant des roues de pousse-pousse. En 1999, 150 fauteuils roulants sortent chaque mois de l'atelier qu'ils ont monté, pour un coût de fabrication de 85 livres par fauteuil. Beaucoup moins onéreux que les fauteuils roulants fabriqués en Occident, ce modèle est aussi infiniment mieux adapté à la région parce que les pièces de rechange sont disponibles sur place. Motivation développe ensuite le modèle *Mekong*, doté d'un cadre en bois, spécifiquement destiné aux victimes cambodgiennes rurales des mines antipersonnel. Il y a aussi le fauteuil roulant *Moti*, spécialement conçu pour les enfants atteints de paralysie cérébrale. Motivation a une réputation mondiale de leader dans le design, la production et la distribution de fauteuils roulants de qualité et bon marché. Rien qu'en 2013, plus de 18 000 personnes dans 17 pays en ont bénéficié, preuve de l'extraordinaire pouvoir de transformation qu'un bon design peut exercer dans les pays en développement.

Fauteuil roulant *Mekong*, 1993

ALEX MOULTON

Né en 1920 à Bradford-on-Avon, Angleterre
Mort en 2012 à Bath, Angleterre

Bicyclette Raleigh *Moulton MK3*, 1970

Vélo Moulton *New Series Double Pylon*, 2015

Alex Moulton étudie l'ingénierie mécanique à l'université de Cambridge et occupe ensuite le poste de directeur technique de la société familiale de fabrication de caoutchouc jusqu'en 1956. La même année, il fonde Moulton Developpements qui travaille en étroite collaboration avec Dunlop à la mise au point de composants en caoutchouc pour l'industrie automobile, et notamment le système de suspension hydraulique Hydrolastic qu'adoptera **Alec Issigonis** pour la *Mini* et la *Morris 1100*. De 1956 à 1960, Moulton s'efforce de concevoir et de fabriquer « un meilleur mécanisme de bicyclette ». La première collection de bicyclettes Moulton est lancée en 1962, année de la création de Moulton Bicycles Ltd. qui se consacre à la conception d'un petit modèle de vélo équipé de pneus haute pression et d'une suspension haut de gamme. La bicyclette Moulton est, selon ses promoteurs, d'un contrôle plus aisé grâce à son centre de gravité abaissé et à sa stabilité accrue. Ce modèle est plébiscité par le public et 100 000 mini-vélos Moulton à hautes performances sont fabriqués et exportés. En 1965, Raleigh lance une copie du vélo Moulton et deux ans plus tard lui rachète la licence de son modèle (cet accord a pris fin en 1975). Sans se décourager, Moulton lance une gamme de bicyclettes pliables de luxe en 1983 et, en 1998, commercialise la *New Series*, un vélo « plus agréable à posséder et efficace à l'usage que tous les autres. » Coûtant plus de 2 700 livres cependant, il s'adresse seulement aux amateurs motivés. Aujourd'hui, 14 variantes du vélo Moulton à petites roues sont encore produites, et le modèle reste l'un des vélos les plus iconiques de tous les temps.

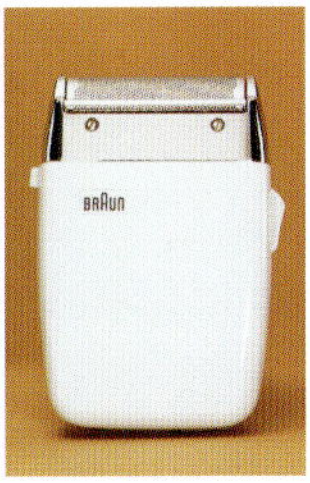

GERD ALFRED MÜLLER

Né en 1932 à Francfort-sur-le-Main, Allemagne
Mort en 1991 à Eschborn, Allemagne

Rasoir électrique Braun *SM 3*, 1960 (en collaboration avec Hans Gugelot)

Gerd Alfred Müller apprend le métier de menuisier avant de découvrir la décoration d'intérieur à la Werkkunstschule de Wiesbaden. De 1955 à 1960, il travaille dans le prestigieux département de design **Braun**, dirigé par **Dieter Rams**. Beaucoup d'appareils électroménagers et rasoirs électriques parmi les plus remarquables de la firme portent sa griffe. De sa contribution au design Braun, on retiendra notamment son mixer *Multimix MX 3/MX 32* (1958/1962) et le robot ménager *KM 3/ KM 32* (1957/1964). Ses créations se distinguent par leur remarquable clarté et leur logique interne qui se traduit par une simplicité d'usage et une esthétique harmonieuse. Le stylisme neutre et rationnel de ces produits exprime l'approche essentialiste du design de Braun, fondée sur la conviction de Rams selon laquelle il revient au designer de créer de l'ordre dans un monde de chaos visuel et que les produits de grande consommation doivent être aussi discrets que possible. En 1960, Müller ouvre son propre studio de design industriel et graphisme à Eschborn. La solidité et la pureté des produits Müller ont exercé une grande influence sur le design ultérieur de l'électroménager.

Robot ménager *KM 3* pour Braun, 1957

PETER MÜLLER-MUNK

Né en 1904 à Berlin, Allemagne
Mort en 1967 à Pittsburgh, Pennsylvanie, États-Unis

Radio de table en plastique pour Sylvania Electric Products Inc., vers 1950

Peter Müller Munk apprend l'orfèvrerie auprès de Waldemar Rämisch à la Kunstgewerbeschule de Berlin. En 1926, il émigre aux États-Unis et travaille brièvement comme orfèvre chez Tiffany & Co. Ses créations sont présentées à l'exposition « Modern American Design in Metal » au Newark Museum. La même année, il publie un article intitulé *Machine-Hand* dans lequel il s'interroge : « Pourquoi n'essaie-t-on jamais de définir le processus de fonctionnement de la machine pour en déduire les formes et les ornements les plus étroitement liés à celui-ci ? » Dans le même article, il en appelle aussi à un « nouvel art résultant de l'harmonie de la technique et de l'objet ». À la même époque, il fonde à New York son studio de design spécialisé dans le design de produits de grande consommation. Il ouvre un autre studio à Chicago dans les années 1930 et son travail est exposé au Metropolitan Museum of Art de New York en 1939. On retiendra notamment ses créations en métal pour la Revere Copper & Brass Company, dont la célèbre cruche *Normandie* (1935), d'après le nom du légendaire paquebot français. La forme simple et profilée de cette création est dictée aussi bien par des exigences fonctionnelles que par les contraintes de la production en série. Les lignes nettes et les formes géométriques vigoureuses typiques du travail de Müller-Munk témoignent d'une forte influence du Mouvement européen moderne. Plus connu pour ses créations d'orfèvrerie, comme ses casseroles **Ekco** à fond de cuivre (vers 1950), il conçoit cependant aussi de nombreux appareils électroménagers. Parmi ceux-ci, on citera notamment une radio en plastique pour Sylvania Electric Products Inc., un stylo à bille et un pinceau à lèvres pour la B-B Pen Company, une ponceuse portable pour la Porter-Cable Machine Company et le célèbre mixer Waring (créations du début des années 1950). Müller-Munk signe aussi des intérieurs, conçoit des expositions et des véhicules, mais il est surtout connu comme précurseur du design américain de produit ayant opéré avec succès la transition entre l'artisanat d'art et le conseil en design industriel.

Cruche *Normandie* pour Revere Copper & Brass Inc., 1935

GEORGE NELSON

Né en 1907 à Hartford, Connecticut, États-Unis
Mort en 1986 à New York, États-Unis

Praticien, théoricien et vulgarisateur éminent, George Nelson est l'une des plus importantes figures du design du 20e siècle. Après ses études, il collabore à la revue *Architectural Forum* et rédige des monographies sur les architectes en vue pour le magazine *Pencil Points*. En 1941, Nelson est professeur à la faculté d'architecture de l'université Yale où il élabore de nombreux concepts originaux, dont celui de centre commercial piéton dans sa proposition « Grass on Main Street » [De l'herbe dans la rue principale] de 1942. Il est aussi l'un des pionniers des rangements encastrés, témoin son *Storagewall* [mur de rangement] de 1944. En 1946, il devient responsable du design chez **Herman Miller**, poste qu'il occupe jusqu'en 1972. Il crée des lignes de mobilier moderne pour la société, dont le *Comprehensive Storage System* [1957] et le mobilier de bureau *Action Office* 1 [1964–1965]. Nelson signe aussi la vaisselle de table Prolon en mélaminé pour la Pro-Phy-Lac-Tic Brush Co. [1952–1955], plusieurs pendules et horloges murales pour la Howard Miller Clock Company [fin des années 1940 et début des années 1950], les lampes *Bubble* en rubans de plastique [1947–1952] et le système modulaire *Omni* en tubes d'aluminium extrudé pour Dunlap. Il s'intéresse aussi au concept d'habitat préfabriqué et, en 1957, signe l'*Experiment House*, un habitat modulaire à dôme plastique. Les thèses prémonitoires de Nelson, critique de design et auteur prolifique, ont profondément marqué leur époque. En 1978, il a par exemple prédit que les progrès de la technologie informatique engendreraient toujours plus de « miniaturisation, de fugacité et d'immatérialité ». En 1979, il déclare : « Les besoins de l'homme changent et son souvent imprévisibles. Ils ne sont en rien quantifiables. Ils sont complexes, subtils et mystérieux. »

Vaisselle *Prolon* mélamine pour la Pro-Phy-Lac-Tic Brush Co., 1952–1955

NEW YORK
WORLD'S FAIR
1939
TRYLON AND PERISPHERE
W 101

NEW YORK WORLD'S FAIR

1939
À New York City

Alors que les effets de la Grande Dépression sont encore présents dans les mémoires, la Foire internationale de New York de 1939 offre l'opportunité d'envisager un avenir meilleur. L'identité culturelle américaine cherche aussi à s'affirmer face à un public international. Nombre d'exposants comptent parmi les géants de l'industrie : AT&T, **Chrysler**, Dupont, Eastman **Kodak**, Firestone, **Ford, General Electric, General Motors,** RCA et **Westinghouse**, dont les présentations impressionnantes illustrent « les miracles de la recherche moderne » et utilisent la machine comme un puissant symbole du futur. L'imposant Salon de l'Automobile de la General Motors est empreint de connotation hollywoodiennes. Mais « l'événement n° 1 de la foire » est le *Futurama*, qui permet « un survol magique du temps et de l'espace jusque dans le monde de 1960. » La *Cité du Futur* de **Norman Bel Geddes** et la *Democracity* d'**Henry Dreyfuss** offrent une vision utopique des modes de vie du futur avec robots, voyages interplanétaires, télévision et réseaux autoroutiers. Parmi les symboles les plus mémorables de la foire, on retiendra l'énorme *Perisphere* et les structures élancées en *Trylon* qui reflètent l'optimisme de l'Amérique et sa foi dans l'avenir.

Elektro, l'homme-machine avec son compagnon *Sparko*, le premier chien-robot programmé pour effectuer vingt-sept mouvements différents, à la Foire internationale de New York

← Carte postale montrant les structures *Trylon & Perisphere* à la Foire internationale de New York en 1939

Caisse enregistreuse géante *National Cash Register* (design de Walter Dorwin Teague) à la Foire internationale de New York. Le cadran affiche le nombre quotidien de visiteurs.

MARC NEWSON

Né en 1963
À Sydney, Australie

Australien de naissance, Marc Newson est l'un des designers industriels les plus en vogue et les plus talentueux du moment, présent dans un grand nombre de secteurs du design (produits, intérieurs, transports). Outre ses créations fabriquées en série, il est l'auteur d'œuvres uniques ou en édition limitée, ce qui lui permet une approche expérimentale de la forme et de la fonction, mais aussi des matériaux et des technologies au-delà des contraintes dictées par la production industrielle. Lors de ses études de sculpture et de conception de bijoux au Sydney College of Art, Newson s'intéresse à la création de meubles ; son diplôme en poche, il obtient une bourse de l'Australian Crafts Council, qui lui sert à financer sa première exposition. Il y présente sa célèbre chaise-longue globulaire *Lockheed Lounger*, minutieusement élaborée à base de pièces d'aluminium rivetées, tel le fuselage d'un ancien avion. Son esthétique biomorphique trouve ensuite son expression dans deux autres chaises : *Embryo* (1988) et *Orgone* (1991). Ces deux designs sont produits par Cappellini et attirent l'attention de la presse spécialisée. Le véritable tournant dans sa carrière est cependant marqué par son vélo *MN*, conçu pour Biomega en 1999, et son égouttoir *Dish Doctor* conçu pour Magis la même année : de designer de meubles, il se convertit en designer industriel à part entière. Là encore, ces deux créations sont le reflet d'un style très personnelles, avec des touches néo pop, une fonction innovante et une enveloppe organique aux contours doux. En 1999 toujours, Newson crée la voiture *012C* pour la **Ford** Motor Company, témoin de sa capacité à réinventer des typologies existantes grâce à son raisonnement créatif. Désormais membre d'une nouvelle élite internationale de superstars du

Vélo *MN* pour Biomega, 1999

Distributeur de bière *SUB* pour Heineken, 2013

↓ Sèche-cheveux pour Vidal Sassoon, 2000

↘ Égouttoir *Dish Doctor* pour Magis, 1999

design, Newson est très sollicité par les entreprises qui cherchent à se démarquer de la concurrence. Toutes ces années, il parvient à apporter des solutions aussi innovantes sur le plan fonctionnel qu'attirantes au niveau commercial grâce à leur look spatial. L'un de ses projets les plus visionnaires est le concept *Spaceplane* (2007) élaboré pour EADS Astrium, une filiale du groupe **Airbus**. Cet avion spatial suborbital spécule sur l'idée de tourisme spatial et est en phase de tests de développement avec un prototype quatre fois plus petit. Tout ce que Newson invente, il l'imprègne d'un caractère propre ; comme il le souligne, « Il est essentiel de concevoir des choses avec une certaine personnalité ». Contrairement à de nombreux designers, Newson sait que cet attribut est déterminant pour que le public connecte avec des objets inanimés. Depuis 2014, Newson travaille pour **Apple** à temps partiel comme consultant en design dans le cadre de « projets spéciaux ». En tandem avec son ami de longue date **Jonathan Ive**, il a inventé l'*Apple Watch* (2015). À en croire les rumeurs, une voiture Apple conçue par Newson serait en préparation. Si tel est le cas, elle n'aura certainement rien en commun avec d'autres véhicules, sachant que Newson a passé toute sa carrière à toujours créer la surprise.

Spaceplane pour
EADS Astrium, 2007

NIKE

Fondée en 1971
À Portland, Oregon, États-Unis

Chaussure de sport *Tailwind*, 1979 – le premier modèle Nike à coussin d'air

En 1957, Bill Bowerman, un entraîneur et Phil Knight, un athlète se rencontrent à l'université d'Oregon (Eugene). Knight intègre la Stanford Business School, tandis que des athlètes de l'université d'Oregon, pourvus de chaussures fabriquées main par Bowerman, battent des records. En 1962, Knight commence à importer, sous la marque BRS (Blue Ribbon Sports) des chaussures de sport confectionnées selon ses spécifications par une société japonaise, la Onitsuka Tiger. Bowerman a calculé que, sur une distance d'un mille (1,60933 km), chaque gain d'une once (28,35 g) sur une chaussure réduit de 200 livres (90 kilos) le poids total que porte le coureur. Fort de ce résultat il met au point en 1971 des prototypes d'une nouvelle chaussure de course très innovante dont certains composants en caoutchouc sont moulés dans le gaufrier de sa femme. L'année suivante, après une dispute avec Tiger, BRS lance la marque Nike (d'après le nom de la déesse grecque de la victoire). En 1974, le modèle *Waffle Trainer*, parfaitement au point, devient la chaussure de sport la plus vendue aux États-Unis. En 1978, l'entreprise recrute le champion de tennis John McEnroe ; c'est le premier d'une longue série de contrats de sponsoring de haut vol. Un an plus tard est lancée la chaussure *Tailwind*, un modèle de référence qui devient, à son tour, la chaussure de course la plus vendue aux États-Unis. La *Tailwind* est le premier modèle de compétition pourvu du coussin d'air Nike, une semelle alvéolaire intercalaire en caoutchouc qui absorbe les chocs. Les conséquences de l'effort physique d'un sportif sont en effet spectaculaires : le tir en suspension d'un joueur de basket mobilise une force équivalant à dix fois son poids et le talon d'un coureur de marathon (42,195 km) subit environ 25 000 percussions. En 1987 est lancée la série Nike Air, dotée d'un système de coussinets révolutionnaires en uréthane souple remplis d'un gaz pressurisé destinés à amortir la violence de l'impact. Après avoir absorbé l'énergie du choc, ces coussinets retrouvent rapidement leur forme et leur volume originels et son prêts pour l'impact suivant. Toujours en 1987, Nike vend sa cinq

Chaussure de sport *Tuned Air Max*, 1999

millionième paire de chaussures *Air Pegasus* (un modèle commercialisé en 1983) et lance la campagne publicitaire « Just do it » (faites le !). En 1989, le bénéfice net de Nike s'éleve à 167 millions de dollars, une rentabilité largement due à sa politique de sponsoring de champions de premier plan. En 1995, la société lance un nouveau système de rembourrage très performant, le *Zoom Air*, un coussin à gaz de 8 mm qui assure une excellente protection anti-chocs tout en minimisant le rebond pour optimiser les sensations et les réactions du pied au sol. L'année d'après, Nike se retrouve dans une situation embarrassante à la suite d'un article publié dans le magazine *Life* sur l'exploitation par le travail, le premier d'une série d'écrits sur les ateliers de misère qui impliquent la marque. La même année, à la demande du président Clinton, Nike devient la première entreprise à prendre part à l'Apparel Industry Partnership (AIP), ensuite rebaptisé Fair Labor Association. En 1998, dans un souci environnemental, l'entreprise commence à bannir l'emploi de chlorure de polyvinyle (PVC) dans la fabrication de ses chaussures ; en 2002, elle met au point un caoutchouc plus « vert » pour la semelle externe de ses baskets, contenant 96 % de moins de toxines. Nike va en 2006 un peu plus loin dans cette voie en lançant sa philosophie « durabilité sans nuire aux performances », afin de motiver son équipe de design à accorder la priorité aux choix durables dans le processus de conception. Aujourd'hui, Nike est la première marque de sport au monde et la 18e en termes de valeur. Même si la plupart de ses produits s'adressent à un usage athlétique de haut niveau, un pourcentage important est acheté comme vêtements pour les loisirs.

Montre *Triax*, vers 1998

Basket *Air Max Flyknit*, 2015

Lunettes de soleil *Skylon Ace XV Pro*, 2016

Giorgetto Giugiaro, Nikon *F3*, 1980

NIKON

Fondée en 1917
À Tokyo, Japon

En 1917, les trois principaux fabricants d'optique japonais fusionnent pour former la Nippon Kogaku Company et lancent un programme de recherches et développement de verres optiques qui débouche sur la réalisation d'une paire de jumelles miniatures dénommée *Mikron* (1921) et du microscope *Joico* (1925). En 1932, la société adopte le nom Nikkor pour ses objectifs photo et, vers 1945 commence à fabriquer des appareils photo. Dès 1946, elle commercialise ses appareils sous le nom Nikon. L'appareil *Nikon I* est lancé deux ans plus tard. Vite renommée pour la qualité exceptionnelle de ses boîtiers et de ses objectifs, la firme crée le Nikkor Club pour promouvoir la photographie et en 1953 fonde Nikon Inc. aux États-Unis. L'année 1957 voit le lancement du *Nikon SP* à télémètre incorporé, important précurseur du légendaire *Nikon F* qui sort en 1959. Incarnant le passage des appareils à visée télémétrique aux reflex, ce dernier a littéralement révolutionné le photojournalisme. Les reflex deviennent rapidement les préférés des professionnels. Grâce à son miroir réfléchissant, le système réflex permet un cadrage bien plus précis que le télémètre qui ne donne qu'une idée approximative de l'image finale. S'il n'est pas le premier appareil reflex sur le marché – le Contax est disponible depuis 1948 – le *Nikon F*, nettement plus léger que les Contax antérieurs, présente aussi l'avantage d'être beaucoup plus facile à charger. Le *Nikon F* – parfois appelé aussi *Le Nikon* – inaugure l'immense succès des appareils photo « Made in Japan » mais annonce en outre l'adoption du film 35 m par les professionnels et la prépondérance des systèmes photo intégraux. Le Nikon devint rapidement le nec plus ultra des appareils professionnels, jusqu'au lancement, en 1971, du *F2*, suivi à son tour, en 1980 par le *F3*, signé **Giorgetto Giugiaro**. Plus automatisé que ses prédécesseurs, ce dernier a fait progresser la cause de l'automatisation chez les professionnels. Son design illustrait pourtant le concept de modularité cher à Nikon et l'appareil pouvait être « déshabillé » et adapté grâce à une vaste panoplie d'accessoires couvrant tous les besoins du photographe. Trois ans plus tard, Nikon lançait son premier reflex autofocus, une variante du *F3*. Décrit comme « un outil particulièrement agréable pour un photographe en

Giorgetto Giugiaro, Nikon *F5*, 1996

Appareil photo reflex numérique professionnel Nikon *D4S*, 2014

↗ Appareil photo reflex numérique Nikon *1 J15* avec objectifs interchangeables, 2015

mission parce qu'il ne se contente pas d'obéir aux ordres », le *F3* devient un classique moderne célébré pour la simplicité de son maniement et de ses réglages, son extraordinaire fiabilité et sa compatibilité avec la gamme d'accessoires Nikon. Giugiaro dessine aussi le *F4* (1988), le *Nikonos RS* (1992), le premier reflex sous-marin autofocus, et le nouveau haut de gamme, le *F5* super rapide (1996) capable de prendre huit clichés à la seconde et équipé d'un autofocus dynamique. Giugiaro a déclaré à propos du *F5* : « C'est un appareil de très grande classe conçu pour être d'une totale simplicité d'utilisation. J'étais convaincu que l'originalité pouvait être réalisée dans une forme compacte. » À la fin des années 90, la marque cumule plus de 2 300 produits, dont la gamme d'appareils photo numériques *Coolpix* (1998) et l'appareil photo reflex numérique *D1* (1999), qui offre comme ses prédécesseurs des prestations haut de gamme de niveau professionnel. Aujourd'hui, Nikon reste à l'avant-garde du développement d'appareils numériques, avec de superbes créations comme son fleuron, le *D4S*, et le modèle léger et compact *1 J15* qui fournit aux photographes professionnels des fonctionnalités exceptionnelles.

Nissan *Micra*, 1992

NISSAN

Fondée en 1934
À Yokohama, Japon

Après le lancement de la première *Dat* par la Kwaishinsha Company en 1914, la Tobata Casting Co. lance en 1931 une autre série de voitures baptisée Datsun (« fils de Dat »). Deux ans plus tard, une autre société fondée par Yoshisuke Aikawa (1880–1967) reprend la fabrication de ces modèles. En 1934 cette entreprise est rebaptisée Nissan Motor Company et son fondateur qui caresse le projet grandiose de fabriquer 10 000 à 15 000 véhicules par an, décide de lancer la fabrication en série. La première Dat compacte sort de la chaîne d'assemblage de l'usine Nissan de Yokohama un an plus tard, symbolisant l'industrialisation rapide du Japon d'avant-guerre. Durant la Seconde Guerre mondiale, l'usine se reconvertit dans la production de camions militaires, de moteurs d'avion et de vedettes pour la marine. Nissan reprend la production de véhicules civils en 1945 et deux ans plus tard recommence à fabriquer des voitures Datsun. En 1958, Nissan commence à exporter sa production aux États-Unis et y vend sa première camionnette compacte Datsun un an plus tard. Dans les années 1960 et au début des années 1970, Nissan poursuit ses incursions sur le marché automobile américain, et le chiffre annuel de ses ventes atteint les 255 000 véhicules en 1971. La crise pétrolière dope massivement les ventes aux États-Unis car les consommateurs se rabattent sur des modèles plus petits, moins chers à l'achat et plus sobres, telles les voitures de Nissan, **Honda** et **Toyota**. En 1973, Datsun avait vendu un million de véhicules aux États-Unis et deux ans plus tard, l'entreprise était le premier importateur automobile en Amérique du Nord. Dans les années 1980, Nissan installe deux centres de production stratégiques aux États-Unis et en Grande-Bretagne et, en 1983, commence à fabriquer des voitures sous le nom

Nissan *Leaf*, 2015

↑ Concept Nissan *Teatro for Dayz*, 2015

Voiture Nissan *2020 Vision Gran Turismo*, 2015

Nissan, tel le modèle *Sunny*, lancé en 1985, qui remporte un énorme succès. En 1987, le chiffre de ses exportations cumulées dépassait les vingt millions d'unités. Au début des années 1990, Nissan devient l'un des premiers fabricants automobiles à adopter le principe du soft design avec la *Micra* (1992), élue « Voiture de l'année » en Europe en 1993. En 2010, la Nissan *Leaf* voit le jour : il s'agit de la première voiture 100 % électrique et à émissions nulles destinée à la grande consommation. Son nom est l'acronyme de Leading Environmentally-friendly Affordable Family, et avec sa taille compacte et ses 5 places, elle est la voiture électrique la plus vendue au monde. Au Tokyo Motor Show de 2015, Nissan dévoile son concept *Teatro for Dayz*, la « première voiture conçue spécialement pour la génération des natifs numériques et des fans de selfies ». Elle présente aussi la supercar *2020 Vision Gran Turismo*, développée en collaboration avec Polyphony Digital Inc., le créateur du jeu *Gran Turismo* pour la Playstation de **Sony**. Ces deux véhicules reflètent la priorité que Nissan accorde aux nouvelles technologies et aux idées automobiles visionnaires.

MARCELLO NIZZOLI

Né en 1887 à Boretto, Italie
Mort en 1969 à Camogli, Italie

Calculatrice
Elettrosumma 14
pour Olivetti, 1946

Marcello Nizzoli étudie l'art, l'architecture et le graphisme à l'École des Beaux-Arts de Parme. En 1914, il expose deux petites peintures et quatre broderies aux côtés des futuristes dans la première exposition « Nuove Tendenze » (Nouvelles Tendances) à Milan. Après la guerre, il réalise une série de tapisseries ; c'est sa première incursion dans le domaine des Arts Appliqués. En 1918, il crée son propre studio de design à Milan et durant les années 1920 se rapproche des Rationalistes. Ses créations dans lui valent une large notoriété lors de l' « Esposizione delle Arti Decorative e Industriali Moderne » qui se tient à Modène en 1923. Par la suite, Nizzoli reçoit de nombreuses commandes, qu'il s'agisse de la décoration de châles de soie ou de l'aménagement d'espaces d'exposition. À la même époque, il dessine aussi des affiches pubicitaires, notamment pour Campari en 1926. De 1934 à 1936, Nizzoli conçoit avec l'architecte Edoardo Persico (1900–1936) deux magasins **Parker** (1934) et plusieurs expositions dont l' « Exposition Aéronautique » de Milan. De 1931 à 1936,

Machine à coudre
Mirella pour Necchi,
1957

Machine à écrire *Lettera 22* pour Olivetti, 1950

Nizzoli collabore aussi avec Giuseppe Teragni (1904–1943) sur différents projets. Depuis 1931, il travaille aussi comme graphiste indépendant pour **Olivetti** dont il devient, en 1938, responsable du design. Ses machines à écrire *Lexicon 80* et *Lettera 22* (1948 et 1950) sont remarquables par leurs formes sculpturales. La *Lettera 22* remporte un Compasso d'Oro en 1954. Il crée aussi plusieurs calculatrices, notamment l'*Elettrosumma 14* (1946) et la *Divisumma 14* (1948) ainsi que des logements des ouvriers pour Olivetti. Nizzoli est aussi l'auteur de créations sculpturales pour Necchi, la machine à coudre BU (vers 1953) qui reçoit un Compasso d'oro en 1954 et la machine à coudre *Mirella* (1957) qui remporte également le Compasso d'Oro l'année de son lancement. En 1959, Nizzoli dessine des briquets de poche pour Ronson et un an plus tard des pompes à essence pour Agip. L'œuvre à la fois rationnelle et sculpturale de Nizzoli, l'un des plus importants designers italiens de l'après-guerre, a exercé une immense influence sur le design italien contemporain.

NORTH AMERICAN

Fondée en 1928
Dans le Delaware, États-Unis

Ayant décidé en 1934 de se concentrer sur la fabrication d'avions militaires, la société North American met en service son premier avion, un appareil d'entraînement baptisé *NA-16*, en 1935. Un an plus tard, le site industriel de l'entreprise s'installe à Los Angeles et en 1937, le bombardier bimoteur *NA-21 Dragon* sort de l'usine. Durant la Seconde Guerre mondiale, North American produit le chiffre stupéfiant de 41 000 appareils et entre 1935 et 1967, il est le premier fabricant d'avions militaires des États-Unis. Parmi ses appareils les plus célèbres, on retiendra le chasseur *P-51D Mustang* (1940) décrit par le gouvernement américain comme « l'avion de chasse le plus parfait sur le plan aérodynamique qui existe » et le bombardier léger *B-25 Mitchell*, le premier bombardier à avoir été déployé sur tous les théâtres d'opérations durant la Seconde Guerre mondiale. Après la guerre, North American produit des chasseurs à réaction comme le *F-86 Sabre* (1949), le premier chasseur américain à aile en flèche et le *F-100 Super Sabre* (1953) qui établit le premier record du monde de vitesse supersonique. North American a aussi produit le légendaire avion expérimental X-15 propulsé par fusée et capable de voler au-dessus de l'atmosphère terrestre et d'atteindre une vitesse supérieure à Mach 6,5.

F-100 Super Sabre, 1953

P-51D Mustang, 1940

ELIOT FETTE NOYES

Né en 1910 à Boston, Massachusetts, États-Unis
Mort en 1977 à New Canaan, Connecticut, États-Unis

Eliot Fette Noyes étudie l'architecture à l'université de Harvard de 1928 à 1932 et à la Harvard Graduate School of Design jusqu'en 1938. En 1939, Il intègre l'agence architecturale de **Walter Gropius** et **Marcel Breuer**. Gropius recommande ensuite Noyes pour le poste, nouvellement créé, de directeur du design industriel au Museum of Modern Art de New York, un poste qu'il occupe de 1940 à 1942, et en 1945/1946. Après avoir été, en 1946/1947, directeur du design de l'agence de design industriel de **Norman Bel Geddes**, qui conseille notamment **IBM**, Noyes fonde en 1947 son propre studio à New Canaan, Connecticut. Responsable du service de design intégré chez IBM de 1956 à 1977, il supervise la mise au point de plusieurs produits révolutionnaires dont la légendaire machine à écrire *Sélectric* (1961) avec son système de frappe « balle de golf ». Noyes contribue à l'élaboration d'une forte identité visuelle IBM par l'intégrité de son design de produits, mais aussi en associant Paul Rand (1914–1996) à la définition de la charte graphique et Breuer à la réalisation des bâtiments de la firme. Il est également consultant en design pour beaucoup d'autres sociétés dont **Westinghouse**, Mobil, **Xerox** et Pan Am. En tant que grand plaidoyer du bon design, Noyes a mené la refonte d'entreprises et établi de nouveaux standards pour le design de produits en Amérique.

Machine à transcrire de secrétaire *Executary Model 212*, pour IBM, 1961

Machine à écrire *Selectric* « balle de golf » pour IBM, 1961

Le système de frappe « balle de golf » de la *Selectric*, 1961

ANTTI NURMESNIEMI

Né en 1927 à Hämeenlinna, Finlande
Mort en 2003 à Helsinki, Finlande

Antti Nurmesniemi travaille d'abord dans un atelier de métal puis dans une usine aéronautique. Impressionné par les objets présentés dans l'exposition itinérante « America Builds » du MoMA de New York [1945], qu'il découvre à Helsinki, il s'inscrit en 1947 à l'École Centrale des Arts Appliqués [Helsinki]. Il y découvre la « Ligne Nordique » dans le design, caractérisée par une focalisation sur les problèmes sociaux et techniques. De 1951 à 1956, il travaille pour l'architecte Viljo Revell, pour qui il aménage des intérieurs et crée des meubles, dont son tabouret Sauna pour le Palace Hôtel [1951–1952]. En 1954–1955, il travaille dans l'agence de design de Giovanni Romano à Milan, où il s'inspire des produits fonctionnels et élégants de **Marco Zanuso** et **Roberto Sambonet**. Il fonde son propre bureau de design à Helsinki en 1956 et un an plus tard crée ses célèbres cafetières émaillées pour Wärtsila. Il dessine également des meubles pour Artek, Tecta et Cassina, des ustensiles de cuisine pour Arabia et Kymi, des trains pour le métro de Helsinki et la société Valmet Oy. Parmi ses créations les plus réussies, on retiendra les téléphones *Antti* et *Yleispuhelin* [1984] pour Fujitsu, qui reflètent sa conviction selon laquelle « un objet ne doit pas être conçu simplement pour remplir une fonction [hormis les équipements industriels] mais pour l'utilisateur... Un objet d'une conception simple est erroné si son utilisation s'avère compliquée. Le design d'un objet ne doit pas nécessairement refléter son époque. Il vaut beaucoup mieux qu'il laisse entrevoir l'avenir. »

Téléphone *Yleispuhelin* pour Fujitsu, 1984

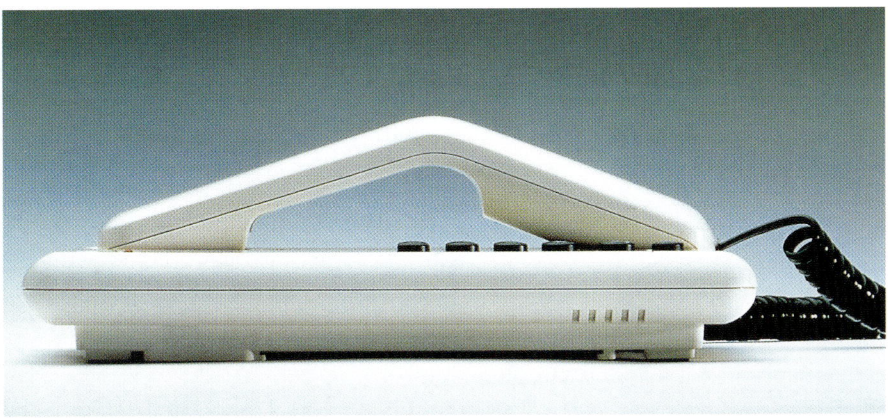

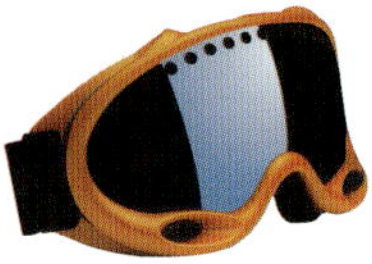

OAKLEY

Fondée en 1975
À Foothill Ranch, Californie, États-Unis

Lunettes de ski
A Frame, 1999

Lunettes Oakley *Flak Jacket* avec verres solaires Transitions, 2015

Fondée par Jim Jannard en 1975, Oakley jouit d'une réputation mondiale pour la qualité exceptionnelle de ses lunettes. Depuis sa création, Oakley défie les conventions par l'originalité de ses formes, de ses matériaux et de ses techniques de fabrication. En 1984, Oakley lance le concept de « physique sculpturale » et propose des modèles, comme la *XYZ Optics* qui incarnent sa vision du style et de la performance. Ces créations ont complètement redéfini le marché de l'optique qui avait été anesthésié par une poignée de grands fabricants persuadés de « le connaître sur le bout des doigts ». À la fin des années 90, Oakley voit le développement de ses produits comme « une idée qui naît dans les profondeurs de notre bunker de design ; on lui donne forme au moyen de la CFAO, consistance avec un procédé de prototypage par stéréolithographie, on la teste avec des spectrophotomètres, des chambres de simulation environnementales, on la soumet aux mesures de sécurité et durabilité ANSI Z87.1 ». Puis les athlètes pour qui ces modèles ont été créés au départ leur font subir une batterie de tests rigoureux. C'est la performance qui dicte leur forme aux lunettes Oakley : la *Racing Jacket* [décrite comme de l' « adrénaline ciselée »] est ainsi dotée d'une monture perforée et sans charnière qui optimise la vision périphérique et assure une ventilation anti-buée. Grâce à leur pont étudié et à leurs branches revêtues de caoutchouc, les lunettes légères sont fermement maintenues en place. Oakley occupe désormais une place de leader mondial : outre ses lunettes innovantes, pour le soleil et la neige, elle fabrique des vêtements, chaussures et montres de sport.

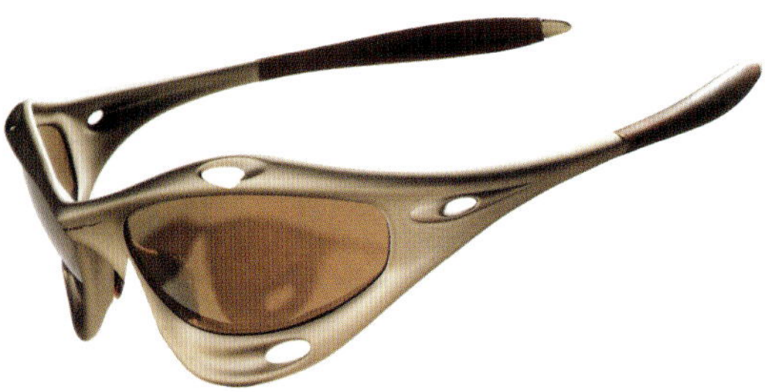

Lunettes *Racing Jacket*, 1999

OLIVETTI

Fondée en 1908
À Ivrea, Italie

Camillo Olivetti

Né à Ivrea, Samuel David Camillo Olivetti (1868–1943) étudie l'ingénierie à l'Institut Polytechnique de Turin sous la houlette de Galileo Ferraris, l'inventeur des champs magnétiques rotatifs. Après l'obtention de son diplôme, Olivetti part à Londres poursuivre ses études. En 1893, il accompagne Ferraris au Congrès sur l'Électricité qui se tient à Chicago. Il étudie ensuite la physique à l'université de Stanford où il travaille aussi comme assistant-ingénieur en électricité. Après son retour en Italie en 1894, il fonde une petite usine du nom de C.G.S. (Centimètre, Gramme, Seconde) qui produit des instruments de mesure électriques. Il installe ses activités à Milan en 1903. Quatre ans plus tard, il décide de revenir à Ivrea où il ouvre la première usine de machines à écrire en 1908. Informé des méthodes américaines de production de masse, Olivetti lance la production en série de machines à écrire. En 1909, la société Ing. C. Olivetti & C. lance son premier modèle, la *M1*, décrite par un contemporain comme « robuste et élégante ». Elle est appréciée pour la vitesse de déplacement du chariot et la souplesse de son clavier. La société prospère rapidement et dans les années 1920, le fils de Camillo, Adriano Olivetti (1901–1960), est envoyé aux États-Unis pour étudier les méthodes de production en grande série dans le but de les importer à Ivrea. En 1931, Olivetti lance la machine à écrire *M40* et l'année suivante, la société présente son premier modèle portable, la *MP1*. Humaniste et réformateur

Camillo Olivetti,
Machine à écrire *M1*,
1910–1911

Olivetti
IVREA-ITALIA
ING. C.OLIVETTI & C. IVREA
PRIMA FABBRICA ITALIANA
MACCHINE PER SCRIVERE
ING. C. OLIVETTI E C.o IVREA

Alexander Schawinsky, Machine à écrire *Studio 42*, 1936

← Affiche publicitaire pour la machine à écrire *M1* de Olivetti, 1912

social, Camillo Olivetti crée en 1932 une fondation qui offre à ses employés une sécurité sociale inégalée en Italie. Ils bénéficieront par la suite d'autres avantages sociaux : camps de vacances au bord de la mer pour les enfants, cafétéria, jardin d'enfants, bibliothèque et logements. Nommé PDG en 1933, Adriano Olivetti diversifie les lignes de produits maison : il lance le premier téléscripteur en 1937 et la première machine à additionner en 1941. Il améliore aussi l'image de marque de la société en forgeant une identité visuelle forte (design de produits, architecture, expositions de design, campagnes de publicité et graphisme). Dans l'immédiat après-guerre, Olivetti est du reste l'une des très rares entreprises mondiales dotée d'une image vraiment moderne. Elle exerce, de ce fait, une énorme influence sur l'identité visuelle d'autres grandes compagnies. En tant que « coordinateur de l'intelligence », Adriano Olivetti commande à des designers de premier plan des produits au design de pointe, telle la machine à écrire *Lettera 22* (1950) due à **Marcello Nizzoli**. Il demande aussi à des graphistes de renom comme Giovanni Pintori (1912–1999) de dessiner des affiches et des supports publicitaires accrocheurs. Olivetti qui a pourtant commercialisé le premier ordinateur électronique en 1959 – l'*Elea 9003* dessiné par **Ettore Sottsass**, sera contraint de céder sa division électronique pour des raisons financières après la mort d'Adriano Olivetti en 1960. La société poursuit ses recherches sur les systèmes de traitements électroniques et en 1965, lance l'ordinateur de bureau programmable *P101*, précurseur audacieux de l'ordinateur individuel (PC). À la fin des années

↘ Ettore Sottsass & Hans von Klier, Ordinateur bureau *Editor 4*, 1964–1969

Marcello Nizzoli, Machine à écrire *Lexikon 80*, 1948

1960 et au début des années 1970, la société italienne lance d'autres produits remarquables, dont la machine à écrire *Editor 4* (1964–1969) dessinée par Ettore Sottsass et Hans von Klier (1934–2000) ainsi que la calculatrice *Divisumma 18* dessinée par **Mario Bellini** (1973). En 1969, Olivetti commercialise la machine à écrire portable rouge vif *Valentine* dont le design est signé Ettore Sottsass et Perry A. **King**. Un an plus tard, le célèbre graphiste Walter Ballmer (né en 1923) dessine le logotype Olivetti. Malgré les difficultés financières qu'elle rencontre à la fin des années 1970, la société continue de développer toute une série de produits marquants, dont la première machine à écrire électronique et le premier PC de la marque (respectivement 1978 et 1982). Dans les années 1980, Olivetti étend ses activités dans les technologies de l'information et dans les années 1990 se déploie dans les télécoms. Depuis 2003, Olivetti fait partie du groupe Telecom Italia, qui a tenté de repositionner la marque dans le secteur des technologies de l'information. En 2007 sort la gamme d'imprimantes et autres machines de bureau *Linea Office*, signée par **Jasper Morrison**, James Irvine (1958-2013), **Alberto Meda** et **IDEO** ; en 2011, c'est au tour de sa première tablette, l'*OliPad* et deux ans plus tard, la gamme de smartphones *OliPhone* fait ses débuts. Malgré les efforts de revitalisation de la marque, Olivetti a cédé beaucoup de terrain face à **Apple**, Samsung et d'autres au cours des 25 dernières années. Il semble donc compromis que les consommateurs lui accordent à nouveau la crédibilité technologique qu'elle avait dans le passé.

↘ Michele De Lucchi, Téléphone et télécopieur *OFX 500*, 1998

Mario Bellini, Ordinateur portable *Quaderno*, 1989

PARKER PENS

Fondée en 1892
À Janesville, Wisconsin, États-Unis

George S. Parker

Réclame pour le stylo à plume *Jointless Lucky Curve*, 1889

George Parker (1863–1937) est professeur à la Valentine School of Telegraphy. Pour arrondir ses revenus, il devient représentant à temps partiel de la John Holland Fountain Pen Company et vend des stylos à ses étudiants. Mais les stylos Holland sont de piètre qualité et les clients de Parker s'en plaignent souvent. Il réalise que le système de remplissage du réservoir est déficient. Avec quelques outils simples, une scie à chantourner et une lime, il fabrique pour les stylos qu'il vend des réservoirs qui régularisent la pression interne de l'air et améliorent donc le confort d'écriture. Impressionné par les résultats, Parker décide de fabriquer ses propres stylos et, avec ses maigres économies, fait fabriquer des composants dans des ateliers travaillant à la commande. En 1886 le premier stylo Parker est fabriqué dans la chambre d'hôtel où réside ce dernier. Il fait breveter son stylo à plume en 1889 et passe un accord avec une usine pour le faire fabriquer. En 1892, il fonde la Parker Pen Company et conçoit le premier stylo « sans raccord », breveté en 1899. Ce modèle, « le plus grand progrès depuis l'invention du stylo à plume », est dénué de « vis qui se casse, de bec démodé, de joints qui fuient ». Selon la première publicité anglaise pour les stylos Parker, plus de 6 000 détaillants le distribuent dans le monde entier. L'année 1929 voit le lancement du *Duofold*, alternativement stylo de poche et de bureau grâce à un embout amovible.
En 1932 est lancé le célèbre clip en flèche, dû à l'imagination du designer new-yorkais Joseph Platt.
Vers 1935, la société lance le stylo

Vacumatic, équipé d'un astucieux diaphragme en caoutchouc et d'un mécanisme qui permet de d'aspirer l'encre. Le célèbre stylo *51*, avec sa ligne élégante et son corps en lucite, conçu pour résister à la corrosion, est lancé en 1939, 51 ans après la commercialisation du premier stylo Parker. Le *51* s'est imposé comme l'un des produits de grande consommation les mieux conçus. Devenu l'un des best-sellers de Parker, il a profondément influencé le design du stylo. Aujourd'hui, Parker fabrique huit collections différentes de stylos, comprenant stylos-plume, rollers, stylos à bille et crayons, avec une fourchette de prix allant de l'article bon marché à celui de luxe. Mais quel que soit le prix payé, tous ont un look élégant et écrivent merveilleusement.

Kenneth Grange, Stylos Parker *25*, 1979

Hollington Associates, Stylos *Frontier*, 1996

Stylos Parker *Vector*, 1986

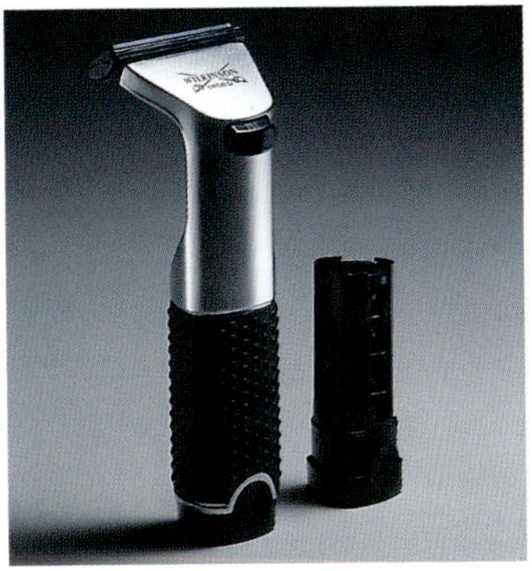

PENTAGRAM

Fondée en 1972
À Londres, Angleterre

Kenneth Grange, Rasoir *Kompakt* pour Wilkinson Sword, 1998

En 1962, Alan Fletcher (1931–2006), Colin Forbes (né en 1928) et Robert Gill (né en 1931), créent à Londres un studio de graphisme novateur. Refusant de devenir une agence publicitaire, les partenaires décident de se consacrer au design tri-dimensionnel. En 1965, Gill quitte l'agence et est remplacé par l'architecte Theo Crosby. Le studio reçoit deux commandes importantes de Cunard et British Pétroleum, incluant notamment la conception de stations-service. Ils approchent le designer industriel **Kenneth Grange** et lui demandent de dessiner des pompes à essence. Grange et le graphiste Mervyn Kurlansky (né en 1936) s'associent officiellement avec les membres de l'agence et la nouvelle équipe prend le nom de Pentagram en 1972. Dans les années 1970 et 1980, John McConnell, David Hillman, Peter Harrison et David Pelham intègrent le studio. Pentagram s'est rendu célèbre par son travail audacieux et incisif sur l'identité visuelle de British Petroleum, Reuters, Faber & Faber, le Victoria and Albert Museum, la Tate Gallery, le *Guardian*, Prestel, etc. Il a aussi élaboré la charte typographique de grandes sociétés comme **Xerox, IBM** et **Nissan**. Le « style maison » Pentagram est reconnaissable dans son design de produits grand public, dont la paternité revient entièrement à Kenneth Grange. En 1992 toutefois, le brillant architecte et designer industriel argentin Daniel Weil (né en 1953) rejoint l'équipe de Pentagram et dirige la plupart des créations en 3D mises au point dans les années 90 et 2000. Sous la direction de Crosby, Pentagram aménage aussi de nombreuses expositions, dont le pavillon de la Grande-Bretagne à l'Expo'67 de Montréal, puis « Environment Game » (1973) et « British Genius » (1977) à Londres. Depuis lors, le design d'expositions est l'une des disciplines phares du studio. La conviction que le design doit s'imposer dans tous les domaines de la vie est l'un des axiomes essentiels du groupe. Le studio a publié une série d'opuscules, les *Pentagram Papers*, qui développent des points de vue

Kenneth Grange, Motrice du train à grande vitesse *125*, British Railways Board, 1976

Daniel Weil, Siège de première classe pour United Airlines, 2008

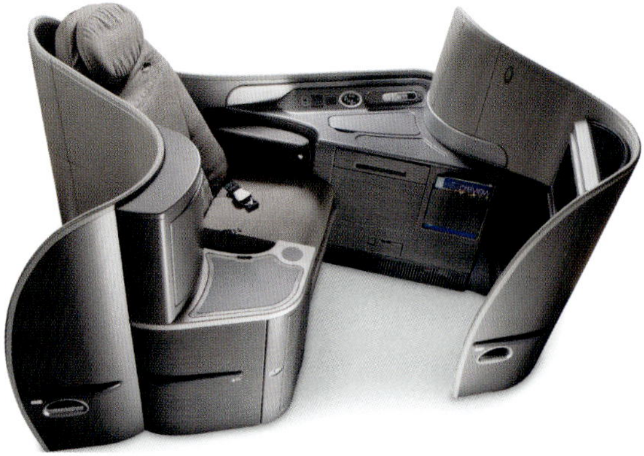

Daniel Weil, Biberons et verre d'apprentissage pour Mothercare, 2013

« curieux, distrayants, stimulants, provocateurs et parfois polémiques ». L'utilitarisme très direct des produits grand public Pentagram est tempéré par leur stylisme subtil et sophistiqué. L'équipe considère que « le design de produits grand public ne se réduit pas à une combinaison de variables trop semblable à un tour de passe-passe, mais relève d'un processus de découvertes dans lequel les connections peuvent produire leurs propres surprises ». Avec des bureaux à Londres, New York, San Francisco, Austin et Berlin, Pentagram compte parmi les tout premiers conseils internationaux en design. Ses associés partagent « une passion pour le design, un esprit entrepreneurial, un intérêt pour les affaires, et un intérêt pour l'esprit de collaboration qui règne dans une communauté de designers ». La longévité et la réussite de Pentagram découlent sans doute de sa structure collective et de son approche multidisciplinaire du design qui renforce la synergie créative et la résolution novatrice des problèmes.

SIGURD PERSSON

Né en 1914 à Helsingborg, Suède
Mort en 2003 à Stockholm, Suède

Casseroles en inox pour Kooperativa Förbundet, 1978

Sigurd Persson étudie l'orfèvrerie auprès de son père, Fritiof Persson, à Helsingborg, de 1928 à 1937. Il obtient son diplôme de compagnon en 1937 et poursuit ses études à l'Akademie für Angewandte Kunst [Munich] de 1937 à 1939 et au Konstfackskolan de Stockholm de 1939 à 1942. Il ouvre son propre atelier à Stockholm en 1942 où il crée couverts et bijoux. En 1949, Persson fonde un cabinet de design industriel à Stockholm et il réalise des plats en inox aux formes sculpturales pour Silver et Stål [1953] ainsi que la ligne de couverts *Jet Line* [1959] pour la Kooperativa Förbundet [Société Coopérative de Suède]. En 1959, il remporte le concours pour la réalisation de couverts destinés à la SAS [lignes aériennes scandinaves] ; il réalise la vaisselle assortie en plastique gris quelque temps plus tard. De 1968 à 1982, Persson travaille comme consultant freelance à la verrerie Kosta pour laquelle il crée des produits aux couleurs vives et aux décors minimalistes. En 1976, il dessine les insignes de l'armée suédoise avant d'ouvrir, avec neuf autres orfèvres, la galerie Argentum à Stockholm. En 1978, il crée, pour la Kooperativa Förbundet, une gamme de casseroles robustes aux formes audacieuses typique de son approche pratique du design des objets domestiques. Persson qui incarne une transition réussie entre le monde de l'artisanat et celui du design industriel, estimait que le design devait être authentique pour être réussi. « Dans tout objet bien conçu, déclarait-il, ce n'est pas seulement la fonction qui s'inscrit dans une forme. Il se produit quelque chose d'autre – que l'on pourrait appeler une expression de l'époque. »

Service en plastique gris pour la SAS, 1959

PHILCO

Fondée en 1892
À Philadelphie, Pennsylvanie, États-Unis

Ouvrières effectuant les finitions sur la radio *Model 444* (rebaptisé peu après « radio des gens ») dans l'usine Philco de Perivale, 1936

Philco s'appelait au départ Helios Electric Co. et fabriquait alors des batteries. En 1909, la société, rebaptisée Philadelphia Battery Storage Company (Philco), se lance dans la fabrication de radios. Dès 1929, elle produit ces radios en série sur une chaîne d'assemblage et devient rapidement l'un des « trois grands » de la radio. En 1932, Philco investit le marché britannique et construit une usine sur mesure à Perivale (Angleterre). En 1936, le Comité Ullswater de Lord Selsden, après une enquête sur le prix des radios en Grande-Bretagne, invite les industriels à produire des modèles moins chers et de meilleure qualité. La même année, Philco réagit en lançant sa radio monobloc *Model 444* en Bakélite qui ne coûte que six guinées. À l'instar du *Volksempfänger* de **Walter Maria Kersting**, la conception standardisée de cette radio est spécifiquement adaptée à la production en série. La commercialisation commence par un demi-échec jusqu'au moment où la radio, rebaptisée « le poste des gens » devient très populaire. Philco en vend plus de 500 000 unités. Dans les années 1930, la société finance les recherches de l'Américain Philo Taylor Farnsworth (1906– 1971). De la fin des années 1940 au milieu des années 1950, la société produit une large gamme de télévisions techniquement sophistiquées, intégrées dans des meubles de style. À la fin des années 1950, Philco commence à repenser le design de ses téléviseurs et adopte un stylisme futuriste. Les nouveaux modèles baptisés *Predictas*, produits de l'ère spatiale, sont les téléviseurs les plus originaux jamais fabriqués en Amérique. Malgré leurs caractéristiques innovantes, tel l'écran pivotant, l'essor des téléviseurs Philco fut entravé par leur mauvaise qualité technique et la société dut cesser son activité en 1962.

Philco, Radio *Model 444*, 1936

PHILIPS

Fondée en 1891
À Eindhoven, Pays-Bas

Magnétophone à bobines *All Transitor*, vers 1960

En 1891, Gerard Philips fonde une société dédiée à la « fabrication des lampes incandescentes et autres produits électriques ». La firme se concentre sur la production de lampes à filaments de carbone et dès 1900 elle s'impose comme l'un des fabricants les plus importants d'Europe. Pour stimuler l'innovation produits, Philips fonde en 1914 un département de recherche qui explore les phénomènes physiques et chimiques. En 1918, Philips fabrique son premier tube à rayons X et dès 1925 entreprend des expériences en télévision. Deux ans plus tard, Philips sort sa première radio et en 1932, la société en a déjà vendu plus d'un million. L'année suivante, elle sort sa cent millionième lampe de radio, s'installe aux États-Unis et se lance dans la fabrication d'équipements médicaux à rayons X. Vers 1950, mettant fin à une approche flottante en design, Philips engage l'architecte Rein Veersema pour superviser la conception des rasoirs, radios, téléviseurs et tourne-disques maison. Durant les 14 ans qu'il passe chez Philips, Veersema instaure une stratégie de design systématique englobant tous les aspects du processus de design, de la recherche ergonomique à l'estimation du prix de revient. Il promeut aussi l'idée de développer des familles de produits afin de projeter une identité visuelle cohérente. Nombre de designers Philips, recrutés chez **Braun**, sont des adeptes convaincus d'un design maison homogène. Durant cette période, Philips devient leader dans la technologie de l'enregistrement et, en 1963, la marque lance un magnétophone de référence, le Compact Audio Cassette, qui établit rapidement une norme internationale de format. En 1972, la firme développe aussi le vidéodisque laser mais au moment où ce produit est lancé, en 1978, le marché est déjà saturé par les magnétoscopes à cassettes. En mettant au point son lecteur de vidéodisques, Philips découvre cependant que cette technologie offre une meilleure restitution sonore que les disques vinyles

Panonceau en métal émaillé Philips/Argenta TSF Brevets Français, vers 1920

Scanner IRM Philips
Ingenia CX 3.0T, 2015

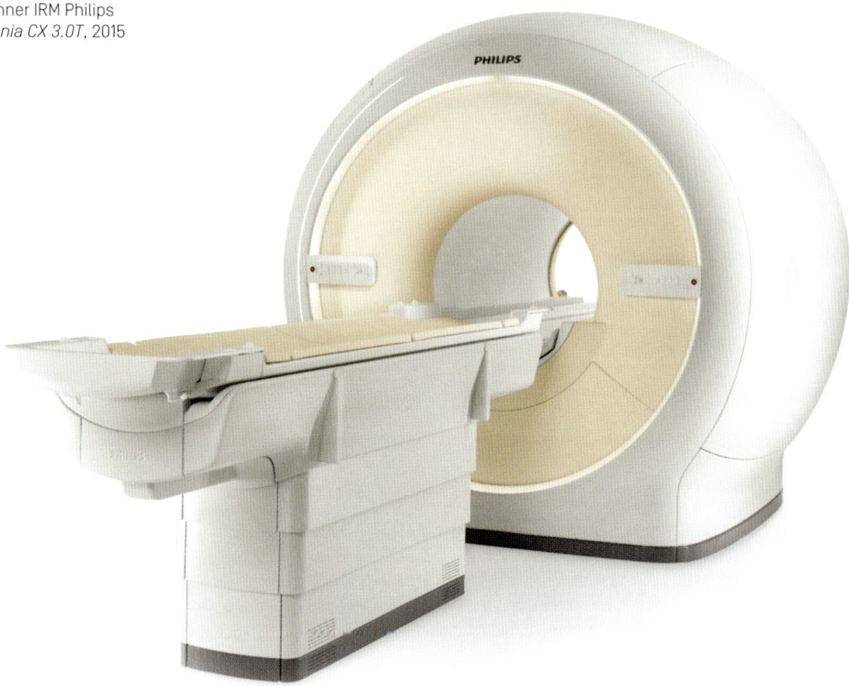

conventionnels. L'entreprise ne tarde donc pas à lancer un nouveau support révolutionnaire, le disque compact ou CD (1983). Le lancement du CD porte un coup fatal au vinyle et menace sérieusement l'avenir des cassettes audio. Dès 1980, l'équipe de design Philips est placée sous la direction de Robert Blaich, architecte et designer industriel américain, qui milite en faveur d'un « design global » et défend une « sémantique de produits », dans le but de damer le pion aux grandes firmes japonaises. Depuis lors, guidée par sa devise d'entreprise « Faisons toujours mieux » Philips a su imposer une image de marque exceptionnellement forte. Aujourd'hui, la réputation de Philips tient surtout au design d'articles de soin. Comme le souligne Sean Hughes, PDG de cette division chez Philips Design à Andover, « le design consiste à comprendre les personnes et leur contexte ». Cette approche conceptuelle intrinsèquement humaine a permis aux produits Philips de se démarquer de la concurrence.

PIAGGIO

Fondée en 1884
À Sestri Ponente, Italie

Rinaldo Piaggio (1864–1938) fonde la Società Rinaldo Piaggio en 1884. Rebaptisée Piaggio & C., la société d'abord spécialisée dans le mobilier pour navires de luxe, se lance dans la fabrication de wagons de chemin de fer, de moteurs, de cars, de trams et de camions. Pendant la Première Guerre mondiale, Piaggio construit quelques avions remarquables dont l'hydravion futuriste *P7* (1929) et le bombardier entièrement métallique *P16* (1935). Les usines Piaggio sont presque toutes détruites durant la Seconde Guerre mondiale, mais la firme décide de reconstruire et de répondre à la demande croissante de moyens de transport bon marché. Cette réflexion débouche sur la création d'un scooter dû à l'imagination de l'ingénieur aéronautique Corradino d'Ascanio (1891–1981). Il est revenu à Enrico Piaggio de trouver le nom désormais célèbre de cet engin. Quand il l'a découvert, il s'est exclamé : « On dirait tout à fait une guèpe ! » (vespa, en italien). La *Vespa* est brevetée et remporte un succès immédiat dès sa mise en service. En 1956, un million de *Vespa* ont été fabriquées et le scooter est devenu synonyme de reconstruction italienne et de vie mondaine à la mode latine. Aujourd'hui, la *Vespa*, moyen de transport élégant, pratique et abordable connaît un regain de popularité sans précédent.

Scooters *Vespa*, lancés par Piaggio en 1946

Corradino d'Ascanio, Scooter *Vespa 125*, 1951 (version originale conçue vers 1945)

Lancia *Aprilia Coupé*, 1936–1937

PININFARINA

Fondée en 1930
À Turin, Italie

Battista « Pinin » Farina (1893–1966) commence à travailler dès l'âge de onze ans dans la carrosserie de son frère, les Stabilimenti Farina, à Turin. En 1920, il visite Détroit où il rencontre Henri **Ford** auprès de qui il recueille des renseignements sur les nouvelles techniques de production industrielles automobiles qu'il a instaurées. En 1930, il ouvre sa propre carrosserie, la Carrozzeria Pinin Farina. Décidé à faire de son métier une industrie indépendante, il monte une chaîne d'assemblage capable de fabriquer sept à huit carrosseries par jour. Dans les années 1930 et 1940, Farina crée un certain nombre de modèles originaux, telle l'**Alfa Romeo** *6C* (1931) et l'aérodynamique Lancia *Aprilia Coupé* (1936–1937). Il conçoit aussi la *Cisitalia*, (1947) un modèle qui fait date et la première automobile exposée au Musée d'Art Moderne de New York (« l'une des huit voitures les plus remarquables de notre époque »). Dépeinte comme l'expression achevée de la beauté et de la simplicité dans le domaine automobile, elle renouvelle profondément le design automobile d'après-guerre. À partir de 1952, Farina dessine de ravissants modèles pour **Ferrari**, comme la *250 SWB* (1961) et la *Dino Berlinetta* (1965). En 1958, la Carrozzeria Pinin Farina construit une usine beaucoup plus grande pour accroître sa production et trois ans plus tard adopte officiellement le nom « Pininfarina ». L'année 1966 voit la construction du Centre de Recherches et d'Études qui créera nombre de prototypes et de voitures de série, dont la Ferrari *Modulo*

Cisitalia, 1947

Lancia *Florida II*, 1957

Ferrari *250 SWB*, 1961

(1970) et la **Jaguar** *XJS* (1978). En 1972, la société turinoise construit la première soufflerie italienne de grande envergure pour ses recherches sur l'aérodynamique. Dans les années 1980, Pininfarina reste fidèle à sa réputation de carrossier italien n° 1 avec des créations comme la Ferrari *Testarossa* (1984). À partir de 1981, la société assemble aussi des pièces mécaniques essentielles et fabrique des véhicules complets. Aujourd'hui, elle produit environ 40 000 carrosseries par an. Passant en revue la vie et l'œuvre de Battista Pinin Farina, le Comité du Compasso d'Oro déclarait en 1957 : « Après une longue phase d'élaboration rigoureuse de la forme, il a créé une plasticité de la ligne décisive pour la production industrielle et la détermination de critères esthétiques automobiles ». Aujourd'hui comme durant toute son histoire, la recherche de Pininfarina dans de nouveaux domaines du design et de l'aérodynamique, dans les nouvelles technologies et les nouveaux matériaux, ainsi qu'en matière de sécurité et de protection de l'environnement, se traduit par des idées innovantes et des contributions pratiques qui font sans cesse progresser l'ingénierie et le design automobile.

EZIO PIRALI

Né en 1921 en Italie

Ventilateur de table pour Zerowatt, 1954

Ingénieur électromécanicien de formation, Ezio Pirali fut le PDG d'une entreprise italienne d'appareils électroménagers, Zerowatt, pour laquelle il a conçu et développé de nombreux produits. Pirali a forgé un style maison original fait de simplicité et de dépouillement formel allié à une qualité de fabrication supérieure. En 1954, il est distingué par un des premiers Compasso d'Oro et il remporte une médaille d'argent à la triennale de Milan pour son ventilateur de table *VE505* (1954). Le moteur de ce ventilateur inhabituel est logé dans un œuf d'aluminium poli et ses pales de caoutchouc tournent dans une cage de fil de métal chromé qui sert aussi de support à la structure. Le *VE505*, fabriqué par Elettriche Riunite of Milan pour Zerowatt, caractéristique de l'esthétique industrielle à la fois douce et rationnelle de Pirali, a été produit de 1954 à 1960. Les créations de Pirali ont été présentées dans deux expositions : « Design & Design » (Milan, 1979) et « Le design depuis 1945 » (Philadelphie, 1983–1984). Le travail de Pirali reflète bien l'inventivité pure du design italien d'après-guerre, vertu née de la nécessité et qui a largement contribué à la renaissance économique du pays.

Ventilateur de table Zerowatt pour Fabbriche Elettriche Riunite, 1953

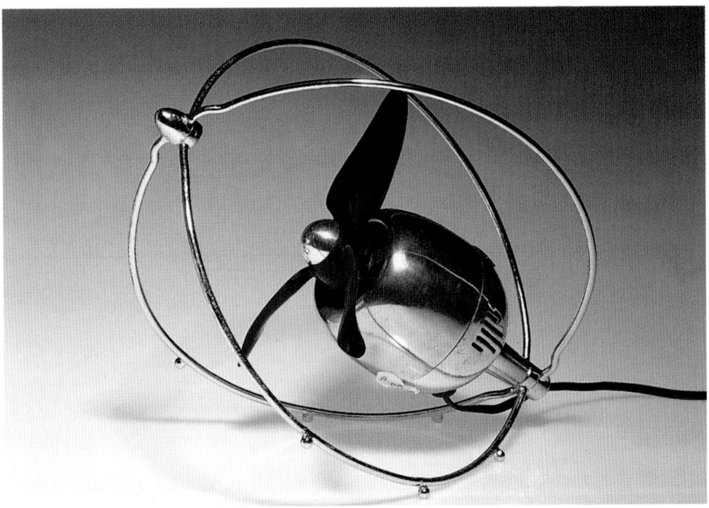

POLAROID

Fondée en 1937
À Boston, Massachusetts, États-Unis

Edwin Land, vers 1948

En 1932, encore étudiant à l'université de Harvard, Edwin Land (1910–1991) développe les premiers filtres polarisants en matériaux synthétiques. La même année, Land et son professeur de physique, George Wheelwright, fondent une société pour exploiter les applications de cette nouvelle technologie : lunettes de soleil, appareils photo et phares de voiture. La marque Polaroid est officiellement enregistrée en 1935 et la Polaroid Corporation est fondée deux ans plus tard. Polaroid rétrocède la licence d'exploitation de sa technologie à l'American Optical and Bausch & Lomb et, dès 1939, la société vend plus d'un million de paires de ses lunettes de soleil anti-reflets. Le concept révolutionnaire de photographie à développement instantané est né durant des vacances de Noël à Santa Fe en 1943, quand la fille de Land lui a demandé : « Papa, pourquoi je ne peux pas voir l'image tout de suite ? ». Ce dernier consacre les trois années qui suivent à développer cette idée et en février 1947, il présente le premier appareil « instant photograph » à l'Optical Society of America. La première *Land Camera* de Polaroid, le *Model 95*, est lancée en 1948 et dès 1956 sa production atteint un million d'exemplaires par an. Équipée d'un objectif Concertina, l'appareil est cependant assez encombrant et limité aux clichés noir et blanc. L'année 1957 voit l'introduction du premier système Polaroid-diapos qui permet de projeter des images après un délai de deux minutes. En 1963, Polaroid lance le premier film couleur instantané représentant la culmination de quinze ans de recherches et de développement. En 1964, plus de cinq millions de *Land Cameras* sont fabriquées et en 1971 est lancé l'appareil *MiniPortrait*, spécialisé dans les photos de passeport. Land incorpore un télémètre automatique à ultrasons et parvient ainsi à

Polaroid, Appareil photo *Land Camera Model 95*, 1948

GIO PONTI

Né en 1891 à Milan, Italie
Mort en 1979 à Milan, Italie

→ Siège de bureau pour Kardex Italiano, 1938

Machine à café pour La Pavoni, 1949

Giovanni (Gio) Ponti étudie l'architecture à l'École Polytechnique de Milan avant d'intégrer l'agence architecturale d'Emilio Lancia et Mino Fiocchi. De 1923 à 1930, il est directeur artistique des céramiques Richard Ginori (Milan et Florence). Ses créations de porcelaines pour Ginori, souvent ornées de motifs néoclassiques Novecento, remportent un Grand Prix à l'Exposition Internationale des Arts Décoratifs de 1925 à Paris. À l'époque, Ponti dessine aussi des meubles bon marché pour la chaîne de grands magasins La Rinascente. De 1925 à 1979, il préside les expositions de la Biennale de Monza. La première construction de Ponti, en 1925, est sa propre maison néoclassique, rue Randaccio à Milan. Un an plus tard, il ouvre une agence d'architecture avec Emilio Lancia à Milan ; leur association se prolonge jusqu'en 1933. En 1928, Ponti lance la prestigieuse revue de design *Domus*. Cette revue se donne pour

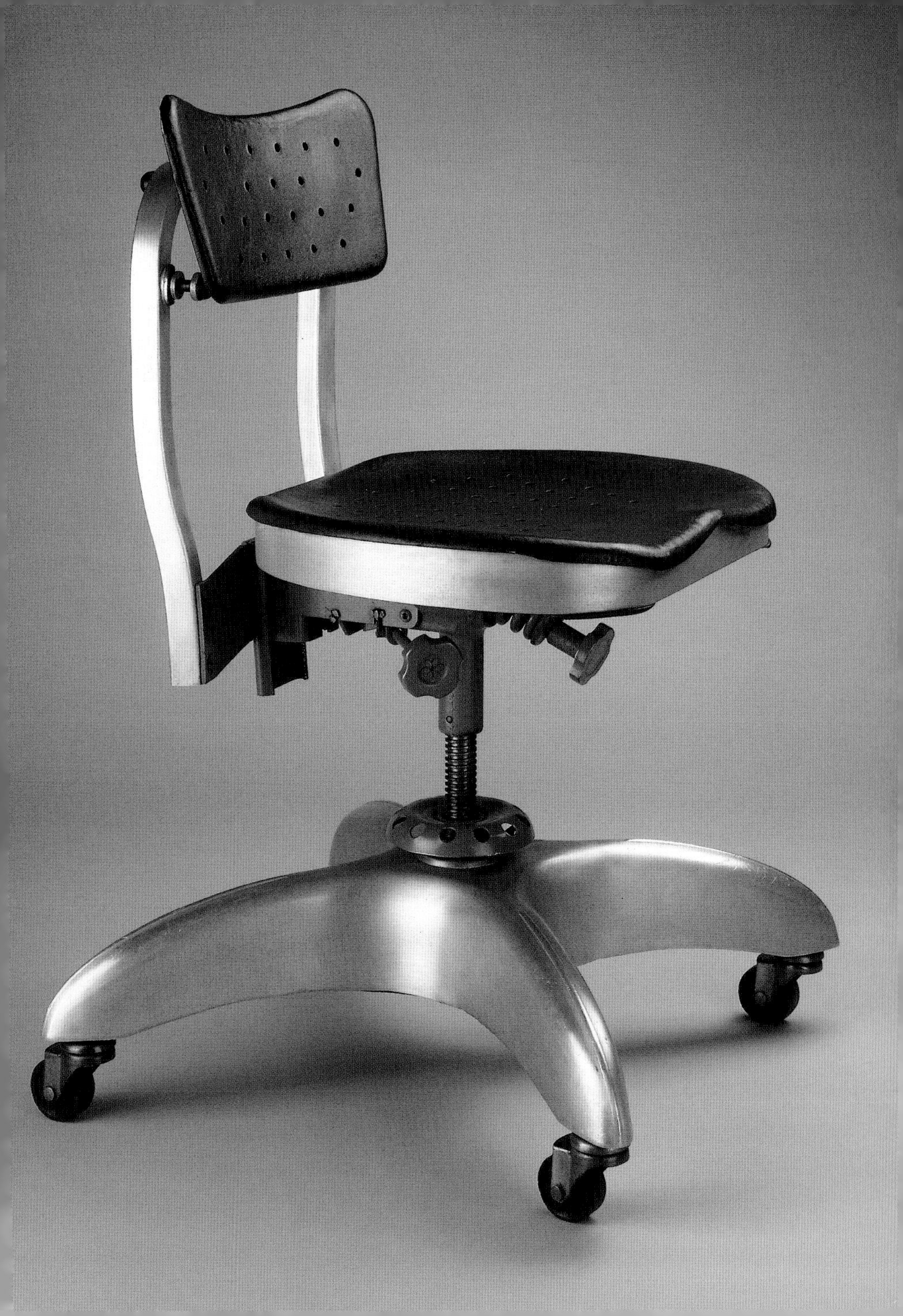

Mobilier de salle de bains *Series P* pour Ideal Standard, 1953

mission initiale de promouvoir le Mouvement Novecento et s'oppose à la fois au « faux antique » et au « moderne hideux » dans l'architecture et le design. De 1933 à 1945, Ponti travaille en association avec les ingénieurs Antonio Fornaroli et Eugenio Soncini à Milan et exécute de nombreuses commandes aussi bien privées que publiques. À partir de 1930, il dessine des luminaires et des meubles pour la société Fontana et en 1933, devient, avec Pietro Chiesa (1892–1948), codirecteur artistique de sa filiale Fontana Arte. Dans les années quarante, Ponti collabore régulièrement à la revue *Stile*, réalise décors et costumes pour l'opéra de la Scala (1947) crée des bouteilles, des verres et des lustres de verre multicolores pour Venini (1946–1950) et conçoit sa célèbre cafetière pour La Pavoni (1949). À la fin des années 1940 et dans les années 1950, Ponti collabore avec Pietro Fornasetti (1913–1988) sur plusieurs projets de meubles et de décorations intérieures, notamment celle du casino de San Remo (1950). Outre quelques commandes architecturales prestigieuses comme celle du second immeuble Montecatini (Milan, 1951) et la tour Pirelli, (Milan, 1956), Ponti dessine aussi de la vaisselle de table pour Krupp Italiana (1951) et Christofle (1955), des équipements sanitaires pour Ideal Standard (1953) et la légendaire chaise *Superleggera* (1957) pour Cassina, dont le classicisme intemporel résume bien son œuvre. Ponti conjuguait avec art le rationnel et le poétique pour créer des objets typiques du design italien. Les produits précurseurs de Ponti ont exercé une profonde influence et reflètent sa conviction : « Le bonheur, ultime espoir de l'homme, est un rêve. Mais rien n'est jamais survenu qui n'ait été rêvé avant. »

PORSCHE

Fondée en 1931
À Stuttgart, Allemagne

Ferdinand Porsche

Le studio de design qui est à l'origine de Porsche AG a été fondé à Stuttgart en 1931 par Ferdinand Porsche (1875–1951), designer pour **Volkswagen** de la *Coccinelle* (1934–1938), une voiture au succès légendaire. Durant la Seconde Guerre mondiale, Porsche conçoit des véhicules militaires, dont le tank *Tiger*. Après la guerre, son fils « Ferry » utilise des pièces de Volkswagen et un moteur de quatre cylindres à plat pour créer le roadster *356* (1948) qui devient le premier véhicule à porter le nom « Porsche ». La carrosserie profilée de cette voiture de sport, conçue par **Erwin Komenda**, ne vise pas seulement la beauté mais aussi le maximum d'efficience possible. En 1958, plus de 10 000 *356* avaient été construites. En 1961, l'entreprise lance un nouveau projet, un véhicule équipé d'un moteur arrière de six cylindres à refroidissement par air et d'une carrosserie dessinée par Komenda et le fils de Ferry Porsche, **Ferdinand Alexander Porsche**. De cette collaboration naît l'immortelle 911, mise en service en 1964, l'une des plus inoubliables sportives de tous les temps. Toujours fabriquée aujourd'hui, elle a connu de nombreuses variantes, qu'il s'agisse de la *911 Carrera RS* (1972), la première voiture de série équipée de becquets avant et arrière ou la *911 Turbo* (1974), la première voiture de série dotée d'un turbocompresseur. La première Porsche avec moteur avant, la *924*, est lancée en 1976. Elle est suivie de la *928* à configuration similaire en 1977. La *928* est censée prendre la relève de la *911* – au grand scandale des puristes. Mais la firme de Stuttgart interrompt la production de ces deux modèles au milieu des années 1990,

Évolution de la Porsche *911 Carrera*, 1972–1998

Porsche *959*, 1989

Porsche *Boxster S*, 2010

malgré de très bonnes ventes. Outre ses routières très appréciées, telle la *959* en édition limitée (1985), Porsche a aussi fabriqué nombre de modèles de compétition, témoin la *917* (1970) et la *956* (1982), deux des plus éblouissantes voitures de course de tous les temps. En 1993, Porsche présente un nouveau prototype au Salon de l'Auto de Détroit, le *Boxster* équipé d'un moteur au centre à six cylindres. La production de cette routière commence en 1996 et le *Boxster* remporte un succès immédiat. Depuis lors sont apparues de nombreuses versions de ce modèle plaisant à piloter. En 2013, la marque dévoile une voiture de sport hybride au profil dynamique, la *918 Spyder*. Avec son allure séduisante et son châssis en fibre de carbone, ce design de Michael Mauer écrit un nouveau chapitre passionnant dans l'histoire du design légendaire de Porsche. Grâce à ces principes de design, d'ingénierie et d'excellence technologique, Porsche reste l'une des marques phares en Allemagne et son nom rime dans le monde entier avec voiture de sport. Aux dires de l'entreprise, « Le défi ultime consiste à épuiser toutes les possibilités d'excellence, même pour la technologie de pointe. Nous abordons chaque idée comme une opportunité. Cette perception est la racine de notre entreprise et ce qui nous motive encore aujourd'hui. C'est l'essence même de Porsche ».

Porsche *918 Spyder*, 2015

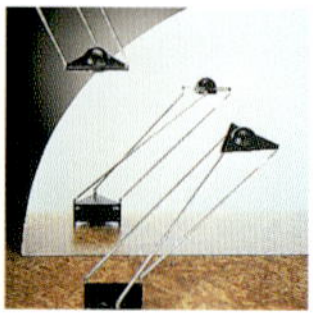

FERDINAND ALEXANDER PORSCHE

Né en 1935 à Stuttgart, Allemagne
Mort en 2012 à Salzburg, Autriche

Lampe *Kandido Tavolo* pour Lucitalia, 1982

Ferdinand Alexander « Butzi » Porsche est le petit-fils de Ferdinand Porsche (1875–1951), fondateur de **Porsche** AG. F.A. Porsche fait ses débuts d'ingénieur chez **Bosch**, à Stuttgart, avant de poursuivre ses études à la Hochschule für Gestaltung d'Ulm en 1957. L'année suivante, il intègre le département de design Porsche, alors dirigé par **Erwin Komenda**, qu'il préside à son tour de 1961 à 1972. C'est à ce titre qu'il conçoit plusieurs carrossages dont celui de la 911 (1964). En 1972, il fonde le Studio de Design Porsche aujourd'hui établi à Zell am See (Autriche). L'expérience acquise en design automobile s'avère précieuse pour la création d'objets et d'accessoires raffinés. Ses produits élégants, d'une conception rigoureuse qui mêle harmonieusement fonction, technologie et stylisme, symbolisent parfaitement le design allemand. Le studio de design Porsche a su s'attacher une clientèle internationale prestigieuse. On retiendra notamment la moto *Cobra* pour Steyr-Puch (1976), et des lunettes de soleil ergonomiques High-Tech pour Bausch & Lomb (1977). À la fin des années 1970, le Studio conçoit aussi des moyens de transports en commun pour les villes de Singapour, Bangkok et Vienne et élabore un projet urbain de transport par taxis assisté par ordinateur (CATS). Si la plupart des produits du studio sont produits et diffusés sous la marque Porsche Design, l'origine de certains produits créés pour des clients de Porsche reste parfois confidentielle.

Train Singapore *ExpreAirport ss* pour Siemens SGP, 1998

Montre de plongée pour IWC, 1983

↗ Casque de moto pour Römer, 1976

↙ Téléphone NEC, 1981

Cafetière *TC 91Lz11 d1.5100*, bouilloire sans fil *TW 91100* & grille-pain *Tt 91100* pour Siemens, 1997

PORTSMOUTH BLOCK MILLS

Fondée en 1802
À Portsmouth, Angleterre

Poulies, telles que celles fabriquées à l'usine Portsmouth Block Mills, sur le gréement d'un grand voilier

Gravure d'une machine à poulies semblable à celles utilisées dans l'usine Portsmouth Block Mills, *Cyclopædia of useful arts*, 1854

Intérieur de l'une des usines de construction aujourd'hui désaffectées au chantier naval historique de Portsmouth

L'usine Portsmouth Block Mills a été construite au début du dix-neuvième siècle sur le site du chantier naval historique de Portsmouth. Aujourd'hui, à l'instar de Coalbrookdale et Springfield Armory, l'usine est à juste titre considérée comme l'un des lieux emblématiques de la révolution industrielle. En effet, Portsmouth Block Mills a été la première installation de production à grande échelle à employer des machines-outils pour fabriquer en série des objets standardisés, en l'occurrence des poulies en bois pour le gréement des bateaux. En 1802, Sir Samuel Bentham, Inspecteur Général des Arsenaux, introduit un système révolutionnaire conçu par l'ingénieur britannique Marc Isambard Brunel (père d'**Isambard Kingdom Brunel**) pour la fabrication des poulies. Ce système breveté consiste en une série de machines, dessinées par Brunel et construites par Henry Maudslay, agencées en chaîne de production. Avant cela, chaque poulie était faite à la main par un artisan qualifié, soit un processus long et coûteux. Par ailleurs, en raison des guerres napoléoniennes, la Royal Navy avait des difficultés à fabriquer les 100 000 poulies dont elle avait chaque année besoin pour son arsenal. Grâce à l'adoption de l'ingénieuse méthode de production mécanisée et rationalisée de Brunel, Portsmouth Block Mills voit sa cadence de production augmenter radicalement, tellement qu'en 1808 la production annuelle de poulies atteint 130 000 unités. L'humble poulie de bateau peut donc être considérée comme l'un des premiers designs industriels fabriqués en série à l'aube de l'âge des machines.

Ancienne poulie semblable à celles fabriquées dans l'usine à Portsmouth

a
A
K
d
d
d
B
I
e
g
f
k
h
i
l
m
n
F
D
G

DIETER RAMS

Né en 1932
À Wiesbaden, Allemagne

Dieter Rams est le plus grand designer allemand d'après-guerre. Durant ses quarante ans de carrière chez **Braun**, il a transformé le design des produits de grande consommation. Guidé par de profondes convictions morales, Rams a fait prévaloir une conception du design essentiellement rationnelle. Dès son enfance, il s'initie aux techniques de construction dans l'atelier de menuiserie de son grand-père. Celui-ci fabrique à la main des meubles simples et de bonne qualité. Dieter Rams étudie l'architecture et la décoration intérieure à la Werkkunstschule de Wiesbaden en 1947–1948. Son père, un ingénieur électricien, insiste pour qu'il acquière une expérience pratique et Dieter Rams effectue, de 1948 à 1951, un apprentissage dans une menuiserie de Kelkheim. Il achève ses études à la Werkkunstschule auprès du professeur Söder qui enseigne l'architecture et la décoration d'intérieur. Diplômé en 1953, il rejoint cette année-là une agence architecturale qui construit des bâtiments publics – dont Rams déteste la médiocre qualité et le manque d'intégrité. Il est ensuite engagé par Otto Apel (1906–1966), un architecte

Tourne-disques et radio *Phonosuper SK 4* pour Braun, 1956 (en collaboration avec Hans Gugelot)

Ensemble *620 Chair Programme* pour Vitsoe, 1962

moderniste allemand de premier plan. L'agence d'Apel est une filiale du cabinet américain SOM (Skidmore, Owings & Merrill) dont Rams admire la vision conquérante (« rien d'impossible »). D'eux il apprend « l'essence simple de la construction industrielle ». Rams postule ensuite pour un emploi chez Braun. Convoqué à un entretien, il rencontre Erwin Braun et découvre les créations de **Hans Gugelot** qu'il juge étonnamment modernes. En 1955, Rams intègre l'équipe de Braun comme architecte et décorateur d'intérieur et l'année suivante il commence à travailler comme designer de produits pour l'entreprise. Sa création la plus remarquée est la chaîne hi-fi *Phonosuper SK4* de 1956, conçue avec Hans Gugelot. Les produits de Rams comme le poste de radio *Transistor 1* (1956) et le combiné tourne-disques/ radio de poche (1959) s'inspirent de la conception fonctionnelle et rigoureuse du design développée par le **Bauhaus** et la Hochschule für Gestaltung d'Ulm (avec laquelle Braun entretenait des rapports étroits). En 1961, Rams devient responsable du département de design de Braun et dans les années 1960 il signe notamment la gamme d'appareils culinaires *KM2*, le rasoir électrique *Sixtant*, des calculatrices, des radios, des chaînes hi-fi et un briquet de table cylindrique. Ces objets au design moderne et à l'esthétique rationaliste dépouillée incarnent les vertus du « bon design ». Dans les années 1960, Rams dessine aussi le systèmes d'étagères *606* ainsi que les gammes de sièges modulaires *620* et *601* pour le fabricant Vitsoe, qui illustrent la pureté rationnelle de ses produits. En 1968, Rams devient directeur du

Radio *RT 20* pour Braun, 1961

→ Transistor *TPI* pour Braun, 1959

design chez Braun et est fait Honorary Designer For Industry par la Royal Society of Arts de Londres. À la fin des années 1960, l'idée d'une « esthétique de produits » et en particulier le vocabulaire moderne du fonctionnalisme est de plus en plus dénoncée comme un simple argument de marketing. Rams, indifférent à ces critiques, persiste à défendre l'essentialisme dans le design avec des produits efficaces, rigoureusement conçus et d'une excellente qualité de fabrication assurée par des techniques de pointe. Rams estime que la responsabilité principale des designers consiste à instiller de l'ordre dans la vie contemporaine. Son approche du design a toujours été basée sur ses « Dix commandements sur le design » : « Le bon design... est innovant, fabrique un produit utile, est esthétique, aide à comprendre un produit, est discret, honnête, durable, conséquent jusque dans le moindre de détails, soucieux de l'environnement... Le bon design est aussi peu design que possible ». Son cri de ralliement, « Retour à la pureté, retour à la simplicité » et son affirmation selon laquelle « l'exigence esthétique d'un produit industriel c'est qu'il doit être simple, soigneusement confectionné, équilibré et discret », confèrent à son travail une cohérence et une qualité hors pair durant toute sa carrière. Rams a officiellement pris sa retraite de Braun en 1995 mais son héritage continue d'influencer profondément l'ethos de l'entreprise.

3

KARIM RASHID

Né en 1960
Au Caire, Égypte

Karim Rashid est l'un des designers industriels les plus prolifiques du moment : un chef de file acclamé dans le monde du design qui pense que cette discipline a le pouvoir de changer positivement le monde. Au long de sa carrière, il a créé des produits innovants pour une foule d'entreprises internationales et raflé plus de 300 prix. Plus de 3 000 de ses créations sont actuellement en cours de production, tant des meubles et des luminaires que de la vaisselle et des intérieurs. Il est également l'auteur de nombreux articles de grande consommation, dont sa poubelle best-seller *Garbino* pour Umbra (1996) et, plus récemment, sa bouteille d'eau *Bobble* pour Bobble (2010). Rashid possède aussi des talents en design d'emballages et a signé d'innombrables conteneurs accrocheurs, notamment les distributeurs de détergent et de savon à mains pour Method (2003/2010). Cherchant toujours à améliorer ou à inventer des objets pour les produire en série, Rashi déclare : « Pendant très longtemps, le design était seulement réservé à l'élite et à une petite culture insulaire. Je travaille dur depuis 20 ans pour faire du design un sujet public. » À ses débuts, il a contacté des compagnies traditionnelles, notamment en Amérique (comme Nambe et Copco), qui avaient besoin de donner plus de poids au design, et il leur a montré ce qu'il pouvait leur proposer. Grâce à son travail pour Umbra et Target, il a contribué à démocratiser le design contemporain aux États-Unis.

Bouteille d'eau *Bobble* pour Bobble, 2010

REMINGTON

Fondée en 1816
À Ilion Gorge, New York, États-Unis

C. L. Sholes & C. Glidden, machine à écrire Remington *N°1*, 1873

En 1816, Eliphalet Remington (1793–1861) fabrique un fusil à silex qui devient célèbre pour sa précision et la même année, il transforme la forge familiale à Ilion Gorge (New York) en fabrique d'armes. Sa société prospère et, en 1828, il fait construire une grande usine le long du canal Erié. Remington et son fils Philo sont à l'origine de nombreuses inventions dans le domaine des armes à feu, notamment d'une tour permettant d'usiner les fûts des fusils et d'une méthode par réflexion pour redresser les canons. Ils ont aussi inventé le premier canon en fonte d'acier foré et en 1847, ils vendent à la marine américaine le premier modèle de fusil à chargement par la culasse. Il n'est guère étonnant que Remington, ayant adopté très tôt les méthodes de production industrielles, ait assez rapidement élargi son activités à d'autres domaines : en 1873, E. Remington & Sons commercialise la première machine à écrire, la Remington *N°1*. Cet outil de référence est l'œuvre de Christopher Latham Sholes (1819–1890) et succède à un modèle plus grossier, breveté par Sholes en 1868. C'est Sholes qui a forgé le terme « typewriter » (machine à écrire) et sa Remington *N°1* est dotée du clavier « QWERTY » encore usité aujourd'hui dans les pays anglo-saxons. Nombre de caractéristiques de cette machine sont d'ailleurs demeurées inchangées pendant plus d'un siècle : le cylindre, avec son levier d'interlignage et de retour du chariot ; le mécanisme d'échappement, qui déplace le chariot entre deux frappes ; la commande des barres à caractères par connexions et leviers, et enfin l'impression au moyen d'un ruban encreur. L'année 1878 voit le lancement de la Remington *N°2*, la première machine à écrire équipée d'une touche majuscules. Elle se vend beaucoup mieux que la Remington *N°1*, seulement capable d'imprimer des majuscules. À la même époque, la société diversifie sa gamme de produits et lance des machines à coudre. En 1886, E. Remington & Sons cède la fabrication de machines à écrire et devient la Remington Arms Company, qui approvisionne le gouvernement américain en armes de petit calibre pendant la Première et la Seconde Guerre mondiale et est encore active

Publicité pour les machines à coudre Remington, vers 1880

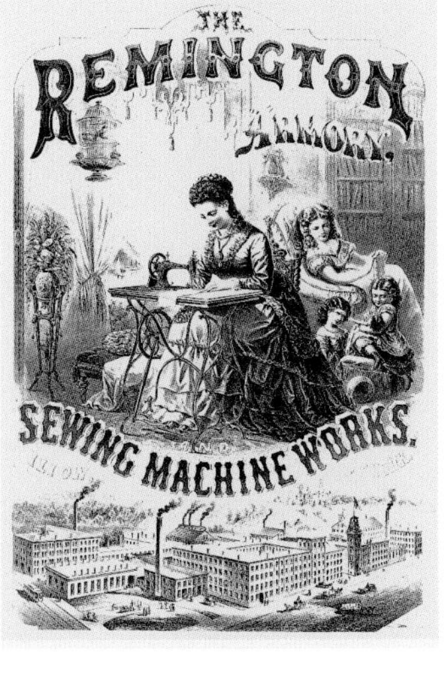

Machine à écrire portable Remington, vers 1910

aujourd'hui. La fabrique de machines à écrire Remington fusionne avec la Rand Kardex Company en 1927 et devient un important fabricant de fournitures de bureau. En 1936, elle ouvre une division rasoirs électriques et commercialise dès l'année suivante son *Close Shaver*. À la Foire internationale de New York [**New York World's Fair**] en 1939, Remington lance le rasage à sec qui sera adopté par des millions d'Américains et un an plus tard est lancé le Remington *Dual*, son premier rasoir à double tranchant. En 1960, la société commercialise le premier rasoir sans fil, le Lektronic à accumulateurs rechargeables au nickel-cadmium. En 1975 est adopté le système *Soft Touch* à tête souple. Quatre ans plus tard, Victor Kiam crée la Remington Products Inc., déclarant : « J'aimais tant le rasoir que j'ai acheté l'entreprise. » En 1981, le premier magasin Remington est ouvert et ces deux dernières décennies, la société est devenue leader dans les appareils de rasage, soins de toilette et accessoires de voyage.

RENAULT

Fondée en 1898
À Boulogne-Billancourt, France

En 1898, Louis Renault (1877–1944) construit sa première automobile, la *Voiturette*, dans un petit atelier de la propriété familiale de Boulogne Billancourt. Ce premier véhicule est équipé d'une transmission directe – une invention brevetée par Louis Renault. La même année, il fonde la Société Renault Frères avec ses deux frères, Fernand et Marcel. Ils conçoivent ensemble des voitures de course novatrices qui remportent de nombreuses compétitions. Mais après la mort tragique de Marcel lors de la course Paris–Madrid de 1903, la société décide de se concentrer sur la fabrication de voitures de série. Durant la Première Guerre mondiale, Renault fabrique un modèle de tank qui sert de véhicule de transport de troupes. Après la guerre, Renault accroît ses capacités de production et, dans les années 1930, la firme commercialise une large gamme de véhicules, dont des taxis. Mais si Louis Renault sait fabriquer des véhicules appréciés, il manque de sens politique et continue à fabriquer des matériels militaires pour l'occupant allemand pendant la Seconde Guerre mondiale. À la Libération, il est emprisonné pour faits de collaboration et Renault est nationalisée en 1945. En 1961, l'entreprise lance la *R4*, plébiscitée par le public, dont le succès annonce celui de la Renault *5* lancée en 1972. Conçue par Michel Boué (1936–1971), l'élégante *5* à hayon arrière est spécifiquement destinée à une clientèle jeune et féminine et inaugure une catégorie toute nouvelle, celle des « supercompactes ». En 1975, Renault produit 1,5 millions de véhicules par an dont 55 % à l'export. Ce succès est attribuable pour une grande part à la Renault *5*, la voiture française la plus vendue de tous les temps. Une nouvelle version de

Renault *R4*, 1961

Renault *5 TL*, 1972

la *5* est lancée en 1982 et en 1986, la firme lance un autre véhicule de référence, l'*Espace* qui inaugure la catégorie des monospace. Dans les années 1990, la *Twingo* [1992] est l'une des premières expressions du soft design dans l'automobile, tandis que la compacte *Scenic* [1996], élue voiture de l'année en 1997, constitue le premier monospace sur le segment médian inférieur [M1] du marché. Aujourd'hui, Renault reste le premier constructeur automobile français et l'un des plus innovants au monde de ce secteur. Par exemple, son modèle compact et confortable *Captur* [première sortie en 2013] est le parfait croisement entre un 4x4 pour le look, et une voiture micro pour les dimensions et les coûts d'exploitation, alors que *Twizy* est un véhicule urbain 100 % électrique, entre scooter et petite camionnette. Avec une autonomie en ville de 100 km et une vitesse maximum de 80 km/h, il s'agit d'une solution abordable, compacte et qui consomme peu, parfaite pour se déplacer dans les embouteillage des villes effervescentes.

Renault *Espace 2000 TSE*, 1986

Renault *Captur*, 2015

Renault *Twizy*, 2015 – plan de coupe de son design

Charles Stewart Rolls (haut) et Sir Frederick Henry Royce (bas)

ROLLS-ROYCE

Fondée en 1906
À Manchester, Angleterre

Le nom de Rolls-Royce a longtemps été synonyme de belles voitures luxueuses et de réacteurs d'avion extrêmement puissants. Charles Rolls (1877–1910) et Frederick Royce (1863–1933), fondateurs de l'entreprise, se rencontrent en 1904 : le premier a établi l'un des premiers concessionnaires de voitures de luxe de Grande-Bretagne et le second a fondé une usine de dynamos à Manchester et construit une voiture selon un design propre, motivé par son désir de produire « la meilleure automobile au monde, quel qu'en soit le prix ». Le duo accorde que Rolls aura l'exclusivité de la vente des voitures de Royce ; ensemble, ils présentent la première Rolls-Royce au salon de Paris de 1904. Deux ans après, le partenariat est formalisé par la création de Rolls-Royce Limited, Royce jouant le rôle de directeur des opérations et d'ingénieur en chef. La combinaison est idéale, entre le sens des affaires de Rolls et le savoir-faire technique de Royce. En 1906 sort la *Silver Ghost* avec un moteur six cylindres au London Motor Show à Olympia. En 1911, la statuette mascotte Spirit of Ecstasy est introduite et orne depuis lors chaque voiture Rolls-Royce. Après avoir démontré au rallye Alpine Trial de 1913 sa fiabilité, son confort et son style, la *Silver Ghost* est saluée par la presse comme « la meilleure voiture au monde ». L'année d'après,

Tourer Rolls-Royce *Silver Ghost*, 1914

un mois après le début de la Première Guerre mondiale, l'entreprise décide, à la demande des autorités militaires, de fabriquer trois moteurs aéronautiques expérimentaux, baptisés d'après trois oiseaux de proie : *Eagle*, *Falcon* et *Hawk*. Les premières commandes pour le Eagle V12 arrivent en 1915 et à la fin de la guerre, Rolls-Royce en a fabriqué environ 2 000 unités. À l'après-guerre, très acclamé, le modèle *Eagle* est installé sur un avion *Vimy* de Vickers, tant pour le premier vol direct transatlantique que pour le premier vol reliant l'Angleterre et l'Australie. Dans les années 20, l'entreprise poursuit la fabrication de superbes voitures haut de gamme, lançant la Rolls-Royce *Twenty* en 1922 (de taille inférieure et cherchant à séduire les conducteurs plutôt que ceux qui ont un chauffeur) et la Rolls-Royce *Phantom I* en 1925. En 1931, Rolls-Royce rachète le constructeur rival Bentley et en 1936, elle lance le modèle *Phantom III*, sa première voiture équipée d'un moteur V12. Pendant la Seconde Guerre mondiale toutefois, l'entreprise est forcée de concentrer ses efforts de production sur les moteurs aéronautiques, notamment le légendaire *Merlin* V12 installé, entres autres, sur le Supermarine *Spitfire*, le Hawker *Hurricane* et le Avro *Lancaster*. La période d'après-guerre voit le lancement de deux nouveaux modèles de voiture : le *Silver Dawn* en 1949 et le *Silver Cloud* en 1955, tous deux avec une carrosserie fabriquée par Pressed Steel Company à Cowley. Longtemps associée aux couches sociales supérieures, la marque Rolls-Royce fait dans les années 60 la coqueluche d'une nouvelle génération de célébrités du monde de la

Rolls-Royce *Silver Cloud I*, 1956

Moteur Rolls-Royce *Trent 700* sur un Airbus A330-200

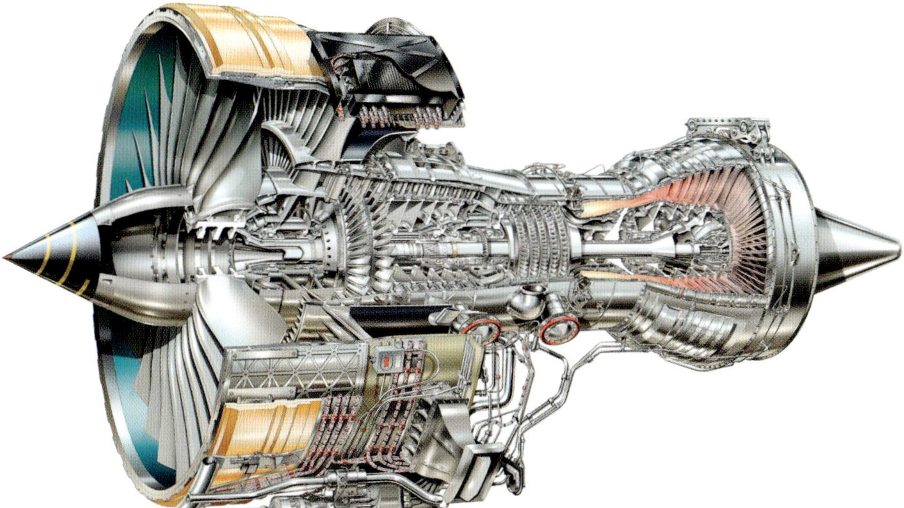

Plan de coupe d'un moteur Rolls-Royce *Trent 700*

Décapotable
Rolls-Royce *Dawn*,
2015

musique et du divertissement. John Lennon se fait par exemple personnaliser une limousine *Phantom V* dans le style d'une roulotte de gitan aux couleurs psychédéliques. Rolls-Royce connaît des décennies prospères en fabriquant des voitures de luxe dans le respect de son identité historique, dont la *Silver Shadow* (1965) et son châssis monocoque inédit (lequel inspirera à son tour la *Silver Spiri*t lancée en 1980). Avec la profonde récession des années 70, Rolls-Royce passe dans le giron de l'État en 1971 ; deux ans plus tard, une émission d'actions pour l'activité automobile suppose la séparation définitive de son exploitation aéronautique, revenu au secteur privé en 1987. En 1998, Rolls-Royce est vendu à **Volkswagen** par Vickers, ce qui marque un tournant dans l'histoire de l'entreprise. Plus tôt la même année, **BMW** obtient de façon assez confuse les droits sur le nom et la marque des voitures Rolls-Royce, avant de finalement s'approprier en 2003 la production complète de véhicules fabriqués sous le nom de Rolls-Royce. En parallèle, la construction aéronautique réussit à se consolider avec le développement d'un nouveau type de turboréacteur. Le moteur Rolls-Royce *Trent 700* fait ses débuts en 1990 et est le premier d'une famille nombreuse de moteurs de la marque, amenés à dominer le secteur de l'aviation commerciale. Aujourd'hui, en termes d'innovation de design, l'entreprise de construction aéronautique Rolls-Royce est un leader mondial, alors que la branche automobile poursuit le développement de voitures pour le segment de marché de grand luxe, comme la magnifique décapotable Rolls-Royce *Dawn* (2015), perpétuant ainsi une fière tradition de design automobile.

ROSENTHAL

Fondée en 1879
À Selb, Allemagne

Tapio Wirkkala, Couverts *Kurve*, 1963

Dans les années 1870, Philipp Rosenthal (1855–1937) est employé chez un porcelainier américain. De retour en Bavière à la fin des années 1870, il crée l'atelier de décor sur porcelaines Rosenthal AG (1879), à Erkersreuth, près de Selb. Devant les difficultés d'approvisionnement en porcelaines blanches, il finit par créer sa propre usine à Selb en 1891. Dans les premières années du 20e siècle, la société produit des céramiques de style Jugendstil simplifié qui lui vaut une grande notoriété. Des créations comme les services *Darmstadt* (1905) et *Donatello* (1907) de Philipp Rosenthal, reflètent les idées de la Colonie d'Artistes de Darmstadt et du **Deutscher Werkbund** sur la réforme du design. Dans son service *Isolde* de 1910, Rosenthal s'efforce de rompre avec les galbes conventionnels, notamment en intégrant la poignée dans la forme. Au début, il fabrique des pièces dénuées de tout décor afin de mettre en valeur leur graphisme puissant, mais il opte ensuite pour des décors simples (petits rameaux de cerisier) peints à la main et vitrifiés. Rosenthal fabrique aussi des porcelaines à décors XVIIIe ainsi que des figurines Art nouveau, notamment des baigneuses dessinées par R. Marcuse vers 1914. **Wilhelm Wagenfeld** crée une gamme de céramiques modernes pour la société dans les années 1930 et, dans les années 1950, **Raymond Loewy** et Richard Latham imaginent le célèbre

Raymond Loewy & Richard Latham, Service à café *Form 2000*, 1954

Jasper Morrison, Service en porcelaine *Moon*, 1997

service *Form 2000* (1954). En passant des commandes à des designers célèbres comme Loewy et Latham, Rosenthal accroît encore sa notoriété et devient le premier fabricant de céramiques allemand. En 1960, la société ouvre un magasin de détail où sont vendus ses propres produits mais aussi ceux d'autres manufactures et ateliers d'avant-garde. Les produits commercialisés dans ce « Studio-Haus » sont soumis à l'approbation d'un groupe de conseillers et de critiques en design et d'autres magasins similaires ouvrent par la suite dans la plupart des grandes villes européennes. En 1969, Rosenthal présente le service *TAC1*, signé **Walter Gropius** qui incarne l'esthétique moderne, sculpturale et fonctionnelle de la société. Hormis ses porcelaines, Rosenthal commercialise aussi des verreries et des couverts en argent ou inox, comme la ligne *Kurve* de Tapio Wirkala (1963). Parmi les nombreux autres designers et studios ayant œuvré pour la collection Studio-Line de Rosenthal, citons Timo Sarpaneva (1926–2006), Lino Sabattini (né en 1925), Michael Boehm (né en 1944), Queensberry-Hunt, Michael Young (né en 1966) et **Jasper Morrison**. Rosenthal est racheté en 1997 par Waterford Wedgwood, mais quand cette entreprise traverse une crise financière à la fin des années 2000, le constructeur chinois installé à Selb est revendu en 2009 à la société italienne d'articles ménagers Sambonet. Malgré tous ces bouleversements, Rosenthal fonctionne toujours comme une entreprise complètement indépendante et a récemment reçu un German Design Award pour le service à thé *Cha* (2015) de Federica Capitani, intégré à sa célèbre collection Studio-Line.

Couverts en inox pour Sambonet, 1959

ROBERTO SAMBONET

Né en 1924 à Vercelli, Italie
Mort en 1995 à Milan, Italie

Roberto Sambonet étudie l'architecture au Politecnico de Milan de 1942 à 1945. De 1948 à 1953, il travaille au Musée d'Art Moderne de Sao Paolo avec Pietro Maria Bardi. En 1953, il intègre l'agence d'Alvar Aalto, avant de retourner en Italie où il signe des produits, des graphismes et des expositions pour La Rinascente. En 1954, la société de sa famille, située à Vercelli commence à fabriquer ses lignes de couverts en inox, comme l'élégant plat à poisson *Pesciera* (1956) en forme de coquillage bivalve. Les formes qu'explore ensuite Sambonet avec ses lignes de vaisselle ultérieures (1959) et sa batterie de cuisine emboîtable (huit pièces) *Center Line* (1964), relèvent d'une esthétique essentialiste. Il remporte le Compasso d'Oro en 1956 pour une série de plateaux ovales et en 1970 pour une gamme de récipients en inox (dont le plat à poisson et la batterie de cuisine *Center Line*). Il dirige aussi la revue *Zodiac* de 1957 à 1966 et crée des verreries pour Baccarat (1971) et des plats en porcelaine pour Richard Ginori (1979). Partisan du design « objectif », Sambonet se défiait de la décadence consumériste et, dans les années 1980, il s'est intéressé aux aspects sociaux de l'urbanisme.

Ustensile de cuisine de la gamme *Center Line* pour Sambonet, 1964

RICHARD SAPPER

Né en 1932 à Munich, Allemagne
Mort en 2015 à Milan, Italie

De 1952 à 1954, Richard Sapper étudie l'ingénierie et l'économie à l'université de Munich. De 1956 à 1957, il travaille au département de stylisme automobile **Mercedes-Benz**, à Stuttgart. Il part ensuite pour l'Italie où il rejoint l'agence milanaise d'Alberto Rosselli (1921–1976) et **Gio Ponti** de 1957 à 1959. La même année, il crée pour Lorenz l'horloge *Static*, distinguée par un Compasso d'Oro en 1960. De 1959 à 1961, il travaille dans le service de design intégré des magasins La Rinascente et dans l'agence de **Marco Zanuso**. En 1970, Sapper ouvre sa propre agence de design à Stuttgart et devient consultant pour **Fiat** et Pirelli. Sa collaboration avec Zanuso se poursuit jusqu'en 1975 et ils signent plusieurs « classiques » du design : la chaise *Lambda* pour Gavina (1963), la chaise d'enfant empilable *N°4999/5* en polyéthylène moulé par injection (1961–1964) pour **Kartell**, le téléviseur *Doney 14* (1962), le poste de radio *TS 502* (1965), les téléviseurs portables *Algol* et *Black Box* (1965 et 1969) pour **Brionvega** et le téléphone pliant *Grillo* pour **Siemens** (1966). En 1972, Sapper réalise seul, pour **Artemide**, la lampe de bureau *Tizio* qui connaît un formidable succès. Cet objet culte des années 1980 est emblématique de la ten-

Téléviseur *Algol 11*
pour Brionvega, 1964

Détails de la lampe *Tizio* pour Artemide, 1972

dance high-tech. En 1972 toujours, il fonde avec Gae Aulenti le Urban Transport Systems Study Group (groupe d'étude des transports urbains). Les résultats de leur recherche sont exposés à la dix-huitième Triennale de Milan, en 1979. Conseiller en design pour **IBM** à partir de 1980, Sapper va, dans la décennie qui suit, teinter de Post-modernisme le style high-tech de ses débuts et concevoir pour **Alessi** une série d'objets qui marquent leur époque : la cafetière espresso *Gogo* (1979), (premier ustensile culinaire Alessi depuis les années 1930) la bouilloire à sifflet 9091 *Bollitore* (1983), la montre *Uri Uri* (1988), l'élégante théière automatique *Bandung* (1995) et enfin une série de cafetières espresso domestiques, la gamme *Coban*. Selon Alberto Alessi, Sapper est « un designer qui a la capacité de transgresser les rapports de force en vigueur dans l'industrie », ce qui lui permet d'ouvrir des possibilités de création à l'intérieur des contraintes rigides de la production en série. Ses produits, que Sapper définit comme des « objets transitionnels », transforment l'identité culturelle des sociétés pour lesquelles il travaille. Il a aussi conçu des meubles pour Knoll, Unifor, Molteni et Castelli. Les solutions de design techniquement sophistiquées mais esthétiques de Sapper témoignent d'une extrême originalité de pensée. Comme il le reconnaît lui-même : « Avoir une idée, ça ne s'apprend nulle part. »

SIXTEN SASON

Machine à laver industrielle pour Electrolux, 1950

→ Accessoires d'aspirateur pour Electrolux, 1944

Né en 1912 à Skovde, Suède
Mort en 1967 en Suède

Sixten Sason étudie d'abord avec des artistes suédois vivant à Paris avant d'apprendre le métier de pilote. Il conçoit ensuite des motos et de petites armes pour Husqvarna avant de travailler comme graphiste et illustrateur pour divers magazines. Durant la Seconde Guerre mondiale, il intègre en tant qu'illustrateur technique la jeune entreprise aéronautique Saab. Vers 1945, la société décide de se diversifier et l'ingénieur en chef de Saab, Gunnar Ljungström se lance avec son équipe dans le développement d'une première voiture, la Saab *92* (1947). S'inspirant du design aéronautique, Sason transforme cette traction avant en une auto aérodynamique avec panneaux latéraux, capot et coffre intégrés, une nouveauté plus tard reprise par **Pininfarina** et **Raymond Loewy**. La Saab *92* est la première voiture suédoise compacte et l'ancêtre des modèles ultérieurs, les *95*, *96* et *99* (toutes conçues par Sasson). Pionnier du conseil en design industriel, Sason a aussi signé des produits de style streamline très remarquables pour **Electrolux** et Hasselblad.

Aspirateur *Model 248* pour Electrolux, 1943

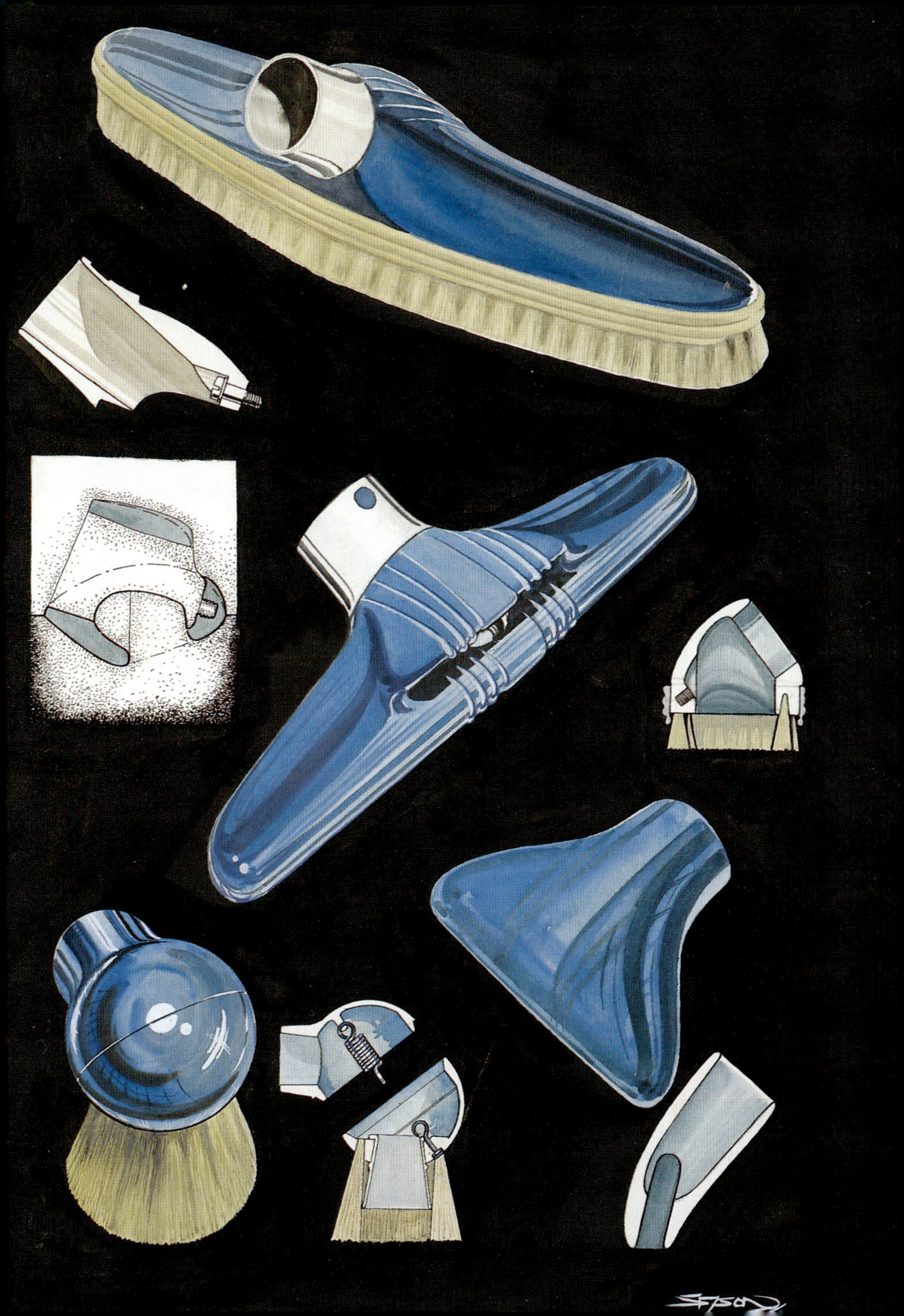

MARGARETE SCHÜTTE-LIHOTZKY

Né en 1897 à Vienne, Autriche
Mort en 2000 à Vienne, Autriche

Margarete Schütte-Lihotzky est la première femme diplômée de l'École des Arts appliqués de Vienne. Influencée par le travail d'Heinrich Tessenow [1876–1950], elle se consacre à l'amélioration des logements ouvriers et collabore avec le Rote Wien group. En 1925, Ernst May [1886–1970], directeur de l'urbanisme et de la construction de Francfort, lance un vaste programme de lotissements populaires centré sur le concept d' « espace minimal de vie ». May, en quête de solutions optimales pour les travaux ménagers, demande à Schütte-Lihotzky de concevoir une cuisine la plus rationnelle possible. Équipée comme un laboratoire scientifique et standardisée, sa *Frankfurter Küche* découle dans sa configuration comme dans sa taille d'études sur les mouvements de la ménagère. Fortement influencée par un ouvrage de Christine Frederick, La *Gestion scientifique de la maison* [1915], la cuisine est rigoureusement conçue pour la préparation des repas et ses placards encastrés, étagères et plans de travail ressemblent à ceux des cuisines de bateaux. La cuisine de Schütte-Lihotzky, dénuée de tout ornement et bien éclairée est pourvue d'un tabouret pivotant et d'une suspension réglable. Les modules d'habitat préfabriqués, standardisés et peu onéreux de Schütte-Lihotzky sont utilisés dans les lotissements bâtis à Francfort durant les années 1920. La *Frankfurter Küche* a joué un rôle important dans la technicisation des arts ménagers.

La *Frankfurter Küche*, 1924

Autobus *Routemaster* pour London Transport, 1954

DOUGLAS SCOTT

Né en 1913 à Londres, Angleterre
Mort en 1990 à Londres, Angleterre

Douglas Scott étudie l'orfèvrerie à la Central School of Art & Design de Londres avant d'intégrer l'agence londonienne de **Raymond Loewy** de 1936 à 1939. Il y crée des aspirateurs et des réfrigérateurs pour **Electrolux**. Après la Seconde Guerre mondiale, il monte son propre studio de design et crée un cours de design industriel à la Central School of Arts and Crafts de Londres. En 1949, il est cofondateur de l'agence de design Scott-Ashford Associates avec Fred Ashford. Il conçoit ensuite un autobus pour **London Transport**, le classique *Routemaster* (1954), toujours en service aujourd'hui, emblème mondialement connu et admiré de la capitale britannique. Le *Routemaster* (RM), dernier d'une série de bus conçus spécifiquement pour Londres, était conçu comme un hommage aux rues de Londres dont il était censé rehausser l'aspect. Mis en service en 1956, le *Routemaster* est toujours considéré par beaucoup comme un excellent exemple du design des moyens de transport : c'est un véhicule simple à manœuvrer et à entretenir. Avec son équipage de deux personnes et sa plate-forme d'accès, le *Routemaster* ramasse et dépose ses passagers plus vite que les bus modernes où le chauffeur est seul à manœuvrer. Malgré ces avantages, le *Routemaster* ne satisfait pas aux normes d'hygiène et de sécurité européennes les plus récentes et il est progressivement supprimé. Après son expérience réussie dans le design et l'ingénierie des transports, Scott fonde en 1955 son propre cabinet conseil, Douglas Scott Associates. Il conçoit ensuite des produits pour des sociétés comme **Marconi**, Ideal Standard et ITT. Scott estimait que les options esthétiques personnelles n'avaient pas leur place dans le design industriel. Son taxiphone à pièces des années 1960 pour la poste anglaise (GPO) qui conjugue stylisme américain et sobriété traditionnelle du design britannique est très représentatif de son travail.

Taxiphone à pièces pour la poste anglaise, vers 1960

SIR GILES GILBERT SCOTT

Né en 1880 à Londres, Angleterre
Mort en 1960 à Londres, Angleterre

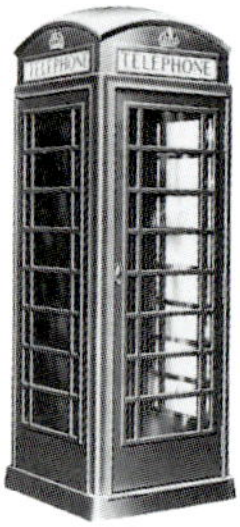

Cabine téléphonique publique *Model K6*, ou *Jubilee Kiosk*, 1936

Sir Giles Gilbert Scott était le petit-fils du célèbre architecte néogothique Sir George Gilbert Scott (1811–1878) auteur, notamment, du Albert Memorial érigé dans Kensington Gardens (1863–1872). Marchant sur les pas de son grand-père, Gilbert Scott étudie l'architecture et, en 1898, entre comme assistant dans l'agence de Temple Lushington Moore (1856–1920). En 1904, à peine âgé de 24 ans, il remporte le concours pour la construction de la Liverpool Anglican Cathedral, battant des concurrents prestigieux comme Charles Rennie Mackintosh (1868–1928). Sa cathédrale de style gothique possède les formes massives et audacieuses qui caractériseront ses édifices ultérieurs, à commencer par la centrale électrique de Battersea (1932–1934) et la colossale centrale électrique de Bankside (1947–1960), qui héberge aujourd'hui la section d'art moderne de la Tate Gallery. Outre ses bâtiments, Scott a aussi signé deux cabines téléphoniques pour la poste britannique (GPO) en 1924 et 1936. Cette dernière est le classique *Model K6* rouge, parfois appelé *Jubilee Kiosk*. Cette cabine, inspirée par la tombe de l'architecte Sir John Soane, à Londres, est un emblème anglais typique au même titre que le bus *Routemaster* de **Douglas Scott** ou que les fameux taxis londoniens. Comme les bâtiments de Gilbert Scott, sa cabine téléphonique est une synthèse réussie de tradition et de modernité. Quand les télécoms anglais ont commencé à remplacer la cabine téléphonique de Gilbert Scott en 1988, les protestations ont été telles qu'on peut encore admirer beaucoup d'exemples de ce classique du design dans toute l'Angleterre.

SEARS, ROEBUCK & CO.

Fondée en 1893
À Chicago, Illinois, États-Unis

Sundberg-Ferer, Lave-linge et sèche-linge automatiques fabriqués par Whirlpool pour Sears, Roebuck & Co., vers 1950

Le succès d'un produit est lié à son design, à la qualité de sa fabrication mais aussi à l'efficacité de sa distribution. Le concept de vente par correspondance a été inventé en 1872 par Montgomery Ward, un petit commerçant américain. Quatorze ans plus tard, à Redwood Falls (Minnesota), Richard Warren Sears (1863–1914) crée la R.W. Sears Watch Company, une société de vente de montres par correspondance. En 1887, il recrute Alvah Roebuck, artisan horloger pour le service de réparation et déménage à Chicago. La même année, il publie son premier catalogue dans lequel on trouve des montres, des diamants et des bijoux avec, déjà, une garantie « satisfait ou remboursé ». La réussite est fulgurante et la société est revendue 100 000 dollars à peine deux ans plus tard. Sears & Roebuck créent alors une autre société, A. C. Roebuck & Co. qui devient ensuite Sears, Roebuck & Company en 1893. Dans son premier catalogue de 196 pages publié la même année, la nouvelle société propose un vaste éventail de produits : machines à coudre, selles de cheval, bicyclettes, chaussures, etc. Dès 1894, le catalogue a plus que doublé, passant à 507 pages. De nombreux foyers ruraux du Nord des États-Unis, ne possèdent que deux livres le catalogue Sears et la Bible. Aux habitants des régions du Middle West ou des prairies canadiennes, le catalogue offre un aperçu fascinant de la vie des grandes villes et de nombreuses heures de rêverie – ce dont le bazar local est bien incapable. Richard Warren Sears, qui se

← Couverture du catalogue *Consumers Guide N°108* de Sears, Roebuck & Co., 1899

charge personnellement des notices du catalogue attend que les commandes pour un article affluent avant de se mettre en quête d'un fabricant : exemple remarquablement précoce de production « juste à temps ». En 1914, les consommateurs pouvaient commander littéralement presque tout, couverts, mobilier et même une maison complète. À partir de 1924, Sears, Roebuck & Company est dirigée par le Général Robert Wood qui réalise que l'automobile rapproche les consommateurs ruraux des villes et de leurs commerces. Pour exploiter cette situation et l'essor de l'automobile, il installe le premier magasin Sears à Chicago en 1925. Cette ouverture est suivie de nombreuses autres les années suivantes et vers 1931, le chiffre de ventes des magasins dépasse celui de la VPC. En 1934, Sears Roebuck lance le réfrigérateur *Coldspot* dessiné par **Raymond Loewy**, le premier appareil électroménager dont la publicité vante d'abord la séduction esthétique. La société commercialise aussi la radio futuriste *Silvertone* en plastique blanc (1938), due au talent de Clarence Karstadt. Dans les années 1950, le service de design intégré de Sears est dirigé par Carl Bjorncrantz qui conçoit des produits profilés et élégants, qu'il s'agisse d'ustensiles domestiques ou de calculatrices. Depuis plus de cent ans, Sears est l'un des plus importants commerces de détail généralistes américains. Son fameux catalogue propose encore aujourd'hui une vaste gamme de produits, permettant ainsi à de petites communautés habitant des régions peu accessibles de se procurer des produits de qualité à peu près introuvables autrement.

Raymond Loewy, Réfrigérateur *Coldspot*, 1934

SEYMOUR POWELL

Fondée en 1983
À Londres, Angleterre

Richard Seymour (né en 1953) étudie le graphisme au Royal College of Art de Londres avant de travailler dans une agence de publicité, où il acquiert une bonne connaissance de la psychologie du consommateur. Dick Powell (né en 1951), est également diplômé du Royal College of Art où il a étudié le design industriel. Après avoir travaillé comme designer freelance, Powell fait équipe avec Seymour en 1983. Trois ans plus tard, le tandem se fait remarquer pour sa bouilloire *Freeline* (Tefal, 1986), le premier modèle sans fil du marché. Seymour Powell signe de nombreux autres produits grand public, mais c'est à la moto *MZ Skorpion* (1993) pour MuZ, une entreprise d'ex-RDA qui cherche un second souffle, que le duo doit l'essentiel de sa notoriété. Décrite par Dick Powell comme « une **BMW** qui aurait eu une liaison avec une **Ducati** », la *MZ Skorpion* se veut un produit « durable, bon marché et simple d'entretien », stylé pour déclencher un « rapport émotionnel ». La capacité de Seymour Powell à combiner technique et esthétique ressort aussi clairement des montres numériques dessinées pour **Casio**, *Tri Chrono* (1992) et *Overland* (1993) ainsi que la très populaire *Baby G* (1995), trois produits moins agressivement masculins que *G-Shock*, la précédente ligne de Casio.

Bouilloire sans fil *Freeline* pour Tefal, 1986

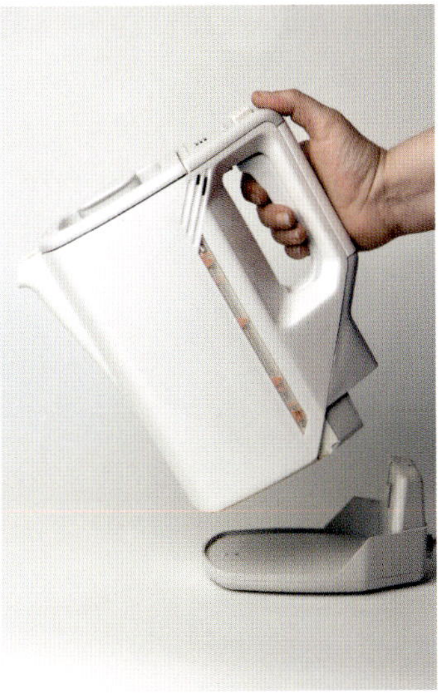

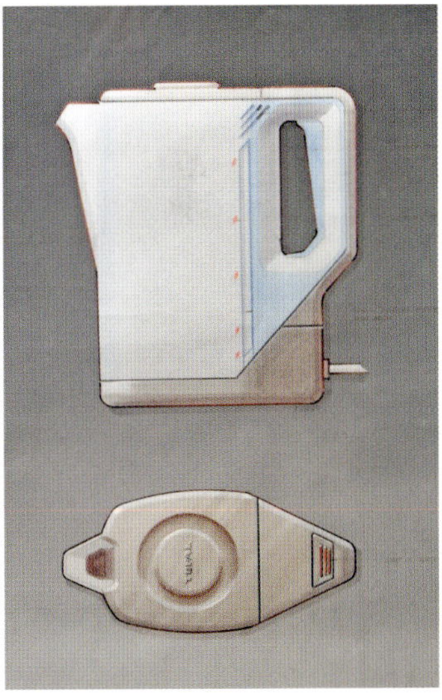

Moto *MZ Skorpion*
pour MuZ, 1993

Moto *ENV*
(Environmentally
Neutral Vehicle),
2005

Smartphone
Fairphone 2, 2015

L'appareil photo étanche *Vectis GX-4* (1995) pour Minolta relève d'une esthétique « Soft-Tech » similaire. La télévision britannique a consacré deux documentaires à Seymour Powell (*Designs On...*, 1998 et *Better by Design*, 2000), explorant la démarche créatrice du tandem dans le design de divers produits, des soutiens-gorge aux voitures électriques. Depuis lors, leur agence a été sollicitée par nombre d'entreprises pour tout un éventail de designs, d'un emballage de nourriture pour chats à un appareil photo sous-marin, en passant par des intérieurs de wagons de train et des appareils ménagers. Seymour Powell a également dirigé de nombreux projets de dimension éthique/écologique, notamment le prototype de moto *ENV (Environmentally Neutral Vehicle)* amplement paru dans la presse (2005), alimenté par une pile à l'hydrogène très compacte. Plus récemment, l'agence a sorti le smartphone *Fairphone 2* (2015), conçu dans une optique de longévité, de facilité de réparation et de recyclage. Avant tout, le *Fairphone 2* est fabriqué de façon éthique, à l'aide de matériaux sans conflits et par des travailleurs touchant un salaire juste. Seymour Powell se considère un « visionnaire » avec des designs innovants que les gens veulent ou nécessitent vraiment, tout en offrant vision et projection à ses clients.

SIEMENS

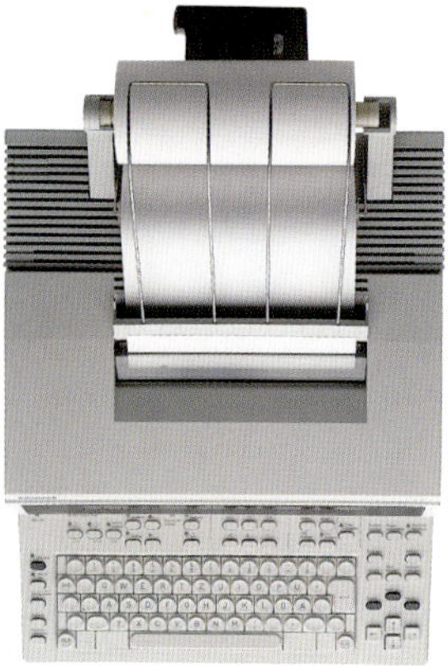

Fondée en 1847
À Berlin, Allemagne

Siemens est un groupe leader dans les domaines de l'ingénierie électrique et électronique qui fabrique environ un million de produits différents et se veut « bénéfique pour l'humanité, protectrice de l'environnement et responsable dans l'exploitation des ressources naturelles ». L'entreprise intervient dans six secteurs : l'énergie, l'industrie, l'informatique et les communications, la santé, les transports et la lumière. En 1847, Werner von Siemens (1816–1892) fonde avec Johann Georg Halske (1814–1890) la Siemens & Halske Telegraphenbauanstalt OHG. L'année suivante, la société entreprend la construction de la première ligne européenne de télégraphes électriques à grande distance, reliant Berlin à Francfort. De 1853 à 1855, Siemens construit le réseau public télégraphique russe. En 1866, Werner Siemens établit le principe de la dynamo électrique et invente ensuite la génératrice à auto-excitation, inaugurant l'ère de l'énergie électrique abondante et bon marché. Siemens poursuit le développement de ses réseaux télégraphiques avec notamment l'inauguration de la ligne télégraphique indo-européenne de Londres à Calcutta en 1870 et la première ligne transatlantique Irlande–États-Unis en 1874. Siemens présente le premier chemin de fer électrifié à l'exposition commerciale de Berlin en 1879 et deux ans plus tard construit le premier tram électrique à Lichterfelde, près de Berlin. Comme **AEG**, Siemens comprenant très tôt les avantages que l'industrie pouvait tirer de la standardisation a mis en place un vaste programme de fabrication de composants interchangeables pour ses produits qu'il s'agisse de la lampe à arc électrique différentielle (1878) ou de la gamme très diversifiée d'appareils ménagers qu'elle diffuse à partir des années 1890. L'année 1903 voit la fondation de Siemens-Schuckertwerke GmbH,

Telex *T1200*, 1983–1986

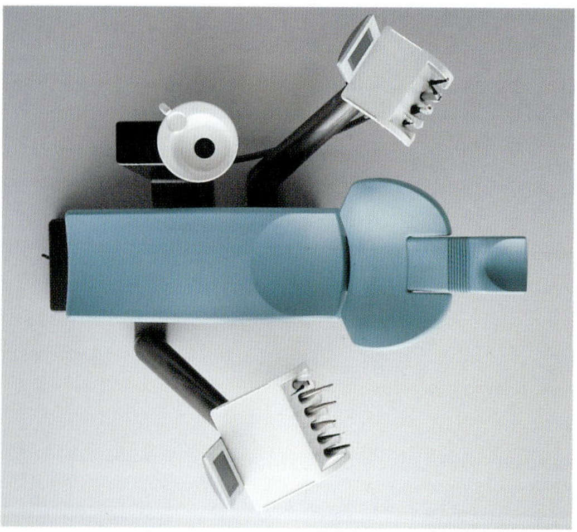

Siemens Design, Fauteuil dentaire *Sirona C1*, 1994

Système de transmission Siemens conçu pour gagner de l'espace et réduire son poids dans les voitures électriques, 2015

une société sœur qui prend en charge les activités d'ingénierie du groupe et développe dès 1905 une voiture à propulsion électrique. La même année, Siemens & Halske met au point la lampe à filament de Tantale, la première ampoule électrique à incandescence à filament métallique. En 1919, la société fonde avec deux autres fabricants allemands la Osram GmbH KG, une entreprise spécialisée dans la fabrication d'ampoules électriques. Durant la Première Guerre mondiale, le quartier industriel de Nonnendamm, à Berlin, est officiellement rebaptisé Siemensstadt (ville de Siemens) mais à la fin du conflit mondial, l'entreprise a perdu environ 40 % de ses capacités de production. En 1932 est créée une autre société, Siemens-Reiniger-Werke AG, qui fabrique des matériels médicaux (diagnostic et thérapeutique), notamment des microscopes et des équipements à rayons X. Après la Seconde Guerre mondiale, 90 % des usines et des sites du groupe sont expropriés mais les trois entreprises survivent et fusionnent en 1966 pour former Siemens AG, dont le siège social est implanté à Munich. Depuis, Siemens est devenue une entreprise internationale comptant plus de 343 000 employés, dont un grand nombre participent à la recherche, au design et au développement de produits dans une large gamme d'applications : systèmes énergétiques, technologies de construction, services numériques ou encore produits de soin.

IGOR SIKORSKY

Né en 1889 à Kiev, Ukraine
Mort en 1972 à Easton, Connecticut, États-Unis

Igor Sikorsky fait ses études d'ingénieur à Paris et à Kiev. En 1909, il revient à Paris pour en apprendre le maximum sur l'aéronautique, avant de retourner en Russie où il entreprend de mettre au point un aéroplane à pale rotative. Son premier hélicoptère et le suivant sont des échecs complets, mais Sikorsky, sans se décourager, se rabat sur la conception d'avions à voilure fixe, avec, notamment, le *S-6-A*. Il travaille ensuite pour une filiale aéronautique de la Russian Baltic Railroad Car Works, pour laquelle il conçoit le premier avion multimoteur, le *S-21* (1913), qui brille par ses multiples innovations (cabine passagers séparée, W.-C., etc.). En 1919, il émigre aux États-Unis et, quatre ans plus tard, fonde la Sikorsky Aero Engineering Corp., qui construit quelques hydravions à coque. Après quoi Sikorsky se consacre à nouveau aux hélicoptères et met au point le premier appareil fonctionnel, le *VS-300* (1939). Vu l'énorme succès, la compagnie United Aircraft (qui a racheté l'entreprise) se lance dans la fabrication en série du modèle *R-4*, premier hélicoptère commercial (1943). Sikorsky sera à l'origine d'innombrables « premières » dans ce secteur. Cet homme, guidé par de profondes convictions religieuses, faisait souvent remarquer : « Le travail d'un individu reste l'étincelle qui fait avancer l'humanité ».

Hélicoptère *VS-300*, 1939, le premier hélicoptère fonctionnel

Calculatrices électroniques *Executive* (au centre) et *Sovereign*, 1972–1975

CLIVE SINCLAIR

Né en 1940
À Richmond, Surrey, Angleterre

Clive Sinclair fonde Sinclair Radionics en 1962. Au départ, sa société vend des radios et des amplis par correspondance. Elle réoriente son activité en 1972, date à laquelle Sinclair lance l'*Executive*, un modèle de calculatrice qui fait date. L'*Executive* est la première calculatrice de poche au monde qui marque un progrès significatif dans la miniaturisation de l'électronique. Sinclair fabrique d'autres calculatrices de poche au début des années 1970, dont l'élégante *Sovereign*, la *Scientific* et la *Cambridge*. En 1976, Sinclair met au point un téléviseur miniature, le *Microvision*, lequel remporte un **Design Council** Award en 1978. La société est aussi pionnière dans le développement des ordinateurs personnels notamment avec le *ZX-80*, très populaire et le *ZX-Spectrum* (1984), doté de 48 ko de mémoire RAM. Au milieu des années 1980, ces objets se vendent à des millions d'exemplaires, rivalisant avec deux d'**Apple** et **IBM**. À la fin de la décennie, cependant, les produits Sinclair sont dépassés par l'avance technologique des ordinateurs américains. En 1985, Sinclair produit la *C5*, une voiturette électrique à une place qui essuie un échec retentissant. L'année suivante, il fonde une société qui se consacre exclusivement à la recherche.

Micro-ordinateur *ZX Spectrum*, 1984

JOSEPH SINEL

Né en 1889 en Nouvelle-Zélande
Mort en 1975 aux États-Unis

Détail de la balance de Joseph Sinel, vers 1927

Joseph Sinel est l'un des premiers à avoir utilisé l'expression « design industriel » qu'il définit comme l'art et la science de créer des produits à l'aide de machines. Il travaille d'abord comme designer free-lance en Nouvelle-Zélande avant de s'installer en Australie en 1913. Il émigre ensuite aux États-Unis vers 1918. En 1921, alors qu'il travaille pour une agence publicitaire, Sinel commence à accepter des « missions d'amélioration des produits » pour les clients de ses employeurs. Il finit par monter son propre cabinet de conseil en design huit ans avant des designers comme **Raymond Loewy, Henry Dreyfuss** et **Walter Dorwin Teague**, ce qui le conduira à se présenter comme le premier designer industriel américain.

Pèse-personnes mesureur *Model S, Height & Weight Meter* pour l'International Ticket Scale Corporation, vers 1927

Le *Model S*, un pèse-personnes/mesureur, pour l'International Ticket Scale Corporation de New York reflète la popularité du style Art Déco de l'époque, avec sa forme inspirée du style gratte-ciel, son habillage en acier inoxydable et ses décors en métal chromé. Sinel a aussi travaillé comme illustrateur commercial, dessinant des conditionnements et des marques de fabrique, et rédigé en 1923 l'ouvrage *A Book of American Trademarks and Devices*. En 1930, il devient membre de l'*American Union of Decorative Artists and Craftsmen*. Dans les années 1970, il est professeur émérite au California College of Arts & Crafts et en 1975, l'année de sa mort, il est membre fondateur de l'American Society of Industrial Design (ASID), domaine dont il fut un important pionnier.

SINGER

Fondée en 1851
À New York, États-Unis

Isaac Singer, première machine à coudre, 1851

Isaac Merit Singer (1811–1875) commence sa vie professionnelle comme apprenti mécanicien et dépose en 1839 le brevet d'une machine à forer la roche. Alors qu'il travaille chez un revendeur de machines à Boston, en 1851, un client lui demande de réparer une machine à coudre Lerow et Blodgett. Remarquant un moyen d'améliorer sa conception, il commence à mettre au point son propre modèle et, en onze jours, il fabrique sa propre machine à coudre. À la différence de la machine d'**Elias Howe**, celle de Singer peut être actionnée par une pédale qui laisse les deux mains libres et elle est dotée d'un pied presseur qui maintient le tissu en place. Ces deux dispositifs avaient été découverts auparavant par Barthélémy Thimonnier, un Français, mais c'est à Singer qu'il revient d'avoir réussi à les intégrer dans une machine à coudre fonctionnelle. En 1851, Singer fait breveter son invention et crée la I. M. Singer & Company. Dès 1855, sa machine à coudre est diffusée dans le monde entier. En 1860, Singer est le n° 1 mondial de la machine à coudre et trois ans plus tard la société est rebaptisée Singer Manufacturing Company.

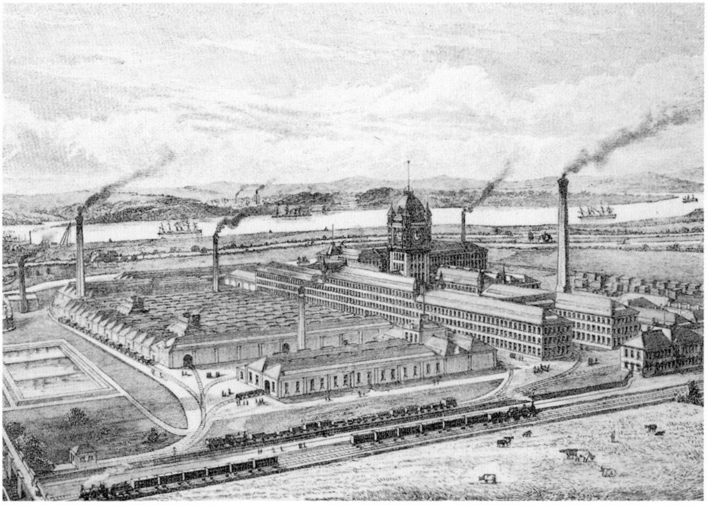

Usine de la Singer Manufacturing Company à Kilbowie, Écosse, 1867

Machine à coudre Singer, vers 1900

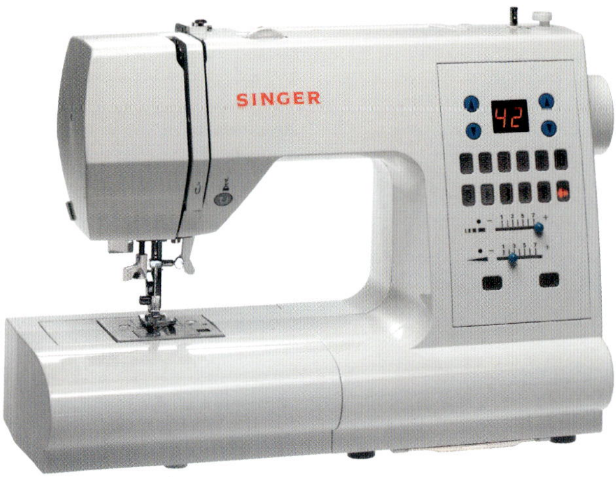

Machine à coudre Singer *7468* entièrement électronique avec 140 fonctions, début des années 2000

En 1885, la société présente sa première machine à coudre électrique, dont la fabrication en série se fera encore attendre quinze ans. Isaac Singer est aussi à l'origine des formules d'achat à crédit qui ont tant contribué à doper la consommation au 20e siècle. Les années qui suivent, Singer Manufacturing Company diversifie sa gamme de produits pour inclure des meubles, des outils électriques et des produits d'entretien des sols. Encore maintenant, l'entreprise occupe un rang de leader parmi les fabricants de machines à coudre, des modèles commerciaux à haut rendement aux modèles domestiques profilés.

HANS ERICH SLANY

Né en 1926 à Böhmisch Wiesenthal, Tchécoslovaquie
Mort en 2013 à Esslingen, Allemagne

BR Trike pour Kärcher, années 1990

Hans Erich Slany étudie l'ingénierie à Eger (Hongrie) et à Esslingen. De 1948 à 1955, il développe des produits pour Ritter Aluminium, avant d'ouvrir son propre studio de design, Slany Design, en 1956. À la même époque, il collabore avec Heinrich Löffelhardt à la conception d'un appareil photo pour Zeiss-Ikon dénommé l'*Ikonette* (1956). En 1959, Slany est l'un des fondateurs du Verband Deutscher Industriedesigner (Association Allemande des Designer Industriels) et il conçoit, la même année, une perceuse électrique pour Bosch. Utilisant des études ergonomiques et des plastiques étanches et thermorésistants, Slany a dessiné de nombreux autres outils électriques pour **Bosch**, notamment une visseuse électrique (vers 1960), la gamme d'outils de bricolage *Combi-E*, et le premier marteau de perforation électro-pneumatique pesant moins de 2,5 kilos (1981). Depuis 1962, Slany a conçu plus de 200 outils de nettoyage haute pression pour Alfred Kärcher GmbH ainsi que de nombreux autres produits, qu'il s'agisse de matériels médicaux ou encore de composants électroniques pour fusées. Il a été nommé professeur honoraire de la Berlin Hochschule der Künste en 1985. Depuis sa création, il y a quarante ans, le studio de Slany – rebaptisé en 1997 Teams Design – a remporté plus de 900 prix de design allemands et internationaux, plus qu'aucune autre agence de design au monde. Aujourd'hui, Teams Design perpétue l'héritage d'excellence de Slany et s'efforce de créer « une personnalité produit individuelle », que le fondateur voyait comme la clé du succès sur un marché chaque fois plus homogène.

Perceuse *GBH 24 VRE* pour Bosch, vers 1992

SMART DESIGN

Fondée en 1980
À New York, États-Unis

Équipe de Smart Design dans les bureaux de New York – image prise pour un article sur l'impact social des smartphones

Depuis sa création en 1980 par Davin Stowell et Dan Formosa (tous deux nés en 1953), jeunes diplômés en design industriel de la Syracuse University, Smart Design est pionnière en design pour tous. Basée à New York, l'agence signe son premier contrat avec Corning Glass, ancien employeur de Stowell, pour la conception de lunettes de soleil en vue de diversifier sa gamme de produits. Pour cette commande, Stowell et Formosa effectue des recherches ergonomiques et cognitives, afin de découvrir en quoi plusieurs modèles sont adaptés aux visages et ce que les personnes considèrent être le meilleur design. Grâce à ce type de retour des clients, le duo met au point des lunettes de soleil nettement plus confortables que celles des concurrents de Corning. Dans les années 80, Smart Design devient célèbre pour cette approche humaine, à tel point que Sam Faber, fondateur de Copco, leur demande de créer une nouvelle gamme d'ustensiles de cuisine pour sa nouvelle start-up, OXO. La ligne Good Grips est spécialement conçue pour les personnes atteintes d'arthrite, tout en restant adaptée à l'ensemble des utilisateurs. En deux mots, Smart Design n'a pas créé un concept en fonction d'une incapacité, mais adressé à quiconque, quelle que soit la capacité physique. Cette formule s'avère être gagnante et les ustensiles dotés de poignées en élastomère agrippant deviennent rapidement des best-sellers, une position toujours d'actualité depuis leur lancement en 1989. L'équipe de Smart Design a également participé à d'autres projets d'envergure sociale. Dans notre monde interconnecté, la tendance est de créer des produits avec des applications numériques embarquées et d'élaborer des stratégies par le haut de « design total » pour les en-

Gamme *OXO Small Appliances* pour OXO, 2015, incluant une bouilloire, des cafetières, des grille-pain et des mixeurs

Système de boissons *Drinkfinity* pour PepsiCo, 2015

Taxi of Tomorrow à NYC pour Nissan, 2015

treprises et les institutions. Smart Design signe cependant aussi des designs pour le monde « tangible », avec récemment le *Taxi of Tomorrow* à New York pour **Nissan** (2015) et le système de boissons *Drinkfinity* pour PepsiCo (2015).

Clef à douille
Flank Drive, 1945

Clef *Flank Drive Plus*,
1990

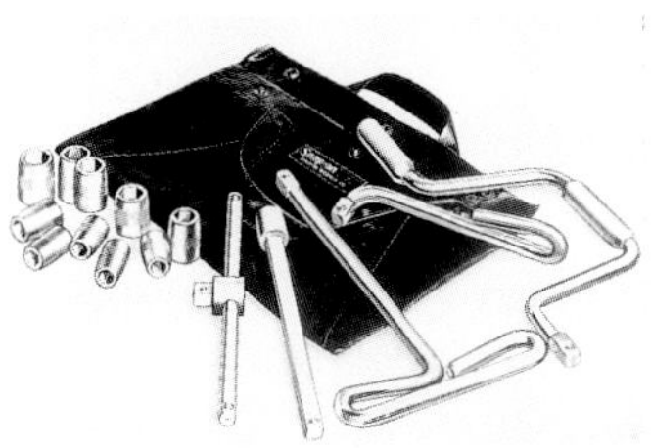

SNAP-ON

Fondée en 1920
À Milwaukee, Minnesota, États-Unis

Un des premiers jeu de clefs à douilles, 1920

Joseph Johnson, employé dans un société qui fabrique des clefs à douille d'un seul tenant, comprend un jour l'économie que représenterait l'introduction de poignées interchangeables : il suffit de remplacer les outils traditionnels dans lesquels la douille est inséparable de la poignée par un jeu de poignées et de douilles adaptables (comme cinq poignées et dix douilles) pour obtenir une multitude de combinaisons. Son collègue William Seidemann entrevoit le potentiel d'une telle formule et ils développent ensemble un assortiment de clefs à douilles lancées sur le marché avec le slogan : « Cinq font le travail de cinquante ». Johnson et Seideman fondent la Snap-on Wrench Company en 1920 et recrutent des représentants pour démontrer les avantages du système Snap-on directement aux clients potentiels. En 1923, le premier catalogue de la société présente plus de cinquante modèles, dont des clefs à deux douilles et vers 1935, le chiffre des ventes dépasse un million de dollars. Mais la Grande Dépression ralentit l'expansion de Snap-on qui lance le paiement à crédit pour permettre aux clients de commander les outils dont ils rêvent en payant plus tard. Stratégie astucieuse qui contribue largement à faire connaître la société et à fidéliser la clientèle. À partir de 1941, les outils Snap-on sont diffusés en magasins et la société continue à lancer de nouveaux produits comme le *Flank Drive*, une forme de clef qui évite d'abîmer les angles de la douille, quelle que soit la force de torsion. Ce système est par la suite intégré dans la plupart des Clefs Snap-on. En 1990, la société lance la *Flank Drive Plus*, une clef à ouverture fixe dont les mâchoires sont dentelées afin d'assurer une meilleure prise. Aujourd'hui, Snap-on est l'un des pionniers dans son domaine, toujours à la recherche des « solu-tions de productivité les plus appréciées ».

Joseph Johnson & William Seidemann, présentant la « trousse à outils originale » lors du 25e anniversaire de Snap-On, 1945

SONY

Fondée en 1946
À Tokyo, Japon

Poste à transistor *TR-55*, 1955 (la première radio à transistor japonaise)

→ Magnétophone à cassettes compact *TC50*, vers 1969

Téléviseur *TV8-301*, lancée en 1959 – le premier téléviseur portable au monde

Dans la période qui suit immédiatement la Seconde Guerre mondiale, le Japon enregistre une hausse spectaculaire de la demande de radios, dans une population avide de nouvelles internationales. Pour répondre à cette demande, l'ingénieur Masaru Ibuka ouvre en septembre 1945 une petite boutique de réparation électrique à Tokyo. La Tokyo Tsushin Kenkyujo (institut de recherches en télécommunications de Tokyo) assure la réparation de radios et de récepteurs à ondes courtes et fabrique des adaptateurs permettant de transformer ces derniers en radios multibandes. Ibuka est rejoint par un ami, le physicien Akio Morita (1921–1999), et ils créent ensemble la Tokyo Tsushin Kogyo Kabushiki Kaisha (Tokyo Telecommunications Engineering Corporation) en mai 1946, une société dont le produit vedette est un oreiller chauffant électrique. En 1950, Sony, qui s'est installé dans des locaux plus spacieux, lance la première bande magnétique japonaise, la *Sony-Tape* et le premier magnétophone japonais à bobines, le *G-Type*. Ibuka développe ensuite le *H-Type*, un appareil moins volumineux et d'un usage plus simple, convenant mieux à une utilisation familiale ou pédagogique – c'est d'ailleurs dans ce contexte éducatif qu'il devient célèbre. En 1952, la société développe un système audio stéréo pour la première retransmission en stéréo de la NHK. La même année, Ibuka se rend aux États-Unis et apprend que la Western Electric projette de céder la licence de fabrication de ses transistors aux sociétés en échange de royalties (le transistor en question a été mis au point par des scientifiques en 1948 dans les laboratoires **Bell**). La société d'Ibuka parvient à obtenir la licence de fabrication des transistors en 1954 et, l'année suivante, elle lance au Japon la première radio à transistor,

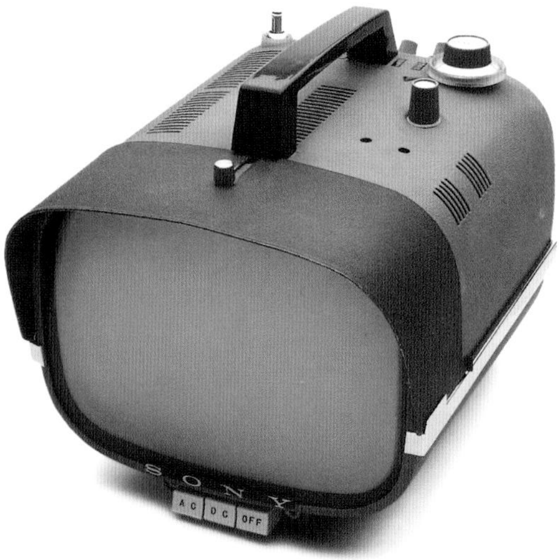

SONY
A B
CASSETTE-CORDER

SONY
WALKMAN
MIC
STOP
EJECT
LEFT
RIGHT
VOLUME
SONY
SONY
R

le *TR-55*. Cette première est suivie d'une autre : en 1957 est lancée la première radio à transistor de poche, la *TR-63*. En 1958, consciente de la nécessité de dépasser les limites du marché japonais pour s'adresser à un public global, la société se rebaptise « Sony Corporation », un nom qui sonne plus occidental. À la même époque, Ibuka remarque : « L'ère de la radio est finie. L'avenir est à la télévision ». En 1959, Sony lance le premier téléviseur à transistors, le *TV8-301*. Deux ans plus tard, la société japonaise signe avec Paramount Pictures un contrat par lequel le studio de cinéma s'engage à fournir une « assistance technique pour la production d'un tube chromatron et d'une télévision couleur qui l'utilisera ». Cet accord débouche sur le développement d'une gamme de téléviseurs couleur petits mais révolutionnaires, les *Trinitron*, lancés en 1968. On citera notamment le *TV5-303*, le téléviseur le plus petit et le plus léger au monde qui déclenche la mode des mini-télés aux États-Unis. La miniaturisation de la technologie électronique, domaine de prédilection de Sony, se poursuit avec le lancement du premier baladeur stéréo, le *Walkman*, en 1979. Le petit baladeur léger connaît un succès immédiat grâce à son excellente et constante qualité de reproduction sonore, au point que Sony ne parvient pas à satisfaire la demande. À la différence des stéréos conventionnelles dotées d'enceintes, le *Walkman*, dont le son est retransmis par un casque, ne nécessite que de petites piles. Sony a fabriqué par la suite de nombreuses versions de ce produit de référence. La société japonaise lance en 1982 un téléviseur portable à écran plat, le *Watchman*, et un lecteur

Voyager Watchman, 1982

← Baladeur *Walkman*, le premier du genre, 1979

Console *PlayStation PS1* (1re génération), 1994

Chien-robot *AIBO*, 1999

de CD portable, le *Discman* en 1990. C'est cependant le lancement en 1994 de la toute première console *PlayStation*, plus communément *PS1*, qui procure à la marque une nouvelle popularité en matière de jeux vidéo de salon. Elle devient la première « plate-forme de jeu sur ordinateur » avec plus de 100 millions de consoles vendues près de dix ans après sa sortie sur le marché. À l'avant-garde de la technologie, Sony met aussi au point en 1999 le chien-robot *AIBO* qui répond aux sons, avec des yeux infrarouges et capable d'apprendre plusieurs tours. À cette période, Sony annonce : « Les années 80 étaient l'ère du PC, les années 90 l'ère d'Internet ; les années 2000 seront l'ère du robot. » Au début des années 2000, l'entreprise est très active dans le domaine des « robots de loisir ». Par la suite toutefois, Sony retourne à ses points forts : les jeux, l'informatique et la diversion à domicile, exemples parfaits de l'élégance fonctionnelle qui caractérise un design Sony. Membre du département de design industriel, Yuki Kubota observe, « Sony possède des ingénieurs qui transforment les concepts en réalité, et le sol dans lequel les graines du savoir-faire [de design] peuvent pousser. »

Téléviseur intelligent ultra HD Sony *Bravia 75* pouces, avec écran incurvé, 2015

ETTORE SOTTSASS

Né en 1917 à Innsbruck, Autriche
Mort en 2007 à Milan, Italie

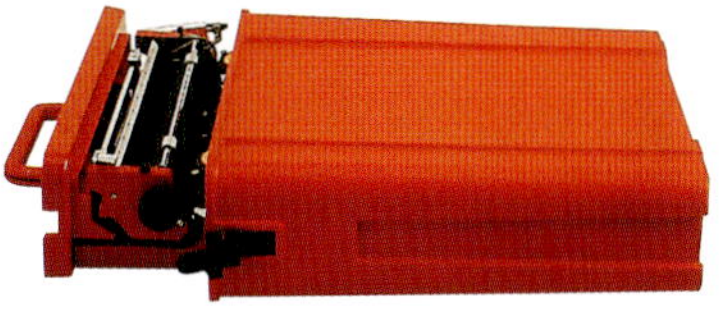

Machine à écrire *Valentine* pour Olivetti, 1969 (en collaboration avec Perry King)

Ettore Sottsass étudie l'architecture à l'Institut Polytechnique de Turin, et, en 1958, commence à travailler comme consultant en design chez **Olivetti**. Il conçoit quelques-uns des produits les plus célèbres de la marque : la calculatrice *Logos 27* (1963), les machines à écrire *Praxis 48* (1964) et *Valentine* (en collaboration avec Perry **King** en 1969), le mobilier de bureau *Synthésis* (1973). Mais sa réalisation la plus remarquable pour Olivetti demeure l'unité centrale *Elea 9003* (1958), qui lui vaudra un Compasso d'Oro en 1959. Dans les années 1960 et 1970, Sottsass devient un membre en vue du groupe Radical Design. En 1979, il collabore avec Studio Alchimia et en 1981, il fonde le groupe Memphis. Ses créations audacieuses aux couleurs vives annoncent une nouvelle orientation en matière d'arts décoratifs, le Post-Modernisme. Propagandiste le plus influent du Post-Modernisme dans les années 1980, Sottsass a montré qu'il était possible et souvent souhaitable de rompre avec les contraintes rationnelles traditionnellement imposées au design des produits de grande consommation en faveur d'un nouveau langage soucieux d'articuler expression créative et émotion.

Unité centrale *Elea 9003* pour Olivetti, 1959

SPRINGFIELD ARMORY

Fondée en 1794
À Springfield, Massachusetts, États-Unis

Fusil *Model 1865*, détail

En 1777, pendant la guerre d'indépendance américaine, une armurerie spécialisée dans la fabrication de cartouches et d'affûts est construite à Springfield. Par la suite, le nouveau gouvernement fédéral décide de fabriquer ses propres mousquets pour ne plus dépendre des importations. Il établit donc une nouvelle armurerie à Springfield en 1794. Un an plus tard, la production des mousquets commence : les quarante employés de l'usine fabriquent 245 fusils à silex par mois. En 1819, Thomas Blanchard invente un tour spécial permettant de fabriquer des crosses de fusils standardisées. Jusqu'à la Guerre de Sécession, la Springfield Armory sera un des fleurons de la Révolution Industrielle américaine. Dans les années 1840, le silex est remplacé par une capsule fulminante et un chien, innovations qui améliorent les performances par temps contraire et accroissent la vitesse du projectile. Le développement du brochage de rainures hélicoïdales à l'intérieur du canon, permettant d'imprimer un effet au projectile, accroît lui aussi la portée et la précision du tir. La victoire des Nordistes à Gettysburgh en 1863 révèle la supériorité du fusil *Springfield* (1861) qui est fabriqué en grande série dans les années 1863–1864 : ces deux années, la Springfield Armory parvient à produire le chiffre phénoménal de 25 000 armes par mois en adoptant des techniques de fabrication rationalisées : division du travail, mécanisation et standardisation. Témoin de cette influence de la Springfield Armory et d'autres petits armuriers entreprenants tels **Eli Whitney**, la production en grande série fut initialement qualifiée de « pratique d'armurier » quand elle fut employée pour la première fois par les constructeurs automobiles à Détroit. Le célèbre fusil *M-1* (1926) sortait aussi de l'armurerie de Springfield. Également dénommé fusil *Garand*, du nom de son inventeur John Garand, il fut fabriqué à 4,5 millions d'exemplaires. Eu égard à sa contribution à l'histoire américaine et à l'évolution de la fabrication industrielle, la Springfield Armory est un Site National Historique américain.

Gravure historique d'un tour Blanchard vu de l'arrière

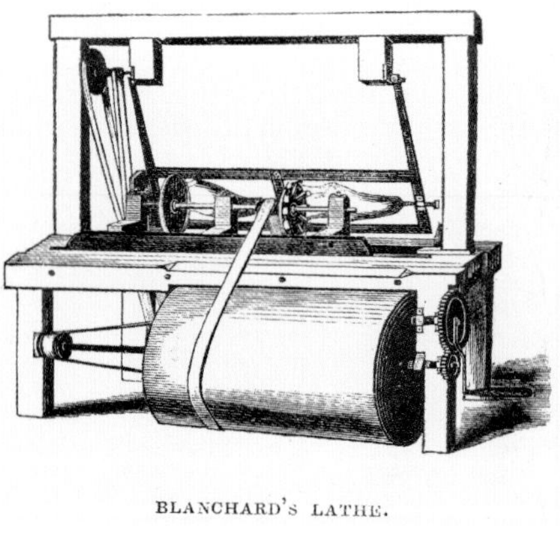

BLANCHARD'S LATHE.

Fusil Springfield
à lunette de visée
télescopique, 1903

↓ Tour Blanchard
au Benton Small
Arms Museum de
Springfield Armory,
1961

STANLEY

Fondée en 1843
À New Britain, Connecticut, États-Unis

Frederick T. Stanley

En 1843, Frederick Stanley fonde Stanley Works, une petite société qui fabrique des ferrures de portes et fenêtres. Il a l'ambition de créer une société de quincaillerie sans rivale au monde pour la qualité novatrice de ses produits. Il atteint rapidement ses objectifs et ses produits d'excellente qualité attirent une clientèle croissante, si bien que Stanley les exporte dès les années 1870. Au début du 20ᵉ siècle, la société inaugure la première d'une longue série d'usines implantées à l'étranger, confirmant la réalisation du projet de Stanley. Peu de temps après, l'entreprise rachète le plus important fabricant américain d'outils manuels, Stanley Rule & Level, une société fondée par un parent en 1857. Dans les années 1920, les outils Stanley (surtout célèbre pour ses excellents rabots) sont distribués sur tous les continents. Fidèles à la volonté d'expansion et de diversification de son fondateur, Stanley fabrique aujourd'hui environ 50 000 produits différents qui sont diffusés dans le monde entier. Pour récompenser son design inventif, la Société des Designers Industriels d'Amérique (IDSA) a décerné à Stanley deux médailles d'argent d'Excellence du Design Industriel (IDEA) en 1999. C'est également en 1999 qu'est lancée la ligne d'outils manuels *MaxGrip*, avec notamment des pinces à réglage automatique et une clef autobloquante qui constitue, selon la société, « un nouveau progrès dans l'évolution de la clef », car elle améliore la prise de l'utilisateur. Aujourd'hui, Stanley collabore avec l'Ergonomics Technology Center de l'université du Connecticut pour doter ses produits d'un « avantage ergonomique ».

Rabot Stanley, début du 20ᵉ siècle

Gamme d'outils *MaxGrip*, 1999

Perceuse à
percussion Stanley
STCT 1872, 2015

PHILIPPE STARCK

Né en 1949
À Paris, France

Philippe Starck est le designer contemporain le plus en vue, non seulement à cause de la multitude des produits réussis qu'il a signés, mais aussi à cause de son irrésistible sens de la mise en scène qui a amené au design un nouveau public. Philippe Starck a étudié à l'école Camondo avant de devenir directeur artistique chez Pierre Cardin, pour qui il a créé soixante-cinq meubles. Dans les années 1970, designer indépendant, il réalise principalement des aménagements intérieurs de discothèques. En 1980, Starck fonde sa propre société de fabrication et de distribution, Starck Products, afin de commercialiser ses créations antérieures, tels le tube fluorescent mobile *Easy Light* (1977), le canapé *Dr. Von Vogelsang* (1978), ou encore la chaise *Francesca Spanish* (1979–1980). Dans les années 1980, il devient une » star du design » particulièrement prolifique. On remarque l'élégance somptueuse des hôtels Royalton

→ Fauteuils *Dr NO* et tables *Dr NA* pour Kartell, 1996

Motó 6,5
pour Aprilia, 1995

(1988) et Paramount (1990), à New York pour lesquels il crée le mobilier, les luminaires, les poignées de portes, les vases, etc. Il doit également sa notoriété aux nombreux meubles qu'il a créés – siège tripode *Costes* (1982), chaise *Dr. Glob* (1990), élégant fauteuil en tube d'aluminium *Lord Yo*, ou encore chaise pliante *Miss Trip* – destinés à Vitra, Disform, Driade, Baleri, XO ou Idée. Comme ses meubles, les luminaires et objets de Starck portent des noms pleins de caractère qui font écho à leurs lignes sensuelles et séduisantes. Au nombre de ses plus grands succès commerciaux, on retiendra la petite lampe *Arà* pour **Flos** (1988), le presse-citron *Juicy Salif* (1990–1991), la passoire *Max le Chinois* (1990–1991) et la bouilloire *Hot Bertaa* (1990–1991) pour **Alessi**. Dans les années 1990, il se lance dans l'électronique grand public et crée des produits pour Thomson, Saba et Telefunken dont il s'efforce d'humaniser la technologie. Starck introduit, par exemple, une innovation dans son téléviseur *Jim Nature* (1994) pour Saba : il remplace le plastique du boîtier par un aggloméré très dense. Il dessine également pour **Aprilia** le scooter *Lama* (prototype 1994), ainsi que la *Motó 6,5* (1995) aux séduisantes formes arrondies. Mais à la fin des années 90, Starck réalise qu'une bonne partie des designs – y compris certains des siens – produits dans les années 80 et au début de la décennie suivante avaient été motivés par la quête de nouveauté et la mode. À cette époque, il commence à promouvoir l'idée de durabilité et défend la moralité, la sincérité et l'objectivité comme caractéristiques essentielles du processus de conception. Toujours parmi les designers les plus prolifiques, il fait preuve d'une extraordinaire cohérence entre ses produits, qui allient innovation et élégance. Avec son originale chaise *Masters* (2009) par exemple, Starck combine dans une œuvre d'art contemporaine les lignes iconiques de trois classiques : la chaise *3107* d'**Arne Jacobsen**, la chaise *Eiffel* de **Charles Eames** et la chaise *Tulip* d'Eero Saarinen. En star vénérée du design, Starck se fait un devoir de continuer à concevoir car, comme il le dit, « J'ai cette maladie mentale appelée créativité ».

Mitigeur monocommande *Axor Starck V* pour Axor/Hansgrohe, 2014

Chaise *Masters* pour Kartell, 2009

Vélo *M.A.S.S.* – Asphalt pour Moustache, 2014

Ensemble cheminée *Speetbox* pour Speeta, 2015

STEELCASE

Fondée en 1912
À Grand Rapids, Michigan, États-Unis

David Hunting [à droite] et ses collègues démontrant la robustesse du classeur de la Metal Office Furniture Company, vers 1919

→ Publicité Steelcase, 1935

Peter M. Wege et onze autres actionnaires fondent la Metal Office Furniture Company en 1912. La société ne produit, à l'origine, que des « steel cases », à savoir des coffre-forts métalliques de bureau, et ne commence à diversifier sa production qu'en 1914 avec le lancement de *Victor*, une corbeille à papier ininflammable en acier. David Hunting, engagé comme vice-président des ventes et du marketing cette même année, réoriente la société vers la fabrication de bureaux. Ayant appris que le Bureau de Douane de Boston doit s'équiper en mobilier ignifuge, il réalise que l'acier constitue le matériau idéal. Il soumissionne un projet sans avoir jamais fabriqué de mobilier de bureau. Il fera en sorte de réaliser un prototype en 90 jours et remporte le marché pour la fourniture de 200 bureaux métalliques ingnifuges. En 1919, la société lance son premier classeur dont la publicité vante la robustesse hors pair. Vers 1936, elle met au point l'un des premiers espaces de bureau, la station de travail révolutionnaire conçue par l'architecte Franck Lloyd Wright [1867–1959] pour la S.C. Johnson & Son Administration Building. À la fin des années 1940, la MOFC lance les premiers bureaux combinables de dimensions standard. En 1953, la société lance la première ligne de mobilier de bureau disponible dans différents coloris [et plus

Steelcase, classeurs à tiroirs *Co-ordinated*, vers 1962

For
FASTER AND
BETTER FILING
Finger-tip Action
"NOTHING
ROLLS LIKE
A BALL"
STEELCASE
Business Equipment
TRY THIS NEW AND DIFFERENT
PATENTED DRAWER SUSPENSION
IT WILL NEVER WEAR OUT

Frank Lloyd Wright, station de travail et fauteuil de bureau, 1936

Mobilier de bureau, 1947

↗ Chaise de bureau *Gesture* avec poste de travail modulaire *c:scape*, 2013 + 2011

→ Chaise de bureau *Think*, 2004

→ Chaise de bureau *Think* en pièces détachées pour son recyclage

seulement en gris]. En 1954, elle est rebaptisée Steelcase Inc. et dans les décennies qui suivent elle continue à développer des espaces de bureau d'avant-garde. En 1968, Steelcase s'impose comme le plus important fabricant de mobilier de bureau au monde, titre toujours détenu à l'heure actuelle grâce à sa culture d'innovation perpétuelle. En 1986, l'entreprise lance la chaise de travail ergonomique *Sensor* conçue par Wolfgang Müller-Deisig [né en 1946], première chaise abordable et performante du genre. En 1998, Steelcase sort son célèbre système de panneaux modulaires *Pathways*, illustration de la volonté d'intégration du produit pour procurer des environnements de travail les plus adaptés et évolutifs possible. Partisane d'une culture internationale, Steelcase œuvre à la protection de l'environnement : recyclage de ses postes de travail, refonte de certains processus de fabrication pour diminuer le taux de pollution, réduction chaque fois que possible des déchets. Preuve en est, la chaise *Think* (2004) a été conçue pour être recyclable à 99 %, devenant le premier meuble de bureau à se voir décerner la certification Cradle to Cradle. Depuis, Steelcase a mis au point l'original modèle *Gesture* (2013), première chaise conçue avec un dossier et une assise s'activant de façon synchronisée pour offrir un confort optimal à l'usager.

STELTON

Fondée en 1960
À Hellerup, Danemark

Erik Magnussen, Bouilloire *N°140*, 1988

A/S Stelton a été fondée en 1960 pour commercialiser les articles de cuisine en inox (saucières, plats, saladiers) fabriqués par la Dansk Rustfrit company, sise à Fare vejle, Stationby, une petite bourgade du Nord-Ouest de l'île de Sjaelland. Ces produits, d'un design médiocre, doivent former la base d'une ligne d'articles domestiques contemporains destinés principalement au marché danois. Peter Holmblad est engagé pour diffuser la gamme et en 1964, désireux de relever le prestige de la société, il persuade le designer et architecte **Arne Jacobsen** de créer une ligne d'articles pour Stelton. Jacobsen dessine quelques esquisses de formes cylindriques « laconiques, logiques et fonctionnelles », mais la technologie requise pour traduire ses idées en objets tridimensionnels n'existe pas encore : l'acier inoxydable, un matériau extrêmement difficile à travailler, se déforme facilement s'il n'est pas manié avec d'extrêmes précautions. Stelton doit donc mettre au point de nouvelles machines et techniques de soudure avant de pouvoir réaliser la *Cylinda-Line* de Jacobsen qui sera finalement lancée en 1967.

Arne Jacobsen, *Cylinda-Line*, 1967

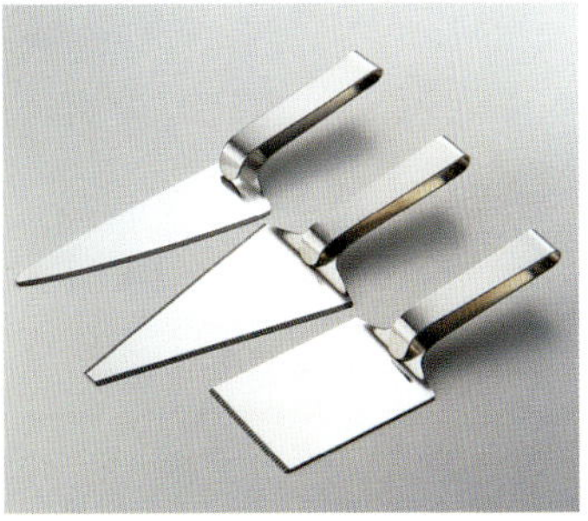

Erik Magnussen, pelle à tarte *N°460*, 1980, pelle à pizza *N°462*, 1990, et truelle à poisson *N°463*, 1990

En hommage à la qualité exceptionnelle de son design, cette dernière se voit décerner un ID-prize par la Société danoise du design industriel en 1967 et le prix du Design International par l'Institut Américain des Designers d'Intérieur en 1968. La *Cylinda-Line* se composait à l'origine de 18 pièces, mais Jacobsen continue d'ajouter de nouveaux modèles jusqu'en 1971 et d'autres modèles, réalisés d'après ses dessins, sont édités après sa mort. Aujourd'hui, la gamme *Cylinda-Line* comprend 34 pièces. Son succès qui « atteste une demande d'articles de cuisine d'un design contemporain, beaux fonctionnels et pratiques », s'explique pour une grande part par l'aptitude de Jacobsen à exploiter les qualités intrinsèques de l'acier inoxydable dans des créations aux formes intemporelles et très rationnelles mais d'une esthétique plaisante. À partir de 1976, **Erik Magnussen** collabore également avec Stelton et conçoit un certain nombre d'articles de table célèbres en inox ou en plastique, dont sa célèbre ligne de pichets isolants de 1977. Stelton propose aussi des créations de Peter Holmblad comme son arrosoir d'intérieur n° 100-15, dont l'esthétique rationnelle rappelle celle de la *Cylinda-Line*. Les produits haut de gamme Stelton incarnent le design danois et sont représentés dans les collections permanentes de musées du monde entier, dont le Musée d'Art Moderne de New York et le Victoria & Albert Museum de Londres.

GEORGE & ROBERT STEPHENSON

Né en 1781 à Wylam, Angleterre
Mort en 1848 à Chesterfield, Derbyshire, Angleterre

Né en 1803 à Willington Quay, Angleterre
Mort en 1859 à Londres, Angleterre

Le père de George Stephenson était mécanicien sur une pompe à vapeur conçue par Thomas Newcomen (1663–1729) utilisée pour aspirer l'eau dans les mines de charbon. À l'âge de 19 ans, le jeune Stephenson manœuvrait lui-même l'un de ces engins révolutionnaires et grâce à son habileté il fut nommé en 1812 chef mécanicien de la houillère de Killingworth High Pit. Un an plus tard, il visite la mine voisine de Middleton pour donner son avis sur une « chaudière à vapeur sur roues » destinée à remonter le minerai à la surface. Cette locomotive à double cylindre, œuvre de John Blenkinsop (1783–1831), est pourvue d'une roue dentée qui s'accroche à une crémaillère extérieure à la voie. Stephenson estime qu'il peut améliorer la machine de Blenkinsop et en 1814, il construit sa première locomotive, la *Blücher*. Son invention rencontre cependant un accueil mitigé jusqu'au moment où il ajoute une cheminée pour évacuer la vapeur (dispositif déjà employé auparavant par Richard Trevithick), qui double la puissance du moteur. L'année suivante, Stephenson invente une lampe de sûreté (contemporaine de celle, plus connue, de **Humphrey Davy**) et construit la locomotive *Killingworth*, aux roues accouplées par une chaîne sans fin. En 1817, le Duc de Portland commande à Stephenson une locomotive pour la ligne Kilmarnock & Troon. En 1821, les chemins de fer de Stockton à Darlington lui commandent une locomotive à vapeur, projet qui culmine le 27 septembre 1825 avec l'essai concluant du premier train de voyageurs tracté par la locomotive *Active* ; ce succès inaugure l'ère de la traction à vapeur. L'*Active*, rebaptisée par la suite *Locomotion*, pouvait emporter 450 passagers à une vitesse de 24 km/h. Stephenson est ensuite chargé de la construction d'une nouvelle ligne reliant Liverpool à Manchester. En 1829, peu avant l'achèvement de la ligne, la célèbre course de Rainhill

La locomotive *Rocket*, 1829

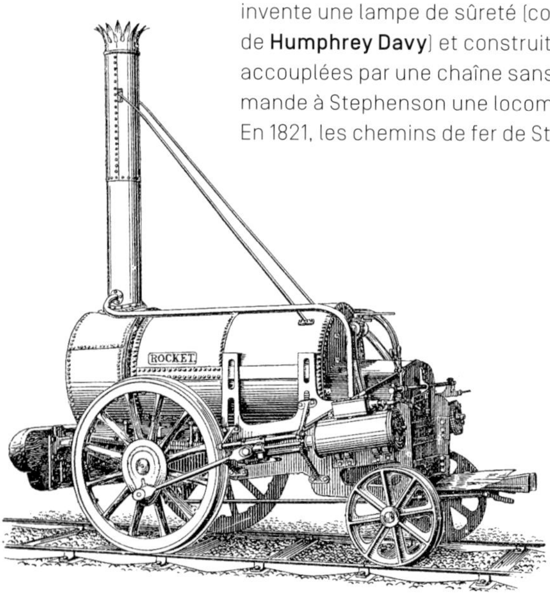

Gravure en couleurs datant de 1836 et montrant la *Rocket* telle qu'elle fut reconstruite en 1831

est organisée à Merseyside ; un prix de 500 livres doit récompenser la meilleure locomotive. Pour cette compétition, Stephenson construit une nouvelle machine – sa légendaire *Rocket* (fusée) – dotée de roues à essieu simple reliées à deux cylindres à vapeur placés de part et d'autre d'une chaudière tubulaire. Elle remporte la course avec une vitesse de pointe de 57 km/h. Quand la ligne est ouverte en septembre 1830, huit locomotives modifiées construites dans l'usine Stephenson de Newcastle sont mises en service. La *Rocket* symbolise presque aussitôt la révolution industrielle. Surnommé « le père du chemin de fer », Stephenson a joué un rôle décisif dans le rapide passage de la traction animale à la traction à vapeur. Il a construit d'autres lignes dans les Midlands et est intervenu comme consultant dans de nombreux projets de chemins de fer en Angleterre et à l'étranger. Son fils, Robert Stephenson, lui aussi ingénieur de renom, a secondé son père pendant les années 1830 améliorant sans cesse les modèles de locomotives. Il a également construit des voies ferrées ainsi que des ponts de chemin de fer de grande portée (Île d'Anglesey–Pays de Galles) qui lui ont valu une certain notoriété.
Le succès de la structure tubulaire inédite qu'il avait mis au point pour cet ouvrage le conduisit à construire d'autres ponts tubulaires innovants en Angleterre et sur le continent.

SUNSEEKER INTERNATIONAL

Fondée en 1969
À Christchurch, Dorset, Angleterre

Sunseeker *Portofino 40*, 2012

Sunseeker International est le plus important et le plus prestigieux fabricant privé de yachts de luxe du monde. La société a connu des débuts modestes : au début des années soixante, John Macklin et Idris Braithwaite vendent de petits hors-bord fabriqués par Owens dans un garage automobile à Christchurch. Braithwaite et ses fils, Robert, un ingénieur maritime de formation, et John, designer, installent par la suite leur affaire à Poole. Ils convertissent un vieil entrepôt en comptoir de fournitures pour bateaux, où ils revendent également les modèles d'autres constructeurs. Robert et John Braithwaite décident alors de construire leurs propres canots en bois et le *Sovereign Sports 17*, le premier modèle de leur jeune société (aujourd'hui rebaptisée Poole Powerboats), est une révélation. Ce nouveau bateau spacieux et très maniable grâce à sa proue très relevée affiche une confortable vitesse de croisière de 25 nœuds. Les deux modèles exposés par les frères Braithwaite au Salon nautique de Gènes en 1970 sont aussitôt vendus et le carnet de commandes se remplit. La même année, Robert Braithwaite et John Macklin remportent la course du Royal Motor Yacht Club au volant d'un *Sovereign* à l'arrière tronqué équipé de deux moteurs hors-bord de 100 chevaux. À la fin des années 1970, les *Sovereigns* sont distribués par un réseaux de revendeurs, dont le premier est Robert Taylor dans le Sud de la France. Au designer de bateaux de course Don Shead, que Taylor présente aux frères Braithwaite, ces derniers commandent un type de bateau complètement nouveau : un yacht de croisière ultrarapide. Les remarquables modèles issus de cette recherche sont baptisés

Sunseeker *XS 2000*, design Sunseeker en collaboration avec Fabio Buzzi, 2000

Sunseeker *155 Yacht*, 2014

Sunseeker *Predator 57*, 2014

Sunseeker et les deux premiers engins de six mètres, le *Rio* et le *Sports* créent la sensation lors de leur présentation au Salon Nautique de Paris en 1971. Les décennies suivantes, Sunseeker produit des embarcations nettement plus grandes et rapides, comme le spectaculaire bateau à moteur offshore *XS 2000* (2000), l'impressionnant *Predator 57* (2014) et le *155 Yacht* (2014), tous caractérisés par une forme aérodynamique originale et une qualité de fabrication sans égale. Évidemment réservés à une élite fortunée, les modèles Sunseeker, raffinés et très performants, incarnent le « triomphe de la maîtrise technique en termes de design et de matériaux ».

SWATCH

Fondée en 1983
À Biel-Bienne, Suisse

Montre Swatch
Sistem Class, 2015

→ Montre Swatch
Sistem Pink, 2015

Une des premières gamme de *Swatch*, 1983

Au milieu des années 1970, l'industrie horlogère suisse, incapable de rivaliser avec la multitude de montres produites en grande série dans le sud-est asiatique et notamment au Japon, connaît une crise grave. Pour contrer cette concurrence, Nicolas Hayek (1928–2010) est chargé de la restructuration de deux entreprises horlogères : l'ASUAG et la SSIH (fondées respectivement en 1931 et 1930). Elles fusionnent finalement en 1983 pour former la SMH (La Société de Microélectronique et d'Horlogerie SA), Hayek prend aussi la décision stratégique de développer une nouvelle marque de montres capable d'égaler les chiffres de vente des marques japonaises pour sauver l'industrie horlogère suisse décidée à relever le défi. Le résultat de cette aventure est une montre en plastique extra-plate au design signé Ernst Thonke, Jacques Müller et Elmar Mock de Hayek Engineering AG. Composée de 51 éléments seulement (contre 90 et plus pour les montres traditionnelles), la *Swatch* est parfaitement adaptée à une production en grande série. Alliant haute technologie, prix abordable et stylisme artistique, voire émotionnel, l'enfant de

Hayek devient un accessoire incontournable dès son lancement en 1983. Son succès est amplifié par le rythme des collections [une par saison] qui calque celui des couturiers. En éditant des tirages limités réservés aux collectionneurs ainsi qu'une gamme de montres « classiques » dans une multitudes de styles et de couleurs, Swatch s'assure que ses modèles conviendront à tous les goûts. Grâce au remarquable succès des *Swatch*, l'industrie horlogère suisse regagne ses parts de marché et redevient n° 1 dès 1984. L'année suivante, Hayek et un groupe d'investisseurs suisses s'assurent le contrôle du groupe Swatch qui possède des marques comme Blancpain, Omega, Longines, Rado, Tissot, Certina, Mido, Hamilton, Balmain, Calvin Klein, Lanco et Flik Flak, une ligne pour enfants. Aujourd'hui, l'entreprise reste le plus important fabricant au monde de montres terminées. Le groupe Swatch a aussi joué un rôle déterminant dans le développement de la petite *Smart* à la fin des années 90. Depuis le lancement de la première *Swatch* en 1983, plus de 500 millions de montres de la marque ont à ce jour été vendues, des modèles standard en plastique aux gammes à boîtier métallique *Irony* et ultra fines *Skin*, entre autres. Aujourd'hui, le groupe Swatch détient 19 marques principales de montres, présentes sur tous les marchés géographiques et à tous les prix imaginables. Preuve que le design peut radicalement transformer une entreprise, mais aussi tout un secteur.

TAG HEUER

Fondée en 1860
À Saint-Imier, Suisse

En 1860, Édouard Heuer fonde un atelier d'horlogerie dans un petit village du Jura suisse où il se consacre principalement à la fabrication de montres et de chronographes destinés aux sportifs. En 1880, il devient le premier horloger à produire des chronographes en série et neuf ans plus tard son chronographe de poche remporte une médaille d'argent à l'Exposition Universelle de Paris. En 1916, la société lance le *Micrograph* un chronomètre dont la précision atteint le centième de seconde. Le *Micrograph* annonce l'ère des compétitions sportives modernes. Dans les années 1920, les chronomètres Tag Heuer sont utilisés lors des trois Olympiades. En 1930, la société lance son premier modèle étanche et les décennies suivantes elle concentre ses efforts sur le développement de montres aux performances exceptionnelles, comme la *Sunar* [1949], première montre à mesurer les coefficients de marée, la *Carrera* [1964] et la célèbre *Monaco* [1969], le premier chronographe à remontage automatique. En 1985, Heuer fusionne avec TAG [Techniques d'Avant-Garde] pour former TAG Heuer, une entreprise dédiée à la mise en oeuvre de technologies de pointe. Deux ans plus tard, elle lance la montre *S/el*, qui remporte un grand succès et reste aujourd'hui encore considérée comme une sportive de référence.

Chronomètre *Micrograph*, commercialisé pour la première fois en 1916

Montre automatique Tag Heuer *Calibre 8 GMT* et Grande Date, 2015

Présente dans la Formule 1 depuis 1986 [date du rachat de l'équipe MacLaren par une filiale du groupe] TAG Heuer est le chronométreur officiel de nombreux événements sportifs, malgré son rachat en 1999 par le groupe d'articles de luxe LVMH. Aujourd'hui, TAG Heuer fabrique des designs de haute précision à l'image de son éternelle devise : « La technologie dicte la fonction, la fonction crée le design ».

ROGER TALLON

Né en 1929 à Paris, France
Mort en 2011 à Paris, France

Roger Tallon est l'un des plus importants designers industriels français. Il étudie l'ingénierie électrique à Paris de 1947 à 1950, avant d'intégrer le bureau d'études Technès en 1953 pour lequel il crée un grand nombre de produits originaux : appareils photo SEM [1957 et 1961], machine à écrire Japy [1960], téléviseur portable Téléavia [1963], gamme de meubles *Module 400* [1964], verres pour Daum [1970] et le montre *Chronographe X* pour LIP [1973]. De 1957 à 1964, il est également conseiller chez **General Motors** pour le design des réfrigérateurs Frigidaire. Il crée en 1973 l'agence de design pluridisciplinaire Design Programmes SA et se taille une réputation internationale grâce à ses créations dans le domaine des transports avec notamment le train *Corail* [1977] pour la SNCF. En 1983, il s'associe à Pierre Paulin [né en 1927] et Michel Schreiber [né en 1950] pour fonder ASDA + Partners, tout en continuant à dessiner des trains : *TGV Atlantique* [1988] pour la SNCF, *Eurostar* [1987] pour Euro-Tunnel. En 1973, il reçoit à Londres le titre de « designer royal honoraire pour l'industrie » et, en France, le grand prix national de la création industrielle [1985].

Chronographe de poignet *X 2230.194* pour Lip-France, 1975

WALTER DORWIN TEAGUE

Né en 1883 à Decatur, Indiana, États-Unis
Mort en 1960 à Flemington, New Jersey, États-Unis

Walter Dorwin Teague fut l'un des plus grands pionniers américains du conseil en design industriel. De 1903 à 1907, Walter Dorwin Teague suit les cours du soir de l'Art Students League de New York, avant de travailler comme illustrateur pour un catalogue de vente par correspondance, et pour l'agence de publicité new-yorkaise Hampton. En 1912, il ouvre son propre studio de typographe et graphiste indépendant. Au milieu des années 1920, il crée aussi des conditionnements. Il crée en 1926 Walter Dorwin Teague Associates – l'une des premières agences conseil en design industriel. Le premier client de Teague est Eastman **Kodak** pour lequel il met sur pied un important programme de recherche et de développement de produits. Son premier appareil, le *Vanity Kodak* (1928), spécifiquement destiné à une clientèle féminine, est présenté dans différents coloris accompagné d'un étui doublé de soie. Le public plébiscite ensuite le *Baby Brownie* (1933), l'un des premiers produits grand public en plastique. Mais son appareil photo le plus connu reste

Caisse enregistreuse pour la National Cash Register Co., vers 1937

→ Radio *Bluebird* pour la Sparton Corporation, 1934–1936

Appareil *Bantam Special* pour Kodak, 1933–1936

Machine comptable automatique pour la National Cash Register Co., vers 1950

Baromètre *Edgemount Combination* pour Taylor Instrument Companies, vers 1950

le *Bantam Special* (1936), plus convivial et compact que les modèles antérieurs de Kodak. En 1930, il conçoit avec son fils la carrosserie de la *Marmon Model 16*, dont le profilage aérodynamique offre une moindre résistance à l'air que les autres automobiles de l'époque. Il utilisera le style Streamline pour d'autres produits : verreries **Corning**, vaisselle Pyrex, stylos et briquets Scripto, lampes **Polaroid**, machines à ronéotyper

A. B. Dick, postes de radio Sparton et Piano du Centenaire Steinway. Outre des articles de consommation courante, Teague réalise une carrosserie de camion en plastique pour UPS, des supermarchés pour Colonial Stores, les aménagements intérieurs du **Boeing** *B-707*, le pavillon des États-Unis dans diverses foires commerciales internationales, des espaces d'expositions pour **Ford**, des stations-service pour Texaco, ainsi que diverses réalisations pour l'Exposition Internationale de New York (**New York World's Fair**) en 1939, dont une gigantesque caisse enregistreuse géante qui affiche le nombre des visiteurs et reprend un de ses modèles pour la National Cash Register Company. Il est aussi l'auteur du capital *Design This Day – The Technique of Order in the Machine Age* (1940), ouvrage qui célèbre le « style nouveau et fascinant » né des possibilités offertes par les machines. Désormais installée à Seattle, l'agence de design Teague emploie 300 professionnels et se spécialisée surtout dans le domaine des transports, de l'ingénierie de systèmes et du design d'interfaces numériques.

Réfrigérateur à gaz pour Servel Inc., vers 1950

Maquette de cabine passagers du Boeing *B-707*, 1956

TESLA MOTORS

Fondée en 2003
À Palo Alto, Californie, États-Unis

Elon Musk

Bon nombre pensent que Tesla, start-up de Silicon Valley, est devenue l'enfant-modèle du moteur « vert » face aux géants automobiles et leurs effrayants véhicules assoiffés de carburant. C'est de bien des façons l'histoire de David et Goliath des temps modernes, et les enjeux financiers comme écologiques sont considérables. Tesla Motors est fondée en 2003 par deux ingénieurs de Silicon Valley, Marc Tarpenning et Martin Eberhard. Leur but est de prouver que les véhicules électriques peuvent être plus performants que ceux à essence : ils mettent donc au point une voiture de sport au couple amélioré, d'une impressionnante puissance et, qui plus est, à émissions nulles. Le point de départ est le moteur, et les ingénieurs conçoivent un système de transmission basé sur un moteur à induction CA, breveté en 1888 par l'inventeur serbo-américain Nikola Tesla et dont le nom a servi à baptiser l'entreprise. Un an plus tard, l'entrepreneur tech Elon Musk investit massivement dans la start-up et en devient le président. Dès le départ, Musk insiste que la nouvelle voiture doit avoir une carrosserie en polymère à renfort fibre de carbone ; il s'implique beaucoup dans la prise de décisions sur la conception, outre ses autres rôles opérationnels, dont celui de porte-parole de la marque. Après cinq années de développement laborieux et onéreux et plusieurs cycles de financements privés, le *Roadster* Tesla est dévoilé comme prototype en 2006, puis lancé comme modèle de production en 2008. Cette voiture de sport remarquable est alors la première à employer des batteries lithium-ion et le premier véhicule électrique sur batterie à profiter d'une autonomie de plus de 320 km par charge. La berline de luxe *Model S* qui vient après sort à la vente en juin 2013 et en trois mois, elle devient l'automobile best-seller en Norvège malgré un prix de base de 60 000 €. Il est prévu que le VUS de Tesla, le *Model X*, connaisse la même demande à sa sortie en 2015. En préparation également, une version plus petite, le *Model 3*, devrait afficher le prix plus abordable de 30 000 €, ce qui permettra certainement à Tesla de percer enfin sur le marché automobile traditionnel.

↗ Tesla *Model S*, 2015

→ Tesla *Model X*, 2015

↘ Station Tesla *Supercharger*

Tesla *Roadster Sport 2.5*, 2010

TETRA PAK

Fondée en 1951
À Lund, Suède

Ruben Rausing

Ruben Rausing (1895–1983), fondateur visionnaire de Tetra Pak a étudié à la Stockholm School of Economics et plus tard à l'université Columbia de New York. C'est aux États-Unis qu'il découvre les magasins « self-service ». Il est convaincu que ce concept va s'imposer tôt ou tard en Europe provoquant un accroissement de la demande en aliments pré-conditionnés. À son retour en Suède, il crée avec Eric Wallenberg la première entreprise suédoise spécialisée dans le conditionnement avec un credo : « Un emballage doit faire économiser plus qu'il ne coûte ».
En 1943, la société entreprend des recherches sur un emballage laitier qui minimiserait la matière première utilisée tout en optimisant les conditions d'hygiène. Ces premières études démontrent que ce conditionnement doit se présenter sous la forme d'un tétraèdre. L'année suivante sont mises au point de nouvelles techniques de revêtement par film plastique et de scellage. En 1951, Rausing et Wallenberg fondent AB Tetra Pak, une filiale de Åkerlund & Rausing et lancent la même année leur nouveau procédé de conditionnement qui a la forme d'un tétraèdre de carton. Un an plus tard, la laiterie Lundaortens Mejerifsrening, à Lund, est le première à utiliser une machine d'emballage *Tetra Pak* (cartons de crème de 100 ml). Plusieurs autres laiteries suédoises choisissent ce système révolutionnaire en 1953 et la même année la société adopte un procédé de revêtement du carton par film polyéthylène. En 1954, la première machine *Tetra Pak* est exportée en Allemagne et la machine de conditionnement par demi-litre est commercialisée. Le carton de lait de 300 ml est lancé l'année suivante. La société s'installe dans des locaux beaucoup plus spacieux à Lund et commence à mettre au point un procédé de conditionnement aseptique (lancé en 1961). En 1959, l'usine produit un million de cartons par an et commence à élaborer un nouveau conditionnement en forme de brique, le *Tetra Brick* (lancé en 1963). Tetra Pak étend progressivement son périmètre d'influence et pénètre les marchés mexicains, américains,

Detail du conditionnement *Tetra Brik Aseptic ReCap*, 1994

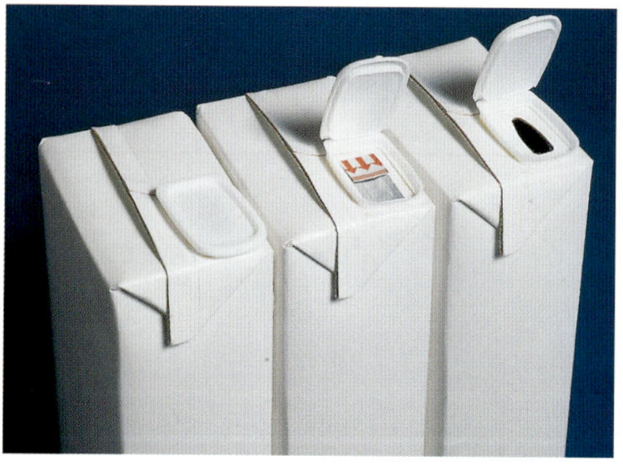

Premier conditionnement Tetra Pak, 1951

libanais et italiens. En 1965, Åkerlund & Rausing est cédée mais Ruben Rausing conserve la filiale AB Tetra Pak, ce qui lui permet d'investir de nouveaux capitaux dans la recherche et le développement de conditionnements plus performants, comme le *Tetra Rex*, un carton à fermeture pignon (1965). Dans les années 1970, la société exporte ses machines de conditionnement dans le monde entier, URSS, Japon, Chine, Iran et Australie incluses. Au début des années 1980, plus de 30 millions de modules de conditionnement (lait, crème, jus de fruit et vin) sont vendus chaque année. En 1991, Tetra Pak fusionne avec Alfa-Laval et diversifie ses lignes de produits avec notamment l'embouteillage en contenants PET (polytéréphtalate d'éthylèneglycol). Aujourd'hui, Tetra Pak reste le leader mondial incontesté du secteur des emballages, avec l'ahurissant total de 179 888 000 000 de produits vendus en 2014 dans un emballage Tetra Pak. Au fil des décennies, les designs à la fois simples et ingénieux ont révolutionné les produits alimentaires et d'hygiène. Grâce à l'entreprise, des centaines de millions de personnes dans plus de 175 pays ont accès à des produits sûrs et respectueux de l'environnement, qui simplifient la distribution et la conservation des aliments.

TEXAS INSTRUMENTS

Fondée en 1951
À Dallas, Texas, États-Unis

Jack St. Clair Kilby tenant à la main un des premiers circuits intégrés, vers 1959

Texas Instruments est issue de Geophysical Service, une société fondée en 1901 par Clarence « Doc » Karcher et Eugene McDermott. Geophysical Service se spécialise d'abord dans les méthodes de séismologie par réflexion, puis dans les équipements de détection sous-marine et les radars de bord. En 1951, elle devient une filiale à 100 % de Texas Instruments, une toute nouvelle société. En 1952, Texas Instruments achète à la Western Electric Company une licence pour la fabrication de transistors et se lance dans l'industrie des semi-conducteurs. En 1958, Jack St. Clair Kilby, l'inventeur maison de Texas Instruments met au point le premier circuit intégré et trois ans plus tard, la société livre à l'armée de l'air américaine le premier ordinateur à circuits intégrés. En 1964 est lancé le premier produit de grande consommation doté d'un circuit intégré, il s'agit d'un appareil auditif. La même année, Texas Instruments, à l'avant-garde de la technologie électronique, invente la première calculatrice électronique de poche (1967) et le premier système de missiles guidés par laser (1969). En 1971, la firme lance un microprocesseur et un micro-ordinateur dotés de la technologie monopuce, et un an plus tard elle sort *Datamath*, une calculatrice de poche. En 1974, TI lance le micro-

Première calculatrice électronique de poche inventée par Jack St. Clair Kilby, Jerry D. Merryman et James Van Tassel, 1967

Speak & Spell
[*La Dictée Magique*],
jeu éducatif, 1978

ordinateur monopuce *TMS1000* et l'année suivante la société commercialise une technologie de traitement des données 3D. Le premier synthétiseur vocal monopuce est présenté en 1978, ainsi que le premier produit grand public doté d'une technologie de synthèse vocale bon marché, La *Dictée Magique*. En 1987, TI met au point le premier microprocesseur d'intelligence artificielle monopuce de 32 bits et quatre ans plus tard, le fabricant américain de semi-conducteurs est le premier à installer une unité de recherche et de développement au Japon. Texas Instruments s'est vu décerner de nombreux prix pour l'excellence de son ingénierie et ses nombreuses inventions qui ont complètement renouvelé le design de l'électronique grand public.

THERMOS

Fondée en 1904
À Berlin, Allemagne

Publicité pour la bouteille Thermos, 1909

← Bouteille Thermos *Model 65*, 1928

Publicité pour la bouteille Thermos, 1909

Le philosophe et scientifique Sir James Dewar (1842– 1923), pionnier de la technologie sous vide, invente en 1892 une bouteille isolante qui permet de maintenir des gaz liquéfiés à température constante quelques heures. Cette invention ingénieuse se compose de deux bouteilles de verre insérées l'une dans l'autre. L'air contenu dans la cavité qui les sépare est aspiré pour créer un vide. Par la suite, Dewar argente le verre d'une pellicule de mercure pour améliorer sa capacité d'isolation. Avec l'aide de Reinhold Burger, un souffleur de verre allemand, Dewar crée une version plus solide et plus résistante de sa bouteille. Parallèlement à la mise au point de modèles destinés à des expérimentations scientifiques, Dewar et Burger décident de fabriquer une bouteille isolante entourée d'une enveloppe métallique pour un usage domestique. La « Thermos » est brevetée en Allemagne en 1903 et un an plus tard, la société Thermos GmbH est créée à Berlin. Les bouteilles sont commercialisées sous l'appellation Thermos dès 1904 et en 1905 elles sont distribuées aux États-Unis. La Thermos Ltd. est fondée en Grande-Bretagne deux ans plus tard et une usine est ouverte à Londres peu après. Les premières bouteilles Thermos sont moulées à la main, une manipulation longue qui renchérit leur prix : elles coûtent à l'époque une guinée. Mais une fois leur fabrication mécanisée, dès 1911, les Thermos tombent à 2 shillings 6 pence. Dans les années 1920 et 1930, la bouteille Thermos devient très populaire chez les ouvriers comme chez les pique-niqueurs et durant la Seconde Guerre mondiale, l'armée la distribue à ses troupes. Avec sa double paroi isolante, la bouteille Thermos maintient le froid aussi bien que le chaud pendant plusieurs heures. Bien que d'autres sociétés se soient lancées dans la fabrication de bouteilles isolantes, l'appellation « Thermos » est devenue un terme générique et la société continue d'exporter ses produits dans le monde entier.

MICHAEL THONET

Né en 1796 à Boppard, Allemagne
Mort en 1871 à Vienne, Autriche

Michael Thonet, Chaise *Boppard I*, 1836–1840

En 1819, Michael Thonet ouvre une fabrique de meubles à Boppard am Rhein. Vers 1830, il commence à étudier la technique du bois cintré et réalise plusieurs sièges de style Biedermeier qu'il présente aux expositions de Coblence en 1841 et Mayence en 1842. Ils recueillent un succès tel que le prince de Metternich invite leur créateur à Vienne. La cour autrichienne accorde à Thonet un brevet d'invention pour sa nouvelle technique de cintrage du contreplaqué stratifié. Grâce aux capitaux recueillis, Thonet et ses fils – Franz, Michael, August et Joseph – ouvrent leur fabrique de meubles à Gumpendorf, dans la banlieue de Vienne. Pendant deux ans, ils mettent au point des techniques de fabrication en série, dont le chauffage du bois à la vapeur avant la mise en forme. Les Thonet exposent leurs nouvelles créations à la **Great Exhibition** de Londres en 1851 où ils remportent une médaille d'or. Dès 1853, l'entreprise, rebaptisée Gebrüder Thonet (frères Thonet), emménage dans

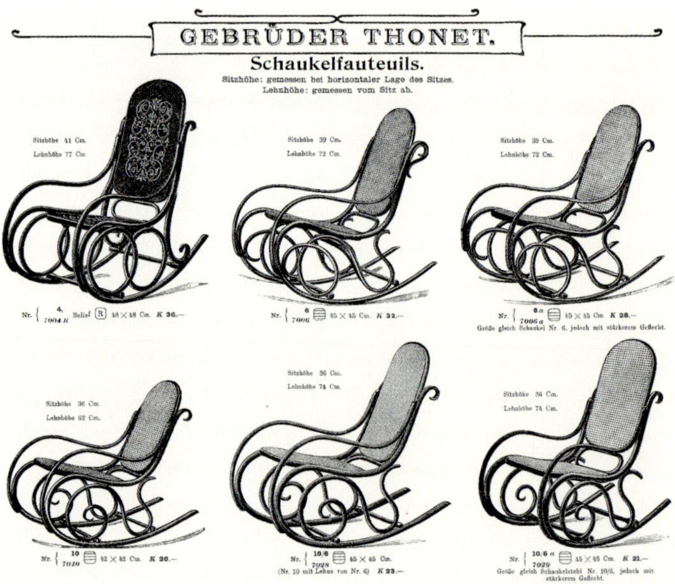

Page du catalogue Thonet, 1904

Chaise d'appoint *Model N° 4*, vers 1850

des locaux plus spacieux et produit en série des chaises aux lignes simples, dénuées de tout ornement superflu. En 1856, la société ouvre une première usine à Koritschan, en Moravie. La réussite extraordinaire des frères Thonet est due à une mécanisation de la production qui lui permet de vendre ses produits à des prix très compétitifs. Un exemple : en 1860, son modèle le plus célèbre, la chaise *N° 14*, coûte moins cher qu'une bouteille de vin. Dans les années 1890, ces chaises de bistrot sont très répandues : en 1891, il s'en est déjà vendu sept millions trois cent mille unités. Au début des années 1900, quelques grands architectes viennois, dont Josef Hoffmann (1870–1956), se mettent à dessiner des meubles dans le style Sécession pour Gebrüder Thonet. En 1929, la filiale française est créée : Thonet Frères fabrique les créations progressistes en métal tubulaire de **Marcel Breuer**, Mies van der Rohe ou Le Corbusier. Thonet, toujours active aujourd'hui, produit des rééditions de ses anciens modèles ainsi que des modèles d'inspiration contemporaine.

TOSHIBA

Fondée en 1939
À Tokyo, Japon

Ordinateur portable *Satellite P50T C 104*, 2015

En 1875, Hisahige Tanaka (1799–1881) fonde la première entreprise japonaise de matériels télégraphiques, la Tanaka Seizo-sho (atelier de construction mécanique Tanaka). Rebaptisée ensuite Shibaura Seisaku-sho (atelier de construction mécanique Shibaura), sa société devient l'un des plus grands fabricants japonais de matériel électrique lourd. Une autre société, Hakunetsu-sha & Co. créée en 1890, fabrique les premières ampoules électriques à incandescence japonaises. Rebaptisée Tokyo Denki (Compagnie d'électricité de Tokyo) en 1909, elle devient un important fabricant de petits appareils électriques. Ces deux sociétés produisent ensemble les premiers moteurs japonais à induction (1895), les premiers tubes à rayons X japonais (1915), les premiers lave-linge et réfrigérateurs japonais (1930). En 1939, les deux sociétés fusionnent pour former la Tokyo Shibaura Electric Co. (rebaptisée officiellement Toshiba en 1978). Un an plus tard, la nouvelle entreprise produit les premières lampes fluorescentes japonaises en 1942

Yoshiharu Iwata, cuiseur de riz électrique *ER-4*, 1958

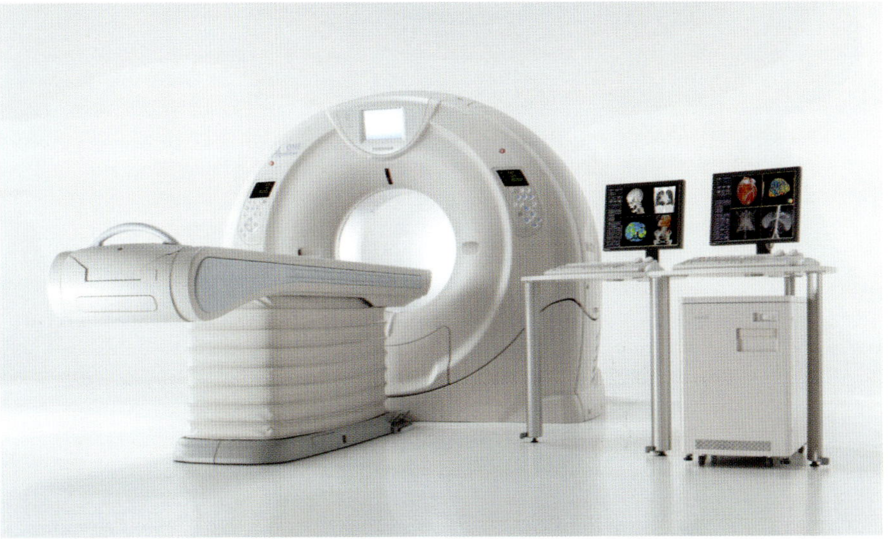

Scanner médical *Aquilion ONE ViSION Edition CT system*, 2007

le premier radar japonais. En 1954, la société lance le premier ordinateur numérique japonais, *TAC*, spécialement conçu pour l'université de Tokyo. Elle commercialise le premier cuiseur pour le riz en 1955 et lance les premiers téléviseurs japonais à transistors et fours à micro-ondes en 1959. Depuis lors, Toshiba est leader en produits électriques et électroniques, qu'il s'agisse d'ordinateurs et d'appareils électroménagers, de matériel de diagnostic médical, d'ascenseurs et d'escalators. L'engagement de Toshiba en faveur d'un « design universel », s'exprime avec force dans la convivialité des produits de la société japonaise ou ses produits à destination des handicapés tels les tableaux de commande tactiles (Braille) sur les lave-linge pour malvoyants. Dans le programme de design de Toshiba conduit dans les années 90 ingénieurs et designers s'imposent le port de lunettes spéciales pour mieux comprendre la vie quotidienne des malvoyants. Cette approche intrinsèquement humaine est encore maintenant l'objectif premier du centre de design de l'entreprise, qui adopte une approche systématisée et holistique de l'ergonomie. L'équipe de conception considère le « design universel » comme un moyen de contribuer à une « société où tout le monde peut vivre dans le confort et dans la paix d'esprit, quels que soient son âge, son genre et ses capacités ». Grâce à cette philosophie, les designers de Toshiba sont toujours en quête de produits plus simples d'emploi et plus sûrs, qu'il s'agisse d'un ordinateur portable ou d'un scanner médical. Ils restent ainsi dans la ligne de la vision corporative : « Rendre l'inutilisable utilisable, rendre le difficile facile ».

TOYOTA

Fondée en 1937
À Kariya, Honshu, Japon

Kiichiro Toyoda

Sakichi Toyoda (1867–1930), le plus célèbre inventeur japonais, est notamment l'auteur du premier métier à tisser électrique (1896) et, en 1924 du premier métier à tisser automatique à navette auto-rechargeable. En 1926, il fonde l'atelier Toyoda (Toyoda Automatic Loom Works) qui fabrique des métiers à tisser mécaniques et devient l'un des premiers fabricants mondiaux de machines de tissage industrielles. Trois ans plus tard, Toyoda cède la licence de fabrication d'un de ses métiers à une firme anglaise, Platt Brother & Co. Grâce aux capitaux ainsi recueillis, le fils aîné de Toyoda, Kiichiro se lance dans la mise au point d'une automobile. Une aciérie est créée afin de développer un acier spécial utilisé pour la fabrication des moteurs et des carrosseries et, en 1933, le premier atelier de construction automobile ouvre ses portes. Il sort son premier moteur *Type A* en 1934 et son premier prototype de voiture *Model A1* en 1935. La production en série de la *Model AA* débute en 1936 et la Toyota Motor Co. est officiellement fondée l'année suivante. En 1947, Toyota lance sa première voiture compacte, la *Model SA* et dès

Automobile Toyota *AA*, 1936

Toyota *2000 GT*,
modèle 1967–1970

Toyota *FJ40 Land Cruiser*, 1978

HILUX

Hybride plug-in Toyota *Prius*, 2016

← Pick-up Toyota *Hilux*, 2012 – modèle actuel

↙ Toyota *Lexus LFA*, 2012

1959 décide la construction d'un vaste réseau d'usines international avec la conviction qu'un maillage global « permet de fournir aux clients ce dont ils ont besoin à l'endroit où il en ont besoin ». Aujourd'hui, Toyota est le plus grand constructeur automobile japonais et le troisième mondial. En 1996, le département de design Toyota est centralisé afin que tout le processus de design, des études de style à la réalisation des prototypes soit concentré sur un site unique. Depuis lors, Toyota a produit des véhicules primés comme la très sobre *Yaris* (voiture de l'année 2000 en Europe), et la *Prius*, première voiture de série à motorisation hybride (essence- électricité), élue voiture de l'année 1997–1998 au Japon. En 2008, Toyota avait déjà vendu un million de *Prius*, et en 2013, le chiffre était de 3 millions. Sans grande surprise sachant que les deux entreprises portent le même blason écologique, Toyota et **Tesla** signent en 2010 un programme commun de développement de véhicule électrique. Aujourd'hui, Toyota est le plus grand constructeur automobile au monde, réputé pour être un pionnier en matière de technologie environnementale, mais aussi le promoteur de technologies avancées de sécurité et de systèmes de transport intelligents. Son équipe de design tente de canaliser les valeurs et l'esthétique longtemps associées au design japonais (souvent appelé le « J-factor ») et défend que « le rôle du design ne consiste pas simplement à créer un objet chic », mais qu'une « valeur nouvelle » peut être dégagée quand les aspects d'un concept sont équilibrés, en incluant des considérations sociales et, bien entendu, des responsabilités en matière de sécurité et d'environnement.

TRANSRAPID (THYSSENKRUPP)

Fondée en 1998
À Berlin, Allemagne

Transrapid *TR 08* reliant le centre de Shanghai et l'aéroport international de Pudong, 2004

L'idée révolutionnaire de trains circulant légèrement au-dessus des voies par sustentation magnétique remonte à 1934, quand l'ingénieur allemand Hermann Kemper reçoit du Reich le numéro de brevet 643316 pour « l'invention d'un monorail avec des véhicules sans roues flottant le long de rails en fer, par le biais de forces magnétiques ». Tel que baptisé par les médias, son « train-tuyau » ne reste qu'une idée sur du papier jusqu'en 1969, quand un groupe d'étude des lignes à grande vitesse (LGV) est constitué à la demande du Ministère fédéral allemand des Transports pour se pencher sérieusement sur la mise en œuvre et le développement de l'idée de génie de Kemper. Deux ans après, un prototype de quatre places construit par Messerschmitt-Bölkow-Blohm (MBB) est testé sur une ligne de 660 mètres à Ottobrunn, à l'extérieur de Munich, et atteint une vitesse de pointe de 90 km/h. L'année suivante, un nouveau groupe d'étude composé de **Siemens, AEG** Telefunken et Brown, Boveri & Cie entame le développement d'un système de suspension électrodynamique (SED), basé sur le principe de répulsion et fonctionnant avec des bobines ultra conductrices. Le véhicule test *EET 01* (1972) atteint la vitesse fulgurante de 401 km/h. À cette époque, Thyssen Henschel (devenu plus tard ThyssenKrupp) s'implique très activement dans le projet et en 1975, une impressionnante installation d'essais de sustentation magnétique est construite au siège social à Kassel.

Transrapid *TR 08* à Shanghai, 2004

Transrapid *TR 09* sur une ligne de test en Allemagne, 2008

→ Graphique Transrapid de sustentation électromagnétique, guidance et propulsion

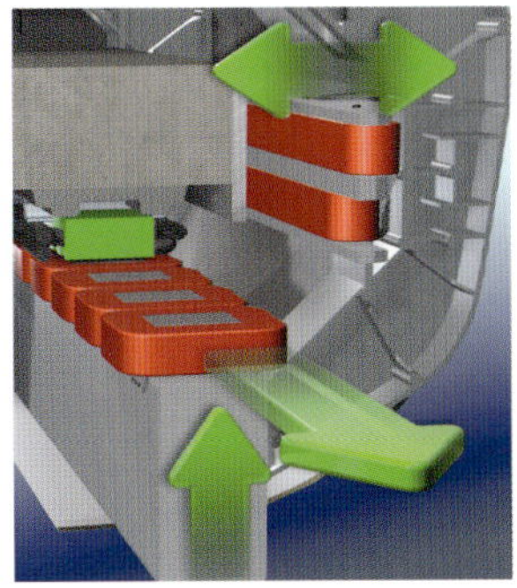

C'est finalement en 1977, après la fabrication de plusieurs prototypes et des tests plus rigoureux, que le Ministère fédéral allemand de l'Éducation et de la Recherche approuve le système de sustentation électromagnétique face au système de sustentation électrodynamique, à savoir un système à propulsion – et non à répulsion – magnétique. Le consortium Magnetbahn Transrapid est formé en 1978 et la construction d'une nouvelle installation d'essais commence à Emsland (achevée en 1987). Pendant la période intermédiaire, les modèles *TR 05* (1979) et *TR 06* (1984) sont fabriqués et testés. En 1988, le *TR 07* est présenté au Salon international des transports de Hambourg, avec une vitesse maximum de 500 km/h. Après des tests encore plus poussés, la Deutsche Bundesbahn, et diverses universités participant à l'étude de cette technologie innovante, approuvent la mise en œuvre du système à sustentation magnétique de Transrapid, premier pas vers son lancement commercial. Le premier système à sustentation magnétique de Transrapid est inauguré en 2002 et circule actuellement entre Shanghai et l'aéroport international de Pudong de la ville. En 2006, Transrapid enregistre néanmoins un dur revers quand l'un de ses trains entre en collision avec un véhicule de maintenance sur la ligne de test monorail de l'entreprise, causant 23 victimes. ThyssenKrupp Transrapid GmbH est désormais propriétaire de la technologie derrière le système à sustentation magnétique de Transrapid et son équipe de 20 ingénieurs et scientifiques travaille sur son développement. Plusieurs projets de système à sustentation magnétique de Transrapid sont en préparation, notamment en Iran, en Suisse, à Tenerife et aux États-Unis. Même si la sustentation magnétique est employée depuis des décennies pour faire planer des trains le long des voies sans aucune friction, d'où une excellente efficacité énergétique et des vitesses très élevées, les projets sur cette technologie demeurent polémiques en dépit de la promesse d'un moyen de transport de masse plus propre et plus vert.

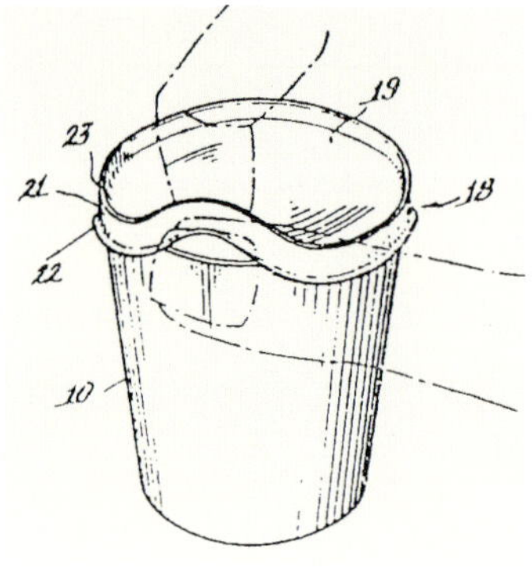

Dessin représentant la fermeture étanche Tupper brevetée en 1947

TUPPERWARE

Fondée en 1938
À Leominster, Massachusetts, États-Unis

Earl Tupper (1907–1983) tenait de son père sa passion pour l'invention : ce dernier avait en effet l'habitude de fabriquer des appareils pour alléger le travail dans sa ferme. En 1936, Earl Tupper rencontre Bernard Doyle qui vient d'inventer le Viscoloid, une résine plastique, et il est engagé dans la division des plastiques de DuPont. Tupper n'y reste qu'un an mais il déclarera par la suite : « C'est là que mon éducation a vraiment commencé ». En 1938, Tupper fonde sa propre entreprise de plastiques à Leominster, Massachusetts. La société travaille d'abord comme sous-traitant pour DuPont, avant de devenir contractante de l'armée pour des matériels militaires (masques à gaz et projecteurs de signalisation). Dans les années d'immédiat après-guerre, Tupper se tourne vers la fabrication de produits de consommation courante en plastique (cure-dents, gobelets et étuis à cigarettes) et les cadeaux promotionnels d'entreprise. Dans les années 1940, les résines plastiques possèdent de nombreux défauts : aspect luisant, toucher gras, odeur désagréable… Pour résoudre ces problèmes, Tupper met au point une technique de purification des résidus de polyéthylène (un sous-produit de l'industrie

Moule à empreinte unique utilisé pour le moulage par injection du récipient *Mix-n-store*, 1965

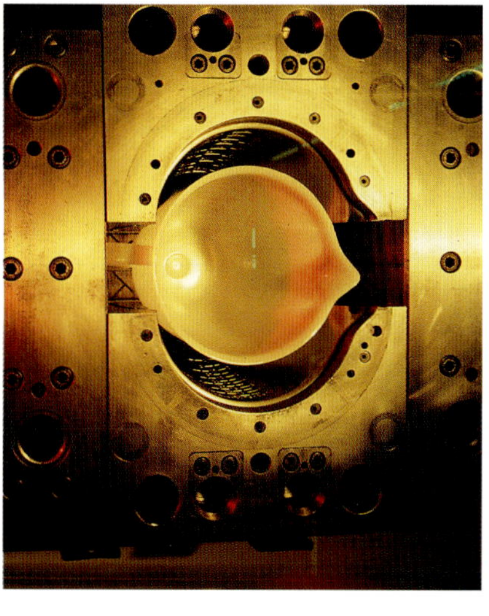

Récipients multi-usages *Oyster*, années 1990

chimique) en un matériau solide, souple, non-poreux, translucide et non-gras. À la même époque, il dépose aussi le brevet de son célèbre système de fermeture étanche à l'air et à l'eau, mais découvre peu après que sa gamme de produits « se casse la gueule » dans les magasins qui la diffusent. Il comprend qu'il faut faire la démonstration de l'efficacité de son système devant les consommateurs pour que ceux-ci les achètent. À la fin des années 1940, **Stanley** a développé le système de vente à domicile par le truchement de distributeurs locaux et en 1948, Tupper rencontre certains d'entre eux et notamment Brownie Wise, une femme qui généralisera ce nouveau concept de vente au détail pour Tupper, dont la gamme de produits n'est disponible que par ce canal. De 1951 à 1958, Wise est vice-présidente de la société qui s'appelle alors Tupperware Home Parties (soirées Tupperware à la maison). Vendeuse et coordinatrice efficace, Wise comprend l'importance du recrutement de ses hôtesses. Elle déclare notamment : « Si nous forgeons les gens, ils forgeront le business ». À la tête d'une impressionnante force de vente, elle construit la prospérité de la firme et les soirées Tupperware deviennent aussi célèbres que ses produits. Aujourd'hui, Tupperware produit un large éventail d'articles ménagers en plastique de grande qualité, du matériel de cuisine aux solutions de stockage polyvalentes pour le rangement. Selon le PDG Rick Goings, la force de vente de l'entreprise est de 2,9 millions de personnes, principalement des femmes au foyer qui organisent à leur domicile des démonstrations : en moyenne, une séance se tient dans le monde toutes les 2,3 secondes.

← Publicité Tupperware montrant une photographie de Joe Steinmetz de la gamme pastel *Wonderlier*, vers 1958

UNIMOG (MERCEDES-BENZ)

Première conception vers 1944
Allemagne

Premier camion *Unimog série 70200* construit par Boehringer, 1949–1951

Camion *Unimog U500*, 2012

L'origine de Unimog remonte au milieu des années 40 quand son inventeur, Albert Friedrich, ancien employé du département de design aéronautique chez Daimler-Benz AG, travaille sur la conception d'un véhicule agricole compact. Les premières ébauches de sa « machine universelle motorisée pour l'agriculture » illustrent un véhicule à quatre roues, de 25 chevaux-vapeur et conçu pour être multifonctionnel. Friedrich convainc un ancien collègue de Daimler-Benz, Heinrich Rössler, de l'aider. Le choix de Rössler comme co-développeur est très judicieux, sachant qu'il a travaillé après la guerre comme ouvrier agricole pour joindre les deux bouts, et a donc une bonne connaissance des besoins des fermiers. Par exemple, la largeur de voie de 127 cm du véhicule correspond à la mesure de deux rangées de pommes de terre. Après avoir décroché une commande des forces occupantes américaines, le véhicule est développé avec Erhard & Söhne et subit de nombreuses modifications. Comme l'explique Mercedes-Benz, « De nombreuses fonctions rendent le véhicule unique, entre autres sa vitesse relativement élevée, ses suspensions à ressorts hélicoïdaux, quatre roues motrices avec blocage des différentiels avant et arrière, une construction du châssis comparable aux camions et aux voitures, des vérins pour atteler des dispositifs à l'avant, au milieu, sur les côtés et à l'arrière, et un boîtier de prise de force à l'avant, au centre et à l'arrière. » En 1951 commence la production du premier Unimog (contraction de « Universal-Motor-Gerät ») de la série 2010 dans l'usine de camions de Mercedes-Benz, à Gaggenau ; auparavant 600 véhicules ont déjà été fabriqués par Boehringer à Göppingen. Il est commercialisé par Daimler-Benz, l'emblème Mercedes remplaçant le logo à tête de bœuf en 1956. De nouveaux modèles aux capacités évoluées sont depuis venus agrandir la famille Unimog : leur versatilité tout terrain et leur robustesse à toute épreuve séduisent le monde agricole, les forestiers, les entreprises de construction et le secteur militaire.

GINO VALLE

Né en 1923 à Udine, Italie
Mort en 2003 à Udine, Italie

Horloge *Cifra 3* pour Solari & C., 1966

Gino Valle étudie à l'université d'architecture de Venise jusqu'en 1948 avant d'intégrer l'agence d'architecture de son père Provino Valle à Udine. Il poursuit ses études à la Harvard Graduate School of Design de Cambridge (Massachusetts) dont il est diplômé en 1851. Valle et son frère Nani reprennent ensuite la direction de l'agence paternelle et bâtissent de nombreux édifices commerciaux et industriels dans le Nord de l'Italie. En 1954, Lino Zanussi demande à Valle de dessiner une gamme d'appareils ménagers. La ligne de Valle part de l'idée que ces appareils doivent être considérés comme des éléments constitutifs de la cuisine. Son style rationnel s'exprime aussi dans ses tableaux horaires automatisés pour gares et aéroports, sa grande horloge pour lieux publics (1963) et sa célèbre gamme de pendules domestiques à chiffres pivotants *Cifra* pour Solari & C. (1956–1966). Il reçoit un Compasso d'Oro pour son horloge *Cifra 5* (en collaboration avec Nani Valle) en 1956 et un autre en 1962 pour son panneau indicateur toujours largement répandu dans les gares et aéroports du monde entier.

Grande horloge métallique pour lieux publics Solari & C., 1963

HAROLD VAN DOREN

Né en 1895 à Chicago, Illinois, États-Unis
Mort en 1957 à Philadelphie, Pennsylvanie, États-Unis

Pionnier du conseil en design industriel et du style Streamline, Harold Van Doren créait des produits aux lignes sobres et contemporaines. Après des études de langues, il part habiter Paris. À son retour aux États-Unis, il entre comme conservateur adjoint au Minneapolis Institute of Arts, et démissionne dès que se présente l'occasion de travailler dans une discipline alors toute nouvelle : le design industriel. L'un de ses premiers clients est Hugh Bennett, le président de la Toledo Scale Company, qui lui commande une balance. Celle-ci, un des premiers moulages plastiques fabriqués en série, est légère et novatrice. Van Doren s'installe à Philadelphie et signe de nombreuses réalisations, directement inspirées du style Streamline, pour Maytag, Goodyear, Ergy, Philco, Swartzbaugh et DeVilbiss. Avec John Gordon Rideout, il conçoit pour Air-King Products une radio de plastique vert en forme de gratte-ciel (1930–1931) que le public plébiscitera, ainsi qu'un scooter pour enfant (1936). Van Doren publie en 1940 *Industrial Design : A Practical Guide to*

Première cuisinière Philco, 1950

Bouilloire à thé *Magnalite* pour Wagner Ware, 1940 (en collaboration avec J. G. Rideout)

Product Design and Development. Neuf ans plus tard, il publie dans le magazine *Design* un article intitulé « Streamlining – Fad or Function ? » *[Style Streamline : mode ou fonction ?]* dans lequel il explique que les lignes incurvées des réfrigérateurs de l'époque sont dues au procédé de fabrication et notamment à une presse (surnommée le bulldozer) et que le langage formel du produit était donc « imposé au designer par les contraintes d'un prix de revient modique et de cadences de production élevées ». Van Doren militait pour une refonte stylistique des produits qui n'altère pas leur configuration initiale, comme le montre la gamme d'ustensiles de cuisine qu'il dessine pour **Philco** en 1950. Cette ligne aux formes Streamline, refonte d'une gamme antérieure produite par Electromaster Inc., a réussi à se faire passer pour « complètement neuve, même aux yeux de professionnels chevronnés ». Pour Philco Corporation, Van Doren a aussi conçu un réfrigérateur profilé (vers 1950) dont la porte portait l'insigne « Advanced Design » – exemple précoce de l'utilisation du design comme outil marketing.

Karl Elsener

VICTORINOX

Fondée en 1884
À Ibach, Suisse

Karl Elsener (1860–1918) apprend durant un an le métier d'ouvrier coutelier avant de monter un petit atelier près de Schwyz en 1884. Afin de stimuler l'industrie locale, il fonde en 1891 la Guilde de la coutellerie suisse, rebaptisée par la suite Victorinox. Il décroche le contrat des couteaux de l'armée suisse, jusque-là fabriqués en Allemagne. Elsener livre sa première commande en 1891 et se lance peu après dans la fabrication de canifs : le *Couteau de l'Étudiant, le Couteau du Cadet* et le *Couteau du Fermier.* Le *Couteau du Soldat* était très solide mais aussi très lourd à cause de son tire-bouchon, de son poinçon, de son ouvre-bouteille, et de sa deuxième lame, ce qui décide Elsener à dessiner le *Couteau de l'Officier*, plus léger et plus élégant. Ce modèle qui remporte un énorme succès et ne comporte que deux ressorts pour ses six outils multi-usages est breveté en 1897. Les années suivantes, de nombreux autres outils sont ajoutés au modèle de base et aujourd'hui, le classique Victorinox se vend dans le monde entier. La société suisse fabrique une moyenne de 100 000 couteaux de l'armée suisse par jour, dont le haut de gamme *Swiss-Champ* dotés de 32 outils différents pour un poids de seulement 185 grammes.

Canif de l'armée suisse, modèle original datant de 1891 env.

MASSIMO VIGNELLI

Né en 1931 à Milan, Italie
Mort en 2014 à New York, États-Unis

De 1950 à 1953, Massimo Vignelli étudie l'architecture au Politecnico di Milano, puis à la faculté d'architecture de Venise. À partir de 1953, il réalise des créations verrières pour Venini et, de 1958 à 1960, enseigne à l'Institute of Design de Chicago, tandis que sa femme, Lella Vignelli (née en 1934), travaille pour les architectes Skidmore, Owings & Merrill. En 1960, le couple rentre en Italie et ouvre une agence à Milan. Quatre ans plus tard, Massimo entame une collaboration avec la Container Corporation of America (Chicago) dont il réalise le nouveau logo. En 1965, avec Bob Noorda (1927–2010), Jay Doblin (1920–1989) et **Reinhold Weiss**, il fonde à Milan l'agence de conseil en design Unimark International. La même année, les Vignelli s'établissent définitivement aux États-Unis et, en 1966, Unimark ouvre à New York une antenne spécialisée dans l'identité visuelle. En 1971, le couple crée la société Vignelli Associates, conçoit des lignes d'identité graphiques pour Knoll, American Airlines, Bloomingdale's, **Xerox**, Lancia, Cinzano et **Ford**, des signalétiques pour les métros de Washington et de New York ; des meubles pour Poltronova, Sunar, **Rosenthal** et Morphos ; des créations verrières pour Venini, Steuben et Sasaki et des magasins d'exposition pour **Artemide** et Hauserman.

↘ Tasses empilables pour Heller, 1970

Vaisselle de table empilable pour Heller, 1967

VIKING RANGE CORPORATION

Fondée en 1984
À Greenwood, Mississippi

Cuisinière à gaz Viking *Professional 7 Series*, 2015 – intégration dans une cuisine

Cuisinière à gaz Viking *Professional 7 Series*, 2015 – détail du grill

En 1980, Fred Carl a l'« idée folle » d'installer une cuisinière professionnelle dans la maison qu'il est en train de se construire. Après avoir contacté plusieurs fournisseurs d'équipements commerciaux, il est surpris de réaliser qu'aucune gamme professionnelle n'est adaptée à un usage domestique. Carl commence donc à concevoir ce qu'il a en tête et invente un design hybride intégrant un poste de cuisson et les fonctionnalités habituelles d'une cuisinière professionnelle, le tout dans un bloc attrayant et adapté à l'usage à la maison. Après deux ans d'essais et de tentatives avortées, le premier prototype fonctionnel de son design est fabriqué en 1986. La même année, la cuisinière Viking reçoit la certification de l'American Gas Association (A.G.A.) et un an après le design passe en phase de production à travers des sous-traitants. Après la sortie sur le marché, Carl croule sous les commandes et doit, pour les honorer, ouvrir en 1989 sa propre usine de construction.

Cuisinière à gaz
Viking *Professional 7
Series*, 2015

Contrôlant désormais entièrement le processus de production, Carl sait que toutes les cuisinières sortant de son usine respectent ses rigoureuses normes de qualité. C'est d'ailleurs ce qui permet à Viking de vendre des produits premium à des prix premium à une clientèle avisée, souhaitant cuisiner comme des professionnels dans leur maison. Dans les années 90 et 2000, Viking étend sa ligne de produits avec des tables de cuisson encastrées, des lave-vaisselle, des réfrigérateurs, du petit électroménager et des grills d'extérieurs, tous vendus en parallèle de ses cuisinières indépendantes vedettes. À cette période, Viking reçoit aussi de nombreux prix pour ses designs innovants. Rachetée par la Middleby Corporation en 2012, le leader du secteur des équipements de services alimentaires commerciaux, Viking a depuis sorti plus de 60 nouveaux appareils. Fière que ses produits soient toujours « Made in America », Viking incarne le meilleur du design américain actuel, avec des articles innovants et utiles, tellement robustes qu'ils peuvent durer toute une vie.

Ferdinand Porsche, VW *Coccinelle*, le modèle original, 1938 (la première version date de 1934)

VOLKSWAGEN

Fondée en 1938
À Wolfsburg, Allemagne

En janvier 1934, le designer automobile Ferdinand **Porsche** soumet au nouveau gouvernement du Reich allemand une proposition de voiture révolutionnaire pour les masses, appelée la *Volkswagen* (la voiture du peuple). Peu après, il signe un contrat avec l'Association de l'Industrie Automobile qui lui alloue un budget de recherche à la condition qu'il mette au point un prototype dans les dix mois. En quête d'excellence technologique, Porsche, sans regarder à la dépense, introduit des innovations dans la conception du châssis, du moteur et de la transmission : malgré l'existence d'alternatives moins onéreuses, il choisit notamment le moteur horizontal refroidi par air à cause de son endurance à plein régime. Le premier prototype *Volkswagen* est présenté en octobre 1935 et au printemps suivant différents prototypes successifs subissent des tests approfondis. Les premières voitures avec leur carrosserie moderne tout acier sont améliorées par la suite avec l'ajout de pare-chocs et de marchepieds. **Erwin Komenda**, le grand spécialiste de l'aérodynamique dessine une carrosserie profilée pour ce modèle qui, bien que compact, offre cinq places confortables. En 1938 est crée la Société pour la préparation de la voiture du peuple qui a pour mission d'organiser le production en série de la *Volkswagen*. La société sera plus tard rebaptisée Volks-

Brochure Volkswagen, vers 1937, graphisme de Thomas Abeking

VW *Coccinelle*, modèle du debut des années 1970 (Première reprise du design en 1945)

Volkswagen *New Beetle*, 1998

wagen-Werk GmbH. Le prototype de la *Voiture du peuple* montré à la presse quelques mois plus tard, est aussitôt surnommé la « Coccinelle » par le *New York Times*. Le gouvernement allemand préfère, pour sa part, l'expression propagandiste « La force par la joie » pour la nouvelle automobile. Cette dernière devait au départ être vendue en échange de bons d'épargne populaire. La plus grande usine automobile du monde et, autour de celle-ci, une véritable cité de travailleurs est édifiée (la cité de la voiture force par la joie) qui deviendra par la suite Wolfsburg. En 1940, l'usine encore inachevée est transformée en usine d'armements et la production de la Volkswagen ajournée. F. Porsche convertit

Volkswagen *Transporter* des années 1970 (premier design en 1950)

Giorgetto Giugiaro, Volkswagen *Golf*, 1974

la Coccinelle en véhicule tout-terrain pour l'armée de style Jeep (deux variantes sont fabriquées : la *Kübelwagen* et la *Schwimmwagen*). Un an plus tard, la production en série de la *Volkswagen* commence par la fabrication de 41 véhicules surtout utilisés par des dignitaires nazis à des fins de propagande. En septembre 1946, la production redémarre grâce à la commande de 20 000 véhicules par les autorités britanniques d'occupation. En 1950, c'est quelque 100 000 *Volkswagen* qui ont été fabriquées. Cette année-là est lancé un autre modèle, le VW *Transporter*. Ce célèbre minibus de camping a été développé à partir d'un croquis par un importateur hollandais qui s'est inspiré des véhicules utilisés en usine. Existant en version minibus et fourgonnette, le Transporter est plébiscité par le public et, en 1951, Volkswagen en produit 12 000 exemplaires par an. Le coupé *Karmann Ghia* sort en 1955 et deux ans plus tard un cabriolet sophistiqué est présenté au Salon de l'Auto de Francfort. En 1962, Volkswagen produit 1 000 000 de véhicules par an. En 1964, la firme construit un immense centre de recherche et de développement à

Volkswagen
Scirocco 2.0 TSI R,
2015

Wolfsburg, avec une soufflerie dernier cri qui ouvre en 1965. Ces installations assurent aux futurs modèles de la marque une confortable avance technologique. En 1972, la *Coccinelle* est n° 1 mondial des chiffres de vente. Volkswagen lance la *Passat* en 1973 et en 1974 la *Golf* dessinée par **Giorgetto Giugiaro**. Les deux modèles sont les références dont s'inspirera le design des générations ultérieures de véhicules VW. La *Golf* qui doit remplacer la Coccinelle est un des plus grands succès de la marque de Wolfsburg. Dans les 31 premiers mois suivant sa mise en service, un million de véhicules sont fabriqués et en 1977, la *Golf GLS* reçoit un prix « Gute Form » financé par le ministère fédéral de l'Économie. En 1988, 10 millions de Golf – un chiffre remarquable – ont été produites. La *New Beetle*, lancée en 1998 remporte, elle aussi, un franc succès. Elle est distinguée par de nombreux prix et se voit qualifiée de « Meilleur Design de 1998 » par le magazine *Time*. Ce superbe modèle qui reprend le châssis de la *Golf*, illustre, comme toutes les Volkswagen, « la passion allemande pour l'ingénierie, le design et la construction automobile ». Aujourd'hui, le groupe Volkswagen possède Volkswagen, mais aussi **Audi**, Bentley, **Bugatti, Lamborghini, Porsche**, SEAT et Škoda. Il fabrique également des motos sous la marque **Ducati**, ainsi qu'une large gamme de véhicules commerciaux sous les marques MAN, Scania, Neoplan et Volkswagen Commercial. Bien que classé au second rang mondial des constructeurs automobiles par *Forbes* en 2015, il reste à voir si Volkswagen pourra conserver cette place après le récent scandale des émissions diesel. L'installation d'un « dispositif d'invalidation », un algorithme capable de détecter quand un véhicule est testé dans des conditions de laboratoire, permet de le passer en mode test pour faire tourner le moteur diesel en dessous de sa puissance et des performances normales, le faisant paraître nettement plus « vert » qu'en réalité. Il est d'espérer que les retombées extrêmement nocives après cette révélation accablante inciteront Volkswagen à prendre plus sérieusement en compte l'ingénierie verte, et à produire plus de voitures comme sa nouvelle *XL1* hybride, vantée par la marque comme le véhicule le plus économe au monde avec une consommation annoncée de 0,9 l/100 km.

Véhicule hybride rechargeable Volkswagen *XL1*, 2014

VOLVO

Fondée en 1927
À Gotenburg, Suède

Volvo fut le premier constructeur automobile au monde à monter des ceintures de sécurité sur ses modèles de série en 1959

Dans les années 1920, la Suède est très dépendante des voitures importées, ce qui pousse Gustaf Larson et Assar Gabrielson à monter leur propre atelier de fabrication automobile. En 1926, ils décident de concevoir des pièces automobiles qu'ils font fabriquer selon leurs spécifications par des fournisseurs sélectionnés et qu'ils assemblent avec l'aide de fabricants automobiles expérimentés. La sortie de leur première voiture de série, l'*OV4*, en avril 1927, marque un tournant dans l'histoire du design industriel suédois. En 1929, Volvo lance son premier modèle à six cylindres, le *PV651* et, en 1935, le *PV36*, un modèle aérodynamique dessiné par Ivan Örnberg, qui a fait l'essentiel de sa carrière dans l'industrie automobile américaine. Avec ses phares intégrés, ce modèle élégant s'inspire indéniablement de l'*Airflow* de 1934 signé **Carl Breer**. Durant la Seconde Guerre mondiale, Volvo produit plusieurs véhicules militaires, dont une jeep et développe aussi un certain nombre de véhicules civils. L'année 1944 voit le lancement de la *PV444* qui combine stylisme à l'américaine et carrossage homogène tout acier – une touche inédite. Développée par Helmer Patterson, la *PV444* est la première Volvo à la portée de « monsieur tout le monde ». En 1956, Volvo sort la *120* (appelée l'*Amazon* en Scandinavie). Elle est dotée de nombreux équipements de sécurité (notamment : première ceinture de sécurité à trois points et tableau de bord rembourré). En 1959, Volvo est le premier constructeur automobile à monter des ceintures de sécurité sur ses modèles de série. Dans les années 1960 et 1970, la *144* berline (1966), la *145* break (1967) et les modèles *240* et *260* (1974) deviennent des best-sellers. Leur sécurité, au centre des préoccupations de la marque, a été encore renforcée : quatre freins à disques, colonne de direction de sécurité et ceintures de sécurité arrière à trois points. En 1976, Volvo présente le premier pot d'échappement catalytique et en 1988, 70 % de ses nouveaux modèles en sont équipés. La série *700*, lancée en 1982,

Volvo *Amazon 120*, 1956

Volvo *145 DL*, 1967–1974

Volvo *XC90*, 2016

remporte un grand succès et les breaks *740* et *760* [1985] dominent sans partage leur segment de marché. Dans les années 1990, le fabricant suédois essaie de dépoussiérer son image conservatrice en lançant de nouveaux modèles innovants comme la *S80* [1998] à forte identité Volvo mais au stylisme adouci. Pionnier en sécurité automobile [tendeur de ceinture de sécurité, siège enfant intégré, enrouleur automatique de ceinture, système de protection latérale et coussins de sécurité latéraux], Volvo a toujours eu un impact décisif sur le design automobile mondial. Sa devise « Volvo. For life » résume parfaitement son profond attachement à défendre trois valeurs fondamentales : sécurité, qualité et protection de l'environnement. Comme son PDG, Håkan Samuelsson, l'explique en 2014 : « Notre travail environnemental repose sur le respect et l'intérêt pour les personnes, la société et la nature », une approche depuis toujours très scandinave du design.

WILHELM WAGENFELD

Né en 1900 à Bremen, Allemagne
Mort en 1990 à Stuttgart, Allemagne

Apprenti orfèvre chez Koch & Bergfeld, Wilhelm Wagenfeld étudie à la Kunstgewerbeschule (École des Arts Appliqués) de Brême de 1916 à 1918, puis de 1916 à 1922, à la Zeichenakademie (académie de dessin) de Hanau où il réalise des bois gravés. En 1923, il entre au cours préliminaire du **Bauhaus** de Weimar et travaille dans l'atelier de métal auprès de László Moholy-Nagy (1895–1946). C'est au Bauhaus que Wagenfeld crée, avec Karl J. Jucker (1902–1997) la fameuse lampe « Bauhaus » (1923–1924), que l'atelier fabriquera en série. Après avoir obtenu le grade de « compagnon », il devient l'assistant de Richard Winkelmayer à l'atelier de métal de la Bauhochschule (École Supérieure de Construction) de Weimar. En 1927, il crée en indépendant des ustensiles domestiques pour Walter & Wagner (Schleiz) et des poignées de porte pour S. A. Loewy (Berlin). Un an plus tard, il prend la direction de l'atelier de métal de la Bauhochschule où il dessine des objets fonctionnels comme la boîte à thé M15 aux formes géométriques moins sévères que celles de ses premières créations pour le Bauhaus. Malgré ses étroites relations avec ce dernier, Wagenfeld rejette la doctrine de l'institution en matière de design qu'il estime trop théorique et repliée sur elle-même. Il est cependant d'accord pour considérer que le bon design commence par la reconnaissance de la fonction et que la pratique du design industriel

Service à thé en verre réfractaire pour Jenaer Glaswerk Schott & Gen., 1930–1934

Récipients *Kubus* pour Vereinigte Lausitzer Glaswerke, 1938

requiert une coopération étroite entre designer et fabricant. À partir de 1929, Wagenfeld travaille aussi comme designer freelance pour la verrerie Jenaer Glaswerk Schott & Gen. En 1930, il fonde son propre studio de design. Il redessine la gamme de verreries domestiques de Schott & Gen., dont son célèbre service à thé en verre (vers 1930). Contrairement à tant de ses anciens collègues du Bauhaus, Wagenfeld n'émigre pas pour fuir les persécutions nazies et ses talents de designer industriel sont mis à profit durant cette période. Professeur à la Staatliche Kunsthochschule de Berlin en 1931, il renonce à l'enseignement en 1935, quand il est nommé directeur artistique de la verrerie Vereinigte Lausitzer Glaswerke pour laquelle il dessine des produits verriers parfaitement adaptés à la production en grande série, témoin ses lignes utilitaires de verres à vin et à bière, en verre pressé, ainsi que ses bouteilles et ses pichets commerciaux. Sa création la plus connue de cette époque est la gamme de bocaux de cuisine empilables *Kubus*. Dans les années 1930, il réalise aussi des céramiques (1934) pour les fabriques de porcelaines Fürstenberg et le service *Daphne* (1938) pour **Rosenthal**.
Son refus d'adhérer au parti nazi lui vaut d'être envoyé sur le front russe où il est fait prisonnier. Après la guerre, de retour en Allemagne, il expose son approche fonctionnaliste du design dans des revues comme

Lampe pour le Bauhaus de Dessau, 1924

Salière et poivrière *Max und Moritz* pour WMF, 1952–1953

Die Form, de 1947 à 1949. Il enseigne le design industriel à la Hochschule für Bildende Künste [École Supérieure d'Arts Appliqués] de Berlin tout en continuant à travailler comme designer indépendant. Il crée notamment des couverts pour la Württembergische Metallwarenfabrik ainsi que des luminaires et des globes de lampes en plastique pour Lindner de Bamberg. En 1954, il fonde l'atelier Wagenfeld à Stuttgart où il crée des produits destinés à une fabrication industrielle, notamment des plats pour WMF et un plateau-repas en mélaminé pour la Lufthansa [1955]. L'enseignement de Wagenfeld qui souligne les obligations morales, sociales et politiques des designers a exercé une influence décisive sur les designers allemands contemporains. Aujourd'hui, la sobriété esthétique et la fonctionnalité du design de Wagenfeld, figure respectée du Bauhaus, sont considérées comme typiques de l'esprit de cette institution.

JAMES WATT

Né en 1736 à Greenock, Renfrewshire, Écosse
Mort en 1819 à Heathfield Hall, près de Birmingham, Angleterre

C. F. von Breda, *James Watt*, 1792

À l'âge de 17 ans, James Watt apprend le métier de fabricant d'instruments de mathématiques et étudie auprès d'un maître durant une année avant que sa mauvaise santé le contraigne à rentrer en Écosse. En 1757, il ouvre un atelier dans l'enceinte de l'université de Glasgow (alors un des foyers de la recherche scientifique anglaise) et fabrique divers instruments de mathématiques, quadrants, compas et balances. Il rencontre de nombreux savants éminents de l'époque dont le professeur de chimie Joseph Black (1728–1799) dont les recherches sur la « chaleur latente » forment la base de la conception scientifique moderne de la chaleur et ont inspiré les recherches de Watt qui ont abouti à la mise au point de sa machine à vapeur. En 1764, on demande à Watt de réparer une pompe à feu expérimentale de Thomas Newcomen (1663–1729). En travaillant sur cet engin, Black réalise qu'elle présente un défaut majeur, qui induit un gaspillage de vapeur dû à une déperdition de chaleur la-

Dessin explicatif de la machine à vapeur de Watt, 1781

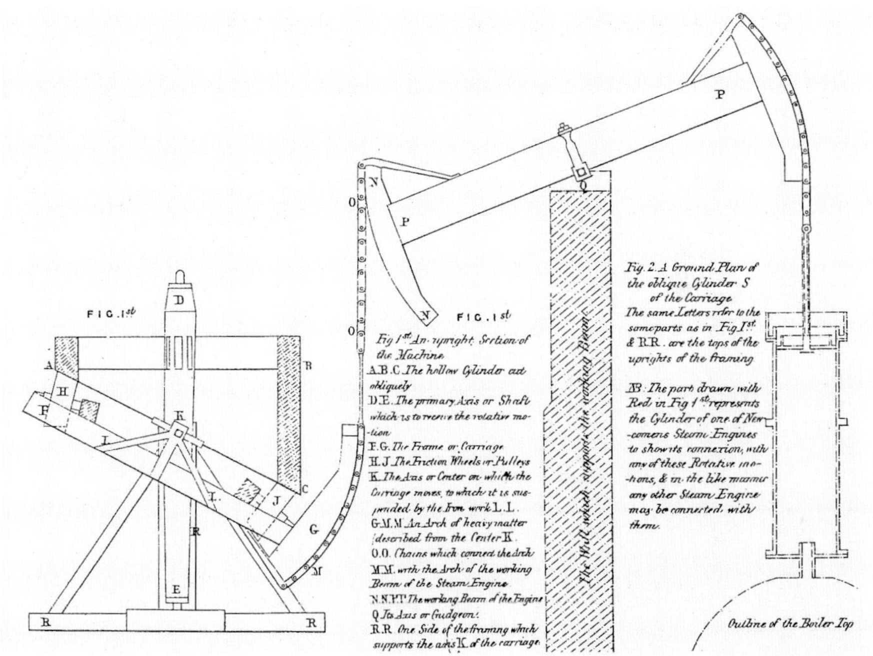

Détail du moteur rotatif de Boulton & Watt, 1788

Dessin explicatif de la machine à vapeur de Watt (modèle à simple effet) montrant le condensateur, 1788

tente et donc d'énergie. Watt découvre que ce problème peut être résolu par l'ajout d'un condensateur séparé relié au cylindre par un tuyau. Peu après cette découverte, Watt s'associe avec le Dr. John Roebuck (1718–1794), propriétaire d'une mine de charbon dans le Linlithgowshire que la pompe à feu de Newcomen ne parvient pas à drainer. Avec le soutien financier de Roebuck, Watt construit en 1768 un premier moteur expérimental qui ne fonctionne pas. L'année suivante il dépose le brevet de sa célèbre *« Nouvelle Méthode Inventée pour Diminuer la Consommation de Vapeur et de Combustible dans les Moteurs à Feu »*. Watt ne parvient pas à rassembler les financements nécessaires au développement de son invention et est obligé de travailler comme géomètre pendant plusieurs années avant de créer une nouvelle association, avec Matthew Boulton (1728–1809) qui possède la Soho Engineering Works à Birmingham. Watt se remet au travail et améliore son engin, dont une version est installée dans l'usine de Boulton. En 1776, deux machines à condenseur Boulton & Watt sont en activité : l'une actionne une pompe sur les mines de Bloomfield, l'autre équipe la soufflerie du haut fourneau de l'usine Wilkinson à Broseley. Entre 1776 et 1781, Watt installe plusieurs de ces pompes dans des mines de cuivre et d'étain de Cornouailles. Boulton reconnaît l'énorme potentiel de la vapeur dans le traitement des minerais et persuade Watt de dessiner une machine rotative pour remplacer son moteur à va-et-vient. Son modèle de 1780 est équipé d'un vilebrequin actionné par deux pistons, mais ce procédé a déjà été breveté par James Pickard. Watt contourne la difficulté en 1781 en inventant une nouvelle roue inédite « planétaire » et, un an plus tard, il parvient à canaliser l'énergie produite par la vapeur pour créer un moteur à double effet. Tout en continuant à améliorer ses machines à vapeur, Watt fait aussi d'autres découvertes, notamment celle de la composition chimique de l'eau (H_2O). Important pionnier du moteur à vapeur fonctionnel, Watt a apporté une contribution inappréciable à la révolution industrielle.

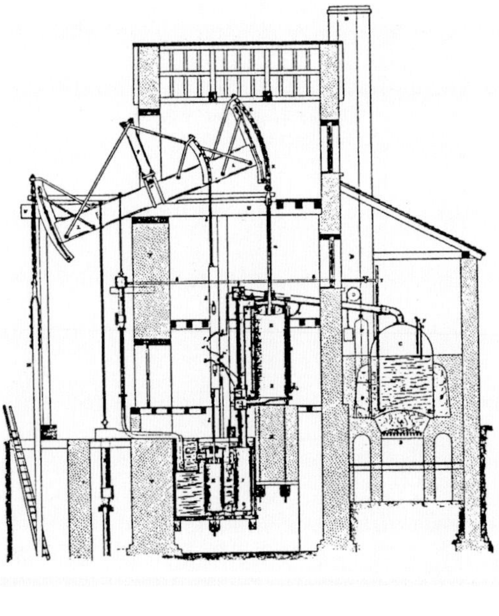

JOSIAH WEDGWOOD

Baptisé en 1730 à Burslem, Staffordshire, Angleterre
Mort en 1795 à Etruria, Staffordshire, Angleterre

Sir Joshua Reynolds, *Josiah Wedgwood*, 1783

Cadet d'une famille de douze enfants, Josiah Wedgwood est issu d'une dynastie de potiers installée depuis le XVIIe siècle. Après la mort de son père en 1739, il travaille pour la poterie familiale qui est échue à Thomas, l'aîné de ses frères. Après un apprentissage de cinq ans, Wedgwood s'associe à Thomas Whieldon, un potier établi. Vers cette époque, il commence à noter soigneusement ses expériences dont sa formule très réputée de pâte bleu-vert. En 1759, il fonde sa propre fabrique, Ivy House à Burslem, où il produit « une sorte de faïence pour la table, tout à fait nouvelle d'aspect, recouverte d'un vernis riche et brillant ». La Reine Charlotte commande un service à thé et café de cette faïence fine d'une chaude couleur crème et en 1765, Josiah Wedgwood est autorisé à le rebaptiser *Queen's ware* et à se prévaloir du titre de « potier de Sa Majesté ». D'un fini séduisant et net, la *Queen's ware* est très

L'usine Etruria de Wedgwood ouvrit le 13 juin 1769

Grand plat *Queen's ware [Royal Shape]* à bordure *Pink Antique*, vers 1775

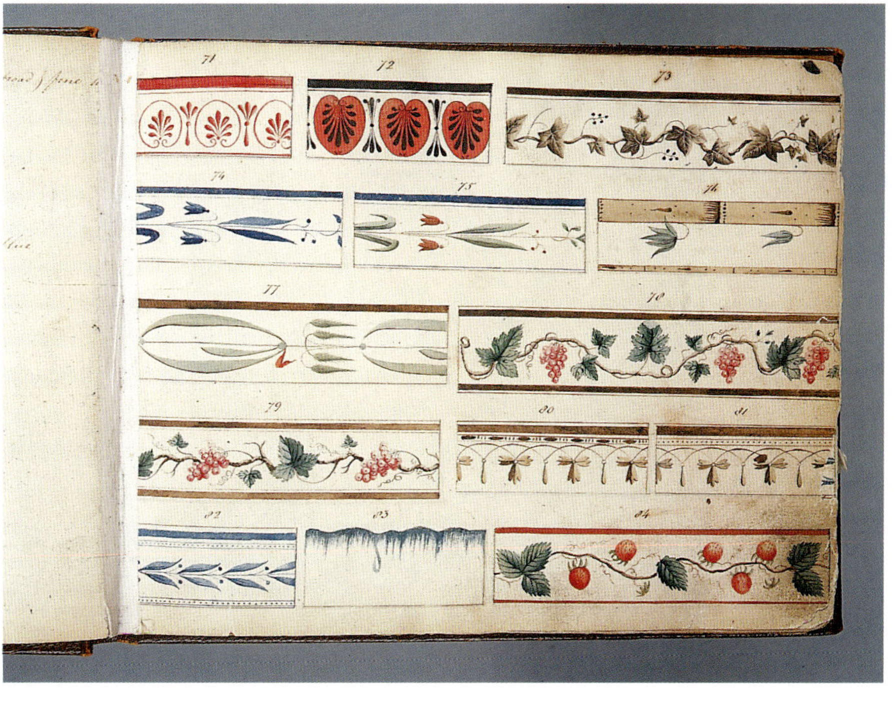

Page du premier répertoire de motifs [frises], vers 1775–1780

polyvalente : sa belle qualité blanche, la dispose aux incisions décoratives comme aux décors peints à la main ou aux impressions mécaniques. Sa solidité et ses formes pratiques lui confèrent un caractère très fonctionnel et son succès dans le monde entier impose une norme en matière de porcelaines domestiques. Sa réussite découle certes d'une demande accrue pour les objets de céramique, elle-même liée à la popularité croissante du thé, mais aussi de la simplicité des formes qui font écho au néoclassicisme émergent. Dans les locaux plus spacieux de Brick House Works à Burslem où il transplante son activité, Wedgwood adopte les méthodes modernes de fabrication : rationalisation et division du travail, techniques marketing de pointe caractérisent cette nouvelle donne industrielle. Pour s'adapter aux impératifs de la production en série, il simplifie les décors élaborés qui ornent ses céramiques crème. Wedgwood découvre également que cette dernière peut être colorée avec des oxydes qui lui confèrent l'aspect de pierres dures : agate, porphyre, granit, etc. En 1768, il s'associe avec Thomas Bentley, un marchand de Liverpool, afin de fabriquer des céramiques

Paire de vases blancs en *Jasper ware* à décors verts et mauves, 1862 (grand vase) et 1871 (petit vase)

Keith Murray,
Service à café,
vers 1934

ornementales colorées dans le style néoclassique. Un an plus tard ils fondent la célèbre fabrique d'Etruria au bord d'un canal afin de produire ces nouveaux modèles moulés. Leurs pièces deviennent si populaires que l'agent londonien de la société « réclame frénétiquement des vases étrusques ». Après des milliers d'expérimentations, Josiah Wedgwood met finalement au point le *Jasper ware*, une semi-porcelaine. Nombre d'artistes réputés dont George Stubbs (1724–1806) et John Flaxman (1755–1826) dessinent des décors en relief imperturbablement néoclassiques pour les modèles en *Jasper ware*. Wedgwood explore tous les types de formes et de fonctions possibles dans la céramique. Il élabore aussi de nouvelles méthodes de production industrielle et en 1782, sa fabrique d'Etruria devient la première à installer une machine à vapeur pour la production en série de ses pièces moulées. Au 19e siècle, la fabrique Wedgwood continue à fabriquer des céramiques à usage domestique et ornemental. Dans les années 1930 et 1940, l'usine se lance dans la production de pièces modernes conçues par Keith Murray (1892–1981) et Eric Ravilious (1903–1942) entre autres. À l'heure actuelle, outre ses lignes traditionnelles, Wedgwood fabrique aussi des gammes de céramiques aux formes simples et aux décors modernes.

REINHOLD WEISS

Né en 1934
À Stuttgart, Allemagne

Bouilloire électrique *HE 1* pour Braun, 1962

Reinhold Weiss étudie à la Hochschule für Gestaltung d'Ulm où il suit les cours du designer industriel **Hans Gugelot**. En 1959, Weiss rejoint le département de design intégré de **Braun** dont il est nommé trois ans plus tard directeur adjoint. Il est aussi en charge de l'électroménager et conçoit de nombreux appareils domestiques dont le célèbre ventilateur de bureau *HL1* (1961) couronné par un prix « Gute Form » en 1970. Ce produit assez austère incarne l'approche du design rationnelle et systématique qui prévaut à Ulm et chez Braun. Le grille-pain *HT1* de Weiss (1961), la bouilloire électrique *HE1* (1962) et le moulin à café *KMS 1/11* (1967) relèvent de la même conception du design. En 1967, Weiss émigre aux États-Unis et ouvre avec **Massimo Vignelli** le bureau new-yorkais d'Unimark, un cabinet conseil spécialisé en identité visuelle. Trois ans plus tard, Weiss ouvre à Chicago sa propre agence qui se consacre au graphisme et au design de produits grand public. En 1972, Weiss reçoit le prix de l'American Institute of Graphic Arts pour son design de conditionnement et, en 1982, reçoit une médaille d'or à la Foire industrielle de Brno. Depuis 1973 Reinhold Weiss vit à Evanston, dans l'Illinois, où il a longtemps dirigé une agence de design.

Moulin à café *KMS 1/11*, 1967

ROBERT WELCH

Né en 1929 à Hereford, Angleterre
Mort en 2000 à Warwick, Angleterre

Casse-noix en fonte, 1964

Bougeoir en fonte, 1961

Robert Welch étudie à la Malvern School of Art où il reçoit le Charlotte Jacob Prize d'orfèvrerie en 1950. Il poursuit sa formation d'orfèvre auprès de Ralph Baxendale et Cyril Shiner au Birmingham College of Art, mais ses perspectives professionnelles, moroses en raison de la taxe de 100 % que perçoit le gouvernement britannique sur l'argent, le décident à changer d'orientation : il s'inscrit au cours de design industriel du Royal College of Art de Londres. Au milieu des années 1950, l'influence du design scandinave est immense et Welch est influencé par sa simplicité et sa beauté fonctionnelle et discrète. Durant toute sa carrière, il transcrira ces qualités dans son travail d'orfèvre et de designer industriel. Parmi ses créations pour l'industrie, on retiendra notamment le réveille-matin *Merlin* pour Westclox ; une bouilloire en tôle émaillée pour Carl Prinz ; des ciseaux à anneaux en plastique et un aiguisoir en nylon pour Harrison Fisher ; une série de huit lampes acrylique pour Lumitron ; des accessoires de salle de bains pour Adie & Nephew ; des couteaux pour Kitchen Devil ; et surtout de la vaisselle de table en inox pour Old Hall (plats, service à café, bac à toasts, couverts, casse-noix, bougeoirs et service à condiments). Welch a aussi conçu une gamme de produits utilitaires en fer forgé : bougeoirs, moulins à sel et à poivre, saladiers, dessous-de-plat, dévidoir pour ruban adhésif, pilon et mortier, balance et gamme d'ustensiles de cuisine. Certains de ses produits sont toujours vendus à son studio-boutique de Chipping Campden, où il s'était installé en 1955. Au fil de sa carrière, Welch a dans ses créations de produits ménagers trouvé l'équilibre entre « manuel et machine », concevant des objets de qualité artisanale bien que fabriqués en série à l'aide de techniques industrielles.

WILLIAM ARCHIBALD WELDEN

Né en 1900 en Écosse
Mort en 1970 à Sarasota, États-Unis

Casseroles *Revere Ware* pour la Revere Copper & Brass Company, 1938

Casserole *Revere Ware* pour la Revere Copper & Brass Company, 1938

La marmite est l'une des plus anciennes inventions de l'humanité puisque son origine remonte à la préhistoire. L'un des modèles les plus innovants, dans la longue évolution de la marmite, est la série de casseroles *Revere Ware* en inox à fond de cuivre (1938) produite par la Revere Copper & Brass Company. Fondée en 1892, cette société s'est efforcée pendant plusieurs décennies de fabriquer des casseroles alliant « efficacité thermique du cuivre et simplicité d'entretien et d'utilisation ». L'acier inoxydable, matériau roi pour les ustensiles de cuisine, n'offre qu'une faible conductivité thermique. Il faut attendre 1936 pour que le directeur de la société, J. M. Kennedy, aie l'idée de revêtir d'une couche de cuivre le fond en acier inoxydable d'un modèle de casserole pour conjuguer l'efficience thermique du cuivre avec l'étanchéité et la résistance de l'inox. Après des centaines de tests et d'expérimentations, la Revere parvient enfin à mettre au point un procédé consistant à doubler par électrodéposition l'acier inox d'une couche de cuivre lourd, dur et adhérent. À la même époque, Welden qui est consultant en design pour la

Manche de casserole *Revere Ware*, détails

société détermine quelques critères fondamentaux pour une casserole : efficience thermique, simplicité de manipulation (surtout avec des contenus liquides) et nettoyage aisé. Les modèles qu'il met au point expriment cette conception avec une logique rigoureuse : les casseroles sont calibrées pour correspondre exactement à la taille des brûleurs de cuisinière à gaz, à charbon, à pétrole ou électriques, le fond des casseroles est incurvé en fonction de la forme de la main afin de faciliter le nettoyage et la forme des poignées est dictée par des considérations ergonomiques. Revere commercialise la ligne *Revere Ware* en 1939 et cette gamme, d'une simplicité fonctionnelle qui défie les modes, est encore fabriquée aujourd'hui avec quelques modifications mineures. Pour Revere, Welden a aussi dessiné les premières cocotte-minute en acier inox, et plus tard, une gamme de casseroles pour les collectivités (1954).

WESTINGHOUSE

Fondée en 1886
À Pittsburgh, Pennsylvanie, États-Unis

En 1865, George Westinghouse (1846–1914) dépose son premier brevet pour une machine à vapeur rotative. Malgré l'échec de cette invention, il reprendra certains des procédés qu'il a mis au point pour le développement, réussi, d'un compteur d'eau. Cette même année 1865, il fabrique un dispositif pour replacer sur leurs rails des wagons de marchandises qui ont déraillé. Sa première grande invention reste toutefois le frein pneumatique qu'il fait breveter en 1869. Réalisant que la standardisation permettrait à ses modèles de freins pneumatiques d'être utilisés avec divers modèles de wagons sur différentes lignes de chemin de fer, Westinghouse devient l'un de ses premiers partisans. Outre cette importante contribution à la sécurité ferroviaire, Westinghouse a aussi joué un rôle décisif dans la généralisation du courant alternatif aux États-Unis, où le courant continu prévalait encore dans les années 1880. En Europe, au contraire, le courant alternatif triomphe avec les transformateurs mis au point par Lucien Gaulard et John Gibbs. En 1885, Westinghouse importe un transformateur Gaulard-Gibbs qu'il adapte. Grâce à cet appareil, Westinghouse convertit le voltage du courant alternatif, ce qui permet l'acheminement du courant électrique (haute tension) sur de grandes distances et sa réduction finale selon l'usage auquel on le destine. En mars 1886, le transformateur repensé fait l'objet d'une démonstration à Great Barrington (Massachusetts) dont les habitants s'émerveillent devant les lumières électriques qui suppriment « odeurs, chaleur et risques d'incendie ». Le premier transformateur Westinghouse annonce l'âge d'or de l'électricité et ses caractéristiques essentielles sont restées pratiquement inchangées depuis

Publicité Westinghouse pour lave-linge, années 1950

Publicité Westinghouse pour un réfrigérateur sans givre, années 1950

cette époque. Après la création de la Westinghouse Electric Company en 1890, l'entreprise construit, la même année, près de 300 centrales électriques et réalise un chiffre d'affaires annuel de 4 millions de dollars. Important fournisseur d'énergie électrique, Westinghouse devient aussi un fabricant d'appareils électriques de premier plan. C'est à la société américaine qu'on doit la première gamme de casseroles électriques en 1917 et le premier fer à repasser électrique en 1924. Durant la Seconde Guerre mondiale, Westinghouse fabrique le premier radar d'alerte au sol à longue portée (1939) et le premier moteur à réaction 100 % américain (1941). Dans les années 1950, Westinghouse joue un rôle précurseur dans la fabrication et la distribution d'énergie nucléaire. Malgré la large notoriété que lui vaut sa gamme étendue d'appareils électroménagers, Westinghouse ne parvient pas à rivaliser avec la **General Electric** et, en 1975 doit interrompre sa production d'électroménager – exception faite des ampoules électriques. Aujourd'hui, Westinghouse reste un important concepteur et fabricant d'articles électroniques de défense, ainsi qu'un acteur de taille dans l'industrie nucléaire commerciale.

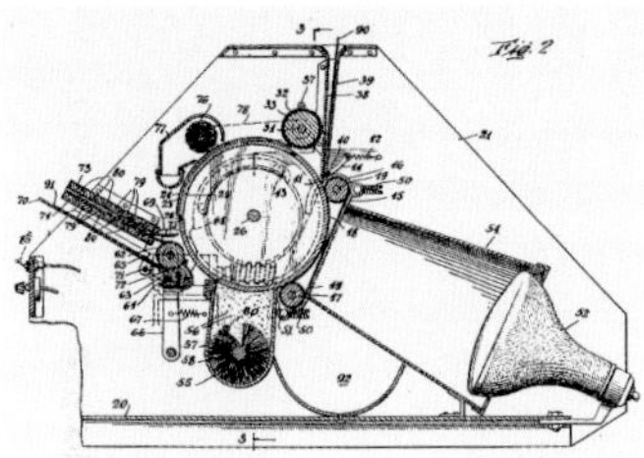

XEROX

Fondée en 1906
À Rochester, New York, États-Unis

Dessin explicatif pour le brevet anglais, 1952 (le brevet américain a été déposé en 1940)

→ Photocopieur Xerox, milieu des années 1970

Chester Carlson (1906–1968) travaille brièvement pour la **Bell Telephone Company**, avant de rejoindre la P. R. Mallory Company, une société d'électronique new-yorkaise. Conseil en propriété industrielle, Carlson éprouve une frustration croissante devant les difficultés qu'il éprouve à obtenir des photocopies des dessins et des spécifications concernant les brevets. Dès 1934, il explore des techniques de reprographie des textes et dessins qui font appel à des méthodes électrostatiques plutôt qu'aux techniques photographiques ou chimiques, sur lesquelles travaillent déjà de nombreuses sociétés. Carlson qui a monté un labo de fortune dans le quartier de Queens à New York développe un prototype de photocopieur qui réalise la première image xérographique en 1939. Carlson passe plusieurs années à essayer de vendre son invention à différentes sociétés importantes comme la **General Electric** et **IBM** qui lui opposent ce qu'il a appelé « un enthousiaste manque d'intérêt ». Les raisons de cette indifférence sont multiples : le photocopieur de Carlson est à la fois encombrant et salissant à l'usage, et à l'époque, la copie carbone semble encore à beaucoup parfaitement adaptée aux besoins. En 1944 le Battelle Memorial Institute de Columbus (Ohio) passe enfin commande à Carlson d'un appareil de reprographie, à charge pour lui d'améliorer son procédé d' « électrophotographie ». La Haloid Corporation, fabricant et distributeur de papier photo fondé en 1906, rachète les droits de fabrication et de distribution d'une machine à photocopier basée sur l'invention de Carlson. Par la suite, cette société obtient l'exclusivité de tous les droits concernant la technologie originale de Carlson et décide avec son accord de rebaptiser le procédé « xérographie ». En 1948, la marque Xerox est déposée. L'année suivante, le premier copieur xérographique, le *Model A*, est lancé. En 1958, la Haloid Company change de nom pour devenir la Haloid Xerox Inc. (puis la Xerox Corporation en 1961).

Chester F. Carlson avec l'un de ses premiers photocopieurs

XEROX
4000

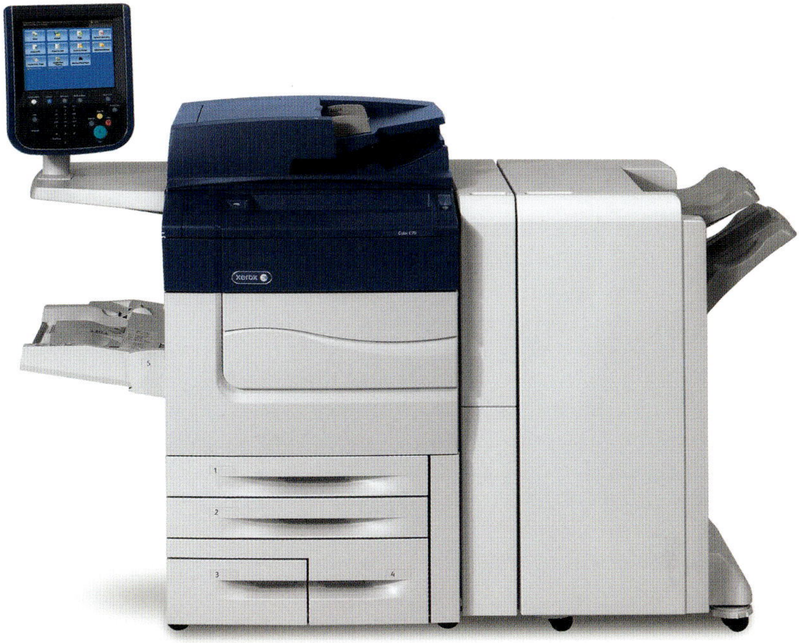

Imprimante *Xerox®* *Color C70*, 2015

Le premier photocopieur automatique utilisant du papier ordinaire, le *Xerox 914*, commercialisé en 1959, reste en production jusqu'en 1976. Ce modèle remporte un tel succès que la firme doit se battre pour empêcher le terme « xerox » de devenir générique. Xerox s'impose ensuite comme un leader mondial du secteur des photocopieurs. L'entreprise est aussi acclamée pour plusieurs avancées majeures dans le domaine informatique : les ingénieurs de son centre de recherche à Palo Alto sont reconnus pour l'invention des interfaces utilisateur graphiques et de la souris, en 1970 et 1973 respectivement. On doit également à la marque le système en réseau de communications *Ethernet* (1979). Aujourd'hui, Xerox reste dans les premiers rangs en matière de technologies et de services de documents. Elle offre des solutions de documentation à tous types de commerces, ainsi qu'à un grand nombre d'organisations et de gouvernements. Grâce à l'investissement annuel de centaines de millions de dollars en recherche et développement, Xerox a les moyens de lancer des produits innovants dans ses domaines de compétence. Preuve de son implication constante en R&D, Xerox possède actuellement plus de 12 000 brevets actifs.

← Photocopieurs *Model 1075*, fin des années 1980, début des années 1990

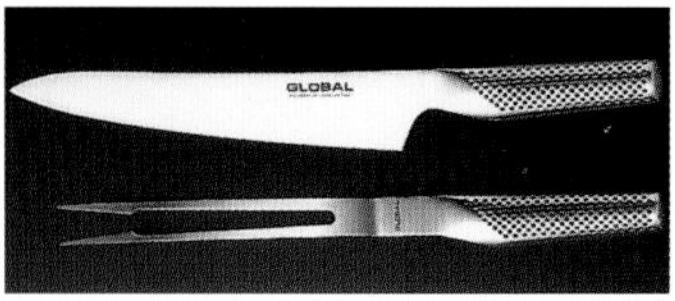

KOMIN YAMADA

Né en 1947
À Tokyo, Japon

Couteau à découper *Global G-3* et fourchette *G-13*, 1985

Komin Yamada étudie le design industriel au lycée Ikuei à Tokyo dont il est diplômé en 1968. Il devient ensuite assistant du département de design industriel de l'université Chiba avant de fonder le studio de design Y & N en 1972. En 1985, il crée le bureau de design ZAC, son propre cabinet de conseil en design industriel. Peu après, la Guilde des couteliers japonais lui demande de dessiner une gamme de couteaux de cuisine révolutionnaires en utilisant les meilleurs matériaux et les technologies les plus pointues qui existent. Développée avec un budget quasiment illimité, la ligne *Global* (1985) décline une forme unique et l'acier inoxydable employé est d'une qualité inégalée. Les lames, trempées par immersion dans la glace, sont en acier traité au molybdène vanadium, durci à un degré Rockwell C 56–58 pour préserver la solidité du fil.
Le poids des couteaux Yamada est soigneusement réparti : comme les épées des Samouraïs ils sont parfaitement équilibrés dans la main, ce qui en fait les favoris des chefs experts en sushis. Leurs contours arrondis et leur construction monobloc les rendent parfaitement hygiéniques. Distribuée dans plus de 65 pays, la gamme *Global* comprend plus de 50 couteaux différents adaptés à tous les genres de préparation. En 1990 les couteaux *Global* ont reçu le prix japonais du bon design et en 1991 ont été élus « Meilleurs Couteaux de Cuisine » par les pays du Benelux.

Couteaux *Global GS-3*, 1985

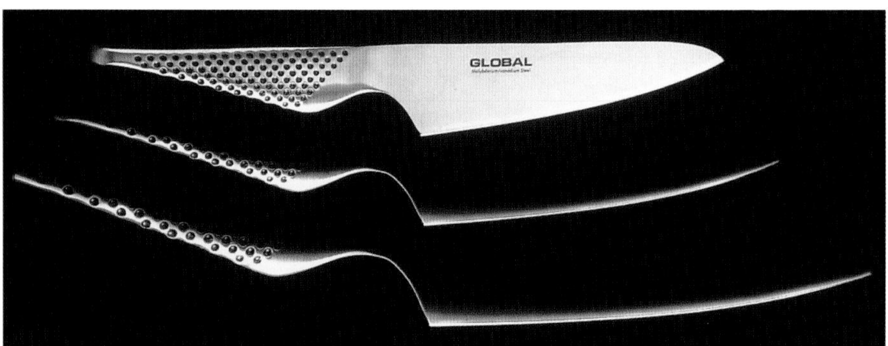

YAMAHA

Fondée en 1897
À Hamamatsu City, Japon

ATV Yamaha *Grizzly 700 EPS SE*, 2016

Torakusa Yamaha fabrique son premier orgue en 1887 et dix ans plus tard fonde la Nippon Gakki Company (qui deviendra la Yamaha Corporation en 1987, à l'occasion du centenaire de la société). En 1900, sa société se lance dans la fabrication de pianos et se concentre sur la production d'instruments à claviers jusqu'en 1954, époque où elle entame sa diversification et développe son premier système hi-fi et sa première moto, la *YA-1* 125cc. La filiale Yamaha Motor Company est lancée en 1955 et en 1960 débute la production d'engins nautiques en fibre de verre et de moteurs de hors-bord. Depuis les années 1960, Yamaha, forte d'une solide expertise en technologies et matériaux, a développé une gamme étendue d'engins sportifs où la fibre de verre se taille la part du lion. Citons notamment la motoneige Snowmobile SL350 (1968), la première voiturette de golf (1975) et le *MT500T WaveRunner* (1986). Les motos Yamaha représentent un des points forts de la société qui atteint, en 1977, le chiffre de 10 millions d'unités vendues. Le **GK Design Group** a conçu beaucoup de produits Yamaha, notamment la gamme de véhicules tout-terrain (VTT) de la société. Aujourd'hui, la Yamaha Corporation fabrique des équipements audio, des instruments de musique et des appareils électroniques de grande qualité, alors que l'entreprise Yahama Motor est célèbre pour ses motos, motoneiges, VTT, moteurs d'embarcations et véhicules nautiques très performants. La marque joue aussi un rôle important dans le développement et la fabrication de robots industriels.

Moto de cross Yamaha *XT 1200 Z Super Ténéré*, 2015

MARCO ZANUSO

Né en 1916 à Milan, Italie
Mort en 2001 à Milan, Italie

Marco Zanuso est l'un des plus importants designers italiens de l'après-guerre. Ses usages novateurs de matériaux de pointe et de technologies dernier cri dans le design d'espace de bureaux précurseurs, de produits d'électronique grand public et de mobilier lui ont valu une immense notoriété. Après des études d'architecte au Politecnico di Milano, dont il est diplômé en 1939, Marco Zanuso ouvre en 1945 son agence milanaise et se consacre au design de produits et de meubles ainsi qu'à des projets d'urbanisme. Il est codirecteur de la revue *Domus* avec Ernesto Rogers (1909–1969) de 1946 à 1947, année où il devient rédacteur en chef du magazine *Casabella* (jusqu'en 1949). En 1948, Pirelli lui demande d'expérimenter le caoutchouc mousse dans le rembourrage des sièges : ce sera le fauteuil *Antropus* (1949), premier siège à exploiter ce matériau, produit par Arflex, une filiale de Pirelli. Suivent plusieurs autres sièges rembourrés en caoutchouc mousse, dont la chaise *Lady* (1951) et le canapé *Triennale* (1951), exposés pour la première fois à la neuvième Triennale de Milan où Zanuso obtient un grand prix et deux médailles d'or. En 1956, il remporte aussi un Compasso d'Oro avec sa machine à coudre *Modèle 1100/2* pour Borletti, dont les lignes à la fois rationnelles et sculpturales sont caractéristiques de son travail. Zanuso réalise en outre plusieurs projets architecturaux : les usines **Olivetti** à Sao Paulo (1955) et Buenos Aires (1955– 1957), celle de Necchi à Pavie (1961–1962), révèlent son intérêt pour l'habitat préfabriqué. De 1958 à 1977, associé à **Richard Sapper**, il dessine un grand nombre d'objets et de meubles devenus des « classiques » : la chaise légère *Lambda* en acier étampé émaillé, éditée par Gavina (1959–1964) ; la chaise d'enfant empilable *N°4999/5* pour **Kartell** (1961–1964), premier siège

Couverts *Duna* pour Alessi, 1995

Chaise d'enfant empilable *N°4999/5* pour Kartell, 1961–1964

en polyéthylène moulé par injection ; la radio *TS502* ainsi que les téléviseurs *Doney 14* (1964) et *Black 201* (1969) pour **Brionvega**, remarquables pour leur miniaturisation et leur esthétique pop ; le téléphone *Grillo* pour Italtel/ **Siemens** (1969), révolutionnaire parce que repliable, et la balance de cuisine *2000* pour Terraillon (1970). En 1956, Zanuso devient membre des CIAM (Congrès Internationaux d'Architecture Moderne) et de l'INU (Instituto Nazionale Urbanista). La même année, il est également cofondateur de l'ADI (Associazione di Disegno Industriale), dont il sera président de 1966 à 1969. Conseiller municipal à la mairie de Milan entre 1956 et 1960, il entre à la commission d'urbanisme de la ville en 1961. Depuis le début de sa carrière, Zanuso expérimente de nouveaux matériaux, de nouvelles techniques de fabrication et de construction et conçoit des objets qui redéfinissent les formes des catégories auxquelles ils appartiennent. De 1966 à 1968 il est professeur en application des matériaux au Politecnico de Milan où il devient professeur de Design Industriel en 1976.

Dirigeable *LZ 126* en réparation, vers 1924

FERDINAND GRAF VON ZEPPELIN

Né en 1838 à Konstanz, Baden, Allemagne
Mort en 1917 à Charlottenburg, Berlin, Allemagne

En 1863, Ferdinand Graf von Zeppelin effectue sa première ascension en ballon à St. Paul (Minnesota, États-Unis) alors qu'il est observateur militaire volontaire pour les Nordistes pendant la guerre de Sécession. Il quitte l'armée en 1890, et, fasciné par la technologie des aérostats, consacre son énergie à la conception et à la fabrication de dirigeables rigides. Après dix ans de recherches, le Zeppelin *LZ-1* effectue son premier vol d'essai. Long de 128 mètres, doté d'une coque légère en aluminium, il peut atteindre des vitesses de l'ordre de 50 km/h.
Le *LZ-1* est le premier d'une longue série de dirigeables Zeppelin dont les performances dépassent ceux des premiers avions allemands. Après la réussite d'un vol de 24 heures en 1906, le gouvernement allemand commande une flotte entière de dirigeables à Zeppelin. Un service de transport de voyageurs est lancé quatre ans plus tard par la Deutsche Luftschiffahrts-AG (compagnie allemande de transport aérien). Plus de cent dirigeables Zeppelin sont utilisés à des fins militaires durant la Première Guerre mondiale, avant que la production commerciale reprenne sous la direction de Hugo Eckner (1868–1954) qui pilote le légendaire

Le crash du *Hindenburg* : le dirigeable s'écrase et explose lors de l'atterrissage à Lakehurst (New Jersey) le 6 mai 1937

Jupp Wiertz, Affiche *2 Days to Europe* montrant le Zeppelin *LZ 129*, 1937

Graf Zeppelin lors de son tour du monde en 21 jours de 1929. Quand le parti nazi prend le pouvoir en 1933, la société est invitée à construire un dirigeable encore plus grand et plus performant censé refléter la supériorité du Troisième Reich. Le résultat est le *LZ-129 Hindenburg* qui effectue son premier vol en 1936. Ce dirigeable est resté dans les mémoires à cause du crash dont il est victime le 6 mai 1937 au moment de l'atterrissage à Lakehurst dans le New Jersey. Après cette catastrophe les dirigeables, désormais jugés trop dangereux, seront plus ou moins bannis du ciel.

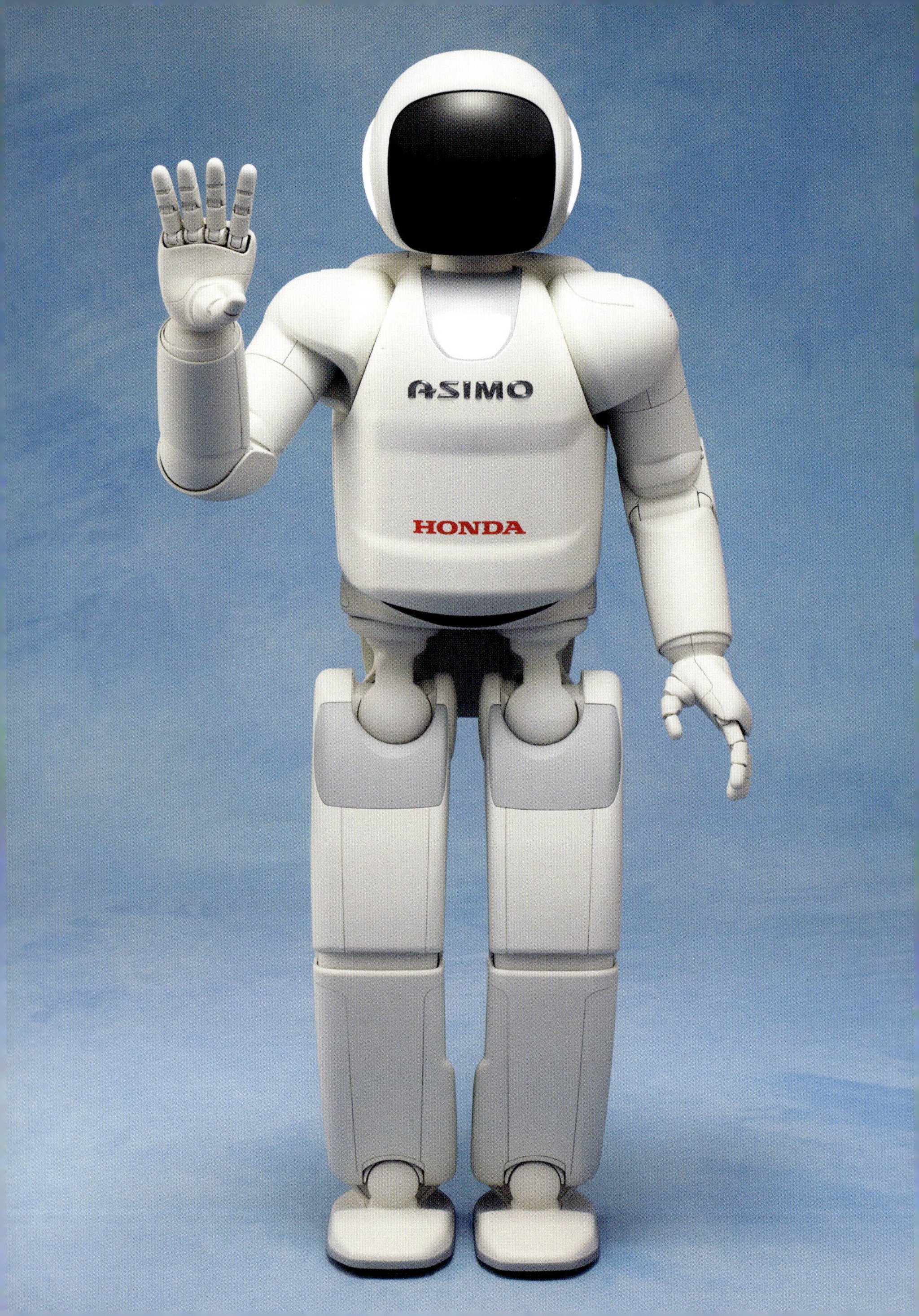
ASIMO
HONDA

ANNEXE

Robot humanoïde
ASIMO [Advanced Step
in Innovative Mobility]
de 3e génération,
conçu et fabriqué
par Honda, 2011

CHRONOLOGIE

1701 Jethro Tull améliore le semoir (type « orgue ») à traction chevaline

1705 Mise en service de la machine à vapeur de Thomas Newcomen dans le Staffordshire

1725 Basile Bouchon invente un métier à la tire doté d'un système de codage d'opérations par cartons perforés

1758 Jedediah Strett invente une machine à tricoter des bas côtelés

1762 L'aciérie Carron à Stirlingshire (Écosse) parvient pour la première fois à obtenir de la fonte malléable

1769 Richard Arkwright fait breveter sa Water Frame – un métier à filer hydraulique

1770-1771 Nicolas Joseph Cugnot construit le premier véhicule (le fardier) à vapeur

1775 James Watt réalise le premier moteur à vapeur opérationnel ; Pierre-Simon Girard invente la turbine hydraulique

1776 Déclaration de l'indépendance américaine

1779 Samuel Compton invente une machine à filer

1782 James Watt met au point son moteur rotatif à double effet

1783 Le Traité de Versailles met fin à la guerre d'indépendance américaine

1785 James Watt et Matthew Boulton mettent en service leur moteur rotatif à vapeur dans une filature de coton à Papplewick (Nottinghamshire)

1789 George Washington élu premier président des États-Unis d'Amérique ; début de la Révolution française

1792 Edmund Cartwright conçoit une fileuse à vapeur

1792 Proclamation de la République française

1794 Le premier télégramme est envoyé de Paris à Lille ; fondation de l'armurerie Springfield à Springfield (Massachusetts)

AVANT 1760 | 1760 | 1780

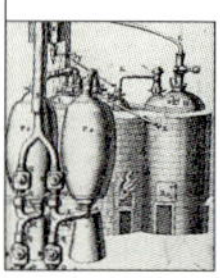

1698
Thomas Savery dépose le brevet de la première machine à vapeur

1759
Josiah Wedgwood fonde sa poterie

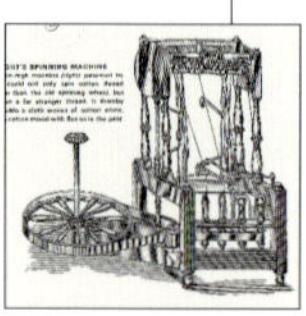

1764
James Hargreaves invente une fileuse mécanique, la *Spinning Jenny*

1779
Abraham Darby III construit le premier pont en fonte du monde à Coalbrookdale (Angleterre)

1781
James Watt conçoit une roue « planétaire » pour sa machine à vapeur

1783
Joseph-Michel et Jacques-Étienne Montgolfier font voler leur premier ballon gonflé à l'air chaud

1793
Eli Whitney invente l'égreneuse à coton

1800 Richard Trevithick construit le premier moteur à vapeur sous pression ; Eli Whitney construit le premier mousquet à pièces interchangeables

1801 Robert Fulton construit le premier sous-marin à hélices, le « Nautilus »

1803 Henry Shrapnel invente le premier obus à balles (Angleterre)

1810 Fondation de l'armurerie Krupp à Essen (Allemagne)

1811 John Blenkinsop fait breveter une locomotive vapeur à crémaillère

1812 Philippe Girard invente une machine à filer le lin

1814 George Stephenson construit la première locomotive à vapeur opérationnelle à Killingworth Colliery près de Newcastle.

1815 Humphrey Davy conçoit les premières lampes de sûreté pour les mineurs

1822 George Stephenson construit le premier pont ferroviaire en fer sur la ligne Stockton–Darlington

1829 William Burt dépose le premier brevet américain de machine à écrire

1830 Edwin Budding met au point la première tondeuse à gazon

1832 Charles Babbage construit sa machine à calculer à différences, l'ancêtre de l'ordinateur ; Isambard Kingdom Brunel est nommé ingénieur en chef de la Great Western Railway

1834 Cyrus Hall McCormick fait breveter sa moissonneuse mécanique révolutionnaire

1837 Lancement du Great Western, le bateau d'Isambard Kingdom Brunel ; John Deere invente la charrue à versoir monobloc en acier

1839 Charles Goodyear invente un procédé de « vulcanisation » du caoutchouc

1800 — 1820 — 1840

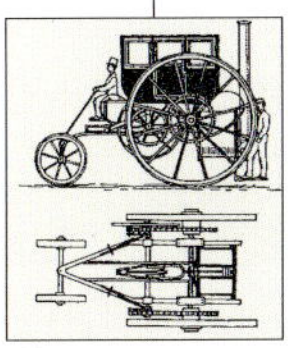

1801
Véhicule automobile à vapeur de Richard Trevithick

1805
Joseph-Marie Jacquard invente un métier mécanisé

1819
Michael Thonet fonde un atelier d'ébénisterie à Boppard (Allemagne)

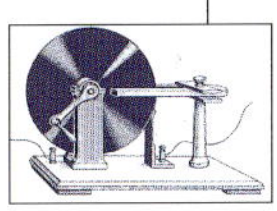

1821
Michael Faraday construit sa première dynamo

1829
Avec la locomotive *Rocket*, George Stephenson remporte la course de Rainhill dotée d'un prix de 500 livres

1832
Samuel Morse entreprend la mise au point d'un télégraphe

1844
Le télégraphe électrique de Morse fonctionne pour la première fois entre Baltimore et Washington

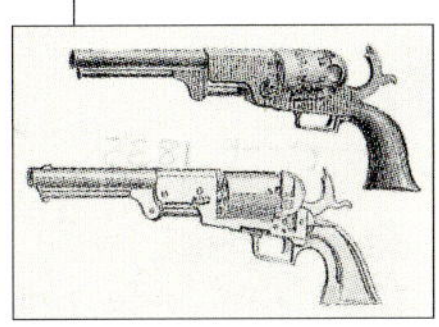

1835
Samuel Colt invente un revolver à pièces interchangeables

1845 E. Bigelow (États-Unis) invente un métier mécanique à tisser les tapis
1847 Fondation de Siemens à Berlin
1851 The Great Exhibition ouvre ses portes à Hyde Park (Londres)
1854 Heinrich Goebel (Allemagne) invente la première ampoule électrique primitive
1855 Cyrus Yale invente la serrure de sûreté
1859 Invention du rouleau compresseur
1861 Sydney Mort construit le premier meuble frigorifique qui préfigure le réfrigérateur électrique
1861 Début de la Guerre de Sécession aux États-Unis
1863 William Bullock invente la presse rotative
1863 Bataille de Gettysburg
1865 Fin de la guerre de Sécession américaine
1871 Invention de la dynamo à courant continu par Zénobe Gramme
1873 E. Remington & Sons lance la fabrication des machines à écrire

1850 1860 1870

1851
Isaac Singer dépose le brevet de sa machine à coudre

1859
Michael Thonet crée sa chaise *Modell N° 14*

1873
C. L. Shoales et C. Glidden mettent au point leur machine à écrire améliorée

1862
Richard Gatling dépose le brevet de sa mitrailleuse multitube

1858
Lancement du *Great Eastern*, le bateau d'Isambard Kingdom Brunel

1846
Elias Howe fait breveter la première machine à coudre

1855
Rogers construit sa locomotive General pour Western & Atlantic Railroad

1867
Nikolaus Otto et Eugen Langen conçoivent leur premier moteur à combustion interne

1876 Alexander Graham Bell invente le télégraphe multiple et conçoit le premier téléphone

1877 Nikolaus Otto et Eugen Langen font breveter leur « moteur silencieux », un moteur à combustion interne à quatre temps

1878 Début de l'éclairage électrique des rues de Londres

1879 Siemens expose un prototype de train électrique à Berlin

1881 Siemens construit le premier train électrique à Lichterfelde, Allemagne

1882 Thomas Alva Edison conçoit la première usine hydroélectrique à Appleton, Wisconsin et la première centrale électrique à New York

1883 Fondation d'AEG à Berlin ; Karl Benz fonde Benz & Cie.

1885 Gottlieb Daimler et Wilhelm Maybach déposent le brevet du moteur rapide à combustion interne

1886 Alexander Graham Bell, Charles Sumner Tainter et Chichester Bell inventent le graphophone

1887 Tolbert Lanston invente la première machine monotype à composer les caractères d'imprimerie ; Emil Berliner dépose le brevet de son gramophone

1880

1877
Thomas Alva Edison conçoit son phonographe

1879
Thomas Alva Edison met au point l'ampoule électrique à incandescence

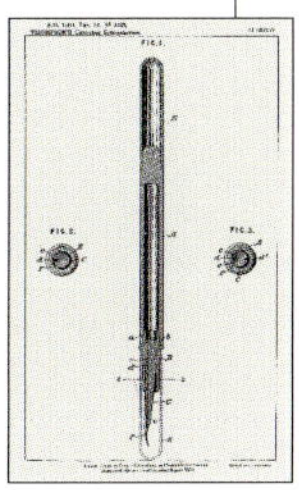

1884
Lewis Edison Waterman fait breveter son stylo à plume amélioré

1885
George Eastman lance le premier film photo sur papier enduit

1886
Karl Benz lance une voiture à trois roues, la *Motorwagen*, premier véhicule au monde équipé d'un moteur à combustion interne

1888
John Kemp Starley conçoit sa bicyclette « de sûreté » Rover

1888
John Boyd Dunlop met au point le premier pneumatique

1889 Gustave Eiffel achève la construction de la Tour Eiffel

1891 Thomas Alva Edison fait breveter la première caméra de cinéma ; fondation de Philips à Eindhoven (Pays-Bas)

1892 Fondation de General Electric à Albany (New York)

1893 Rudolf Diesel conçoit un prototype de moteur diesel ; Benjamin Holt dépose le brevet de son premier tracteur à chenillettes « Caterpillar »

1894 Karl Benz lance sa première voiture de série, la Benz Velo

1895 Konstantin Tsiolkovsky invente un frigorifique à compresseur ; Auguste et Louis Lumière font breveter leur cinématographe, un appareil de prise de vues et de projection

1896 Guglielmo Marconi dépose son brevet de télégraphe sans fil

1897 Karl Ferdinand Braun invente le tube cathodique

1900 « Exposition Universelle et Internationale » de Paris

1901 Guglielmo Marconi établit la première liaison radio entre Terre-Neuve et l'Angleterre ; lancement de la première automobile Mercedes

1904 Sir John Ambrose Fleming invente la diode

1906 La Victor Talking Machine Company lance le phonographe Victorola

1907 Peter Behrens devient conseiller artistique d'AEG

1890

1900

1889
Invention de la Linotype pour la composition des caractères d'imprimerie

1892
Lingner Werke commercialise la bouteille *Odol*

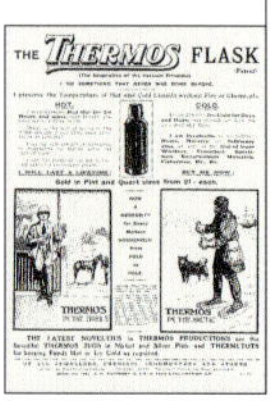

1892
Sir James Dewar invente la première bouteille sous vide

1893
Fondation à Chicago de Sears, Roebuck & Co. qui publie son premier catalogue de vente par correspondance

1898
Le Comte Ferdinand von Zeppelin construit son premier dirigeable

1900
George Eastman lance l'appareil photo Kodak *Brownie*

1903
Les Frères Wright réussissent le premier vol dans un avion motorisé, le *Flyer N° 3*

1907
Fondation de la Deutscher Werkbund à Munich (Allemagne)

1908 Fondation d'Olivetti à Ivrea, de General Motors à Hudson (New Jersey), de la Hoover Suction-Sweeper Company à North Canton

1909 Louis Blériot réalise la première traversée de la Manche en avion ; Léo Hendrik Baekeland crée la Bakélite, la première résine plastique 100 % synthétique

1912 Fondation de la Carrozzeria Bertone à Turin

1913 William Coolidge invente le premier tube à rayons X opérationnel

1914 Déclenchement de la Première Guerre mondiale

1914 Exposition du Deutscher Werkbund à Cologne

1915 Hugo Junkers construit le premier avion de combat ; premier appel téléphonique transcontinental New York-San Francisco par Alexander Graham Bell

1916 Fondation de la Bayerische Motoren Werke (BMW) à Munich ; ouverture du premier magasin self-service Piggly-Wiggly aux États-Unis ; fondation de Boeing à Seattle

1917 Révolution russe

1918 Fin de la Première Guerre mondiale

1919 Fondation du Staatliches Bauhaus à Weimar, d'Electrolux à Stockholm et de la Radio Corporation of America à New York

1921 Fondation de Braun à Francfort (Allemagne)

1910

1920

1908
Ford lance la fabrication de la *Model T*

1911
Fondation d'International Business Machines (IBM) à New York

1912
La verrerie Corning lance le verre Pyrex

1914
La Bell Telephone Co. commercialise son combiné téléphonique

1915
Le major Wilson et Sir William Tritton mettent au point le char d'assaut *Big Willie*

1919
Citroën lance son automobile *Type A*

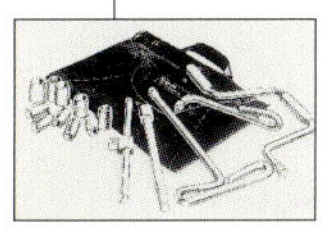

1920
Fondation de la Snapon Wrench Company à Milwaukee (États-Unis)

1922 Paul Jaray dépose le brevet de sa voiture aérodynamique

1922 Benito Mussolini devient premier ministre de l'Italie ; Joseph Staline devient secrétaire général du Comité Central du Parti Communiste d'Union Soviétique

1924 Le biplan de Douglas réussit le premier tour du monde ; la Deutscher Werkbund publie « Form ohne Ornament » (forme sans ornement)

1925 Lancement du Leica 1, l'appareil photo d'Oskar Barnack ; le Bauhaus s'installe à Dessau ; Marcel Breuer dessine la chaise en tube métallique B3 Wassily ; fondation de la Chrysler Corporation dans le Delaware

1925 L'« Exposition Internationale des Arts Décoratifs et Industriels Modernes » a lieu à Paris

1926 John Logie Baird présente le premier système opérationnel de transmission d'images animées, la télévision ; fondation de la Container Corporation of America

1927 La Deutscher Werkbund organise l'exposition « Die Wohnung » (l'habitation) à Stuttgart (Allemagne)

1929 Raymond Loewy repense le design de la machine à polycopier Gestetner – c'est sa première création de design industriel

1930 Jean Heiberg conçoit le premier téléphone en Bakélite *DHB 1001* pour L. M. Ericsson

1930 William van Alen termine le Chrysler Building

1931 Max Knott et Ernst Riska inventent le microscope électronique

1932 Première scission de l'atome

1920 — 1930

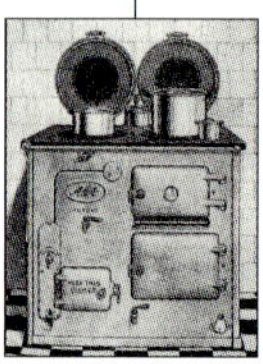

1922
Gustav Dalén conçoit la cuisinière *Aga*

1922
Lancement de l'Austin *Seven*

1925
Fondation de Bang & Olufsen à Quistrup, Danemark

1926
Mart Stam crée la première chaise métallique en porte-à-faux

1928
Walter Maria Kersting invente la première version de sa radio *Volksempfänger*

1931
Hermann Gretsch crée le service *1382* pour Arzberg

1932
Verres et pichets d'Aino Marsio-Aalto édités par Karhula

1933 Dissolution officielle du Bauhaus

1934 Sears, Roebuck & Co. présente le *Coldspot*, un réfrigérateur conçu par Raymond Loewy

1935 Douglas met au point le *DC-3*, le premier avion de ligne

1936 Déclenchement de la guerre civile espagnole

1936 Fiat lance la Fiat *500* (Topolino) de Dante Giacosa ; Philco lance sa radio *Model 444* ; Giles Gilbert Scott conçoit la cabine téléphonique *Jubilee Kiosk* pour la poste britannique

1936 Nikolaus Pevsner publie « Pionniers du Mouvement moderne »

1937 Fondation de SAAB à Trollhättan, Suède

1939 Déclenchement de la Seconde Guerre mondiale ; Foire Internationale de New York ; invention du polyéthylène

1939 László Biró fait breveter son stylo à bille ; Citroën lance la 2CV, conçue par Pierre Boulanger ; Igor Sikorsky met au point le premier hélicoptère opérationnel

1940 Concours « Organic Design in Home Furnishings » organisé par le MOMA de New York

1941 Bombardement de Pearl Harbor par l'aviation japonaise

1942 Mise au point du premier ordinateur électronique aux États-Unis

1943 Fondation d'IKEA à Älmhult (Suède) ; création de « Skunkworks » (l'atelier des blaireaux), l'équipe de recherches expérimentales secrètes de Lockheed

1940

1934
Lancement de la Chrysler *Airflow*, design de Carl Breer

1936
Reginald Mitchell met au point un prototype du monoplan *Spitfire*

1933
Wilhelm Kåge crée la vaisselle de table *Praktika* pour Gustavsberg

1937
Raymond Loewy crée la locomotive *S-1* pour Pennsylvania Railroad

1938
Lancement de la *Coccinelle* de Volkswagen

1939
Chester Carlson obtient la première image xérographique avec son prototype de photocopieur

1943
Sixten Sason met au point un aspirateur en forme de balle, le *Model 248* pour Electrolux

1945 Largage des bombes atomiques sur Hiroshima et Nagasaki ; capitulation sans conditions de l'Allemagne

1946 Fondation de Tokyo Tsushin Kenkyujo (plus tard rebaptisée Sony) à Tokyo ; invention du four à micro-ondes par Percy Spencer

1947 John Bardeen, Walter Brattain et William Shockley (Bell Telephone Laboratories) inventent le transistor

1948 Lancement de la Morris *Minor* d'Alec Issigonis ; de la *Land Camera* de Polaroid ; création de la société de fabrication de plastiques d'Earl Tupper à Leominster (Massachusetts)

1949 Richard Buckminster Fuller invente le dôme géodésique ; Xerox commercialise le premier photocopieur xérographique

1949 Proclamation de la République Populaire de Chine par Mao Tsé-Toung

1950 Marcello Nizzoli conçoit la machine à écrire *Lettera 22* pour Olivetti

1950 Déclenchement de la guerre de Corée

1951 Festival of Britain

1953 Création de la Hochschule für Gestaltung à Ulm (Allemagne)

1955 Arne Jacobsen crée ses sièges *Série 7* pour Fritz Hansen ; Lockheed lance l'Avion Espion *U-2* ; premier vol transatlantique régulier de Lufthansa sur des *Super Constellations* de Lockheed ; BMW commercialise une voiturette, l'*Isetta*

1956 Dieter Rams et Hans Gugelot conçoivent le *Phonosuper SK4* pour Braun

1957 Lancement du satellite *Spoutnik*

1957 Sony sort la *Type 63*, la première radio à transistor « de poche »

1950

1946
Piaggio lance le scooter *Vespa*

1948
Porsche commercialise son premier modèle, le roadster *356*

1949
Henry Dreyfuss conçoit le combiné téléphonique *Model 500* pour la Bell Telephone Co.

1950
Lancement des premiers sièges à coque en fibre de verre de Charles & Ray Eames

1951
Fondation de Tetrapak à Lund (Suède) et lancement du premier conditionnement Tetra Pak

1952
Boeing lance la fabrication de ses *B-52 Stratofortress*

1956
Douglas Scott conçoit l'autobus *Routemaster* pour London Transport

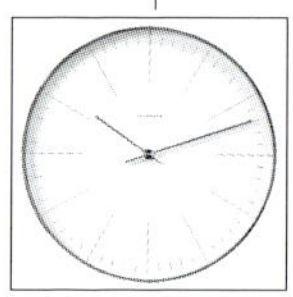

1957
Max Bill crée une horloge murale pour Junghans

1958 Fondation de la NASA à Washington ; Gordon Gould invente le laser ; Honda lance sa moto 100 cm³ *Super Cub* ; Texas Instruments présente le premier circuit intégré

1959 Christopher Cockerell conçoit le premier aéroglisseur, le Westland SRN1 ; lancement de la Cadillac *Eldorado* par la General Motors ; Volvo devient le premier constructeur automobile à équiper ses modèles de série de ceintures de sécurité ; Sony lance la *TV8-301*, la première télé portable à transistors

1961 Lancement de la Jaguar *type E*

1961 Youri Gagarine devient le premier homme dans l'espace

1963 Hille lance la chaise *Polyprop*, de Robin Day ; Kodak sort son premier appareil *Instamatic*

1964 Elliott Fette Noyes conçoit l'ordinateur *System 360* pour IBM

1965 Henry Dreyfuss repense le design de la *Land Camera* de Polaroid

1966 Lamborghini lance la *Miura*, la voiture la plus rapide du monde

1967 Fiskars lance la *série O*, une gamme de ciseaux ergonomiques d'Olof Bäckström ; Texas Instruments met au point la première calculatrice de poche

1968 Herman Miller lance *Action Office II*, le mobilier de bureau conçu par Robert Propst

1969 Premier vol du Boeing *B-747* ; Marco Zanuso et Richard Sapper conçoivent leur téléviseur *Black 201* pour Brionvega ; Ettore Sottsass et Perry King créent la machine à écrire *Valentine* pour Olivetti ; Texas Instruments développe le premier système de missiles guidés par laser

1969 Neil Armstrong est le premier homme à marcher sur la Lune

1960

1961
Elliott Fette Noyes conçoit la machine à écrire *Selectric* « balle de golf » pour IBM

1969
Premier vol du *Concorde*, le premier avion de ligne supersonique du monde

1963
Porsche lance la *911*

1959
Lancement de la Morris *Mini* d'Alec Issigonis

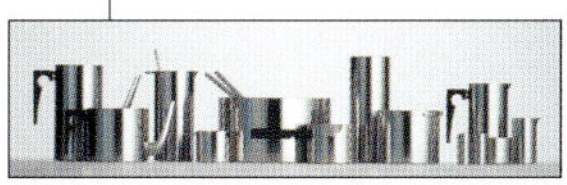

1967
Stelton lance *Cylinda-Line*, une ligne d'articles de table en acier inoxydable

1966
Marco Zanuso et Richard Sapper dessinent le téléphone *Grillo* pour Siemens

1958
Ettore Sottsass signe le design de l'unité centrale informatique *Elea 9003* pour Olivetti

1971 Bill Bowerman met au point la chaussure de sport *Waffle* commercialisée l'année suivante par Nike ; Victor Papanek publie *Design for a Real World* ; F. Faggin, M. Hoff et S. Mazor, ingénieurs d'Intel, inventent le microprocesseur

1972 L'exposition « Italie : le Nouveau Paysage Domestique », a lieu au Musée d'Art Moderne de New York ; Renault lance la Renault 5, design de Michel Boué ; Clive Sinclair lance la première calculatrice de pocher

1973 Crise pétrolière mondiale

1976 Fondation d'Apple Computer à Palo Alto (Californie)

1977 Ergonomi Design Gruppen est fondé à Stockholm ; les laboratoires AT&T commercialisent le premier téléphone cellulaire

1979 Xerox lance le réseau local *Ethernet*

1981 Fondation du groupe Memphis à Milan

1983 Lancement de la gamme Swatch ; Philips sort le premier disque compact (CD) ; Apple Computer lance *Lisa* – le premier ordinateur personnel doté d'un interface graphique

1986 K. Alex Müller et Johannes Georg Bednorz découvrent le premier supra conducteur haute température

1988 L'université de Harvard dépose le premier brevet d'animal transgénique

1989 Chute du mur de Berlin

1970

1980

1971
Lamborghini lance la *Countach*

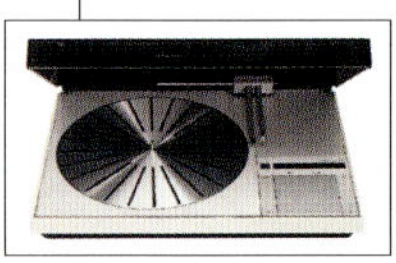

1972
Jakob Jensen crée la chaîne hi-fi *Beogram 4000* pour Bang & Olufsen

1974
Volkswagen lance la *Golf*, design de Giorgetto Giugiaro

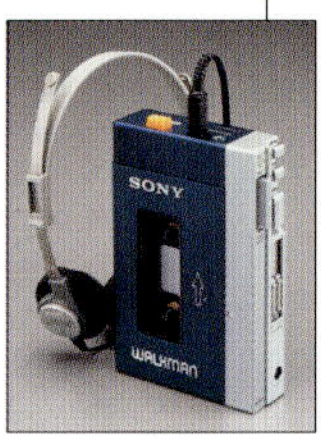

1979
Sony lance le *Walkman*, le premier baladeur stéréo

1980
Nikon commercialise le *F-3*, design de Giorgetto Giugiaro

1981
La NASA lance la première navette spatiale

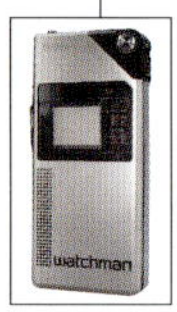

1982
Sony sort le premier microtéléviseur, le *Watchman*

1984
Apple Computer lance l'ordinateur personnel *Macintosh I*

1990 Réunification de l'Allemagne ; lancement du télescope *Hubble*
1990 Lancement du rasoir manuel Gillette *Sensor*
1991 Guerre du Golfe ; débuts du Web (toile), ensemble de documents hypertexte reliés
1992 Nissan lance la *Micra* ; Renault lance la *Twingo*
1993 Inauguration d'Eurotunnel reliant l'Angleterre à la France
1993 Invention du processeur *Pentium*
1994 Casio lance la gamme de montres *Baby-G*
1996 Chrysler lance la voiture électrique *EV1*
1997 Daimler-Benz et Toyota lance des prototypes de véhicules équipés de moteur à piles à hydrogène
1998 Volkswagen lance la *New Beetle*
1999 Fiat sort la *Multipla*
2000 Diffusion de la technologie *WAP* (*Wireless Application Protocol*)

1990 — 2000

1992
Bill Stumpf et Don Chadwick conçoivent le fauteuil de bureau *Aeron* pour Herman Miller

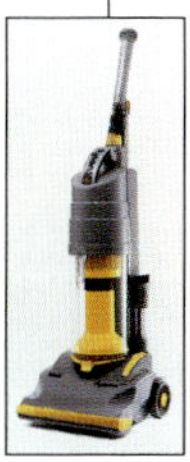

1993
Lancement de l'aspirateur *DC01* de James Dyson

1996
Le radio-réveil *Freeplay* de Trevor Baylis remporte le prix de design de la BBC

1998
Apple Computer lance l'*iMac*

1999
Sony commercialise son chien-robot *AIBO*

1999
Lancement de l'Audi *TT Coupé Quattro*

2000
Lancement du tram de Hanovre *TW2000* pour l'Expo 2000

2001 Attaques le 11 septembre à New York et à Washington DC ; début de la guerre en Afghanistan ; lancement de la Wikipédia

2003 Début de la guerre en Irak

2004 Les rovers d'exploration Spirit et Opportunity se posent sur Mars ; Un tsunami fait des ravages en Indonésie, au Sri Lanka, en Inde et en Thaïlande

2005 Ouragan Katrina à La Nouvelle-Orléans ; lancement de YouTube

2007 Premier séquençage du génome complet d'un seul individu

2008 Faillite de la banque d'investissements Lehman Brothers ; Barack Obama est élu Président des États-Unis

2000

2002
Lancement de la chaise *Louis Ghost* en polycarbonate moulé de Philippe Starck

2004
Le train à sustentation magnétique *TR 08* de Transrapid relie le centre de Shanghai et l'aéroport international de Pudong

2005
Vol inaugural de l'Airbus *A380*, le plus grand avion commercial au monde

2005
Lancement de la Bugatti *Veyron 16.4*, une voiture de sport à moteur central de 1000 ch

2007
Apple sort l'*iPhone*

2007
Lancement de la nouvelle voiture de ville Fiat *500*

2009
Dyson réinvente le ventilateur électrique de table avec la sortie du *AM01*

2010 Début du Printemps arabe au Moyen-Orient et en Afrique du Nord

2011 Un séisme historique frappe le nord-est du Japon

2012 Jubilé de diamant de la reine Elizabeth II

2013 Élection du pape François à la tête de l'Église catholique au Vatican ; Edward Snowden révèle des détails sur des programmes de surveillance classés des gouvernements américain et britannique

2014 Expansion du groupe terroriste État islamique ; Apple devient la plus grande entreprise cotée en Bourse au monde en termes de capitalisation boursière

2015 Hausse de la température mondiale, dépassant de plus d'un degré les niveaux de l'ère préindustrielle

2010

2010
Apple commercialise l'*iPad*

2012
Le bus *New Routemaster* de Thomas Heatherwick entre en service à Londres

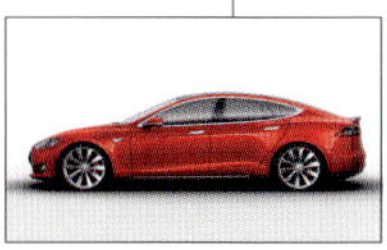

2012
Tesla sort sa berline de luxe *Model S* entièrement électrique

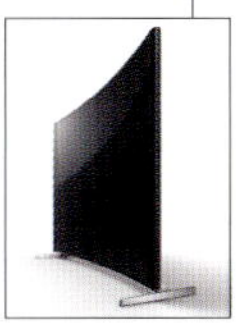

2013
Les téléviseurs haute définition à écran courbe font leur apparition sur le marché

2014
Lancement des vélos électriques M.A.S.S. de Philippe Starck pour Moustache

2014
Nikon sort le réflex numérique professionnel *D4S*

2015
Porsche lance la *918 Spyder*, remarquable voiture de sport hybride rechargeable à moteur central

2015
Sortie de l'*Apple Watch*

INDEX A–Z (Les numéros de page en gras renvoient à l'entrée principale)

BIBLIOGRAPHIE

Abercrombie, S., *George Nelson: The Design of Modern Design*, MIT Press, Cambridge, Massachusetts 1995

Alexander, W. & Street, A., *Metals in the Service of Man*, Penguin Books, Londres 1985 (réédition)

Banham, J., *Theory and Design in the First Machine Age*, Architectural Press, Londres/New York 1960

Baren, M., *How It All Began*, Smith Settle, Otley 1992

Bayley, S., *In Good Shape: Style in Industrial Products 1900–1960*, Design Council, Londres 1979

Bayley, S. & Conran, T., *Design: Intelligence Made Visible*, Conran Octopus, Londres 2007

Benton, T., *The New Objectivity*, Open University Press, Milton Keynes 1975

Benton, T., Benton, C. & Sharp, D., *Form and Function: A Source Book for the History of Architecture and Design 1890–1939*, Open University Press, Milton Keynes 1975

Bertram, A., *Design*, Penguin Books, Londres 1938

Brightwell, C.L., *Heroes of the Laboratory and the Workshop*, George Routledge & Sons, Londres 1859

Byars, M., *The Design Encyclopedia*, Laurence King, Londres 1994

Dale, H. & Dale, R., *The Industrial Revolution*, The British Library, Londres 1992

de Noblet, J. (ed.), *Industrial Design, Reflection of a Century*, Flammarion/APCI, Paris 1993

Dreyfuss, H., *Designing for People*, Simon & Schuster, New York 1955

Droste, M., Ludewig, M. & Bauhaus Archiv, *Bauhaus, 1919–1933*, Benedikt Taschen Verlag, Cologne 1990

Fiell, C. & P., *Design of the 20th Century*, Taschen, Cologne 1999

Fiell, C. & P., *Masterpieces of British Design*, Goodman Fiell, Londres 2012

Fiell, C. & P., *Masterpieces of Italian Design*, Goodman Fiell, Londres 2013

Fiell, C. & P., *Plastic Dreams: Synthetic Visions in Design*, Fiell Publishing, Londres 2009

Fiell, C. & P., *Scandinavian Design*, Taschen, Cologne 2002

Fiell, C. & P., *The Story of Design*, Goodman Fiell, Londres 2013

Forty, A., *Objects of Desire, Design & Society 1750–1980*, Thames & Hudson, Londres 1986

Geddes, N.B., *Horizons*, Little Brown, Boston 1932

Gloag, J., *Plastics and Industrial Design*, Scientific Book Club, Londres 1945

Giedion, S., *Mechanization takes command: A contribution to anonymous history*, Oxford University Press, New York 1948

Heskett, J., *Industrial Design*, Thames & Hudson, Londres 1980

Heisinger, K. & Marcus, G., *Design Since 1945*, Thames & Hudson, Londres 1983

Heisinger, K. & Marcus, G., *Landmarks of Twentieth-Century Design*, Abbeville Press, New York 1993

Hobhouse, H., *The Crystal Palace and the Great Exhibition: Science, Art and Productive Industry*, Continuum International Publishing Group, Londres 2002

Hoffman, J.T., *A History of Innovation, US Army Adaptation in War and Peace*, US Army Center of Military History, Military Bookshop, Washington 2011

Hounshell, D., *From the American System to Mass Production, 1800–1932: The Development of Manufacturing Technology in the United States*, The John Hopkins University Press, Baltimore 1985

Jervis, S., *The Penguin Dictionary of Design and Designers*, Penguin Books, Londres 1984

Kaplan, W. (ed.), *Designing Modernity, The Arts of Reform & Persuasion, 1985–1945*, Thames & Hudson/Wolfsonian, Londres/Miami 1995

Katz, S., *Plastics, Designs and Materials*, Studio Vista, Londres 1978

Lacey, R., *Ford: The Men and the Machine*, Little Brown and Company, New York 1986

Loewy, R., *Industrial Design*, Fourth Estate, Londres 1980

Loewy, R., *Never Leave Well Enough Alone*, Simon and Schuster, New York 1951

Lucie-Smith, E., *A History of Industrial Design*, Phaidon, Oxford 1983

Margolin, V., *Design Discourse, History, Theory, Criticism*, University of Chicago Press, Chicago 1989

Margolin, V. & Buchanan, R., *The Idea of Design*, MIT Press, Cambridge, Mass. 1995

McDonough, W. & Braungart, M., *Cradle to Cradle: Remaking the Way We Make Things*, North Point Press, New York 2002

McDonough, W. & Braungart, M., *The Upcycle: Beyond Sustainability – Designing for Abundance*, North Point Press, New York 2013

Meikle, J., *Twentieth Century Limited – Industrial Design in America, 1925–1939*, Temple University Press, Philadelphia 2001

Morgan, A.L. (ed.), *Contemporary Designers*, St. James Press, Londres 1985

Newton, J.D., *Uncommon Friends: Life with Thomas Edison, Henry*

Ford, Harvey Firestone, Alexis Carrel & Charles Lindbergh, Harcourt, Brace & Co., San Diego 1987

O'Brien, R., *Machines*, Time Inc., New York 1964

O'Brien, P. & Quinault, R., *The Industrial Revolution and British Society*, Cambridge University Press, Cambridge 1993

Packard, V., *The Hidden Persuaders*, D. McKay Co., New York 1957

Packard, V., *The Waste Makers*, D. McKay Co., New York 1960

Papanek, V., *Design for the Real World: Human Ecology and Social Change*, Pantheon Books, New York 1971

Papanek, V., *The Green Imperative: Natural Design for the Real World*, Thames & Hudson, Londres 1995

Perris, G.H., *The Industrial History of Modern England*, Kegan Paul, Londres 1914

Pevsner, N., *Pioneers of Modern Design: From William Morris to Walter Gropius*, (originally published as *Pioneers of the Modern Movement* in 1936 ; 2de édition, New York : Museum of Modern Art, 1949 ; révision et réécriture partielle, Penguin Books, 1960) Penguin, Londres, nouvelle édition 1991

Pevsner, N., *The Sources of Modern Architecture and Design*, Thames & Hudson, Londres 1968

Pursell, C.W., *Technology in America: A History of Individuals and Ideas*, MIT Press, Cambridge, Mass. 1981

Rams, D., *Less but Better*, Jo Klatt + Design Verlag, Hambourg 1995

Read, H., *Art and Industry: The Principles of Industrial Design*, Faber & Faber, Londres 1956 (4e édition)

Reilly, R., *Josiah Wedgwood 1730–1795*, Macmillan, Londres 1992

Schaefer, H., *The Roots of Modern Design*, Studio Vista, Londres 1970

Schwartz, F., *The Werkbund: Design Theory and Mass Culture Before the First World War*, Yale University Press, New Haven 1996

Shanks, M., *The Innovators: The Economics of Technology*, Penguin Books, Harmondsworth 1967

Sheldon, R. & Arens, E., *Consumer Engineering: A New Technique for Prosperity*, Harper & Brothers, Londres et New York 1932

Twitchell, J.B., *Lead Us Into Temptation: The Triumph of American Materialism*, Columbia University Press, New York 2000

van Doren, H., *Industrial Design*, McGraw-Hill Publishers, New York 1940

Whiteley, N., *Design for Society*, Reaktion Books, Londres 1993

Wichmann, H., *Die Neue Sammlung, Ein neuer Museumstyp des 20. Jahrhunderts*, Prestel, Munich 1985

Woodhamn, J., *Twentieth Century Design*, Oxford University Press, Oxford 1997

CATALOGUES D'EXPOSITIONS

American Modern 1925–1940: Design for a New Age, The Metropolitan Museum of Art and the American Federation of Arts/Harry N. Abrams, New York 2000

Brani di storia dell'arredo (1880–1980), Museo dell'arredo contemporaneo/Edizioni Essegi, Ravenne 1988

British Art and Design 1900–1960, Victoria and Albert Museum, Londres 1983

British Design from 1948: Innovation in the Modern Age, Victoria and Albert Museum/V&A Publishing, Londres 2012

Design 1935–1960: What Modern Was, Le Musée des Arts Décoratifs de Montréal/Harry N. Abrams, New York 1991

Design in America: The Cranbrook Vision 1925–1950, The Detroit Institute of Arts and The Metropolitan Museum of Art, New York 1983

Industrial Design: Reflection of a Century (publié en parallèle de l'exposition Design, Miroir du Siècle) Le Grand Palais/Flammarion, Paris 1993

The Machine Age in America 1918–1941, Brooklyn Museum of Art/Harry N. Abrams, New York 1986

Modernism 1914–1939: Designing a New World, Victoria and Albert Museum/V&A Publishing, Londres 2006

REMERCIEMENTS

Nous voudrions saisir cette occasion de remercier tous nos amis de Taschen, notamment Meike Niessen et Catinka Keul, pour cette nouvelle édition. Nous sommes aussi très reconnaissants aux nombreux photographes, fabricants, distributeurs, agences de design, salles des ventes, négociants en design, institutions publiques et banques d'images qui nous ont apporté leur assistance et fourni des illustrations.

Remerciements particuliers à :

A&E Design, Stockholm
Advanced Vehicle Design, Altrincham
AEG Aktiengesellschaft, Frankfurt
Airbus SAS, Blagnac
Airstream, Jackson Center
Alessi, Crusinallo
Alex Moulton Ltd., Bradford-on-Avon
Alfa Romeo Museo, Arese
Emilio Ambasz, New York
Anglepoise, Farlington
Apple, Cupertino
Aprilia SpA, Novale
Archivo Storico Olivetti, Ivrea
Artemide, Milan
Arzberg (Winterling AG), Kirchenlamitz
Audi AG, Ingolstadt
Authentics, Holzgerlingen
Automobili Lamborghini, S. Agata Bolognese
Aviation Picture Library, Londres
Barry Friedman Ltd., New York
Bang & Olufsen, Struer
Bauhaus-Archiv, Berlin
Stephen Bayley, Londres
Bell Helicopter, Fort Worth
Bertone, Turin
Biro Bic Ltd., Londres
Black & Decker, Slough
B-Line Srl, Grisignano di Zocco
BMW AG, Munich
BMW Museum, Munich
Boeing Company, Seattle
Bombardier Inc., Montreal
Braun GmbH, Kronberg im Taunus
Brompton Bicycle, Londres
BT Archives, Londres
C. Josef Lamy GmbH, Heidelberg
Canon Europa NV, Amstelveen
Case Corp., Racine
Casio Computer Co., Tokyo
Caterpillar Inc., Peoria
Christies Images, Londres
Chrysler, Auburn Hills
Citroën AG, Cologne
Cooper-Hewitt Museum, New York
Corning Inc., Corning
CRRC Corporation, Beijing
Danese, Grumello del Monte
JC Decaux, Neuilly
Deere & Co., Moline
Design Council, Londres
Design Council Archives, Brighton
Design Research Unit, Londres
Ducati, Bologna
Dyson Ltd., Malmesbury
Electrolux, Stockholm
Enercon GmbH, Aurich
Erco, Londres
Ergonomi Design Gruppen, Bromma
L. M. Ericsson, Stockholm
Euclid-Hitachi Inc., Cleveland, Ohio
Ferrari S.p.A., Modena
Fiat UK, Slough
Fiskars, Billnäs
Flos S.p.A., Bovezzo
Ford Motor Company, Brentwood
Franz Schneider Brakel GmbH, Brakel
Frogdesign, Altensteig
Fuseproject, San Francisco
General Electric Co., Fairfield
General Motors Corp., Detroit
Ghia, Turin
Gillette Company, Boston
Giugiaro Design, Moncalieri
GK Design Group Inc., Toyko
Oscar Graf, Paris
Konstantin Grcic Industrial Design, Munich
Harley-Davidson Motor Company, Milwaukee
Haslam & Whiteway, Londres
Henry Dreyfuss Associates, Woodridge
Herman Miller Inc., Zeeland
Knud Holscher, Copenhagen
Honda Motor Co., Tokyo
Hoover Company, North Canton
HP Inc., Palo Alto
IBM Corp., Armonk
IDEO, Palo Alto
IDEO, Tokyo
Iittala Glass Museum, Iittala
Ikea, Älmhult
Imperial War Museum, Londres
Industrial Facility, Londres
Jaguar Land Rover, Coventry
JCB Ltd., Rochester
Junghans Uhren GmbH, Schramberg
Kartell, Milan
Kawasaki Motors UK, Bourne End
Krups, Solingen
Learjet, Wichita
Leica Camera AG, Solms
LG Corporation, Seoul
London Transport Museum, Londres
Louis Poulsen, Copenhagen
Ross & Miska Lovegrove, Londres
MAG Instruments Inc., Ontario Cal.
Magis, Torre di Mosto
Master Cutlery Corp., Chiba
Alberto Meda, Milan
Mercedes-Benz, Stuttgart
Miele & Cie. KG, Gütersloh
Jasper Morrison, Londres
Motivation, Bristol
National Motor Museum, Beaulieu
Necchi, Pavia
Die Neue Sammlung, Munich
Marc Newson, Londres
Nike UK Ltd., Londres
Nikon UK Ltd., Kingston-upon-Thames
Nissan Motor Co., Tokyo
Oakley Inc., Foothill Ranch

Parker Pen Company, Newhaven
Pentagram Design, Londres
Philips NV, Eindhoven
Pi Design, Lucerne
Pininfarina SpA, Turin
Polaroid Corporation, Cambridge, Mass.
Porsche AG, Stuttgart
Porsche Design, Zell am See
Radio Corporation of America, New York
Raymond Loewy International, Londres
Renault Presse, Billancourt
Robert Bosch GmbH, Stuttgart
Rolls-Royce Holdings plc, Londres
Rolls-Royce Motor Cars, Goodwood
Rosenthal AG, Selb
Science & Society Picture Library, Londres
Seymour Powell, Londres
Siemens AG, Munich
Smart Design, New York
Snap-on Inc., Kenosha
Solari, Udine
Sony Corporation, Tokyo
Springfield Armory Museum, Springfield
Stanley Tools, New Britain
Philippe Starck, Paris
Steelcase Inc., Grand Rapids
Stelton, Hellerup
Sunseeker International Ltd., Poole
Swatch International, Zurich
TAG Heuer, Marin
Tesla Motors, Palo Alto
Tetra Pak Ltd., Uxbridge
Texas Instruments, Dallas
ThyssenKrupp AG, Duisburg
Torsten Bröhan GmbH, Düsseldorf
Toshiba Corp., Tokyo
Toyota Motor Corp., Tokyo
Tupperware Europe, Aalst
Victorinox, Ibach
Vignelli Associates, Londres
Vignelli Associates, New York
Vin-Mag, Londres
Viking Range Corporation, Greenwood
Vitra, Birsfelden
Vitsoe, Londres
Volkswagen AG/Audi, Wolfsburg
Volvo Corp., Gotenburg
The Wedgwood Museum, Barlaston
Robert Welch, Chipping Campden
Werkbund-Archiv, Berlin
The Wolfsonian (FIU), Miami
Xerox Corp., Stamford
Yamaha Corporation, Hamamatsu

BIOGRAPHIE DES AUTEURS

Charlotte et Peter Fiell sont des autorités reconnues au niveau international en matière d'histoire, de théorie et de critique du design. Ils sont les auteurs de plus de 40 ouvrages sur le sujet, bonne part étant devenus des best-sellers. Ils ont également tenu un grand nombre de conférences, ont été invités à intervenir dans des cours et ont collaboré avec des entreprises, des musées, des salles de ventes et de grands collectionneurs privés du monde entier. Chez TASCHEN, ils ont signé de nombreux titres, dont : *1000 Chairs*, *Design du XXe siècle*, la série en six volumes *Decorative Art*, et la série en douze volumes *Domus 1998-2000*.

Ils peuvent être contactés à l'adresse info@fiell.com

CRÉDITS PHOTOGRAPHIQUES

Nous sommes extrêmement reconnaissants aux personnes et aux institutions qui nous ont autorisés à reproduire des images. Nous regrettons de n'avoir pu, dans certains cas, retrouver les détenteurs originaux des droits de reproductions de photographies parues dans des publications antérieures. Nous voulons aussi remercier les nombreux designers, fabricants et institutions qui nous ont obligeamment fourni les portraits. L'éditeur s'est efforcé de respecter les droits des tierces parties et de tels droits ont été négligés, cette omission sera réparée dans toute la mesure du possible. La plupart des documents historiques présentés ici proviennent des archives de Fiell et de TASCHEN GmbH.

AEG Aktiengesellschaft 10 (haut), 10 (bas), 11, 12 (haut-gauche), 12 (haut-droite), 13, 70 (haut), 70 (bas), 71 (haut), 71 (bas), 72, 75 **Airbus** 14 (haut), 14 (bas), 15, 16, 17 **Aga UK Ltd** 174 **Airstream** 18 (haut), 18 (bas), 19 **Alessi S.p.A.** 20 (haut), 20 (bas), 21, 22, 23, 59 (bas), 376 (bas), 584 (bas) **Alfa Romeo Automobiles S.p.A.** 24 (haut), 24 (bas-gauche), 24 (bas-droite), 25 (haut), 25 (bas), 26 (haut), 26 (bas), 27, 85 (haut) **Emilio Ambasz** 28 (haut), 28 (bas), 29 **Anglepoise** 138 (haut), 139, 273 **Apple** 1, 30 (haut), 30 (bas), 31 (haut), 31 (bas), 32 (haut), 32 (bas),33, 34, 35, 314 (haut), 314 (bas), 315, 316, 317 **Aprilia (Piaggio & Co. S.p.A.)** 36 (haut), 36 (bas), 37 (haut), 37 (bas), 500 (bas) **Archivo Storico Olivetti** 81 (toutes les images), 414 (haut), 421 (haut), 421 (bas), 422, 423 (toutes les images), 424 (bas-gauche), 424 (bas-droite), 495 (toutes les images) **Artemide S.p.A.** 42 (les deux photos : Miro Zagnoli), 43 (photo : Miro Zagnoli), 179 (bas), 467 (toutes les images) **Arzberg (Winterling AG)** 44, 45 (haut), 45 (bas), 64 (haut), 64 (bas), 65 **Atelie Sundahl AB** 429 (bas) **Audi AG** 47 (haut), 47 (bas), 50, 323 (haut) **Authentics** 51 (haut), 51 (bas) **Automobili Lamborghini S.p.A.** 344 (haut), 344 (bas), 345 (haut), 345 (bas) **Aviation Picture Library (aviationpictures.com)** 102 (bas), 394 (haut), 394 (bas) **Bang & Olufsen** 56 (haut), 56 (bas), 57, 91 (bas), 327 (bas) **Barrett-Jackson Auction Company, LLC** 152 (haut), 152 (bas) **Barry Friedman Ltd.** 61, 132 (bas), 310 (haut), 372 (bas), 558 **Bauhaus Archiv** 60, 63, 109 (toutes les photos : Gunter Lepkowski) **B&B Italia S.p.A.** 80 (bas) **Bell Helicopter** 78 (haut), 78 (bas **Bernice Jackson Fine Art** 131 (haut) **Bertone** 85 (bas), 86 **Bildarchiv Foto Marburg** 470 (bas) **Biro Bic Ltd.** 89 (haut), 89 (bas), 90 **Black & Decker** 93 (haut), 93 (bas) **B-Line Srl** 165 **BMW Museum (Bayerische Motoren Werke AG)** 94 (haut), 94 (bas), 95 (haut), 95 (bas), 96 **Boeing Company** 99 (bas), 100 (haut), 100 (bas), 101, 102 (haut), 378 (haut), 379 (bas), 380 (haut), 380 (milieu) 416 (haut), 416 (bas) **Bombardier Inc.** 103 (haut), 103 (bas), 104, 178 (haut), 178 (bas), 348 (haut), 348 (bas) **Braun GmbH** 110 (haut), 110 (bas), 111, 112, 113, 114, 115 (toutes les images), 368 (haut), 369 (bas), 399 (haut), 399 (bas), 450 (haut), 451, 452, 568 (bas) **Brionvega** 122 (haut) **Brompton Bicycle** 124 (haut), 124 (bas), 125 **BT Archives** 222 (bas), 471 (bas) **Buckminster Fuller Archives** 248 (haut), 248 (bas), 249 **Andreas Fuhrimann** 453 **Canon Inc.** 135 (haut), 135 (bas), 136, 137 (haut), 137 (bas) **Case Corp.** 140 (haut), 140 (bas), 141 (haut), 141 (bas) **Casio Computer Company, Limited** 142 (haut), 143 (toutes les images) **Caterpillar Inc.** 148 (haut), 148 (bas), 149 (haut), 149 (bas) **Christies Images** 54 (bas), 120, 122 (bas), 123, 144 (bas), 145, 158, 250 (haut), 250 (bas), 280 (bas), 335 (bas), 388 (bas), 436 (haut), 436 (bas), 526 (bas), 531 **Chrysler** 116, 117 (haut), 150 (haut), 150 (bas), 151, 153, **Citroën AG** 154 (haut), 154 (bas-gauche), 155 (bas) **Cooper-Hewitt Museum** 168 (bas), 195 (bas) **Corning Inc.** 168 (haut), 168 (bas), 168 (haut), 207 (haut) **CRRC Corporation Limited** 142 **Culver Pictures Inc.** 403 (haut), 403 (bas) **Danese** 175 (haut), 175 (bas) **JC Decaux** 180 (haut), 180 (bas), 181 **das program** 450 (bas) **Deere & Co.** 182 (haut), 182 (bas), 183 (toutes les images) **Design Council Archives (University of Brighton)** 185 (bas) **Design Research Unit** 92 (haut), 92 (bas), 186 (haut), 186 (bas), 187 **Driade** 39 (bas), **Ducati Motor Holding S.p.A.** 198 (haut), 198 (bas-gauche), 198 (bas-droite), 199 (haut), 199 (bas) **Duracell Inc.** 134 (bas) **Dyson Ltd.** 200 (haut), 200 (bas), 201, 202 (toutes les images) **East Japan Railway Company** 270 (bas) **Electrolux** 215 (haut), 215 (bas), 216 (toutes les images), 357, 358, 468 **(photo: Hans Thorwid – Nationalmuseum)** (haut), 468 **(photo: Hans Thorwid – Nationalmuseum)** (bas), 469 **(photo: Hans Thorwid – Nationalmuseum) Eli Whitney Museum** 574 (haut), 574 (bas), 575 **Enercon GmbH** 217 (haut), 217 (bas), 218 (toutes les images) **Erco** 219 (haut), 219 (bas) **Ergonomi Design Gruppen** 220 (haut), 220 (bas), 221 (haut), 221 (bas) **Ericsson** 222 (haut), 223, 273 (haut), 273 (bas) **Euclid-Hitachi Heavy Equipment Inc.** 226 (haut), 226 (bas) **Ferrari S.p.A.** 4/5, 227 (haut),

228 (bas) **Fiat Automobiles S.p.A.** 229 (haut), 229 (bas), 230, 231 (haut), 231 (bas), 264 (haut), 264 (bas) **Fiell Archive** (toutes les photos par Paul Chave) 2, 107, 142 (bas), 157 (bas), 203 (bas), 318, 349 (haut), 349 (bas), 368 (bas), 369 (haut), 396 (haut), 415, 472 (bas), 475 (bas-gauche) **Fiskars Corporation** 55 (haut), 55 (bas), 232 (haut), 232 (bas), 233 **Flos S.p.A.** 146, 147 (toutes les images), 234, 235 (haut), 235 (bas), 236, 237 (toutes les images), 336 (haut) **Fondation pour l'Architecture** 84 (bas) **Ford Motor Company** 238 (haut), 238 (bas), 239 (toutes les images), 240 (toutes les images), 241 **Frog** 242 (haut), 242 (bas), 243 (all imges) **Franz Schneider Brakel GmbH** 244 (haut), 244 (bas), 245 (toutes les images) **Fuseproject** 66 (toutes les images), 67, 68, 69 **Galerie MidMod** 87 (bas photo : MidMod-Design) **General Electric Co.** 252 (haut), 252 (bas), 253, 254 (haut), 254 (bas), 255 (haut-gauche), 255 (haut-droite) **General Motors Corp.** 205 (haut), 205 (bas), 206, 256 (haut), 257 (haut), 257 (bas), 259 (haut), 260 (bas), 261 **Ghia** 262 (haut), 262 (bas), 263 (haut), 263 (bas) **Gillette** 265 (haut), 265 (bas-gauche), 265 (bas-droite), 266 (toutes les images), 267 **Giugiaro Design** 268, 269 (haut), 269 (bas) **GK Design Group Inc.** 213 (haut), 214, 271 (haut) **Gustavsberg** 330 (haut) **Hansgrohe SE** 502 (haut) **Harley-Davidson Motor Company** 284 (haut), 284 (bas), 285 (haut), 285 (bas) **Haslam & Whiteway** 185 (haut), 185 (bas), 393 (bas), 530 (haut) **Henrik Kam Photography** 225 (haut), 225 (bas) **Henry Dreyfuss Associates** 79 (haut), 191 (bas), 194 (haut) 194 (bas), 195 (haut), 196 (haut), 196 (bas), 197, 439 (bas) **Herman Miller Inc.** 287 (haut), 287 (bas), 288 (haut-gauche), 288 (haut-droite) **Hewlett-Packard Company** 290 **Hollington Associates** 426 (milieu) **Knud Holscher** 291 (haut), 291 (bas) **Honda Motor Co., Ltd.** 292 (haut), 292 (bas), 293 (haut), 293 (bas), 294 (haut), 294 (bas), 588 **Hoover Company** 296 (toutes les images) **IBM Corp.** 299 (haut), 299 (bas), 300 (haut), 300 (bas), 301, 417 (bas), 418 (bas) **Ideal Standard** 442 (haut-gauche), 442 (haut-droite) **IDEO** 246 (haut), 246 (bas), 302 (haut), 302 (bas), 303 (toutes les images) **Iittala Glass Museum** 304 (haut), 304 (bas) **IKEA of Sweden** 305 (haut), 305 (bas), 306 (haut), 306 (bas) **Industrial Facility** 307 **(photo: Gerhardt Kellerman)** (haut), 307 (bas-gauche), 307 **(photo: Peter Guenzel)** (bas-droite), 308 (haut-gauche), 308 **(photo: Gerhardt Kellerman)** (haut-droite), 309 **Imperial War Museum** 388 (haut) **Jaguar Land Rover Limited** 54 (bas), 320 (haut), 320 (bas), 322 (haut), 322 (bas) **JCB Limited** 324 (haut), 324 (bas), 325 **Junghans Uhren GmbH** 88, 328 (haut), 328 (bas), 329 (toutes les images) **Karim Rashid** 454 (photo : Band E&C Co., Ltd.) (haut), 454 (bas) **Kartell** 38 (bas), 162 (haut), 162 (bas), 163, 331 (haut), 331 (bas), 332, 333 (photo : Simona Pesarini) (haut), 501, 502 (bas), 585 **Kawasaki** 334 (haut), 334 (bas) **Knoll, Inc.** 119 **Konstantin Grcic Industrial Design** 275 (©KGID) **Lamy GmbH** 346 (toutes les images), 347 **Leica Camera AG** 350 (toutes les images) **LG Corporation** 351 (haut), 351 (bas), 352 **Lockheed Martin** 353 (haut), 353 (bas), 354 (haut), 354 (bas), 355 **London Transport Museum** 362 (haut), 362 (bas) **Louis Poulsen Lighting A/S** 336 (bas), 364 (haut), 364 (bas), 365 (haut), 365 (bas) **Made in Design** (www.madeindesign.co.uk) 333 (bas) **MAG Instruments Inc.** 370 (toutes les images) **Magis S.p.A.** 39 (haut-droite), 274 (bas-gauche) **Master Cutlery Corp.** 582 (haut), 582 (bas) **Mercedes-Benz** 384 (haut), 384 (bas), 385 (toutes les images), 386, 387 (toutes les images) **Miele & Cie. KG** 389 (toutes les images), 390, 391, 392 (toutes les images) **Jasper Morrison** 395 (bas) **Motivation** 397 (haut), 397 (bas) **Moulton Bicycle Company (© Embacher-Collection, photo: Bernhard Angerer)** 398 (bas) **Moustache Bikes** 503 (haut) **Muji** 247 (haut) **National Motor Museum (Beaulieu)** 48 (haut), 48 (bas), 117 (bas), 130 (haut), 130 (bas), 154 (bas-droite), 313, 326 (bas) **Necchi** 414 (bas) **Mark Newson** 404 (photo : Jorn Tomter) (haut), 404 (photo : Tue Schiorring) (bas), 405 (haut), 405 (bas-gauche), 405 (photo : Fabrice Gousset) (bas-droite), 406 (background : NASA) **Die Neue Sammlung** 46 (bas), 84 (haut), 132 (bas – photo : Angela Bröhan), 133 (bas – photo : Angela Bröhan), 159 (bas – photo : Angela Bröhan), 282, 323 (bas), 433 (bas – photo : Angela Bröhan), 465, 517 (bas), 528 (photo : Angela Bröhan), 560, 568 (haut) **Nike, Inc.** 407 (haut), 407 (bas), 408, 409 (toutes les images) **Nikon** 410 (haut), 410 (bas), 411 (toutes les images) **Nissan Motor Co., Ltd.** 412 (haut), 412 (bas), 413 (haut), 413 (bas), 487 (milieu) **Nurmesniemi** 419 (haut), 419 (bas) **Oakley, Inc.** 420 (toutes les images) **Oscar Graf** 82 (bas-gauche), 82 (bas-droite), 83 **OXO International, Ltd.** 486/487 (bas) **Parker Pen Company** 425 (haut), 425 (bas), 426 (bas) **Patrick Parrish** 170 (haut) **Pentagram Design** 272 (haut), 272 (bas-gauche), 272 (bas-droite), 340, 426 (haut), 427 (haut), 427 (bas), 428 (haut), 428 (bas) **PepsiCo Inc.** 487 (haut) **Philips N.V.** 432 **Pi Design (Bodum)** 97 (toutes les images), 98 (toutes les images) **Pininfarina S.p.A.** 434 (haut), 434 (bas), 435 (haut), 435 (bas) **Pioneer Autos Ltd.** 311 (bas) **Plank Srl** 274 **Polaroid Corporation (Archives)** 437 (haut), 437 (bas) 438, 439 (haut) **Porsche AG** 341 (haut), 341 (bas), 443 (haut), 443 (bas), 444 (bas), 445 **Porsche Design** 446 (haut), 446 (bas), 447 (toutes les images) **Punkt Tronics**

1000 Chairs

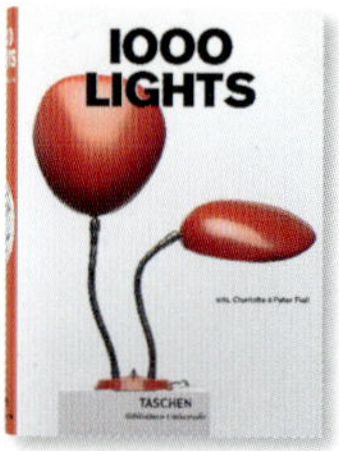

1000 Lights

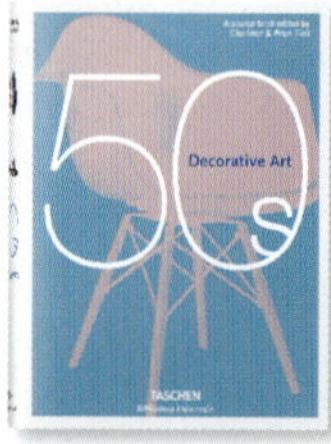

Decorative Art 50s

Decorative Art 60s

Decorative Art 70s

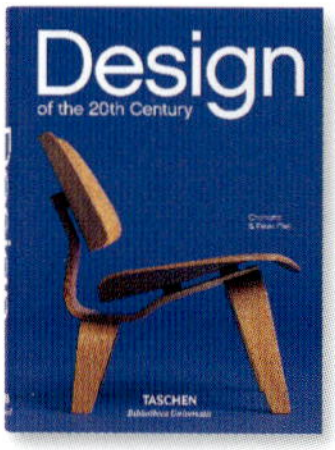

Design of the 20th Century

domus 1950s

Logo Design

Scandinavian Design

100 All-Time Favorite Movies

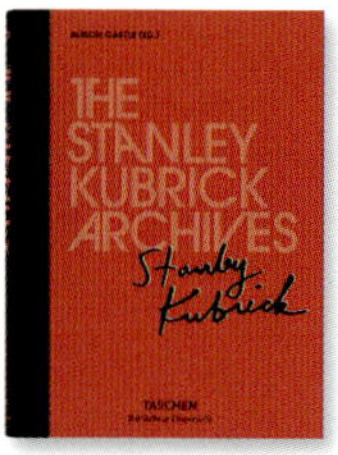

The Stanley Kubrick Archives

Bookworm's delight: never bore, always excite!

TASCHEN

Bibliotheca Universalis

20th Century Photography

A History of Photography

Stieglitz. Camera Work

Curtis. The North American Indian

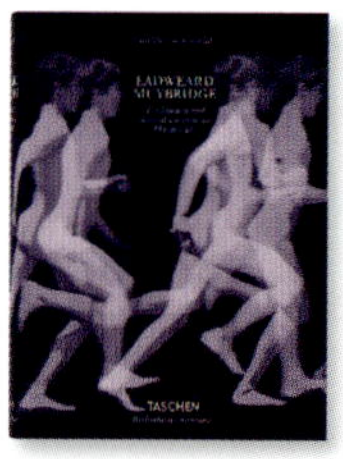

Eadweard Muybridge

Karl Blossfeldt

Norman Mailer. MoonFire

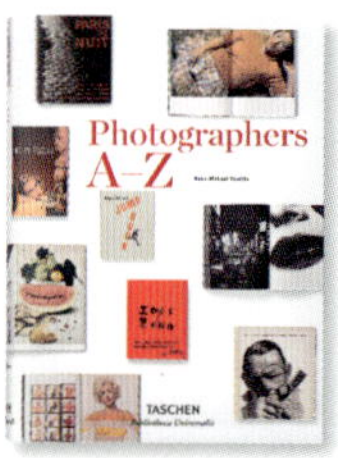

Photographers A–Z

Dalí. The Paintings

Hiroshige

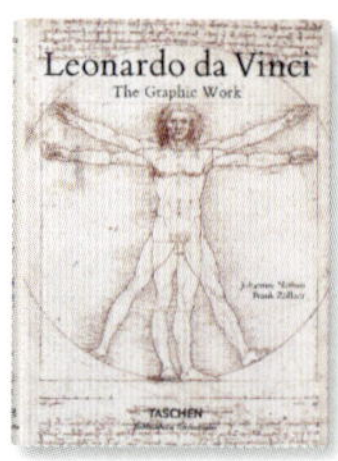

Leonardo. The Graphic Work

Modern Art

Monet

Alchemy & Mysticism

Braun/Hogenberg. Cities of the World

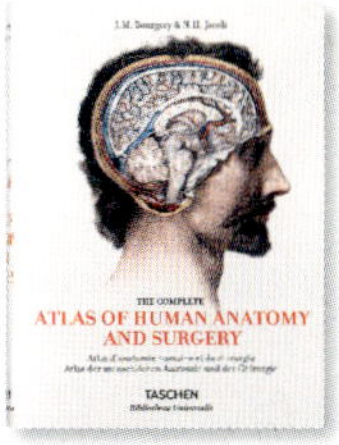

Bourgery. Atlas of Anatomy & Surgery

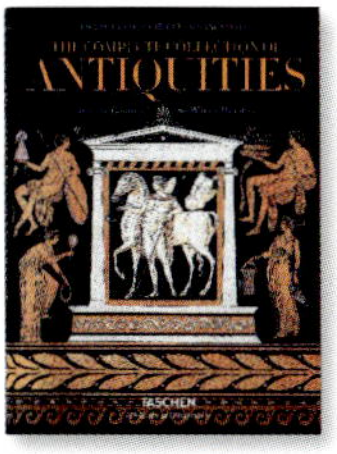

D'Hancarville. Antiquities

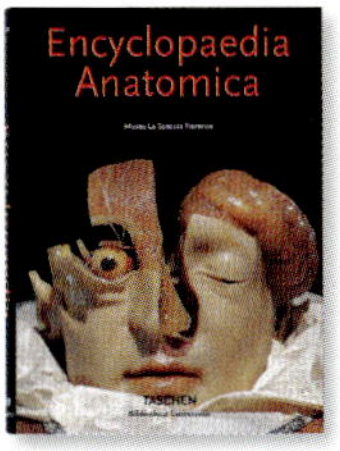

Encyclopaedia Anatomica

Martius. The Book of Palms

Seba. Cabinet of Natural Curiosities

The World of Ornament

Fashion. A History from 18th–20th Century

100 Contemporary Fashion Designers

Architectural Theory

The Grand Tour

20th Century Classic Cars

1000 Record Covers

1000 Tattoos

Funk & Soul Covers

Jazz Covers

Mid-Century Ads

Mailer/Stern. Marilyn Monroe

Erotica Universalis

Tom of Finland. Complete Kake Comics

1000 Nudes

Stanton. Dominant Wives

ACHEVÉ D'IMPRIMER

UN LIVRE TASCHEN, UN ARBRE PLANTÉ !
TASCHEN affiche un bilan carbone neutre. Chaque année, nous compensons nos émissions de CO_2 avec l'Instituto Terra, un programme de reforestation de l'État du Minas Gerais, au Brésil, fondé par Lélia et Sebastião Salgado. Pour plus d'informations sur ce partenariat environnemental, rendez-vous sur : www.taschen.com/zerocarbon
Inspiration : illimitée. Empreinte carbone : nulle.

Si vous souhaitez être informé des prochaines parutions TASCHEN, abonnez-vous à notre magazine gratuit sur www.taschen.com/magazine, suivez-nous sur Twitter, Instagram et Facebook, ou contactez-nous par e-mail à l'adresse contact@taschen.com pour toute question concernant notre programme de publication.

© 2016 TASCHEN GmbH
Hohenzollernring 53, D–50672 Köln
www.taschen.com

Édition originale © 2001 TASCHEN GmbH

© pour les œuvres de Charles & Ray Eames :
Eames Office, Venice, CA, www.eamesoffice.com

© 2016 pour les œuvres de Lucian Bernhard, Max Bill, Marianne Brandt, Walter Gropius, Sigurd Persson, Ettore Sottsass, Wilhelm Wagenfeld, Frank Lloyd Wright : VG-Bild Kunst, Bonn

© 2016 pour les œuvres de Josef Albers : The Josef & Anni Albers Foundation / VG Bild-Kunst, Bonn

Coordination : Meike Nießen, Cologne
Design : Birgit Eichwede, Cologne
Rédaction : Con.Text, Berlin
Actualisation : Valérie Lavoyer pour
Delivering iBooks & Design, Barcelone
Production : Tina Ciborowius, Cologne

Printed in China
ISBN 978-3-8365-2215-1